LEÇONS DE PHYSIQUE

(ACOUSTIQUE, OPTIQUE, MAGNÉTISME ET ÉLECTRICITÉ)

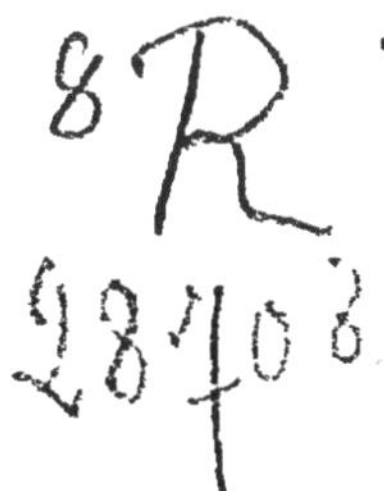

A LA MÊME LIBRAIRIE :

Enseignement secondaire des Jeunes filles.

Plan d'études de l'enseign. second. des jeunes filles. . . . . 1 fr. »

École normale supérieure de Sèvres et Certificat d'aptitude à l'enseignement secondaire des jeunes filles :
- Programme d'admission. . . . . 0 fr. 30
- Programme des matières. . . . . 0 fr. 75

Anatomie et Physiologie animales et végétales, par E. CAUSTIER :
- CLASSE DE 4e ANNÉE. . . . . 2 fr. 50
- CLASSE DE 5e ANNÉE. . . . . 2 fr. »

Hygiène et Économie domestique, par E. CAUSTIER et Mme MOREAU-BÉRILLON, ancienne élève de l'école normale de Sèvres, agrégée, professeur au lycée de Reims :
- CLASSE DE 3e ANNÉE. . . . . 2 fr. »
- CLASSES DE 4e et 5e ANNÉES. . . . . 2 fr. 50

Leçons d'arithmétique, par Mme A. SALOMON :
- CLASSES PRIMAIRES, 1re ANNÉE ET ENS. PRIMAIRE, avec *Notions de Géométrie*. . . . . 2 fr. »
- 2e ANNÉE. 2 fr. »
- 5e ET 6e ANNÉES. . . . . 1 fr. 50

Compléments d'Arithmétique, par Mme A. SALOMON. . . . . . 1 fr. »

Leçons d'Algèbre, par Mme A. SALOMON. . . . . 2 fr. »

Leçons de Géométrie, par Mme A. SALOMON :
- CLASSES DE 3e ET 4e ANNÉES. . . . . 2 fr. »
- CLASSE DE 5e ANNÉE. . . . . 1 fr. 25

Nouvelles Leçons de Géométrie pratique et théorique, par Mme A. SALOMON :
- CLASSES DE 3e ET 4e ANNÉES. . . . . 2 fr. 50
- CLASSE DE 5e ANNÉE. . . . . 1 fr. 50

Leçons de Chimie, par Mme MARGAT-L'HUILLIER, ancienne élève de l'École normale de Sèvres, agrégée, directrice des études aux Cours secondaires de Jeunes filles de Paris. . . . . . 3 fr. »

Leçons de Physique, par Mme MARGAT-L'HUILLIER. . . . . 4 fr. »

Leçons de Cosmographie, par A. GRIGNON : CLASSE DE 5e ANNÉE. 2 fr. »

Physique, par Mlles PRÉJEAN et DOMERC, anciennes élèves de l'école normale de Sèvres, agrégées, professeurs au lycée de Toulouse :
- CLASSE DE 3e ANNÉE. . . . . 2 fr. »
- CLASSE DE 4e ANNÉE. . . . . 2 fr. 75
- CLASSE DE 5e ANNÉE. . . . . 3 fr. »

Selected Pieces of Poetry for recitation (1re à 6e années), par Mlle A. DAUJMAN, agrégée, professeur au lycée Racine. . . . . 1 fr. 25

LEÇONS
DE
PHYSIQUE

(ACOUSTIQUE, OPTIQUE, MAGNÉTISME ET ÉLECTRICITÉ)

A L'USAGE
DES ÉLÈVES DE QUATRIÈME ET DE CINQUIÈME ANNÉES
DE L'ENSEIGNEMENT SECONDAIRE DES JEUNES FILLES
ET DES
Aspirantes au Brevet Supérieur

PAR
Mme L. MARGAT-L'HUILLIER
ANCIENNE ÉLÈVE DE L'ÉCOLE DE SÈVRES,
AGRÉGÉE DE L'ENSEIGNEMENT SECONDAIRE DES JEUNES FILLES

TREIZIÈME ÉDITION

PARIS
LIBRAIRIE VUIBERT
63, BOULEVARD SAINT-GERMAIN, 63

ENSEIGNEMENT SECONDAIRE DES JEUNES FILLES

(Programme fixé par l'Arrêté du 27 juillet 1897.)

PHYSIQUE

Le cours de physique sera fait à un point de vue purement expérimental: les lois se dégageront des phénomènes étudiés et conduiront aux principes qui dominent la science.

Sur chaque sujet, on s'attachera à faire connaître les acquisitions récentes dans le domaine des idées comme dans celui des faits. En un mot, on suivra la science jusqu'à nos jours: et pour ce faire, on se dégagera franchement des vieilleries encombrantes, on laissera de côté les appareils qui n'ont qu'un intérêt historique, les méthodes surannées, tout ce qui dans le progrès incessant des choses est devenu hors d'usage.

On se gardera soigneusement contre l'abondance des faits. Quelques phénomènes bien choisis, étudiés avec soin, à l'aide des meilleures méthodes, permettront le mieux de donner aux élèves des notions intéressantes et sûres.

QUATRIÈME ANNÉE

Acoustique. — Le son: mouvement vibratoire. — Propagation du son. — Vitesse.

Réflexion du son. — Echo.

Qualités du son. — Mesure de la hauteur d'un son. — Intervalles musicaux. — Gamme.

Notions expérimentales sur les cordes vibrantes et les tuyaux sonores.

Revision.

Optique. — Propagation de la lumière. — Ombre. — Pénombre.

Phénomène de la chambre noire.

Réflexion de la lumière. — Miroirs plans. — Miroirs sphériques.

Réfraction de la lumière. — Réflexion totale. — Prisme.

Notions expérimentales sur les lentilles. — Loupe. — Principe du microscope et de la lunette astronomique.

Décomposition et recomposition de la lumière blanche. — Spectre solaire.

Indications très sommaires sur la photographie.

Revision.

CINQUIÈME ANNÉE

Magnétisme. — Aimants naturels et artificiels. — Pôles. — Attractions et répulsions.

Action directrice de la terre sur les aimants. — Méridien magnétique. — Déclinaison. — Boussole.

Phénomènes fondamentaux de l'électricité statique établis expérimentalement.

Électrisation par influence. — Électroscope.

Principe du condensateur. — Bouteille de Leyde.

Machines électriques. — Effets.

Éclairs. — Tonnerre. — Effets de la foudre. — Paratonnerres.

Piles électriques. — Principales piles.

Propriétés essentielles des courants.

Effets chimiques, calorifiques et lumineux des courants. — Galvanoplastie. — Éclairage électrique.

Action du courant sur l'aiguille aimantée. — Galvanomètre.

Aimantation par les courants. — Électro-aimants. — Principe de la télégraphie.

Principe de l'induction — Téléphone.

Revision.

LEÇONS DE PHYSIQUE

(ACOUSTIQUE, OPTIQUE, ÉLECTRICITÉ, MAGNÉTISME)

ACOUSTIQUE

CHAPITRE I

PRODUCTION ET PROPAGATION DU SON

1. **Définitions.** — L'*Acoustique* est la partie de la physique qui s'occupe de l'étude du *son*, c'est-à-dire de la cause des impressions transmises au cerveau par l'organe de l'ouïe.

On appelle *corps sonore* tout corps capable de rendre un son.

2. **Mouvement vibratoire.** — Toutes les fois qu'un corps rend un son, l'expérience montre que ce corps vibre. On appelle *mouvement vibratoire* un mouvement de va-et-vient de part et d'autre d'une position d'équilibre : par exemple, si l'on écarte de sa position d'équilibre AB une lame d'acier fixée verticalement dans un étau (*fig.* 1), et qu'on abandonne l'extrémité en A', elle revient en AB à cause de son élasticité, dépasse cette position par suite

de la vitesse qu'elle a acquise dans son mouvement de A' en A, et arrive en A" symétrique de A' par rapport à AB; puis la lame revient sur elle-même sensiblement jusqu'en A'B, et ainsi de suite; mais le mouvement diminue peu à peu et finit par cesser, à cause de la résistance de l'air, et la lame s'arrête dans la position AB.

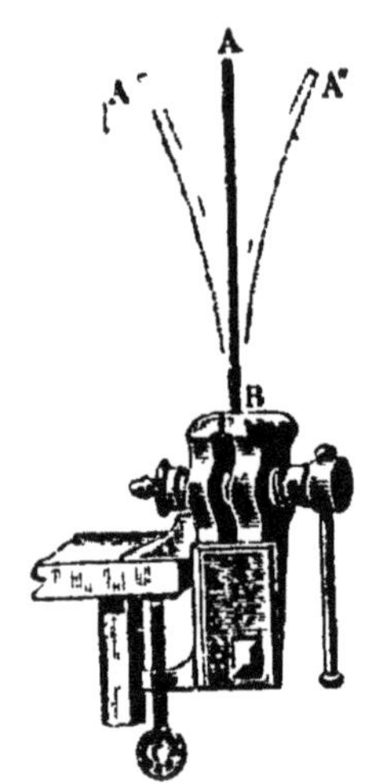

Fig. 1. — Mouvement vibratoire.

On appelle *oscillation* ou *vibration simple* chacun des mouvements de A' en A" ou inversement, et *vibration complète* ou *vibration double* l'ensemble d'une allée et et d'une venue de la lame; l'*amplitude* du mouvement vibratoire est l'angle A'BA de l'une des positions extrêmes de la lame avec sa position d'équilibre. Si la lame est longue et très flexible, les vibrations sont assez lentes pour qu'on les distingue nettement; si on la raccourcit peu à peu, les vibrations deviennent de plus en plus rapides, et, par suite de la persistance des impressions lumineuses, on ne distingue plus les différentes positions de la lame qui paraît seulement élargie à l'extrémité libre. En continuant l'expérience, il arrive un moment où le mouvement de la lame produit un son, d'autant plus intense que l'amplitude des vibrations est plus grande, et d'autant plus aigu que la lame est plus courte. Si on met la main sur la lame, on arrête le mouvement et le son cesse instantanément.

3. **Production du son.** — Pour prouver qu'un son est toujours dû au mouvement vibratoire d'un corps matériel, on peut faire de nombreuses expériences qui rendent appréciables

les vibrations trop rapides pour être visibles directement.

Quand on frappe un verre à boire, il rend un son ; en mettant la main sur le bord du verre, on sent une sorte de frémissement du verre et le son s'éteint en même temps que le mouvement. Si on met de l'eau dans ce verre jusqu'à une faible distance du bord (*fig.* 2), et qu'on frotte le bord avec un archet en maintenant le verre par le pied seulement, on entend un son, et l'on voit la surface de l'eau se rider et se soulever en fines gouttelettes par suite du mouvement que le verre lui transmet.

Fig. 2. — Mouvement vibratoire d'un verre rendant un son.

On peut encore attacher avec de la cire, au fond d'une cloche de verre fixée par sa partie supérieure et légèrement inclinée, un fil portant une petite balle de sureau

Fig. 3. — Mouvement vibratoire d'une cloche de verre rendant un son.

(*fig.* 3) ; on donne un coup sec sur les parois de la cloche qui rend un son, et l'on voit la petite balle repoussée toutes les fois qu'elle vient toucher la cloche ; le mouvement de la balle diminue en même temps que le son s'éteint.

On peut répéter cette expérience avec un diapason, tige d'acier courbée en forme de fourche, auquel on fait rendre un son en en frottant, avec un archet, les branches près de leur extrémité, et dont on approche une balle de sureau suspendue à un fil.

On peut même *inscrire* ces vibrations en fixant à l'une des branches du diapason, à l'aide d'un peu de cire, un stylet très léger *a* (*fig.* 4) pointe fine de laiton, poil de brosse ou barbe de plume ; et en tirant rapidement par un fil, au-dessous du diapason vibrant, une plaque de verre enfumé sur laquelle le stylet appuie légèrement ; il y trace une courbe sinueuse, dont chaque dent correspond à une vibration.

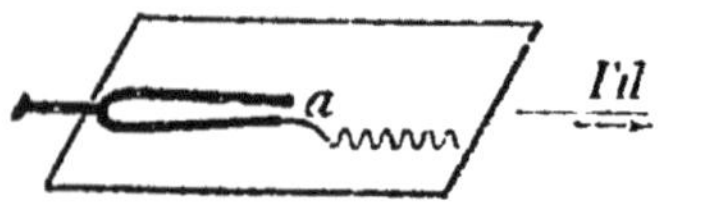

Fig. 4. — Inscription des vibrations d'un diapason.

On tend une corde horizontalement sur deux chevalets (*fig.* 5) et on place sur elle de petits cavaliers de papier,

Fig. 5. — Mouvement vibratoire d'une corde sonore.

c'est-à-dire de petites bandes de papier pliées en deux ; en tirant la corde en son milieu et l'abandonnant à elle-même, on la voit prendre l'aspect d'un fuseau, en même temps que les cavaliers sautent ou sont renversés, et qu'il se produit un son, si la corde est suffisamment tendue.

Le corps sonore n'est pas forcément un solide, le mouvement vibratoire d'un gaz peut aussi produire un son ;

par exemple, si on envoie un courant d'air rapide dans un tuyau d'orgue rectangulaire, dont une des faces est en verre (*fig.* 6), on entend un son; quand on met la main sur les parois du tuyau, le son ne cesse pas, ce n'est donc pas la paroi qui vibre ; mais si à l'aide d'un fil on descend dans le tuyau une membrane mince tendue sur un cadre et saupoudrée de sable fin, on voit le sable sauter tant que dure le son : donc l'air du tuyau vibre.

Fig. 6. — Expérience montrant le mouvement vibratoire de l'air dans un tuyau sonore.

Tout corps qui vibre ne produit pas un son; pour qu'il y ait une sensation sonore il faut que le nombre de vibrations soit compris entre 8 et 38 000 vibrations doubles par seconde, ces limites étant d'ailleurs très variables, surtout pour les sons aigus, suivant l'oreille qui perçoit le son.

4. Sons et bruits. — On peut diviser les sons en deux catégories : les sons proprement dits ou *sons musicaux* qui nous donnent une sensation continue, généralement agréable, et que l'on peut comparer entre eux, comme les sons produits en frappant des verres de cristal; ils sont dus à des vibrations régulières et bien définies; et les *bruits*, qui nous donnent des impressions très courtes ou confuses, comme le choc de deux cailloux, le bruit du canon ; ils sont dus à des vibrations irrégulières ou à un mélange de plusieurs sons discordants : ainsi le bruit des vagues, du tonnerre.

Pourtant, il n'y a pas de différence très nette entre les sons et les bruits; plusieurs bruits de courte durée et de même nature, produits successivement, peuvent donner une impression musicale : en laissant tomber l'une après l'autre huit planchettes de sapin de longueurs convenables, on obtient une succession de bruits donnant la sensation des notes de la gamme.

5. Propagation du son. — I. Par les gaz. — Pour que les vibrations d'un corps sonore produisent sur l'oreille la sensation du son, il faut qu'il existe entre ce corps et l'oreille un milieu élastique capable de transmettre les vibrations. On peut le vérifier par l'expérience ; on visse sur la machine pneumatique (*fig.* 7) un ballon de verre

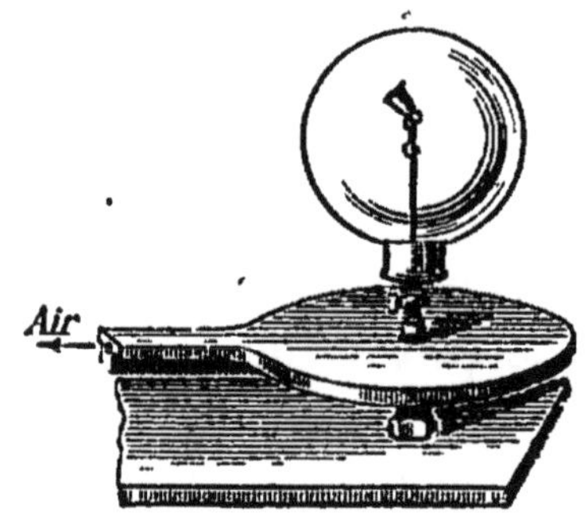

Fig. 7. — Le son ne se propage pas dans le vide.

muni d'une garniture métallique à robinet, et dans lequel est suspendue une clochette ; on y fait le vide, on ferme le robinet, on dévisse le ballon, et on constate qu'en agitant le ballon, on n'entend plus la clochette. Donc le son ne se propage pas dans le vide.

Si on laisse rentrer l'air lentement, on entend de nouveau la clochette, et le son devient plus fort à mesure que l'air rentre, le gaz intérieur transmettant les vibrations à la paroi du ballon qui les communique à l'oreille par l'intermédiaire de l'air extérieur.

Il n'est pas toujours facile de mettre la clochette en mouvement ; aussi, on la remplace souvent par un timbre sur lequel frappe un marteau mû par un mouvement d'horlogerie et qu'on place sous le récipient de la machine pneumatique (*fig.* 8) ; on interpose entre le timbre et la

Fig. 8. — Le son ne se propage pas dans le vide.

platine un tampon d'ouate pour empêcher les vibrations du timbre de se transmettre à l'air extérieur par la platine. A mesure qu'on raréfie l'air, le son du timbre paraît s'affaiblir ; il s'éteint complètement quand la pression sous la cloche n'est plus que de quelques millimètres, bien qu'on voie toujours le marteau frapper le timbre.

Ces expériences expliquent pourquoi le son de la voix paraît moindre sur les hautes montagnes que dans la plaine ; au sommet du Mont Blanc un coup de pistolet ne produit qu'un bruit faible.

C'est l'air qui nous transmet le plus souvent les vibrations sonores ; mais les autres gaz peuvent aussi propager le son, et si, dans les expériences précédentes, après avoir fait le vide dans le ballon on y introduit un gaz autre que l'air ou quelques gouttes d'un liquide volatil dont les vapeurs remplissent le ballon, on perçoit de nouveau le son de la clochette.

II. Par les liquides. — Le son est transmis par les liquides mieux que par les gaz : un plongeur entend non seulement le choc de deux cailloux qu'on frappe sous l'eau, mais encore les bruits du rivage.

On peut montrer la propagation du son par les liquides en plaçant un verre vide sur une caisse sonore A, capable de renforcer le son d'un diapason B (*fig.* 9) ; on fait vibrer le diapason et on en introduit le pied dans le verre, la caisse ne résonne pas ; on remplit alors le verre d'eau ou d'un autre liquide, et si on y plonge le pied du diapason, la caisse résonne et le son est renforcé.

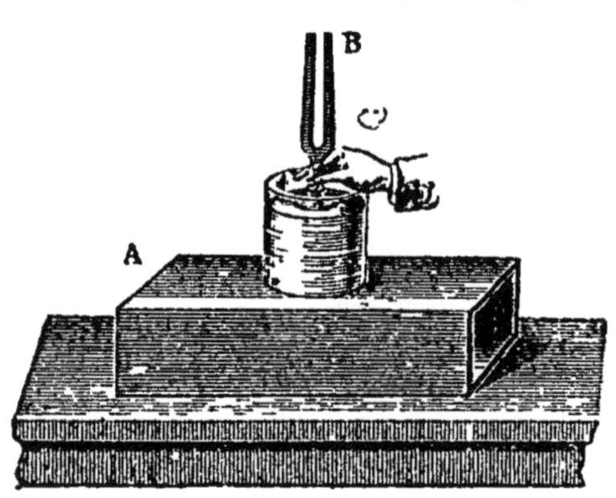

Fig. 9. — Propagation du son à travers les liquides.

III. Par les solides. — Les solides propagent le son encore mieux que les liquides ; ainsi, en posant le pied du diapason sur la caisse même, le renforcement du son est plus grand.

En plaçant l'oreille à l'extrémité d'une table ou d'une poutre, on entend les moindres chocs produits à l'autre extrémité ; dans les galeries de mines, on entend par les parois les coups de pic donnés à une grande distance ;

en se couchant sur le sol, on perçoit le roulement des voitures, le pas des chevaux à plusieurs kilomètres.

Mais si les corps solides sont mous, non élastiques, comme les étoffes, les tapis, le liège, ils ne transmettent pas les vibrations et éteignent les sons, d'où l'emploi des tapis, des tentures dans les appartements pour empêcher les sons d'être entendus des chambres voisines.

Le téléphone à ficelle et les audiphones sont des applications de la propagation du son dans les solides. Le *téléphone à ficelle* se compose de deux gobelets métalliques dont le fond est formé par une membrane de parchemin tendue; une ficelle relie les centres de ces membranes, et transmet les vibrations de l'une à l'autre; si l'on cause à voix basse dans l'un des gobelets, on l'entend à quelque distance dans l'autre.

Les *audiphones* sont des sortes d'écrans en carton, de forme très variable, dont se servent les personnes qui ont l'ouïe dure pour entendre plus facilement : un des bords étant appuyé contre la mâchoire supérieure et l'autre tenu à la main, si quelqu'un parle devant l'audiphone, les vibrations se transmettent, par le carton et par les os de la tête, au nerf acoustique qui les perçoit beaucoup mieux que par l'air.

6. **Mode de propagation du son.** — On peut comparer le mode de propagation du son autour du corps sonore à la transmission du mouvement produit dans un liquide par le choc d'une pierre par exemple : autour du point frappé, on voit se former une série de cercles concentriques, dont la surface est alternativement plus haut et plus bas que le niveau du liquide à l'état de repos, et qui semblent s'éloigner du centre en diminuant rapidement de hauteur; le mouvement d'oscillation seul se transmet sans qu'il y ait transport du liquide, car un bouchon, une feuille, posés sur l'eau se soulèvent et s'abaissent successivement mais sans changer de place. De même,

les vibrations du corps sonore se transmettent à l'air ; mais les *ondes sonores* sont sphériques au lieu d'être circulaires comme les ondes liquides, et les vibrations se font dans le sens des rayons, tandis que dans l'eau les oscillations sont perpendiculaires à la direction suivant laquelle l'ébranlement se propage.

Pour étudier la transmission des vibrations d'un corps sonore dans l'air, on peut supposer d'abord qu'elles se propagent dans un milieu limité, un tuyau cylindrique par exemple.

Soit une membrane A (*fig.* 10) tendue devant un tuyau plein d'air, et qui en vibrant va de B en B' ; elle comprime la couche d'air qui la touche ; celle-ci, en vertu de sa force

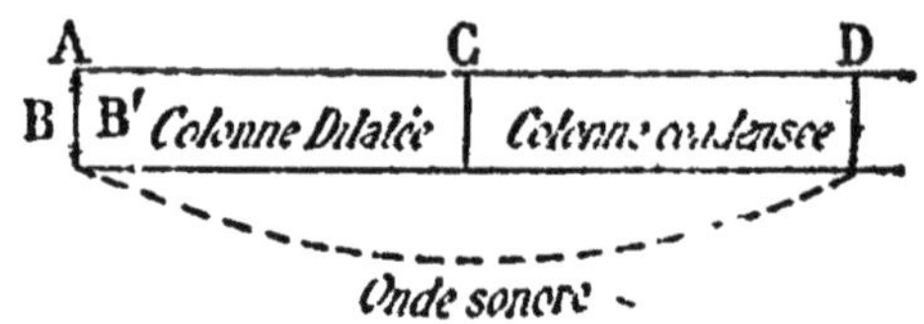

Fig. 10. — Propagation du son dans un tuyau.

élastique reprend son volume primitif en comprimant la couche voisine ; la seconde couche comprime à son tour la troisième, et ainsi de suite, de sorte que, quand la membrane est arrivée en B', la compression de l'air s'est propagée jusqu'en C.

Mais alors la membrane revient de B' vers B et la couche d'air la plus voisine se trouve dilatée, sa force élastique diminue et la seconde couche se dilate à son tour, tandis que la première revient au repos, etc., et la dilatation se propage avec la même vitesse que la compression précédente ; elle arrive donc en C quand la membrane revient en B. Pendant ce temps, la compression due à la première oscillation a continué à se propager, elle est arrivée en D, de sorte qu'il y a dans le tuyau une colonne d'air CD où la pression est supérieure à la pression atmosphérique, et une colonne AC où elle est inférieure.

Quand la membrane fera une troisième oscillation, elle produira une nouvelle compression qui se propagera en même temps que les deux autres mouvements, et au bout d'un certain temps, tout l'air du tuyau présentera des colonnes d'air successivement condensées et dilatées; l'ensemble d'une partie condensée et d'une partie dilatée correspondant à une vibration double de la membrane est appelée une *onde sonore*.

Si au lieu d'un tuyau, on considère un milieu illimité entourant le corps qui vibre, la même série de mouvements se produira, mais les condensations et les dilatations se propageant dans toutes les directions, les ondes sonores seront sphériques, et comme ces sphères ont des surfaces de plus en plus grandes, l'amplitude des vibrations diminue rapidement.

7. Vitesse du son. — Définition. — Si l'on est à quelque distance d'un corps sonore, on constate qu'il s'écoule un certain temps entre la production du son et le moment où on le perçoit ; par exemple, on voit la lumière ou la fumée produite par un coup de fusil avant d'entendre la détonation, on voit l'éclair plus ou moins longtemps avant d'entendre le tonnerre qui l'accompagne. Donc, *la propagation du son n'est pas instantanée*.

Si l'on écoute un concert, à quelque distance qu'on l'entende, les airs restent semblables, ce qui prouve que, dans un même milieu, *tous les sons se propagent de la même façon* ; on peut donc étudier la propagation du son sur un son quelconque.

On peut constater encore que, si l'on se place à des distances 2, 3, 4 fois plus grandes d'un canon, par exemple, le bruit de la détonation du canon met 2, 3, 4 fois plus de temps pour arriver à l'observateur ; d'où l'on conclut que le son se propage d'un mouvement uniforme.

Par suite, on appelle *vitesse du son*, dans le milieu élastique qui le transmet, *l'espace qu'il parcourt en une seconde* dans ce milieu.

8. Détermination de la vitesse du son. — I. Dans l'air. — Les premières expériences sur la vitesse du son dans l'air ont été faites par l'Académie des Sciences en 1738; elles ont été reprises en 1822 par les membres du Bureau des Longitudes. On tirait des coups de canon sur les hauteurs de Villejuif et de Montlhéry alternativement, afin de n'avoir pas à tenir compte de la direction du vent; des observateurs placés aux deux stations notaient, au moyen de chronomètres, le temps qui s'écoulait entre la perception de la lueur qui accompagne le coup de feu, et celle de la détonation. Comme la vitesse de la lumière est de 300000 kilomètres par seconde, on peut admettre que la lueur a été vue au moment même où elle s'est produite et le temps qui s'écoule entre les deux observations ($54^{sec},6$ en moyenne) est le temps que met le son pour parcourir la distance (18613^{m}) des deux stations : la vitesse du son est donc de $\frac{18\,613}{54,6} = 340^{m},9$ dans l'air, à la température de 16°.

Des expériences ont été faites depuis, en particulier par Regnault; elles ont montré que la force élastique de l'air n'influe pas sur la vitesse du son, mais que cette vitesse varie suivant que le vent souffle dans le sens de la propagation du son ou en sens contraire, et qu'elle augmente de $0^{m},62$ environ pour une élévation de température de 1°; à 0° la vitesse du son dans l'air n'est plus que de 331^{m} ($3,31 \times 10^{4}$ en unités C. G S.)

Dans les gaz autres que l'air, la vitesse du son, qui a pu être déterminée indirectement, change avec la nature du gaz; elle varie en raison inverse de la racine carrée de la densité; elle n'est que $261^{m},6$ dans le gaz carbonique qui est très dense, et atteint $1\,269^{m},5$ dans l'hydrogène, qui est très léger.

II. Dans l'eau. — La vitesse du son dans l'eau a été mesurée directement par Colladon et Sturm à l'aide d'expériences faites sur le lac de Genève en 1827. Un bateau soutenait une cloche plongeant dans l'eau, et un marteau dont le manche coudé était disposé de telle sorte que, au moment où le marteau frappait la cloche, une mèche allumée vint enflammer un petit tas de poudre placé à l'avant du bateau (*fig.* 11). Un observateur, placé dans un deuxième bateau à une distance connue du premier (13 487^{m}), entendait au moyen d'un cornet acoustique le son de la cloche transmis par l'eau à la membrane tendue sur le pavillon du cornet. Il notait le temps (9^{sec},4 en moyenne) écoulé entre la lueur produite par l'inflammation de la poudre et la perception du son. La vitesse du son dans l'eau est donc de 1 435^{m}, à la température de 8°, soit 4 fois et demie plus grande que dans l'air.

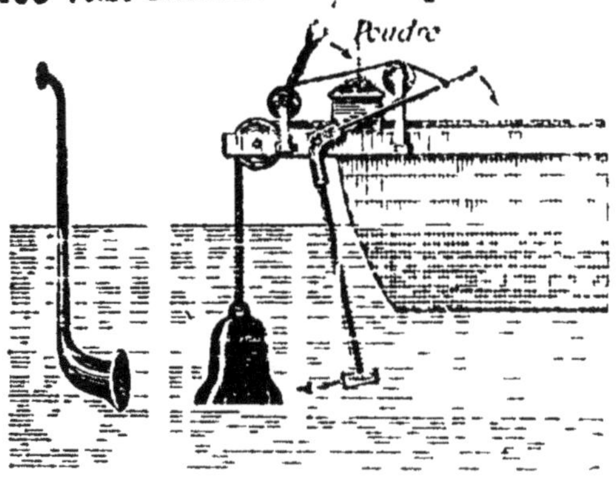

Fig. 11. — Détermination de la vitesse du son dans l'eau.

III. Dans les solides. — La vitesse du son dans les solides est encore plus grande ; elle a été déterminée indirectement pour un certain nombre de corps, et directement pour la fonte par les expériences de Biot. A une extrémité d'une série de tuyaux placés entre Arcueil et Paris, on frappait sur un timbre et sur le tuyau en même temps avec un marteau ; à l'autre extrémité on entendait deux sons, le premier transmis par la fonte, et le second par l'air ; on notait le temps (2^{sec}, 5) écoulé entre les deux sons ; connaissant la longueur des tuyaux (951^{m}) on pouvait calculer le temps que mettait le son à venir par l'air et en déduire celui qu'il mettait à venir par la fonte ; on trouva que la vitesse du son dans la fonte est 10 fois 1/2 plus grande que dans l'air.

On a trouvé, pour les autres solides, des vitesses différentes suivant la nature des corps, et pour un même corps suivant son état physique ; la vitesse est de 4 à 15 fois celle de l'air dans les métaux (5.000^{m} dans l'acier), et de 10 à 17 fois celle de l'air dans les différentes espèces de bois.

9. Réflexion du son. — Quand les ondes produites à la surface de l'eau par un choc en un point C (*fig.* 12), viennent à rencontrer un obstacle PP', elles changent de direction et reviennent sur elles-mêmes en formant des cercles concentriques qui paraissent provenir d'un point C', symétrique de C par rapport à PP' ; on dit qu'elles *se réfléchissent*. Il en est de même pour les ondes sonores provenant du point C : elles se réfléchissent sur l'obstacle et paraissent provenir de C'.

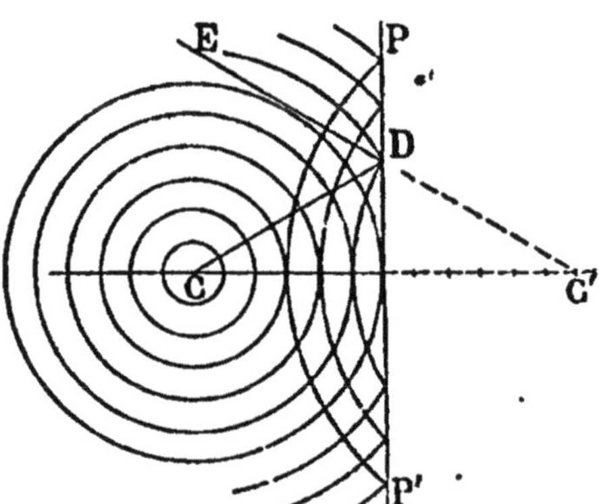

Fig. 12. — Réflexion du son.

La réflexion du son est exactement comparable à la réflexion de la lumière, qui sera étudiée en Optique ; elle se fait suivant les mêmes lois, et le phénomène que nous venons d'étudier est analogue à celui qui se produit quand un objet lumineux est placé devant un miroir plan : la droite CD suivant laquelle le son se propage de C en D est un *rayon sonore*, et le point C' d'où semblent provenir les rayons réfléchis tels que DE est souvent appelé l'*image sonore* du point C.

Cette identité entre la réflexion du son et celle de la lumière peut être prouvée par l'expérience : on place l'un en face de l'autre, à quelques mètres de distance et de manière que leurs axes coïncident, deux miroirs concaves ou miroirs conjugués (*fig.* 13). Devant l'un, en un point F qu'on appelle le *foyer* du miroir, on met une bougie allumée; et, à l'aide d'un écran on constate qu'il se forme au foyer F' de l'autre miroir une image réelle de la flamme. On remplace la bougie par une montre, et, en plaçant au point où l'on recueillait l'image le pavillon d'un cornet acoustique dont l'autre extrémité aboutit à l'oreille, on entend le tic tac de la montre, alors qu'on ne l'entend pas dans les points intermédiaires.

Fig. 13. — Vérification de l'analogie de la réflexion du son avec celle de la lumière.

Un phénomène analogue se produit dans certaines salles, sous des arches de ponts, dont les voûtes réfléchissent le son comme un miroir courbe réfléchit la lumière : dans une salle à voûte elliptique, au Conservatoire des Arts et Métiers, deux personnes, placées en deux points déterminés correspondant aux foyers de la voûte, peuvent converser à voix basse sans être entendues des autres parties de la salle; la même particularité se présente dans une salle du Musée du Louvre.

10. **Échos et résonances.** — Si l'on produit un son en A, à quelque distance d'un obstacle (*fig.* 14), un observateur placé en B, par exemple, pourra donc entendre le son direct, puis un deuxième son semblable, mais plus faible,

dû aux ondes sonores réfléchies, et qui paraît provenir d'un point A' symétrique du point sonore par rapport à l'obstacle. Comme le chemin AB parcouru par le son direct est plus court que le chemin ACB du son réfléchi, le son réfléchi est toujours entendu après le son direct.

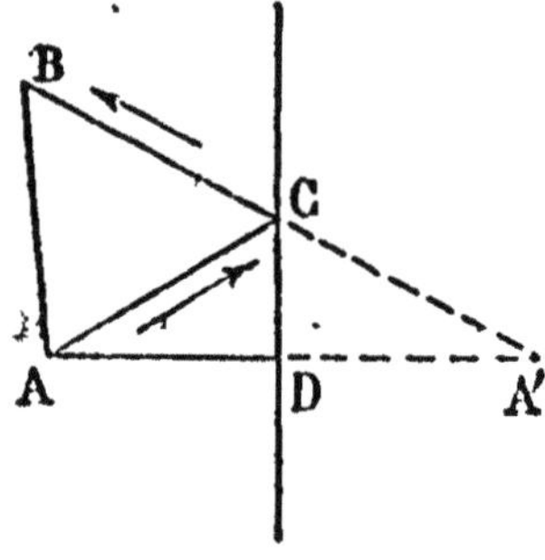

Fig. 14. — Echo.

Mais l'oreille ne pouvant distinguer plus de 10 sons brefs par seconde, si le temps qui s'écoule entre la perception du son direct et celle du son réfléchi est de moins de 1/10 de seconde, le deuxième son ne fait que prolonger le premier : on dit qu'il y a *résonance* ; si l'intervalle des deux sons est de plus de 1/10 de seconde, le son réfléchi est distinct du son direct ; il y a *écho*.

Le son parcourant 340^m par seconde, pour qu'un observateur placé au point sonore même entende un écho, il faut donc que le son réfléchi ait parcouru au moins 34^m, et par suite que la distance AD à l'obstacle soit au moins de 17^m.

Pour les sons articulés, cette distance est insuffisante, car on ne peut prononcer ou entendre plus de 5 syllabes par seconde ; il faut donc que la distance du son à l'obstacle soit au moins de 34^m pour qu'on entende l'écho d'une syllabe. Si la distance est 2, 3, 4 fois 34^m, l'écho pourra répéter 2, 3, 4 syllabes successives (*échos polysyllabiques*) ; mais le nombre de syllabes est assez limité parce que le son s'affaiblit rapidement quand la distance augmente.

Lorsque le son réfléchi sur un obstacle peut en rencontrer un second qui le réfléchit sur un troisième ou sur le premier, le même son est répété plusieurs fois (*écho mul-*

tiple), mais avec une intensité décroissante, comme les images multiples formées par des miroirs inclinés ou parallèles deviennent de moins en moins lumineuses. Ces échos multiples s'observent souvent dans les pays de montagnes ; le plus célèbre est celui de la villa Simonetta qui répète 40 fois un coup de pistolet tiré entre deux bâtiments parallèles.

La résonance se produit fréquemment dans les longs corridors, les grands appartements vides, les églises... ; dans les salles de petites dimensions, elle a pour effet de renforcer les sons, le son réfléchi se confondant sensiblement avec le son direct ; par suite, elle donne plus d'ampleur à la voix, et peut être avantageuse. Dans les grandes salles, elle prolonge le son direct et peut le continuer sur le son suivant, ce qui rend la parole confuse ; aussi, dans les salles de théâtre, de conférences, les églises, doit-on chercher à éviter la résonance; c'est pourquoi on recouvre les murs de draperies, de tentures qui ne réfléchissent pas le son, ou d'ornements en reliefs, colonnes, tribunes... qui le dispersent en le renvoyant dans toutes les directions.

Les abat-son placés au-dessus des chaires, des kiosques, sont destinés au contraire à réfléchir la parole ou la musique vers l'auditoire, au lieu de laisser les vibrations se propager vers le haut des églises ou se perdre dans l'air.

RÉSUMÉ DU CHAPITRE I

L'Acoustique est l'étude du son.

Quand on écarte un corps élastique de sa position d'équilibre, il y revient par un *mouvement vibratoire*, c'est-à-dire par une série d'oscillations de part et d'autre de cette position ; une *vibration* est l'ensemble d'une allée et d'une venue ; et l'*amplitude* de la vibration est l'angle de l'une des positions extrêmes du corps avec sa position d'équilibre.

Un son est toujours dû au mouvement vibratoire d'un corps matériel ; on peut le vérifier avec un verre plein d'eau qu'on fait résonner et qui met la surface de l'eau en mouvement, une cloche qui met en mouvement une petite balle appuyée contre elle, une corde tendue qui fait sauter de petits cavaliers de papier ; les gaz peuvent aussi vibrer et produire des sons, on le voit par un tuyau d'orgue.

Les sons se divisent en *sons musicaux*, continus, agréables, dûs à des vibrations régulières, et *bruits*, courts, confus ou désagréables, provenant de vibrations irrégulières ou d'un ensemble de sons discordants.

Le son ne se propage pas dans le vide ; il se transmet généralement par l'air, mais il peut se propager dans tout milieu élastique, mieux dans les liquides que dans les gaz, et dans les solides que dans les liquides. Tous les sons se propagent de la même façon et d'un mouvement uniforme, avec une vitesse à la seconde de 331^m dans l'air à 0° ; pour déterminer cette vitesse, on tire un coup de canon en un lieu A, et on note, en un autre lieu B, l'intervalle qui sépare le moment où l'on voit la lueur de celui où l'on entend le coup ; on a ainsi le temps que met le son pour parcourir la distance AB, d'où l'on déduit l'espace parcouru en une seconde.

La vitesse du son dans l'eau est de 1 435^m ; elle est encore plus grande dans les solides.

Le son se propage par la transmission des vibrations du corps sonore à l'air ou au milieu élastique qui entoure le corps ; ce milieu forme une succession de couches alternativement condensées et dilatées qui forment les *ondes sonores*, et ces ondes se propagent avec la vitesse du son, sans qu'il y ait transport du milieu même.

Les ondes sonores se réfléchissent quand elles rencontrent un obstacle, comme les rayons lumineux sur un miroir, et suivant les mêmes lois ; on le vérifie à l'aide de miroirs concaves conjugués.

Les ondes réfléchies sur un obstacle plan semblent provenir d'un point symétrique du point sonore par rapport à l'obstacle. Le son réfléchi est toujours entendu après le son direct ; si l'intervalle qui sépare les deux perceptions est moindre que 1/10 de seconde pour les sons brefs ou que 1/5 de seconde pour les sons articulés, l'oreille ne distingue pas les deux sons, il y a *résonance* ; si l'intervalle est plus grand, on perçoit séparément les deux sons, il y a *écho*.

CHAPITRE II

QUALITÉS DU SON

11. Définitions. — Si l'on fait vibrer une corde tendue, de manière à produire un son, on constate que le son s'éteint peu à peu sans que la note change, il devient moins *intense* à mesure que l'amplitude des vibrations diminue. Si l'on diminue la longueur de la corde, le son devient plus aigu, plus *haut* ; enfin, si l'on fait rendre une même note à des instruments différents, ces notes se distinguent l'une de l'autre par un caractère particulier, le *timbre*, qui permet de reconnaître leur origine. L'oreille distingue donc, dans un son musical, trois qualités caractéristiques: l'intensité, la hauteur et le timbre.

12. Intensité. — L'intensité d'un son est l'énergie avec laquelle les vibrations sonores se transmettent au nerf acoustique. 1° Elle dépend donc de l'*amplitude* des vibrations du corps sonore, comme on l'a déjà constaté (2), et plus on écarte de sa position d'équilibre une lame vibrante ou une corde tendue, plus le son produit est intense.

2° L'intensité dépend encore de la *distance*, et l'on remarque facilement qu'elle diminue à mesure qu'on s'éloigne du corps sonore. En effet, les vibrations se propageant dans tous les sens autour du corps sonore, le mouvement vibratoire qui, à 1m de distance, est réparti sur la surface d'une sphère de 1m de rayon, est réparti à une distance de 2m sur une sphère dont la surface est 4 fois plus grande que la première, puisque les surfaces de deux sphères sont proportionnelles au carré de leurs rayons ; par suite sur 1^{cm^2} de la 2e sphère l'énergie du mouvement est 4 fois moindre que sur 1^{cm^2} de la 1re ; donc : *quand le son se propage dans un milieu indéfini, son intensité varie en raison inverse du carré de la distance au corps sonore.*

Dans un milieu limité, l'affaiblissement du son est beaucoup moins grand ; dans un tuyau cylindrique, par exemple, la surface sur laquelle se propage le mouvement vibratoire étant constante, l'intensité du son reste sensiblement constante quelle que soit la distance. De là l'emploi des *tubes acoustiques* (*fig.* 15) pour causer d'une chambre à l'autre, ou d'un étage à l'autre, dans une maison ; ces tubes, en caoutchouc, portent à chacune de leurs extrémités une embouchure évasée, en os ou en ébonite, dans laquelle s'engage un sifflet. Pour appeler la personne avec qui l'on veut causer, on retire le sifflet de l'embouchure et on souffle dans le tube de manière à faire résonner le sifflet de l'autre extrémité ; puis on remet le sifflet en place, pour que la personne appelée puisse prévenir de la même façon qu'elle a entendu l'appel ; on retire alors le sifflet et on met l'embouchure soit devant la bouche pour parler dans le tube, soit à l'oreille pour entendre la réponse.

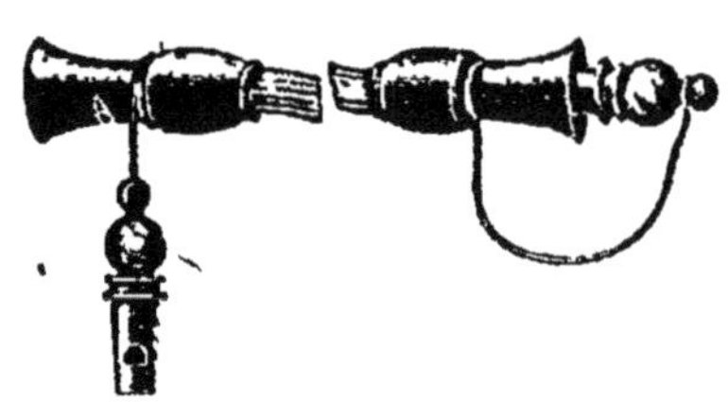

Fig. 15. — Tube acoustique.

3° L'intensité d'un son varie aussi avec la *densité du milieu* dans lequel il se propage ; nous avons vu par l'expérience du ballon à clochette (5) que l'intensité diminue à mesure que l'air plus raréfié devient moins dense ; dans l'hydrogène l'intensité d'un son est moindre que dans l'air, elle est plus grande dans le gaz carbonique.

4° Enfin, l'*agitation de l'air* et la *direction du vent* modifient aussi l'intensité du son. Le son se propage mieux par un temps calme que dans un air agité ; c'est probablement pourquoi on entend bien mieux les sons la nuit que le jour, l'échauffement de l'air par le soleil déterminant des courants dans l'atmosphère. Quand il fait du vent, l'intensité des sons est plus grande dans la direction du vent que dans la direction opposée.

On remarque aussi que le son se propage mieux de bas en haut que de haut en bas ; ainsi, des observateurs placés dans un ballon entendent la voix humaine jusqu'à 1000m au-dessus du sol, et ne peuvent se faire entendre des observateurs restés à terre au delà de 100m d'élévation.

13. Renforcement des sons. — L'intensité d'un son peut être augmentée par le contact ou le voisinage de corps qui vibrent de la même façon que le corps sonore ; par exemple, quand on appuie le pied d'un diapason contre une table, ou contre une caisse ouverte qui pourrait rendre le même son que le diapason, le son est renforcé. C'est pourquoi on tend les cordes d'un piano devant une lame de bois mince et sonore ou table d'harmonie, et celles du violon et des autres instruments à cordes au-dessus de caisses sonores.

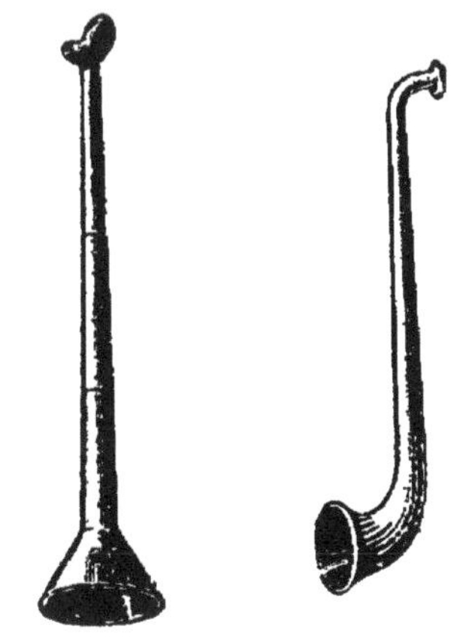

Fig. 16.— Porte-voix.   Fig. 17.— Cornet acoustique.

Les *porte-voix*, tubes coniques en métal, terminés

d'un côté par une embouchure et de l'autre par un pavillon évasé (*fig.* 16), qui servent à porter la voix à une distance très grande, et les *cornets acoustiques* (*fig.* 17), dont le pavillon recueille les vibrations sonores pour les transmettre au nerf acoustique par l'extrémité étroite qu'on introduit dans l'oreille, agissent à la fois en limitant l'espace dans lequel se propage le son, et en renforçant le son par les vibrations de la colonne d'air qu'ils renferment et par les réflexions qui se produisent sur les parois internes des tubes.

Le *stéthoscope* (*fig.* 18), employé pour ausculter les malades, est encore une application du renforcement des sons ; il se compose de deux membranes de caoutchouc formant une sorte de lentille biconvexe pleine d'air et maintenues sur leur pourtour par une capsule de cuivre qui recouvre une des faces, en laissant entre la lentille et la capsule une seconde cavité. On appuie la membrane sur la poitrine du malade et les bruits du cœur et de la respiration se transmettent à l'air de la lentille, et de là à l'oreille du médecin par un tube fixé au centre de la capsule. En adaptant à l'appareil un tuyau plus long, ou plusieurs tuyaux à la fois, on peut faire entendre les bruits au malade lui-même ou à plusieurs observateurs à la fois.

Fig. 18. Stéthoscope.

14. Hauteur du son. — Détermination. — La hauteur d'un son est la qualité qui permet de distinguer deux sons de même intensité émis par le même corps.

Elle dépend de la *fréquence*, c'est-à-dire du *nombre de*

vibrations effectuées dans une seconde ; on dit qu'un son est d'autant plus aigu ou plus élevé qu'il est dû à des vibrations plus nombreuses et par suite plus rapides.

Pour déterminer la hauteur d'un son, il faut donc compter le nombre de vibrations faites dans un temps donné, ce que l'on peut faire soit par la *méthode graphique*, soit au moyen d'appareils appelés *sirènes*, auxquels on peut faire rendre des sons variables.

15. Méthode graphique. — Pour enregistrer les vibrations d'un diapason (*fig.* 19) on place un diapason muni d'un stylet (3) de façon que ce stylet appuie légèrement sur un cylindre recouvert d'une feuille de papier enduite de noir de fumée ; ce cylindre est mobile autour d'un axe qui présente un pas de vis maintenu dans un écrou fixe, de telle sorte que le cylindre se déplace dans le sens de l'axe en même temps qu'il tourne, et que le même point de la surface ne puisse se trouver deux fois en face du stylet. Si le diapason ne vibrait pas, le stylet en enlevant le noir de fumée aux points qu'il touche tracerait sur le cylindre une hélice ; mais si à l'aide d'un archet on fait vibrer le diapason pendant que le cylindre tourne, les déplacements latéraux du stylet, combinés avec le mouvement du cylindre, produisent sur la surface noircie une ligne sinueuse, dont chaque dent correspond à une vibra-

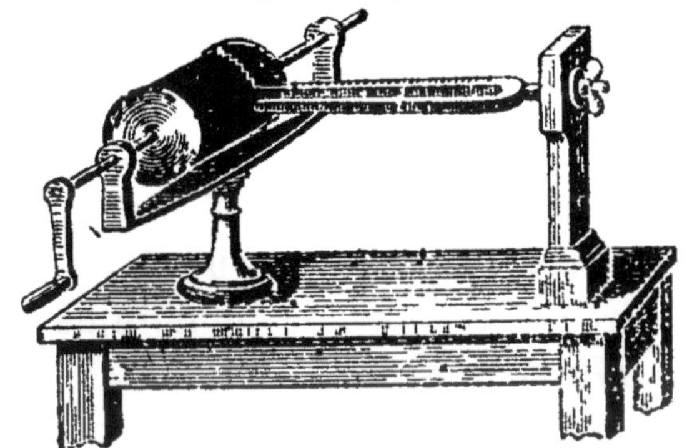

Fig. 19. — Inscription des vibrations d'un diapason.

tion double. Il suffit donc de diviser le nombre de sinuosités inscrites par le temps qu'a duré l'expérience pour avoir la hauteur du son. Pour déterminer ce temps, on fait inscrire sur le cylindre, en même temps que les vibrations du diapason, celles d'un autre diapason dont le nombre de vibrations par seconde est connu ; les deux lignes tracées sont parallèles et les sinuosités comprises entre deux génératrices du cylindre ont été produites dans le même temps ; donc si le diapason de comparaison fait 300 vibrations par seconde, et qu'il en inscrive 50 pendant que le premier en inscrit 40, en une seconde le premier diapason fait $\frac{40 \times 300}{50} = 240$ vibrations doubles.

On peut aussi employer un cylindre animé d'un mouvement uniforme et qui fait un nombre de tours connu, 3 par exemple, par seconde ; si le diapason trace 90 sinuosités pendant que le cylindre fait un tour, le nombre de vibrations est $90 \times 3 = 270$ par seconde.

Si le corps sonore est tel qu'il ne puisse inscrire directement ses vibrations sur le cylindre, on cherche un diapason qui rende le même son et on détermine la hauteur du son donné par ce diapason.

Phonographe. — L'inscription des vibrations sonores a

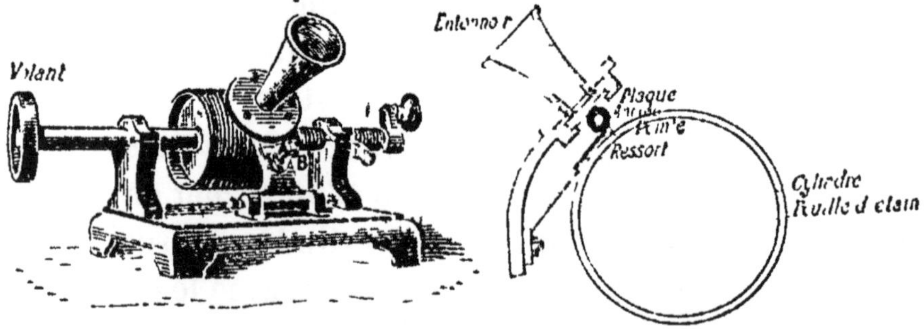

Fig. 20. — Phonographe primitif d'Edison.

été appliquée par Edison, en 1878, à la construction du phonographe, qui sert à reproduire la voix. Dans ce phonographe (*fig.* 20), les vibrations d'une mince plaque d'acier, fermant l'entonnoir devant lequel on parlait, étaient inscrites par une pointe d'acier sur une feuille de papier d'étain recouvrant un cylindre à rainure en hélice, du même pas que la vis qui servait à mettre le cylindre en mouvement.

Il a subi de nombreuses modifications qui permettent de conserver plus facilement le tracé des sons et de les reproduire avec plus d'exactitude et d'intensité. Dans les modèles les plus récents (*fig.* 21), le cylindre est remplacé par un disque de cire, mis en rotation par un mouvement d'horlogerie qui entraîne aussi le stylet inscripteur et lui fait tracer sur le disque des spires concentriques. Le son à enregistrer est produit devant l'ouverture d'un grand pavillon ; les vibrations de l'air se transmettent à l'air d'une capsule dont une des parois est une lame mince élastique, portant le stylet, qui creuse sur le disque un sillon dont les sinuosités suivent les variations des vibrations. Quand on veut reproduire les sons enregistrés, on ramène le stylet à son point de départ et on remet l'appareil en mouvement ; la pointe repasse dans les sinuosités tracées et répète ainsi tous les mouvements inscrits ; la lame élastique suit ces mouvements, communique à l'air de la capsule et du pavillon des vibrations identiques à celles qui avaient été enregistrées, et les sons inscrits paraissent sortir du pavillon comme d'un porte-voix ; ils sont assez intenses pour être entendus par tout un auditoire à la fois. Ces sons peuvent être reproduits autant de fois qu'on le veut, du moins jusqu'à ce que les sinuosités aient perdu leur netteté. Le phonographe sert non seulement à donner des auditions théâtrales ou musicales, mais à enregistrer des correspondances commerciales, des discours, des témoignages, des testaments, etc.

Fig. 21. – Phonographe Pathé à disque.

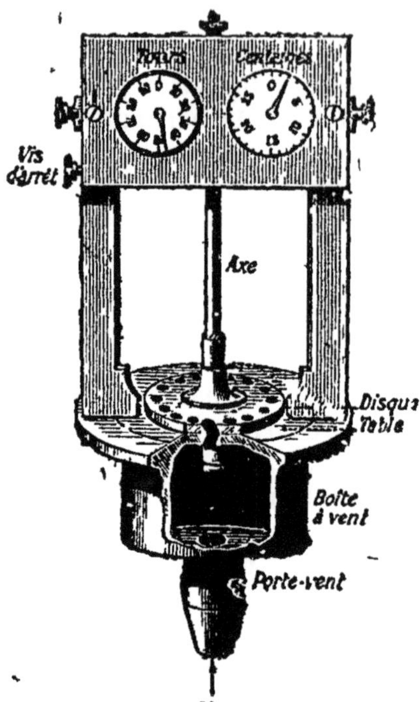

Fig. 22. — Sirène de Cagniard de Latour.

16. Sirène de Cagniard de Latour. — La sirène inventée par Cagniard de Latour se compose d'une boîte cylindrique en laiton (*fig.* 22) dans laquelle on envoie par un tube inférieur le vent d'une soufflerie, sorte de soufflet mû par une pédale, dont l'air arrive dans une caisse présentant des trous qui servent à placer divers appareils et que l'on peut déboucher à volonté par le jeu du clavier (*fig.* 23). La paroi supérieure, ou table, de la boîte (*fig.* 22) est percée de trous circulaires équidistants, placés sur une même circonférence, et faisant un angle de 45° avec les surfaces de la table, dans un plan perpendiculaire au rayon. Au centre de cette circonférence s'appuie un axe vertical, très mobile, auquel est fixé un disque horizontal présentant le même nombre

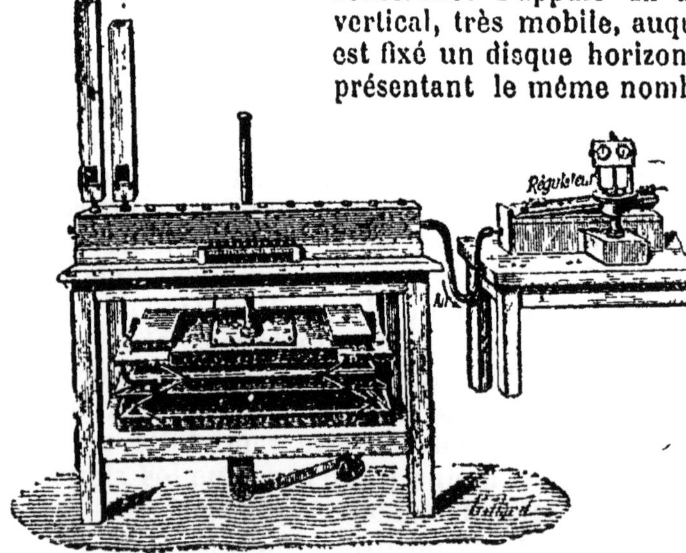

Fig. 23. — Soufflerie.

de trous disposés de façon à se superposer à ceux de la table, mais inclinés en sens inverse des premiers (*fig.* 24).

Quand les trous sont superposés, l'air envoyé par la soufflerie sort par les trous de la table, et vient frapper à angle droit la paroi des trous correspondants du disque; la pression exercée par cet air se décompose en deux forces, une verticale F qui n'a pas d'effet puisqu'elle ne peut soulever le disque, et une horizontale F', perpendiculaire au rayon, qui fait tourner le disque autour de l'axe.

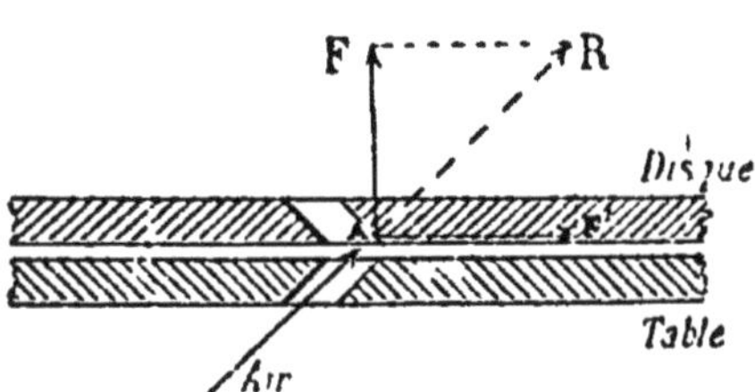

Fig. 24. — Coupe transversale du disque et de la table.

Mais alors une partie pleine du disque vient au-dessus des trous de la table, et l'air extérieur qui avait été refoulé revient sur lui-même en vertu de son élasticité; puis la rotation du disque amène de nouveau les trous du disque au-dessus de ceux de la table, l'air de la soufflerie sort en donnant une nouvelle impulsion au disque, et il repousse l'air extérieur, et ainsi de suite. Chaque fois que les trous du disque se superposent à ceux de la table, il y a donc une vibration de l'air, et par suite, si la table et le disque portent chacun 16 trous, il y a 16 vibrations par tour du disque. Comme le mouvement est d'autant plus rapide que le courant d'air insufflé est plus fort, la sirène donne des sons qui s'élèvent graduellement et on peut l'amener à produire un son de même hauteur que celui que l'on veut étudier. Quand ce résultat est obtenu, ce qu'on juge par l'impression produite sur l'oreille, on note l'heure avec un chronomètre à secondes en même temps qu'on pousse un cadre portant une roue dentée R (*fig.* 25), pour la faire engrener avec le pas de vis que présente la partie supérieure de l'axe vertical; à chaque tour du disque la roue avance d'une dent; et quand cette roue, qui présente 100 dents, a fait un tour complet, elle fait avancer d'une dent, à l'aide d'un petit taquet en saillie *t*,

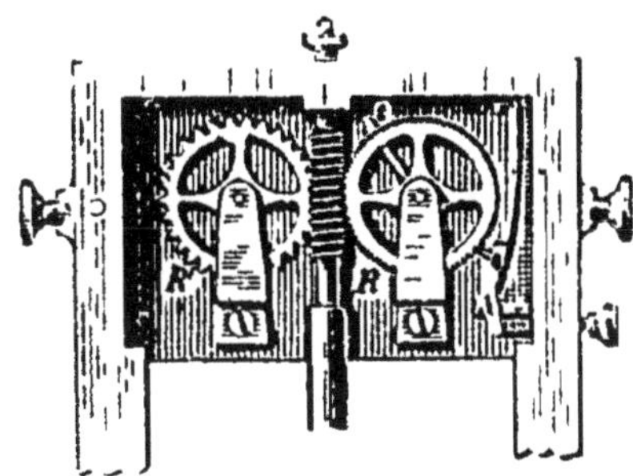
Fig. 25. — Compteur de tours.

une autre roue R'. Les axes de ces roues portent des aiguilles qui se meuvent sur deux cadrans gradués ; l'aiguille de R indique donc les tours, et celle de R' les centaines de tours du disque. Quand le son commence à changer, on désengrène le compteur de tours pendant qu'on note le temps ; si, par exemple, en 22 secondes le disque a fait 242 tours, la hauteur du son, c'est-à-dire le nombre de vibrations par seconde est

$$\frac{16 \times 242}{22} = 176.$$

La sirène est peu précise parce qu'il est très difficile de maintenir constante la vitesse de rotation du disque et par suite la hauteur du son, et de noter rigoureusement le moment de la mise en marche et de l'arrêt du compteur.

17. Timbre. — Le timbre est la qualité qui permet de distinguer l'un de l'autre des sons de même hauteur et de même intensité produits par des corps différents, par exemple les sons de la voix humaine, du piano et du violon.

M. Helmholtz a reconnu, à l'aide d'appareils appelés *résonateurs*, qui ne peuvent rendre qu'un son et par suite ne renforcent qu'un son déterminé, qu'il y a peu de sons simples ; presque tous sont accompagnés de sons secondaires beaucoup moins intenses, très variables suivant la nature du corps sonore, et qu'on appelle *harmoniques* du son principal. Ces sons se superposent au son fondamental et sont généralement confondus avec lui ; ce sont eux qui, par la variation qu'ils font subir à l'impression

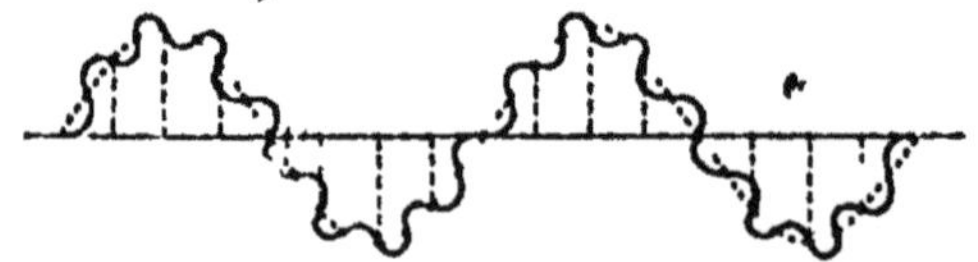

Fig. 26. — Inscription d'un son complexe.

auditive, produisent le timbre. On peut constater assez facilement sur l'inscription graphique d'un son des sinuosités secondaires (*fig.* 26) correspondant aux harmoniques du son fondamental ; ici par exemple le son est formé par deux notes dont la moins intense a des vibrations 4 fois plus fréquentes que la plus grave.

Un son simple est sourd, peu agréable au point de vue de l'effet musical ; et les sons simples (diapason, flûte, longs tuyaux d'orgue), n'ont pas sensiblement de timbre, ils ne se distinguent entre eux que par la hauteur et l'intensité. Au contraire, un son accompagné de nombreux harmoniques est plein et plus éclatant. Les sons de la voix humaine et des instruments à cordes sont les plus riches en harmoniques. Si l'on chante une note juste, devant un piano ouvert dont on a levé les étouffoirs en appuyant sur la pédale forte, on entend les cordes du piano qui correspondent aux différents sons composant cette note vibrer, et prolonger le son après que la voix a cessé, en reproduisant son timbre. Si l'on chante successivement la même note sur les voyelles différentes, le piano reproduit chaque fois la voyelle émise. Les voyelles sont donc des sons d'un timbre particulier formés d'une note dominante et d'harmoniques déterminés, dont on a pu faire l'analyse et la synthèse à l'aide de résonateurs ; tandis que les consonnes sont des bruits, dus à des mouvements de la langue et des lèvres, accompagnant l'émission des voyelles.

RÉSUMÉ DU CHAPITRE II

L'*intensité* d'un son dépend de l'*amplitude* des vibrations du corps sonore. Pour une même amplitude, l'intensité varie en raison inverse du carré de la distance au corps sonore, quand le son se propage dans un milieu indéfini ; elle dépend encore de la densité du milieu, de l'agitation de l'air et de la direction du vent. L'intensité du son se conserve mieux dans un milieu limité, comme les tuyaux acoustiques ; elle peut être renforcée par le contact ou le voisinage de corps capables de vibrer comme le corps sonore, d'où l'emploi des porte-voix et des cornets acoustiques.

La *hauteur* d'un son ne dépend que du *nombre de vibrations* effectuées dans une seconde ; pour la déterminer, on compte les vibrations soit en les faisant inscrire sur un cylindre tournant, recouvert de noir de fumée (*méthode graphique*) ; soit à l'aide d'une *sirène* dans laquelle le son est produit par un courant d'air qui, en sortant par les trous d'une table, fait tourner un disque également percé de trous,-mobile autour d'un axe vertical ; et cet axe met en mouvement des roues dentées qui enregistrent le nombre de tours du disque.

Le *timbre* est la qualité qui distingue deux sons de même hauteur et de même intensité, d'origine différente. Il est dû à des sons secondaires, faibles, ou *harmoniques*, qui accompagnent toujours le son principal, et qu'on peut distinguer à l'aide de résonateurs. Un son est d'autant plus plein et plus agréable qu'il est accompagné d'un plus grand nombre d'harmoniques.

CHAPITRE III

INTERVALLES MUSICAUX

---

18. Intervalle de deux sons. — Quand deux sons ayant des hauteurs différentes sont entendus successivement, l'impression qu'ils produisent sur l'oreille ne dépend pas du nombre absolu des vibrations, mais de leur rapport : ainsi deux sons correspondant l'un à 300, l'autre à 200 vibrations, et deux autres correspondant l'un à 360, l'autre à 240 vibrations, nous donnent une impression analogue. Par suite, on appelle intervalle de deux sons le rapport des nombres de vibrations exécutées dans un même temps par les deux corps sonores ; on prend toujours pour numérateur le nombre correspondant au son le plus aigu ; les intervalles sont donc des nombres fractionnaires plus grands que l'unité ; ils seraient dans le cas précédent $\frac{300}{200}$ ou $\frac{360}{240} = \frac{3}{2}$.

Les intervalles sont en nombre indéfini comme les nombres de vibrations des sons; mais on n'emploie en musique qu'un certain nombre d'intervalles représentés par des rapports simples, et qu'on appelle *intervalles musicaux*. Le plus simple est l'*unisson*, correspondant à l'unité, c'est-à-dire à des sons ayant même hauteur, et qui n'est guère qu'un renforcement du son; puis viennent les intervalles : $\frac{2}{1}$ qui caractérise l'*octave*, $\frac{3}{2}$, la *quinte*, $\frac{5}{4}$, la *tierce*, etc.

19. Accords. — Deux sons entendus simultanément produisent un *accord* et l'accord est d'autant plus consonant, c'est-à-dire donne une impression d'autant plus agréable que le rapport des nombres de vibrations est plus simple ; tels sont les accords formés par les intervalles précédents. Au contraire, l'accord est *dissonant* quand l'intervalle n'est pas simple, par exemple, les accords de *seconde* $\frac{9}{8}$, et de *septième* $\frac{15}{8}$.

L'accord le plus agréable est produit par trois sons simultanés, dont le second est à une tierce et le troisième à une quinte du plus grave, et qui correspondent par conséquent à des nombres de vibrations proportionnels à 1, $\frac{5}{4}$, $\frac{3}{2}$, ou, en chassant les dénominateurs, à 4, 5, 6 ; on l'appelle *accord parfait majeur*.

20. Gamme. — Les sons employés en musique forment des séries successives de huit sons ou *notes* séparés par des intervalles simples, constants, déterminés par l'expérience et l'harmonie, et dont le dernier est à l'octave aiguë du premier : chacune de ces séries constitue une gamme. Ces notes ont reçu les noms : *ut*, *ré*, *mi*, *fa*, *sol*, *la*, *si*, *ut* ;

on substitue généralement à *ut* le nom *do* qui est plus sonore. En continuant, à partir du second *do*, la même série d'intervalles, on forme une nouvelle gamme dont chaque note est à l'octave aiguë de la note de même nom de la première gamme. Si l'on inscrit simultanément sur une même plaque ou sur un même cylindre le mouvement vibratoire des différentes notes d'une gamme, on obtient le

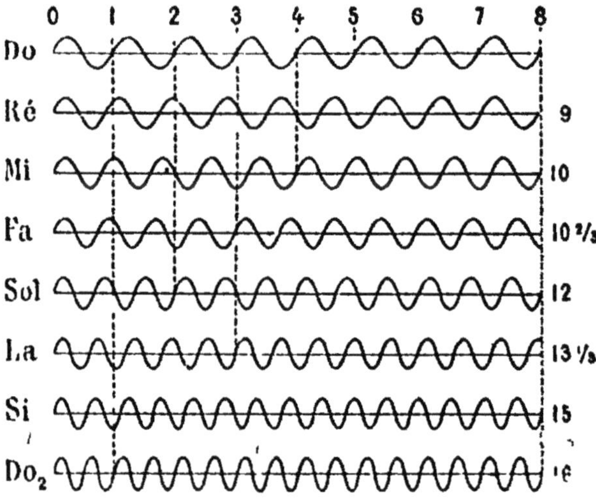

Fig. 27 — Inscription simultanée des notes d'une gamme.

graphique reproduit par la figure 27, dans laquelle on voit que :

9	vibrations	du *ré*	correspondent à	8	vibrations du *do*
5	—	*mi*	—	4	—
4	—	*fa*	—	3	—
3	—	*sol*	—	2	—
5	—	*la*	—	3	—
15	—	*si*	—	8	—
2	—	*do*$_2$	—	1	—

Les intervalles de chaque note à la première ou *tonique* sont donc, en représentant par 1 le nombre de vibrations de la tonique :

ré-do $\frac{9}{8}$, intervalle de seconde ;

mi-do $\frac{5}{4}$, — tierce ;

fa-do $\frac{4}{3}$, — quarte ;

sol-do $\frac{3}{2}$, — quinte ;

la-do $\frac{5}{3}$, — sixte ;

si-do $\frac{15}{8}$, — septième :

do_2-do_1 2, — octave ;

c'est-à-dire que si l'on prend pour tonique d'une gamme un son correspondant à 240 vibrations par seconde, les notes de la gamme auront respectivement

$$\frac{240 \times 9}{8} = 270, \quad 240 \times \frac{5}{4} = 300, \quad 240 \times \frac{4}{3} = 320,$$

$$240 \times \frac{3}{2} = 360, \quad 240 \times \frac{5}{3} = 400, \quad 240 \times \frac{15}{8} = 450,$$

et $240 \times 2 = 480$ vibrations par seconde.

L'échelle des sons perceptibles est très étendue, elle comprend 7 octaves qu'on distingue par un petit chiffre placé en indice : *ré*$_3$, ou *ré* de la 3e gamme à partir de *do*$_1$. Si l'on connaît le nombre de vibrations correspondant à l'une des notes, on peut donc en déduire le nombre de vibrations de toutes les autres notes ; on a adopté comme point de repère ou *diapason normal* le son correspondant à 435 vibrations doubles par seconde, qu'on représente par *la*$_3$; c'est le *la* du médium de la voix de femme, et la gamme dont il fait partie est désignée sous le nom de *gamme normale* ; le *do* de cette gamme ou do_3 correspond donc à $435 : \frac{5}{3} = 261$ vibrations doubles par seconde, et le do_1 ou *do* grave du violoncelle à $\frac{261}{4} = 65{,}25$ vibrations. La plus grave des notes employées en musique est le do_{-1} qui correspond à 16 vibrations.

On peut chercher aussi les intervalles entre deux notes successives de la gamme : de *ré* à *do*, l'intervalle est $\frac{9}{8}$; de *mi* à *ré* $\frac{5}{4} : \frac{9}{8} = \frac{10}{9}$, puisque le *ré* fait $\frac{9}{8}$ et le *mi* $\frac{5}{4}$ de vibration pendant que le *do* en fait une ;

de *fa* à *mi*, l'intervalle est $\frac{4}{3} : \frac{5}{4} = \frac{16}{15}$;

de *sol* à *fa*, — $\frac{3}{2} : \frac{4}{3} = \frac{9}{8}$;

de *la* à *sol*, — $\frac{5}{3} : \frac{3}{2} = \frac{10}{9}$;

de *si* à *la*, — $\frac{15}{8} : \frac{5}{3} = \frac{9}{8}$;

de do_2 à *si*, — $2 : \frac{15}{8} = \frac{16}{15}$.

On voit qu'il n'y a que trois intervalles différents : le premier, $\frac{9}{8}$, est appelé *ton majeur*, le second, $\frac{10}{9}$, *ton mineur*, le troisième, $\frac{16}{15}$, *demi-ton*.

Le ton majeur et le ton mineur diffèrent très peu l'un de l'autre : leur intervalle est $\frac{9}{8} : \frac{10}{9} = \frac{81}{80}$, on l'appelle un *comma* ; c'est le plus petit intervalle que l'on considère en musique, et comme il faut une oreille très exercée pour le distinguer, on confond dans la pratique le ton majeur et le ton mineur. La gamme comprend donc successivement 2 tons, un demi-ton, 3 tons et un demi-ton.

21. Transposition. — Dièses et bémols. — On est souvent forcé, pour pouvoir chanter un morceau donné par exemple, de prendre comme tonique une note plus haute ou plus basse que la tonique de la gamme normale ; il faut alors, pour accompagner la voix par un instrument à sons fixes, *transposer* le morceau, c'est-à-dire l'écrire dans un autre *ton* que le ton de *do*.

Supposons qu'on veuille commencer la gamme par la note *sol* ; on aura entre les notes de cette nouvelle suite de sons les intervalles suivants :

sol		*la*		*si*		*do*		*ré*		*mi*		*fa*		*sol*
	$\frac{10}{9}$		$\frac{9}{8}$		$\frac{16}{15}$		$\frac{9}{8}$		$\frac{10}{9}$		$\frac{16}{15}$		$\frac{9}{8}$;	

en confondant les tons majeurs et les tons mineurs, cette série ne diffère de la gamme de *do* que par l'intervalle de *fa* à *mi* qui est trop petit, et celui de *sol* à *fa* qui est trop grand ; pour en faire une véritable gamme, il suffit donc de remplacer le *fa* par une note un peu plus élevée qu'on appelle *fa dièse* et qu'on écrit fa♯, et qui est séparée du *fa* naturel par un intervalle de $\frac{25}{24}$. L'intervalle de cette note à *mi* est $\frac{16}{15} \times \frac{25}{24} = \frac{10}{9}$ ou un ton, et l'intervalle *fa*♯-*sol*, $\frac{9}{8} : \frac{25}{24} = \frac{27}{25}$, qui ne diffère du demi-ton que d'un comma et qu'on peut confondre avec lui.

En partant de la quinte de la gamme de *sol*, on obtiendra de même la gamme de *ré* en diésant l'avant-dernière note ou note *sensible* de cette nouvelle gamme qui comportera donc deux dièses : *fa*♯ et *do*♯ ; et en continuant à former des gammes de quinte en quinte, on aura les gammes : de *la*, avec 3 dièses, de *mi* avec 4, de *si* avec 5, de *fa*♯ avec 6, et de *do*♯ avec 7 dièses.

Si l'on prend pour tonique la quarte de la gamme de *do*, on obtient entre les notes de cette série les intervalles :

$$\begin{array}{ccccccccccccccc} fa & & sol & & la & & si & & do & & ré & & mi & & fa \\ & \frac{9}{8} & & \frac{10}{9} & & \frac{9}{8} & & \frac{16}{15} & & \frac{9}{8} & & \frac{10}{9} & & \frac{16}{15}; & \end{array}$$

cette série diffère de la gamme par l'intervalle *si-la*, qui est d'un ton au lieu d'un demi-ton ; pour avoir une gamme, on remplace le *si* par une note plus basse, le *si bémol*, qu'on écrit *si*♭, et qu'on obtient en divisant l'intervalle *si-la* par $\frac{25}{24}$. L'intervalle *si*♭*-la* est donc $\frac{9}{8} : \frac{25}{24} = \frac{27}{25}$ ou un demi-ton à un comma près, et l'intervalle *do-si*♭, $\frac{16}{15} \times \frac{25}{24} = \frac{10}{9}$ ou un ton.

On passe de même à la gamme ayant pour tonique la quarte de celle-ci, c'est-à-dire *si*♭, en bémolisant la note sensible de la gamme de *fa*, et ainsi de suite.

Les gammes obtenues en diésant ou bémolisant certaines notes ne sont pas absolument identiques à la gamme de *do*, ou gamme naturelle; elles en diffèrent par la position relative des tons majeurs et des tons mineurs, ce qui est une source de variété, l'expression d'un morceau n'étant pas la même suivant qu'il est écrit dans un ton ou dans un autre.

22. Gamme mineure. — On emploie encore en musique

la *gamme mineure*, dont le type est la gamme relative du ton de *do* majeur, obtenue en partant du *la*, et qui présente la suite d'intervalles

$$\begin{array}{ccccccccccccccc} la & & si & & do & & ré & & mi & & fa & & sol & & la \\ & \frac{9}{8} & & \frac{16}{15} & & \frac{9}{8} & & \frac{10}{9} & & \frac{16}{15} & & \frac{9}{8} & & \frac{10}{9}; & \end{array}$$

on dièse généralement le *sol*, pour avoir un demi-ton entre l'octave et la note sensible, et quelquefois le *fa* pour n'avoir pas un intervalle de plus d'un ton entre *fa* et *sol*#. Cette gamme est caractérisée par l'intervalle *do-la* qui est $2 : \frac{5}{3} = \frac{6}{5}$, au lieu de l'intervalle $\frac{5}{4}$ que l'on trouve, dans la gamme majeure, entre la troisième note et la tonique; cet intervalle est une *tierce mineure*.

Dans l'*accord parfait mineur*, *la*, *do*, *mi*, le deuxième son est à une tierce mineure et le troisième à une quinte du premier, et les nombres de vibrations sont proportionnels à $\frac{5}{3}$, 2, $\frac{5}{2}$, ou à 10, 12, 15.

23. Gamme tempérée. — En tenant compte des dièses et des bémols de chaque note, on voit que la gamme complète comprend 21 notes ; la voix humaine et les instruments tels que le violon, le violoncelle peuvent produire ces 21 notes, qui constituent une gamme *enharmonique* ; mais dans les instruments à sons fixes, comme l'orgue, le piano, la harpe, cette multiplicité de notes rendrait le mécanisme et surtout l'usage de l'instrument très difficiles. Aussi la différence entre le dièse d'une note et le bémol de la note suivante étant très faible, quoique appréciable pour une oreille exercée, on confond généralement ces deux notes, et l'on fait tous les demi-tons égaux, l'intervalle d'octave étant rigoureusement conservé ; on obtient ainsi la *gamme tempérée*, composée de 12 notes, *do*, *do*$^{\sharp}$ ou *ré*$^{\flat}$, *ré*, *ré*$^{\sharp}$ ou *mi*$^{\flat}$, *mi*, *fa*, *fa*$^{\sharp}$ ou *sol*$^{\flat}$, *sol*, *sol*$^{\sharp}$ ou *la*$^{\flat}$, *la*, *la*$^{\sharp}$ ou *si*$^{\flat}$, *si*, dont les intervalles sont tous égaux.

Dans cette gamme, les intervalles ne correspondent pas exactement aux intervalles réels, et de plus, comme tous les demi-tons sont égaux, les gammes sont identiques quel que soit le ton; la gamme tempérée n'offre donc pas les mêmes ressources d'expression que la gamme enharmonique, mais la facilité qu'elle présente à l'exécution l'a fait adopter universellement.

RÉSUMÉ DU CHAPITRE III

On appelle *intervalle* de deux sons le rapport des nombres de vibrations effectuées dans un même temps par les deux corps sonores ; on prend toujours pour numérateur le nombre de vibrations du son le plus aigu. On n'emploie en musique qu'un certain nombre d'intervalles caractérisés par des rapports simples.

Deux sons simultanés produisent un *accord*, *consonant* si les nombres de vibrations sont dans un rapport simple, *dissonant* dans le cas contraire. L'*accord parfait* majeur est formé de trois sons dont le second est à la tierce et le troisième à la quinte du premier.

La *gamme* est une suite de huit sons séparés par des rapports simples, constants, et dont le huitième est à l'octave aiguë du premier ou tonique ; les intervalles de chaque note à la tonique sont les suivants :

do	*ré*	*mi*	*fa*	*sol*	*la*	*si*	do_2
1	$\frac{9}{8}$	$\frac{5}{4}$	$\frac{4}{3}$	$\frac{3}{2}$	$\frac{5}{3}$	$\frac{15}{8}$	2.

On a choisi comme point de repère ou *diapason normal* le la_3 correspondant à 435 vibrations doubles par seconde.

Les intervalles de chaque note à la précédente ne comprennent que des *tons majeurs* $\frac{9}{8}$, des *tons mineurs* $\frac{10}{9}$, et des *demi-tons* $\frac{16}{15}$; la gamme comporte une succession de : 2 tons, 1 demi-ton, 3 tons, 1 demi-ton.

Pour *transposer* un morceau, on prend comme tonique une note autre que le *do* normal, et on rétablit les intervalles caractéristiques de la gamme en *diésant* ou *bémolisant* les notes qui ne présentent pas l'intervalle nécessaire. Pour diéser une note, on multiplie le nombre de vibrations correspondant par $\frac{25}{24}$; pour la bémoliser, on le divise par $\frac{25}{24}$.

La *gamme mineure* est caractérisée par l'intervalle de tierce : *la-do*♯ qui est mineur, c'est-à-dire qui vaut $\frac{6}{5}$ au lieu de $\frac{5}{4}$.

La *gamme tempérée* confond le dièse d'une note avec le bémol de la suivante, et comprend douze demi-tons tous égaux, le dernier étant rigoureusement à l'octave de la tonique.

Cette gamme n'est pas exacte ; elle est moins expressive que la gamme normale, mais elle est bien plus commode pour la construction et le jeu des instruments à sons fixes.

CHAPITRE IV

CORDES VIBRANTES ET TUYAUX SONORES

Cordes vibrantes.

24. Vibrations des cordes. — On appelle CORDES, en Acoustique, des corps en forme de fils, en boyau ou en métal, qui sont élastiques par tension.

Pour faire vibrer une corde, on la tend entre deux points fixes, et on peut provoquer des *vibrations longitudinales* en frottant la corde dans le sens de sa longueur avec un morceau d'étoffe saupoudré de colophane, ou des *vibrations transversales* en frottant la corde perpendiculairement à sa longueur avec un archet, comme dans le violon, en la pinçant, comme dans la harpe et la guitare, ou la frappant comme dans le piano. Les vibrations longitudinales sont très aiguës et désagréables, et l'on n'emploie en musique que les vibrations transversales des cordes.

25. Lois des vibrations transversales. — Pour étudier les lois des vibrations transversales des cordes, on se sert du *sonomètre* (*fig.* 28) qui se compose d'une caisse sonore destinée à renforcer les sons portant deux chevalets fixes C, C', distants de 1ᵐ, sur lesquels passent deux cordes

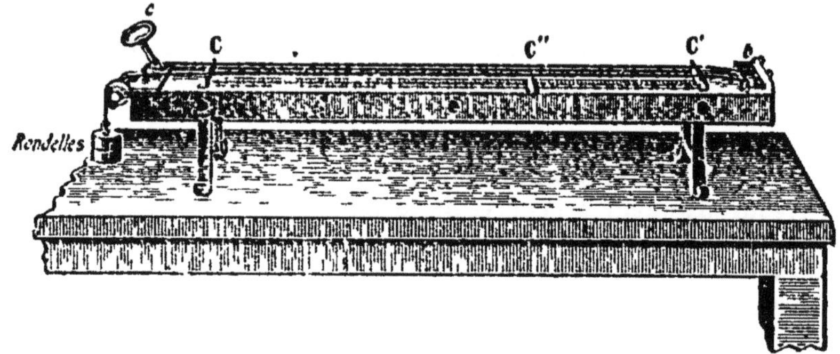

Fig. 28. — Sonomètre.

fixées à des chevilles de fer ou goujons *b*, *b'*; l'une des cordes *b* s'attache par l'autre extrémité à un goujon *c* que l'on peut faire tourner à l'aide d'une vis pour la tendre plus ou moins; l'autre corde *b'* passe sur une poulie et peut être tendue à l'aide de poids qu'on suspend à son extrémité. Entre les deux chevalets fixes, une graduation en millimètres est tracée sur la caisse.

La corde *b'* étant tendue par un poids invariable, on la fait vibrer à l'aide d'un archet, et on tend la corde *b* jusqu'à ce qu'elle rende le même son ; cette corde servira ainsi à comparer au son primitif de la corde dont on étudie les vibrations les sons qu'elle rendra quand on fera varier les conditions de l'expérience.

I. Loi des longueurs. — On place au milieu de la distance CC', un chevalet mobile C'' sur lequel on appuie la corde *b'*, de façon à réduire sa longueur à la moitié de la longueur primitive, et on fait vibrer la corde ; on constate que le son produit est à l'octave aiguë du son de la corde b, et par suite que le nombre de vibrations est devenu le double de ce qu'il était quand la corde b' vibrait tout entière.

On place le chevalet mobile au tiers de la distance CC', et on fait vibrer la partie la plus longue ou les $\frac{2}{3}$ de la corde; on obtient la quinte du premier son; donc le nombre de vibrations est les $\frac{3}{2}$ de celui de la corde entière. On vérifierait encore que, pour obtenir les notes de la gamme, il faut faire vibrer successivement $\frac{8}{9}$, $\frac{4}{5}$, $\frac{3}{4}$, $\frac{2}{3}$, $\frac{8}{15}$, $\frac{3}{5}$, $\frac{1}{2}$ de la corde; d'où l'on tire la loi suivante: Pour une même corde, la tension étant constante, les nombres de vibrations effectuées par seconde varient en raison inverse de la longueur.

II. Loi des tensions. — Si on tend la corde b' par un poids de 1^{kg} et qu'on note avec la corde b le son produit quand on la fait vibrer, on constate qu'en suspendant à la corde un poids de 4^{kg} on obtient l'octave aiguë du premier son, c'est-à-dire un nombre double de vibrations; en la tendant par un poids de 9^{kg}, on obtient la quinte au-dessus de cette octave, donc un nombre de vibrations 3 fois plus grand que dans le premier cas. Par suite, pour une même corde, la longueur restant constante, les nombres de vibrations par seconde varient proportionnellement à la racine carrée du poids tenseur.

III. Loi des diamètres. — Si après avoir noté le son rendu par une corde vibrant tout entière, on remplace cette corde par une autre de même nature, de même longueur, tendue par le même poids, mais d'un diamètre double, on obtient l'octave grave du premier son ; en employant des cordes d'autres diamètres, on vérifie toujours que pour des cordes de même substance et de même longueur également tendues, les nombres de vibrations varient en raison inverse des diamètres.

IV. Loi des densités. — Enfin, en prenant des cordes de même longueur et de même section également tendues mais de nature différente, on constate de façon analogue que la hauteur du son varie avec la nature de la corde et que les nombres de vibrations varient en raison inverse de la racine carrée de la densité.

26. Harmoniques des cordes. — Quand on fait vibrer la corde du sonomètre en frottant l'archet vers le milieu, elle vibre tout entière et rend le son le plus grave qu'elle puisse donner, ou *son fondamental ;* elle paraît alors renflée au milieu (*fig.* 29, I) qu'on appelle un *ventre* de vibration, tan-

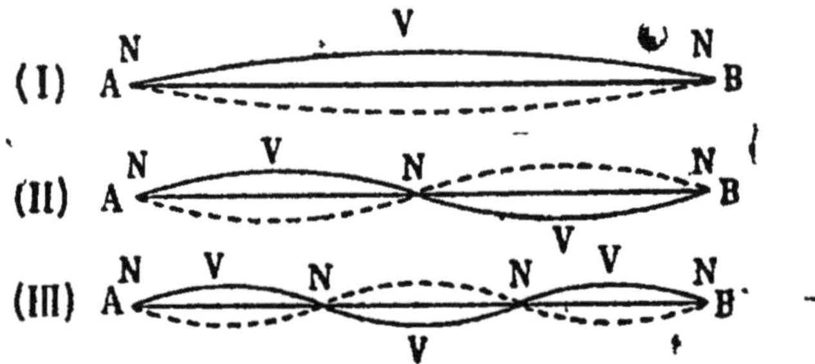

Fig. 29. — Vibrations d'une corde rendant le son fondamental (I), le second harmonique (II) et le troisième harmonique (III).

dis que les extrémités où le mouvement est nul sont des *nœuds.* Si on appuie légèrement au milieu de la corde avec le doigt ou avec une plume, et qu'on frotte avec l'archet vers le quart, puis qu'on retire le doigt, le son rendu est à l'octave aiguë du son fondamental, et l'on voit la corde former deux fuseaux tandis que le milieu reste immobile et constitue un nœud (*fig.* 25, II). Si on appuie au tiers de la corde, et qu'on fasse vibrer ce tiers avec l'archet, les 2/3 restant vibrent aussi en formant deux fuseaux ; la corde se divise donc en trois parties vibrant comme si elles étaient isolées, et le son rendu est la quinte au-dessus de l'octave du son fondamental, qui correspond à un nombre triple de vibrations (*fig.* 29, III).

On peut montrer cette division de la corde à l'aide de petits *cavaliers* de papier, posés sur la corde. Quand la corde vibre en 4 fuseaux, les cavaliers placés au quart, à la moitié et aux trois quarts de la corde restent immobiles, il y a donc en ces points N des nœuds (*fig.* 30) ; tandis que les cavaliers

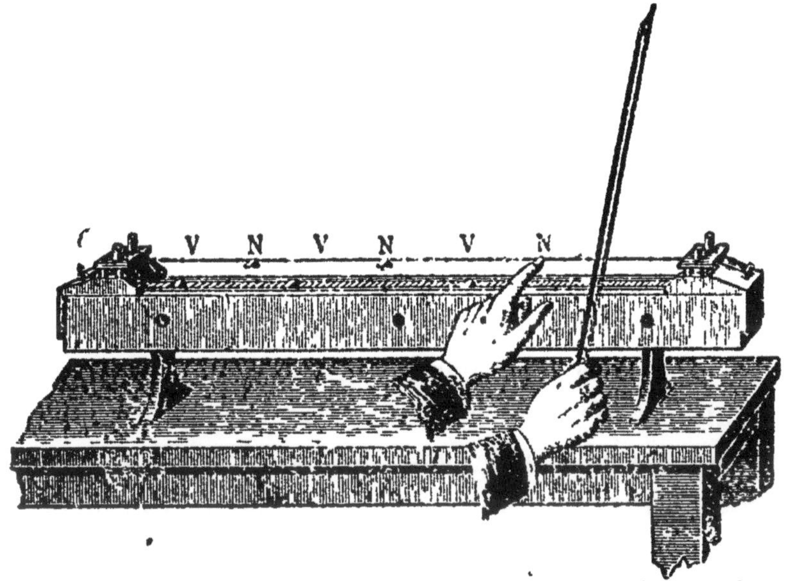

Fig. 30. — Expérience montrant la division d'une corde qui rend le 4e harmonique.

qui sont placés en V au milieu de la distance de deux nœuds successifs, c'est-à-dire aux ventres, sont projetés en l'air et tombent.

Les sons que peut rendre une corde suivant qu'elle se divise en 2, 3, 4,... parties vibrantes, correspondent à 2, 3, 4,... fois plus de vibrations, et sont appelés les *harmoniques* du son fondamental, considéré lui-même comme le premier harmonique

Un certain nombre d'harmoniques accompagnent généralement le son fondamental, même quand on fait vibrer la corde entière, et c'est eux qui donnent au son un timbre particulier, plus ou moins agréable suivant l'accord qu'ils forment avec le son fondamental. Le septième harmonique, par exemple, produit une dissonance; c'est pour l'éviter que, dans un piano, on fait frapper le marteau vers le septième de la longueur de la corde, de façon à y déterminer forcément un ventre de vibration et non un nœud.

27. Instruments à cordes. — Les lois des cordes trouvent des applications très importantes dans la construction et le jeu des instruments à cordes.

Le *piano* et la *harpe* sont des instruments à *sons fixes*. Dans le piano, il y a au moins une corde pour chaque note différente ; les cordes sont mises en vibration par le choc de petits marteaux que l'on fait mouvoir au moyen des touches du clavier. Dans la harpe, les cordes, qu'on fait vibrer en les pinçant, correspondent aux notes naturelles de la gamme ; et on modifie légèrement leur longueur à l'aide de pédales pour obtenir les dièses et les bémols.

Le *violon*, l'*alto*, le *violoncelle*, la *contrebasse* sont des instruments à *sons variables*, dans lesquels il n'y a que quatre cordes, de nature et de diamètre variables suivant la note qu'elles doivent donner ; on les accorde en les tendant plus ou moins à l'aide de chevilles et de clefs, et on les fait vibrer avec un archet. Dans le violon, les quatre cordes vibrant tout entières donnent sol$_3$, ré$_3$, la$_3$, mi$_4$; l'alto, qui est un peu plus grand que le violon, est accordé à une quinte au-dessous ; le violoncelle, à une octave au-dessous de l'alto ; et la contrebasse, à une octave au-dessous du violoncelle. Les autres notes s'obtiennent en faisant varier, par la position des doigts sur les cordes, la longueur de la partie vibrante. Ces instruments peuvent donc donner tous les sons de la gamme chromatique vraie, tandis que les instruments à sons fixes donnent ceux de la gamme tempérée ; de là leur supériorité au point de vue de l'expression.

Tuyaux sonores.

28. Production du son dans les tuyaux sonores. — On appelle tuyaux sonores des tubes à parois résistantes limitant une colonne d'air dont les vibrations produisent un son. Ils sont dits *ouverts* ou *fermés* suivant que l'extrémité opposée à celle par laquelle on y envoie l'air est ouverte, ou fermée par une paroi solide.

L'air du tuyau peut être mis en vibration soit par une *embouchure de flûte*, soit par une *anche*. Dans les tuyaux à embouchure de flûte (*fig.* 31), l'air envoyé par une soufflerie arrive par le pied, qui sert à fixer le tuyau sur l'appareil, dans une sorte de boîte d'où il sort par une fente étroite ou *lumière* ; il s'échappe par une ouverture ou *bouche* pratiquée à la base du tuyau et dont le bord supérieur ou *lèvre* est taillé en biseau. Le courant d'air sortant de la lumière se brise contre la lèvre supérieure, se comprime, et par son élasticité repousse l'air qui continue à venir de la soufflerie; mais l'air s'échappant par la bouche, le courant d'air reprend son mouvement, et ainsi de suite ; il en résulte un mouvement vibratoire, qui se transmet à l'air du tuyau et produit un son.

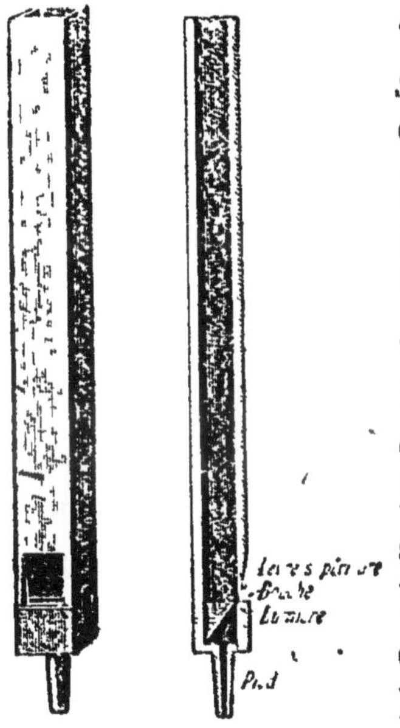

Fig. 31. — Tuyau à embouchure de flûte.

Dans les tuyaux à anche (*fig.* 32 à 33), l'air envoyé par la soufflerie dans le tuyau sort par une ouverture ou *rigole* en forme de cuiller, creusée dans une petite pièce de bois ou de métal ; cette rigole est fermée par une lame métallique ou *languette* (anche), fixée à une de ses extrémités seulement : l'air pour sortir pousse la languette qui revient

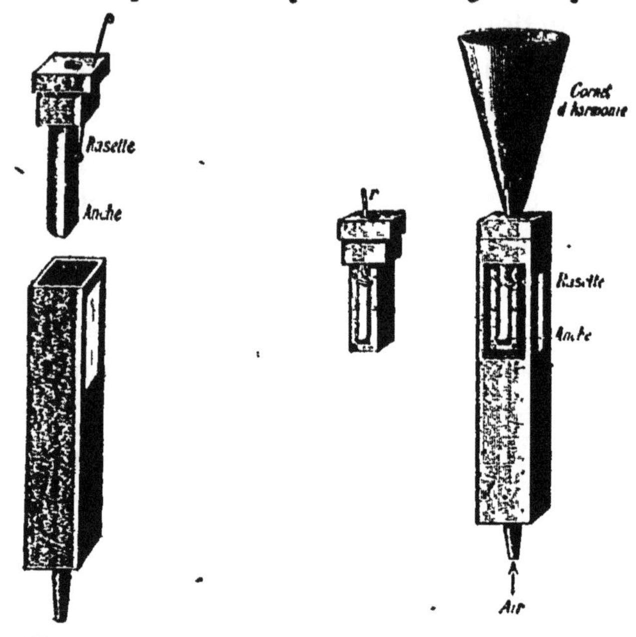

Fig. 32. — Tuyau à anche battante.

Fig. 33. — Tuyau à anche libre.

sur elle-même par suite de son élasticité, est poussée de nouveau, et prend donc un mouvement vibratoire qu'elle communique à l'air du tuyau. On peut modifier, par une tige mobile ou *rasette* qui s'appuie sur la languette, la longueur de la lame vibrante et par suite le son qu'elle produit.

L'anche est dite *battante* (*fig.* 32) quand la languette est plus large que la rigole et bat sur ses bords; *rasante* ou *libre* (*fig.* 33) quand elle peut pénétrer dans l'ouverture et oscille librement entre ses bords. Les sons produits par l'anche libre sont moins stridents que ceux des tuyaux à anche battante. Souvent on surmonte le tuyau d'un *cornet d'harmonie* qui renforce le son et le rend plus agréable.

Quel que soit le moyen employé pour produire la vibration, bec de flûte ou anche, la hauteur du son donné par un tuyau est la même.

29. Lois des vibrations des tuyaux sonores. — Pour étudier les lois des vibrations dans les tuyaux sonores, on adapte ces tuyaux à une soufflerie et on les fait résonner ; on constate que des tuyaux de même espèce et de même longueur en bois, en cuivre, en verre, rendent le même son, le timbre seul varie ; donc *la hauteur du son est indépendante de la nature des parois*, lorsque celles-ci sont assez épaisses. La hauteur du son ne dépend pas non plus du *diamètre*, si ce diamètre est faible relativement à la longueur, ni de la *forme*, cylindrique ou prismatique, du tuyau.

I. Loi des longueurs. — Si l'on fait résonner successivement des tuyaux de même espèce, c'est-à-dire tous ouverts ou tous fermés, on constate qu'un tuyau de 50^{cm} de long donne l'octave aiguë d'un tuyau de 1^{m}, la quinte d'un tuyau de 75^{cm} ; donc, quand les longueurs sont entre elles comme $1, 2, \frac{3}{2}$, les nombres de vibrations sont entre eux comme $1, \frac{1}{2}, \frac{2}{3}$; on en conclut que pour des tuyaux de même espèce, les nombres de vibrations varient en raison inverse des longueurs.

II. Tuyaux ouverts ou fermés. — En faisant résonner successivement un tuyau fermé et un tuyau ouvert de longueur double, on constate qu'ils donnent le même son ; si le tuyau ouvert porte en son milieu une coulisse (*fig.* 41) présentant une partie pleine et une ouverture égale à la section du tuyau, le son ne change pas quand on remplace l'ouverture par la paroi; donc, un tuyau fermé rend le même son qu'un tuyau ouvert de longueur double.

Fig. 31. — Un tuyau fermé rend le même son qu'un tuyau ouvert de longueur double.

Dans les orgues, on remplace souvent, pour les notes très graves, les tuyaux ouverts qui devraient être très longs par des tuyaux fermés de longueur deux fois moindre.

30. Harmoniques. — 1. Tuyaux ouverts. — Quand on augmente la vitesse du courant d'air insufflé dans un tuyau ouvert, le son monte, mais pas d'une façon continue : on entend successivement l'octave aiguë du son le plus grave que puisse donner le tuyau ou *son fondamental* du tuyau, puis la quinte de l'octave, la seconde octave, la tierce de cette octave, etc., c'est-à-dire des sons correspondant à 2, 3, 4, 5 fois plus de vibrations que le son fondamental.

On pourrait constater, en introduisant une membrane tendue saupoudrée de sable dans un tuyau qui donne le son fondamental (*fig.* 6), qu'au milieu l'air est en repos, tandis qu'au voisinage des orifices inférieur et supérieur, il a son maximum de mouvement et fait sautiller vivement le sable; il y a donc aux extrémités du tuyau des ventres de vibration, et au milieu un nœud.

Quand le tuyau donne son second harmonique, on trouve qu'il y a un ventre à chaque extrémité, un au milieu, avec un nœud au milieu de la distance de deux ventres consécutifs; quand il donne le troisième harmonique, il y a deux ventres entre les extrémités, etc.; donc la colonne d'air du tuyau peut se diviser, comme une corde vibrante, en 2, 3, 4,... colonnes d'égale longueur, vibrant chacune comme si elles étaient seules, et donnant par suite 2, 3, 4,... fois plus de vibrations par seconde.

On ne doit rien changer au son d'un tuyau en introduisant une cloison à l'endroit d'un nœud puisque l'air y est immobile : c'est ce que l'on a vérifié à propos de la 2e loi (29); ni en ouvrant un orifice à l'endroit d'un ventre, où l'air est en mouvement, mais a la même densité que l'air extérieur : on peut faire l'expérience avec des tuyaux dont les parois présentent des ouvertures fermées par des plaques mobiles (*fig.* 35); on constate que si le tuyau rend le 2e harmonique, on peut ouvrir l'orifice V_1, sans modifier le son; au contraire en ouvrant un orifice en N ou N_1, la hauteur du son varie, parce qu'on détermine en ces points la formation de ventres au lieu de nœuds, et par suite une division différente de la colonne d'air (*fig.* 36).

Fig. 35. — Le son ne change pas quand on fait une ouverture dans la paroi à l'endroit du ventre.

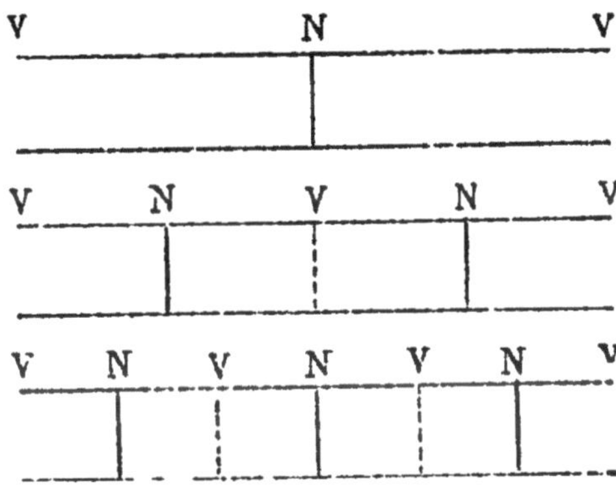

Fig. 36. — Disposition des nœuds et des ventres dans un tuyau ouvert.

Le son fondamental est, comme dans les cordes, généralement accompagné d'harmoniques, même quand on ne les perçoit pas distinctement.

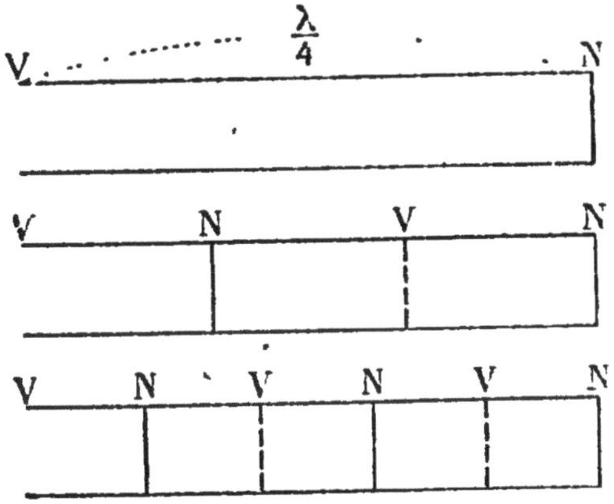

II. Tuyaux fermés. — Dans un tuyau fermé, si l'on force le courant d'air, on obtient après le son fondamental des harmoniques correspondant à des nombres de vibra-

Fig. 37. — Harmoniques des tuyaux fermés.

tions 3, 5, 7,... fois plus grands. En effet, comme il y a toujours un ventre à l'embouchure du tuyau et un nœud à la cloison supérieure, et que la colonne d'air se divise de telle façon que les nœuds et les ventres alternent régulièrement, il faudra qu'il se fasse dans la longueur du tuyau au moins un nœud N (*fig.* 37) et un ventre V, ou deux nœuds et deux ventres; par suite, la longueur de l'intervalle entre un nœud et un ventre devient 3, 5, ... fois plus petite que pour le son fondamental, et le nombre de vibrations 3, 5, ... fois plus grand.

Les tuyaux fermés ont donc des harmoniques moins nombreux que les tuyaux ouverts; aussi produisent-ils des sons moins beaux.

La production du son dans les tuyaux sonores est un cas particulier des phénomènes de résonance (13), comme on peut le montrer par les expériences suivantes : on prend deux longues éprouvettes A et B (*fig.* 38) communiquant par leur partie inférieure à l'aide d'un tube de caoutchouc, et contenant de l'eau; de l'ouverture de A on approche un diapason en activité donnant par exemple le la_3, et l'on fait varier le niveau en A en soulevant plus ou moins B; il arrive un moment où le son est considérablement renforcé par la vibration de l'air de l'éprouvette, et le renforcement cesse dès que l'on fait varier le niveau MN.

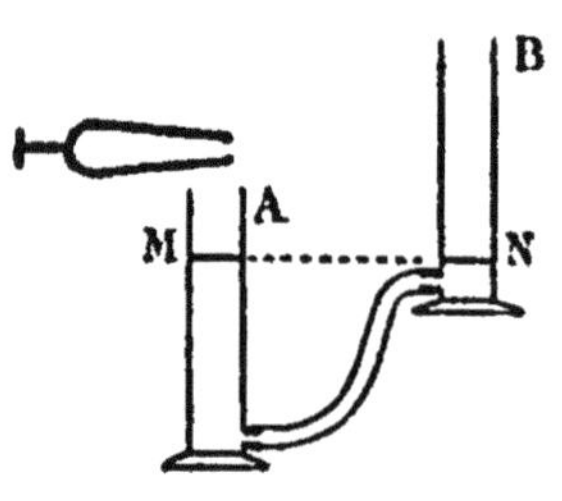

Fig. 38. — Renforcement d'un son par une cavité fermée à un bout.

Il faut donc, pour que la colonne d'air MA constitue un résonnateur pour la note la_3, qu'elle ait une longueur déterminée, qui est précisément celle du tuyau fermé donnant le la_3. Mais l'éprouvette ainsi accordée renforce aussi, quoique plus faiblement, les notes mi_4 et $do\sharp_5$, dont la fréquence est 3 et 5 fois plus grande que celle du la_3, et qui sont ses harmoniques impairs.

Si l'on fait la même expérience en remplaçant les éprouvettes par deux tubes assez larges dont l'un glisse dans l'autre, de façon à constituer une cavité ouverte aux deux bouts comme les tuyaux ouverts, mais de longueur variable, on constate que l'appareil ne renforce le la_3 que quand on l'a amené à une longueur déterminée ; et qu'alors il renforce aussi les notes la_4, mi_4, la_5, $do\sharp_5$, dont la fréquence est 2, 3, 4,

5 fois plus grande que celle du *la*, c'est-à-dire la suite complète des harmoniques du son fondamental. Les tuyaux sonores font donc l'office de résonateurs pour certaines des notes que produit le *foyer sonore* : anche, embouchure de flûte, etc. placé à une de leurs extrémités.

31. Instruments à vent. — Les lois des vibrations des tuyaux sonores ont des applications importantes dans la construction et le jeu des instruments à vent ; dans ces instruments le son est produit soit par une embouchure de flûte, soit par une anche.

I. Instruments à embouchure de flûte. — Parmi les premiers, les uns sont à sons fixes, comme l'*orgue* dont chaque tuyau ne peut rendre qu'un son ; pour produire une note déterminée, on envoie au moyen d'une soupape mise en mouvement par un clavier le courant d'air d'une soufflerie dans le tuyau correspondant ; en faisant résonner à la fois plusieurs tuyaux convenablement choisis, on peut imiter des timbres différents.

Les autres, comme la *flûte*, le *flageolet*, sont formés d'un seul tuyau à sons variables ; dans le flageolet, l'embouchure est analogue à celle du tuyau d'orgue, mais l'air y est envoyé par la bouche ; dans la flûte, l'air envoyé par la bouche dans une direction perpendiculaire à celle du tuyau vient se briser sur les bords de l'ouverture. Dans ces deux instruments, on obtient les harmoniques du son fondamental en faisant varier la vitesse du courant d'air, et les sons intermédiaires en ouvrant à l'aide de clefs des trous pratiqués en des points déterminés des parois, de façon à y produire des ventres de vibration.

II. Instruments à anche. — La *clarinette*, le *basson*, le *hautbois* sont des instruments à anche proprement dits ou *à bec*, dans lesquels les lèvres font l'office de rasette en appuyant en des points variables des lames minces et élastiques qui forment la languette et que le souffle fait vibrer. On obtient les différentes notes à l'aide de trous et de clefs comme dans la flûte.

Le *trombone*, le *cornet à pistons*, le *cor*, le *clairon*, la *trompette* sont des instruments *à bocal* : ce sont les lèvres qui en vibrant dans l'embouchure jouent le rôle d'anche double. Pour obtenir des notes différentes, dans le trombone à coulisse, on allonge ou on raccourcit le tuyau en tirant plus ou moins une partie mobile qui glisse dans l'autre ; dans le cornet à pistons, on fait passer l'air dans des tuyaux plus ou moins longs en ouvrant des soupapes au moyen de pistons sur lesquels on appuie ; dans le clairon, c'est la vitesse variable de l'air insufflé qui produit les harmoniques 3, 4, 5 et 6 correspondant aux intervalles *sol*, *do*, *mi*, *sol* ; dans le cor, on obtient par le même moyen les harmoniques 8, 9, 10, 12, 15, 16, soit *do*, *ré*, *mi*, *sol*, *si*, *do* ; le *fa*, le *si*, et les dièses des notes se font en mettant la main dans le pavillon du cor ; cet instrument donne donc une gamme complète, tandis que le clairon ne donne que quatre notes.

RÉSUMÉ DU CHAPITRE IV

Les *vibrations transversales des cordes* peuvent être obtenues en frottant, pinçant ou frappant les cordes. On les étudie à l'aide du *sonomètre*, caisse sonore sur laquelle sont tendues une corde dont on peut faire varier la longueur, la tension ou la nature, et une autre corde dont le son sert de terme de comparaison.

On trouve que les nombres de vibrations effectuées par seconde par une corde varient en raison inverse de la longueur, du diamètre, de la racine carrée de la densité de la corde, et proportionnellement à la racine carrée du poids tenseur.

Le son fondamental, donné par la corde vibrant tout entière, est généralement accompagné d'*harmoniques* provenant de la subdivision de la corde en 2, 3, 4, 5,... parties égales et correspondant à des nombres de vibrations 2, 3, 4, 5,... fois plus grands.

Les *instruments à cordes* sont à sons fixes, comme le piano et la harpe, ou à sons variables, comme le violon, l'alto, le violoncelle, la contrebasse.

Les *tuyaux sonores* sont des tubes limitant une colonne d'air dont les vibrations produisent un son ; ils sont ouverts ou fermés ; on les fait résonner par une *embouchure de flûte* ou par une *anche*, battante ou rasante.

La hauteur du son donné par un tuyau est indépendante de la nature des parois, du diamètre et de la forme. Pour des tuyaux de même espèce, les nombres de vibrations varient en raison inverse des longueurs. Un tuyau fermé rend le même son qu'un tuyau ouvert de longueur double.

Quand la vitesse de l'air augmente, les tuyaux ouverts donnent des *harmoniques* correspondant à des nombres de vibrations 2, 3, 4, 5,... fois plus grands ; les tuyaux fermés, des harmoniques dont les nombres de vibrations varient comme la suite des nombres impairs 3, 5, 7,...

Parmi les *instruments à vent*, les uns sont à embouchure de flûte, comme l'orgue, la flûte, le flageolet ; les autres à anche, comme la clarinette, le basson, le hautbois, le trombone, le cornet à pistons, le cor, le clairon, la trompette.

OPTIQUE

CHAPITRE I

PROPAGATION DE LA LUMIÈRE

32. Définitions. — On appelle *lumière* la cause habituelle des phénomènes qui provoquent en nous, par l'intermédiaire de l'œil, les sensations lumineuses. *L'Optique* est la partie de la physique qui a pour objet l'étude des phénomènes lumineux.

On a fait sur la nature de la lumière diverses hypothèses ; la plus généralement admise est l'*hypothèse des ondulations:* on suppose, d'après l'analogie de certains phénomènes lumineux avec des phénomènes sonores, que les corps lumineux sont le siège de mouvements vibratoires très rapides qui, transmis à l'œil par l'intermédiaire d'un milieu élastique, produisent l'impression de lumière, de même que les vibrations des corps sonores transmises par l'air à l'oreille produisent l'impression de son. Mais la lumière traversant le vide, puisque nous voyons les astres, on est conduit à supposer l'existence d'un milieu élastique autre que l'air, répandu partout, dans le vide comme dans l'air et dans tous les corps, sans poids, et qui propage les vibrations lumineuses ; on lui a donné le nom d'*éther*.

On appelle *corps lumineux* tous les corps capables d'impressionner notre œil ; les uns *émettent de la lumière par eux-mêmes*, ils sont visibles dans l'obscurité, comme le soleil, les étoiles, les flammes, les corps incandescents;

les autres ne sont visibles qu'à la condition d'être *éclairés* c'est-à-dire de recevoir, d'une source lumineuse, de la lumière qu'ils renvoient; telles sont la lune, les planètes qui ne sont visibles que si elles sont éclairées par le soleil. Dans les deux cas, les propriétés de la lumière sont les mêmes.

On dit qu'un corps est *opaque* quand il arrête la lumière et ne laisse pas distinguer les objets lumineux placés derrière lui : le bois, les pierres, les métaux sont opaques.

Un corps est *transparent* quand il laisse passer la lumière et permet de distinguer nettement les objets placés derrière lui : tels sont les gaz, l'eau, le verre poli.

Enfin, un corps est dit *translucide* quand il se laisse traverser par la lumière, mais sans permettre de distinguer la forme des objets qui soint derrière lui : tels sont le papier huilé, le verre dépoli, la porcelaine très fine.

Il n'y a pas de délimitation nette entre ces trois groupes de corps, car un corps peut être transparent pour certainé lumière et opaque pour d'autres, et tous les corps sont translucides ou transparents quand ils sont réduits en lames suffisamment minces : ainsi, l'or en feuilles très minces $\left(\frac{1}{10000}\right.$ de millim. d'épaisseur$\left.\right)$ laisse passer la lumière verte.

Propagation de la lumière.

33. Principe de la propagation. — Dans tout milieu transparent homogène la lumière se propage en ligne droite.

Pour vérifier ce principe, on fait pénétrer la lumière olaire ou celle d'une lampe dans une chambre obscure, ar une ouverture très petite ; la lumière éclaire sur son passage les poussières en suspension dans l'air, et trace un cône très allongé dont les arêtes sont en ligne droite.

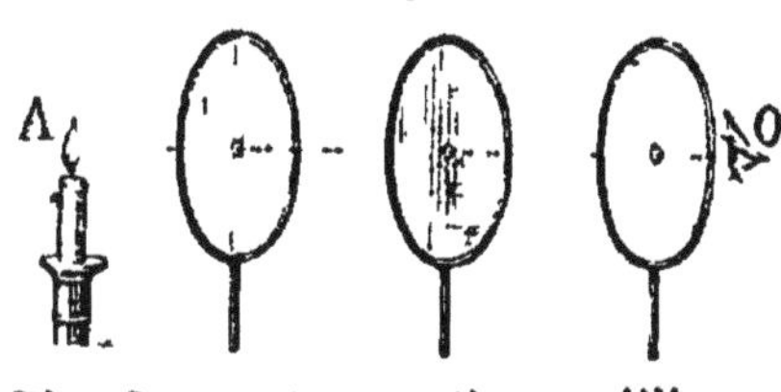

Fig. 39. — Propagation rectiligne de la lumière.

On peut aussi placer entre l'œil (*fig.* 39) et une flamme plusieurs écrans percés chacun d'une très petite ouverture ; l'œil ne voit la flamme que si toutes les ouvertures sont sur une même droite passant par l'œil et la flamme.

On donne le nom de *rayon lumineux* à toute direction suivant laquelle se propage la lumière : ainsi, la droite joignant l'œil à la flamme est un rayon lumineux. On appelle *faisceau lumineux* un ensemble de rayons lumineux ayant la même origine.

En déplaçant les écrans autour du point lumineux, on constate que, quelle que soit leur position, l'œil voit le point lumineux, s'il est en ligne droite avec ce point et les ouvertures ; donc, **un point lumineux envoie des rayons lumineux dans toutes les directions.**

Le principe de la propagation rectiligne de la lumière est très important ; il est encore vérifié par ses conséquences géométriques : la théorie des ombres portées par les corps opaques, et celle des images fournies par les petites ouvertures.

34. Théorie des ombres. — I. Cas d'un point lumineux. — Soit un point lumineux S (*fig.* 40), et dans le voisinage de S une sphère opaque A. Un point tel que P ne peut recevoir de lumière de S, puisque le rayon lumineux SP qui pourrait lui arriver rencontre la sphère qui l'arrête, tandis qu'un point tel que P' est éclairé par S. Il existe donc en arrière du corps opaque un espace où ne pénètre aucune lumière ; c'est ce qu'on appelle l'*ombre portée* par le corps. La région qui est dans l'ombre est évidemment limitée par la surface que décrirait une droite ST qui, passant toujours par S, se déplacerait en restant tangente au corps opaque ; elle s'étend indéfiniment derrière le

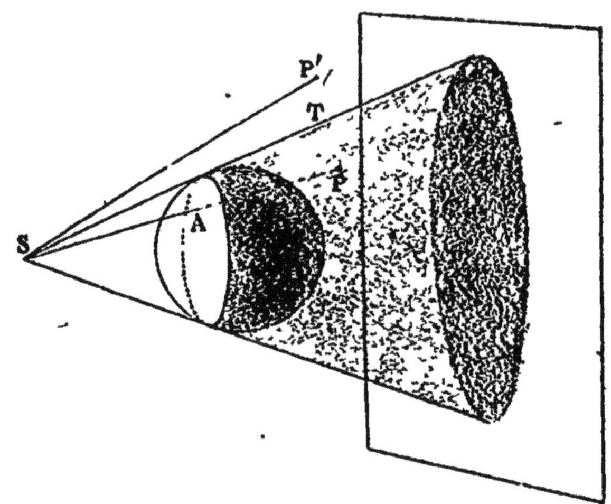

Fig. 40. — Ombre produite par un corps, la lumière émanant d'un point lumineux.

corps, et se limite, du côté du point lumineux, à la ligne de contact des tangentes avec le corps. Cette ligne sépare aussi la région du corps opaque qui est éclairée par le point S, de celle qui ne reçoit pas de lumière et qu'on appelle l'*ombre propre* du corps. Si le corps opaque est sphérique, cette ligne est une circonférence, et l'ombre portée par la sphère est un cône.

Si l'on coupe le cône d'ombre par un écran, il y dessine une surface obscure, limitée par un cercle ou une ellipse ; et le passage de l'ombre à la lumière a lieu brusquement.

II. Cas d'un objet lumineux. — Les sources lumineuses ordinaires ne sont jamais réduites à un point, elles ont toujours des dimensions appréciables. Prenons comme source de lumière une bougie AB (*fig.* 41) et plaçons entre elle et un écran une sphère opaque. Traçons les cônes d'ombre CAC', DBD', relatifs aux points extrêmes de la flamme. La région CD', commune aux deux cônes, ne peut recevoir de lumière d'aucun point de AB ; elle est donc

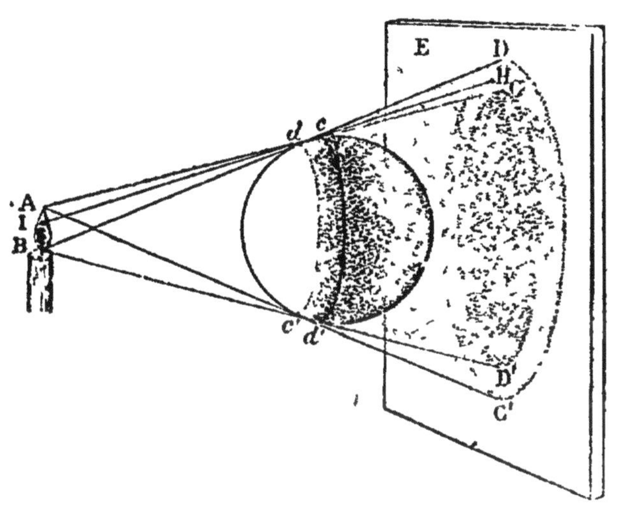

Fig. 41. — Ombre produite dans le cas d'un objet lumineux.

dans l'*ombre*. Un point tel que E, pris en dehors des deux cônes, est complètement éclairé, puisqu'il peut recevoir des rayons de tous les points de AB. Un point tel que H peut recevoir des rayons de toute la région AI placée au-dessus de la tangente HI à la sphère ; mais il ne peut en recevoir de la région IB ; il est donc moins éclairé que si la sphère opaque n'existait pas, et d'autant moins qu'il est plus près de l'ombre CD'. Cet espace DCD'C' forme une transition entre l'ombre et la pleine lumière ; on l'appelle la *pénombre*.

De même, sur la sphère opaque, la région *cdc'd'*, comprise entre les points de tangence des cônes d'ombre, constitue une pénombre où l'intensité lumineuse décroît graduellement de la partie éclairée à l'ombre complète.

La forme de l'ombre et de la pénombre dépend des

dimensions relatives de la source lumineuse et du corps opaque, et de leur distance; dans le cas où la source est plus grande que le corps, on voit (*fig.* 42) que l'ombre, au lieu de s'étendre indéfiniment, forme un cône CDE, et si l'on place un écran au delà de E, on n'y observera plus qu'un cercle de pénombre.

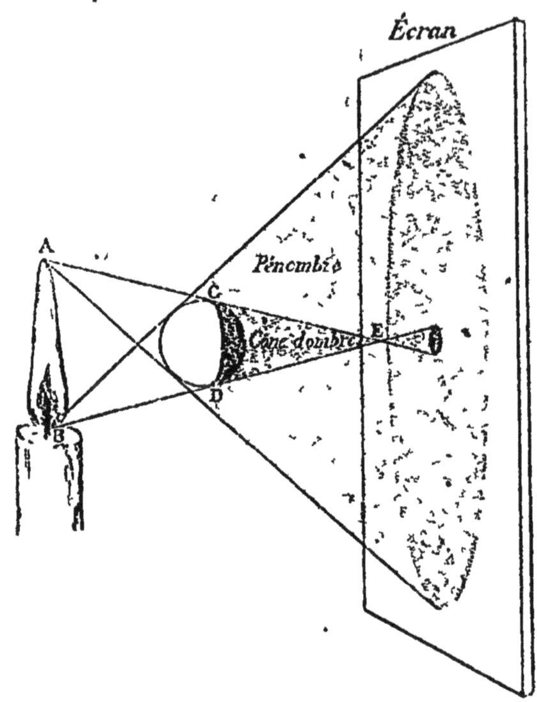

Fig. 42. — Ombre produite par un objet plus petit que la source lumineuse.

La théorie des ombres permet d'expliquer : les *phases* de la lune, que nous voyons sous des aspects différents parce qu'une fraction plus ou moins grande de l'hémisphère tourné vers la terre est dans l'ombre, et par suite invisible pour nous; les *éclipses*, éclipses de soleil dues à l'interposition de la lune entre le soleil et la terre, éclipses de lune au passage de la lune dans le cône d'ombre de la terre. La construction géométrique des ombres est encore employée en dessin, pour donner l'impression du relief des objets.

35. Images données par les petites ouvertures. — Si la lumière du dehors pénètre par une ouverture très petite dans une chambre obscure, on constate qu'il se fait, sur un écran placé en face de l'ouverture, une image renversée et colorée des objets extérieurs; la forme de l'image est indépendante de celle de l'ouverture. Ce phénomène s'explique facilement par la propagation rectiligne de la lumière.

En effet, les rayons lumineux provenant du point A (*fig.* 43), qui passent par l'ouverture, donnent sur l'écran une petite surface éclairée aa' de la couleur du point A, et de la forme de l'ouverture. De même, le point B produira une petite tache lumineuse bb', et ainsi pour tous les points de l'objet AB. Si l'ouverture est petite, et l'objet assez éloigné, toutes ces petites taches se réduisent sensiblement à des points dont l'ensemble reproduit la forme et la coloration de l'objet; mais l'image est renversée, puisque les rayons se croisent en passant par l'ouverture, comme le montre la figure.

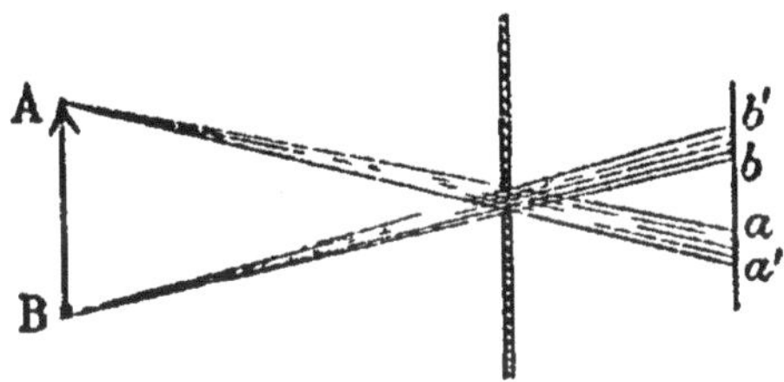

Fig. 43. — Images données par les petites ouvertures.

La quantité de lumière provenant de chaque point de l'objet, qui passe par l'ouverture, est très faible; aussi l'image est-elle très peu éclairée; elle peut cependant être fixée par la photographie, avec l'appareil appelé Sténopé, en prolongeant suffisamment la pose. Si, pour rendre l'image plus visible, on augmente les dimensions de l'ouverture, les taches lumineuses provenant de chacun des points de l'objet grandissent, elles empiètent les unes sur les autres, se superposent, et l'image devient confuse. Aussi, pour pouvoir utiliser ces images, on augmente leur netteté et leur éclat au moyen de lentilles de verre, placées dans l'ouverture agrandie; l'appareil constitue alors une *chambre noire* (100).

La production de taches lumineuses rondes, sous les arbres feuillés éclairés par le soleil, est due aussi au passage des rayons lumineux dans les interstices des feuilles; ces taches sont des images du soleil, elles sont circulaires ou elliptiques suivant que le sol est perpendiculaire ou oblique aux rayons solaires. On peut constater, par un beau clair de lune, qu'elles prennent la forme même de la lune, tantôt circulaire, tantôt en croissant plus ou moins délié; elles ne dépendent donc pas de la forme des interstices laissés par les feuilles.

36. Vitesse de la lumière. — A la surface de la terre, on n'observe aucun intervalle appréciable entre l'instant où un phénomène lumineux se produit dans un lieu, et celui où on le perçoit dans un autre lieu, quelle que soit la distance de ces deux points; aussi a-t-on cru pendant longtemps que la lumière se propageait avec une vitesse infinie. Des observations astronomiques, portant sur des distances beaucoup plus grandes que les distances terrestres, ont conduit l'astronome danois Rœmer (1675) à constater que la propagation de la lumière n'est pas instantanée et lui ont permis de calculer sa vitesse. De ces observations et d'expériences beaucoup plus récentes qui permettent d'évaluer le temps que met la lumière pour parcourir des distances de quelques mètres seulement, on a déduit que la lumière se propage d'un mouvement uniforme, comme le son, mais avec une vitesse sensiblement égale à 300 000^{km} par seconde. Cette vitesse varie avec la nature des milieux que traverse la lumière; dans le vide elle est sensiblement la même que dans l'air; dans l'eau, elle est les 3/4 et dans le verre les 2/3 de la vitesse dans l'air.

La lumière parcourrait donc une distance égale au tour de la terre en 1/7 de seconde environ, ce qui permet de la regarder comme se propageant instantanément entre deux points quelconques de notre glòbe ; mais on évalue à 8^{min} 13^{sec} le temps que met la lumière pour nous venir du soleil, et la lumière de l'étoile la plus rapprochée de la terre ne nous parvient qu'après plus de trois ans.

37. Intensité de la lumière. — L'expérience nous montre journellement que l'éclairement produit sur une surface donnée par une source lumineuse dépend de la distance de la source, de sa nature, et de l'angle sous lequel ses rayons arrivent à la surface éclairée.

Supposons une source lumineuse, assez petite pour qu'on puisse la regarder comme un point, placée au centre d'une sphère de 1^m de rayon ; cette source enverra dans toutes les directions des rayons lumineux qui se répartiront également sur toute la surface de la sphère, et chaque centimètre carré de cette surface recevra une quantité donnée de lumière. Si on remplace la sphère par une autre de 2^m de rayon, les surfaces des sphères étant entre elles comme les carrés de leurs rayons, la quantité totale de lumière se répartira sur une surface quatre fois plus grande, et par suite chaque centimètre carré en recevra quatre fois moins que dans le premier cas. Donc, **la quantité de lumière reçue normalement par une surface donnée varie en raison inverse du carré de la distance de cette surface à la source lumineuse.**

On peut vérifier cette loi par l'expérience ; on plie une feuille de papier en quatre, et on la place verticalement à égale distance entre une bougie et un écran vertical ; on trace sur l'écran le contour de l'ombre portée par la feuille de papier ; si on déplie la feuille et qu'on l'applique sur l'écran, elle couvre exactement l'ombre ; donc la quantité de lumière reçue par le papier plié aurait éclairé à une distance double une surface 4 fois plus grande, et l'éclairement en chaque point aurait été 4 fois moindre.

On convient alors d'appeler *intensité d'une source lumineuse* la quantité de lumière envoyée par cette source, normalement, sur une surface de 1^{cm^2} placée à 1^m de distance, et *éclat* de cette source l'intensité de 1^{cm^2} de sa surface.

On dit que deux sources lumineuses ont une intensité égale quand elles envoient la même quantité de lumière sur une même surface placée normalement à la même distance, c'est-à-dire quand elles l'éclairent également ; une source lumineuse a une intensité double, triple d'une autre quand elle produit sur la même surface, dans les mêmes conditions, le même éclairement que 2, 3 sources égales à cette autre.

38. Photométrie. — La comparaison des intensités des diverses sources lumineuses, qui est importante dans la pratique au point de vue de l'éclairage, s'appelle la *photométrie*. Toutes les méthodes employées en photométrie reposent sur le principe suivant : *Si deux sources lumineuses éclairent également dans les mêmes conditions une même surface, le rapport de leurs intensités est égal au rapport des carrés de leurs distances à cette surface.*

En effet, supposons qu'une source A placée normalement à la distance d d'un écran produise sur cet écran le même éclairement qu'une source B placée normalement à la distance d' ; soit a la quantité de lumière envoyée par A sur 1^{cq} de l'écran, ce sera aussi la quantité envoyée par B puisque l'éclairement est le même. Si les deux sources étaient ramenées à 1^m de distance, d'après la loi énoncée plus haut chaque centimètre carré de l'écran recevrait de A une quantité de lumière égale à $a \times d^2$, de B, une quantité $a \times d'^2$, et ces quantités mesureraient justement les intensités des deux sources : on aurait donc

$$\frac{\text{int. de A}}{\text{int. de B}} = \frac{a \times d^2}{a \times d'^2} = \frac{d^2}{d'^2}.$$

Pour comparer les intensités des deux sources lumineuses, on cherche donc par tâtonnements à quelle distance de ces sources il faut placer un écran pour qu'il soit également éclairé par les deux. On emploie pour cela des appareils appelés *photomètres*, que nous n'étudierons pas ici ; ils ont pour but de permettre de constater avec plus ou moins de facilité l'égalité d'éclairement, car nous ne pouvons apprécier cette égalité que par l'impression produite sur notre œil, ce qui n'est pas toujours très précis, et devient très difficile quand les lumières que l'on compare sont colorées différemment. On avait choisi des unités d'intensités différentes suivant les pays ; la Conférence internationale a adopté en 1884 l'*étalon Violle* : intensité dans une direction normale de 1^{cm^2} de la surface d'un bain de platine à sa température de fusion (1700° environ) ; cette unité étant trop grande dans la pratique, le Congrès des électriciens a adopté en 1889 la *bougie décimale*, égale à 1/20 de l'étalon Violle.

RÉSUMÉ DU CHAPITRE I

La lumière est la cause habituelle des phénomènes qui provoquent en nous les sensations lumineuses. Les corps qui impressionnent la rétine sont ou *lumineux par eux-mêmes*, ou *éclairés* par d'autres corps dont ils renvoient la lumière. Un corps est dit *opaque* quand il arrête la lumière, *transparent* quand il permet de distinguer les objets placés derrière lui, *translucide* quand il laisse passer la lumière sans permettre de voir la forme des objets.

Dans tout milieu transparent homogène, *la lumière se propage en ligne droite* ; la direction suivant laquelle elle se propage est un *rayon lumineux* ; un *faisceau lumineux* est un ensemble de rayons ayant la même origine. Un point lumineux envoie des rayons *dans toutes les directions*.

La propagation rectiligne de la lumière explique la formation des ombres derrière les corps opaques ; quand la source lumineuse est réduite à un point, il y a derrière le corps opaque une *ombre* dans laquelle n'arrive aucun rayon lumineux, et le passage de l'ombre à la lumière est brusque. Quand la source lumineuse a des dimensions appréciables, il y a, entre l'ombre et la lumière, une *pénombre* qui passe insensiblement de l'une à l'autre. La forme et la grandeur de l'ombre dépendent des dimensions relatives de la source lumineuse et du corps opaque, et de leur distance. Les éclipses de soleil et de lune sont une conséquence de la production des ombres.

Quand une paroi d'une chambre obscure présente une petite ouverture, il se fait sur un écran placé derrière l'ouverture une image renversée des objets lumineux extérieurs ; cette image, due à la propagation rectiligne de la lumière, est d'autant plus nette, mais moins éclairée, que l'ouverture est plus petite. Les images du soleil, qui se font sous les arbres feuillés, s'expliquent de la même façon.

La lumière ne se propage pas instantanément, mais elle a une *vitesse* énorme : 300 000km par seconde ; son mouvement est uniforme.

La *quantité de lumière* reçue normalement sur une surface donnée *varie en raison inverse du carré de la distance* de cette surface à la source lumineuse. On appelle *intensité d'une source lumineuse* la quantité de lumière qu'elle envoie normalement sur une surface de 1^{cm^2} placée à 1^m de distance.

CHAPITRE II

RÉFLEXION DE LA LUMIÈRE. MIROIRS PLANS.

Réflexion de la lumière.

39. Lois de la réflexion. — Quand un rayon lumineux tombe sur une surface polie, telle qu'une lame d'argent ou la surface d'un bain de mercure, il change de direction

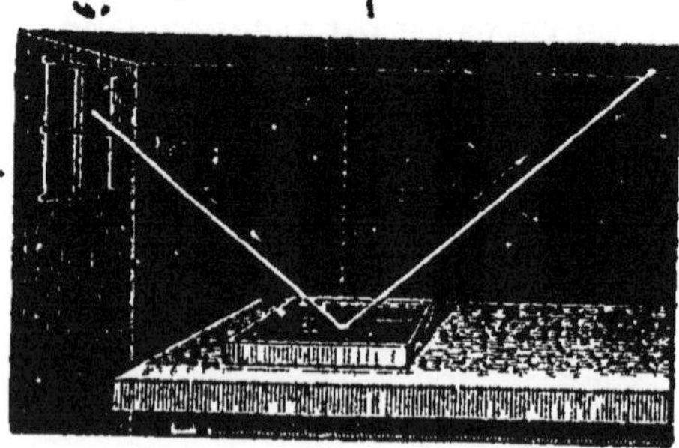

Fig. 44. — Réflexion de la lumière.

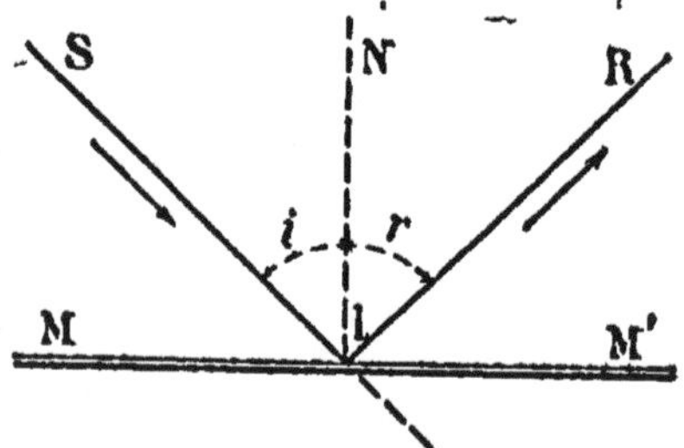

Fig. 45. — Réflexion d'un rayon lumineux.

(*fig.* 44), il est renvoyé en avant de cette surface comme

un corps élastique qui vient frapper un obstacle : on dit qu'il est réfléchi.

On appelle *rayon incident* la droite SI (*fig.* 45) suivant laquelle arrive la lumière, et *rayon réfléchi* la droite IR suivant laquelle elle est renvoyée ; le point I où le rayon lumineux rencontre la surface réfléchissante MM′ est le *point d'incidence* ; l'angle du rayon incident avec la normale IN à la surface, menée par le point d'incidence, est l'*angle d'incidence*, et l'angle de cette normale avec le rayon réfléchi, l'*angle de réflexion*.

La réflexion de la lumière se fait toujours suivant ces deux lois :

1re Loi : Le rayon incident, le rayon réfléchi et la normale au point d'incidence sont dans un même plan.

2e Loi. L'angle de réflexion est égal à l'angle d'incidence.

On peut vérifier ces lois à l'aide de l'appareil de Silbermann (*fig.* 46). Il se compose d'un cercle gradué que l'on peut rendre bien vertical à l'aide d'un pied à trois vis calantes. Au centre du cercle, le long du diamètre horizontal, est fixé un miroir plan dont la surface doit être bien horizontale. Deux règles A et A′, mobiles autour du centre du cercle, portent chacune un petit tube fermé par des disques percés au milieu d'une petite ouverture ; la règle A est munie d'un petit miroir mobile *m*, la règle A′ d'un écran en verre dépoli.

A l'aide du miroir mobile, on envoie par A un faisceau lumineux qui arrive sur le miroir central suivant un rayon du cercle, et on déplace A′ jusqu'à ce que le faisceau réfléchi vienne frapper l'écran en son centre. La normale au point d'incidence étant verticale, les axes des deux tubes et par suite les rayons incident et réfléchi, qui sont parallèles au cercle, sont avec elle dans un même plan, ce qui vérifie la première loi. On constate en outre que les

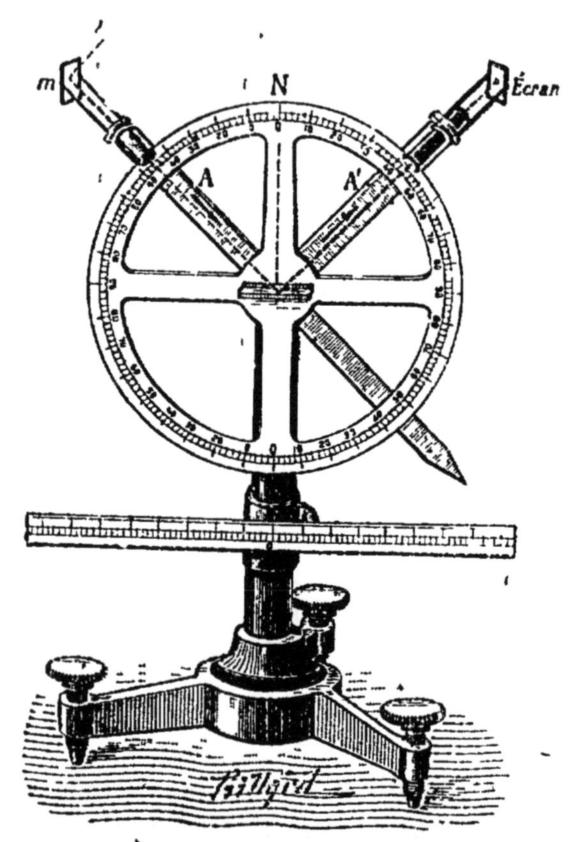

Fig. 46. — Appareil de Silbermann.

axes des tubes font avec le diamètre vertical du cercle, marqué zéro, des angles égaux ; donc l'angle d'incidence est bien égal à l'angle de réflexion.

Cet appareil ne permet pas de vérifier rigoureusement les lois de la réflexion ; la meilleure preuve de l'exactitude de ces lois est la confirmation par l'expérience des conséquences qu'on en déduit, en particulier la formation des images dans les miroirs.

40. Réflexion irrégulière ou diffusion. — Dans une chambre obscure, quand la lumière frappe un corps poli, une glace par exemple, il faut en général être placé sur le trajet du faisceau réfléchi pour recevoir de la lumière ; au contraire, les substances mates ou rugueuses, comme les murs, le papier, la toile d'un écran, sont visibles de tous les points de la chambre ; elles renvoient donc les rayons lumineux dans toutes les directions : on dit qu'elles *réfléchissent irrégulièrement* la lumière ou qu'elles la *diffusent*.

Les surfaces imparfaitement polies peuvent, en effet, être considérées comme formées d'une quantité de petites surfaces planes diversement orientées, qui, recevant la lumière sous des incidences différentes (*fig.* 47), la réfléchissent dans toutes les directions suivant les lois de la réflexion régulière.

C'est la diffusion qui nous permet de distinguer les objets qui nous entourent, quand ils ne sont pas lumineux par eux-mêmes et ne reçoivent pas directement la lumière solaire : les corps éclairés envoient de la lumière aux objets placés dans l'ombre, qui la diffusent et deviennent visibles. C'est encore la diffusion des rayons du soleil par les nuages qui éclaire la surface de la terre lorsque le temps est couvert.

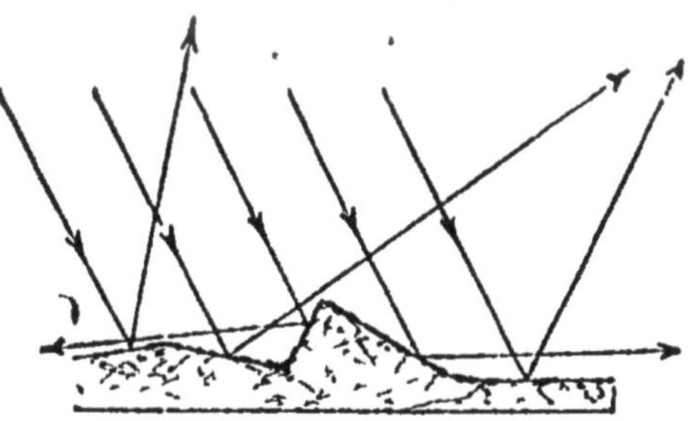

Fig. 47. — Diffusion par les corps rugueux.

41. Pouvoirs réflecteur et diffusif. — La quantité de lumière réfléchie par un corps n'est jamais égale à la quantité de lumière reçue : si le corps est opaque, une partie, très faible, de la lumière pénètre dans le corps ; une autre, très variable suivant le degré de poli de la surface, sa nature et l'incidence des rayons, est diffusée ; si le corps est transparent, une autre partie de la lumière traverse le corps ; le reste seulement est réfléchi.

On appelle *pouvoir réflecteur* d'un corps le rapport de la quantité de lumière réfléchie à la quantité de lumière incidente ; ce rapport varie avec la nature des corps et l'incidence. Ce sont les métaux polis, surtout l'argent et l'or, qui ont le plus grand pouvoir réflecteur (0,92 pour l'argent, 0,87 pour l'or). Le pouvoir réflecteur des subtances transparentes est très faible sous l'incidence normale (1/25 environ pour le verre), mais il augmente avec l'incidence, et l'image d'un objet dans une lame de verre est presque aussi intense qu'avec un miroir quand l'incidence est voisine de 90°.

Le *pouvoir diffusif* d'un corps est le rapport de la quantité de lumière diffusée à la quantité de lumière reçue ; il varie avec la nature du corps, son degré de poli, sa couleur et surtout avec l'incidence de la lumière ; ce sont les substances d'un blanc mat qui ont le plus grand pouvoir diffusif sous une incidence normale.

Miroirs plans.

42. Miroirs plans. — Formation des images. — On appelle miroir plan toute surface réfléchissante plane, comme la surface d'un bain de mercure. Les miroirs plans se font soit en métal poli, argent ou bronze, soit plus souvent en verre étamé, c'est-à-dire recouvert sur une de ses faces d'une couche métallique.

Dans les miroirs de verre étamé, la réflexion est accompagnée de réfraction et de réflexion totale (66) ; on étudiera donc la réflexion sur les miroirs métalliques.

I. Cas d'un point lumineux. — Soient un miroir plan MM' (*fig.* 48) et un point lumineux S. Nous savons par l'expérience que l'œil placé devant le miroir voit derrière celui-ci un point lumineux S' qu'on appelle l'image de S.

pour constater avec précision la position de ce point S', prenons comme miroir une glace de verre non étamé, verticale, comme objet lumineux une bougie A, et plaçons derrière la glace, symétriquement à A par rapport au miroir, une seconde bougie B semblable à A ; si nous allumons A, et que nous regardions très obliquement dans la glace, B paraît s'allumer en même temps ; si l'on souffle A, B paraît s'éteindre ; l'image est donc symétrique de l'objet par rapport au miroir. En effet, considérons le rayon SP (*fig* 49) perpendiculaire au miroir ; l'angle d'incidence étant nul et l'angle de réflexion aussi, par conséquent ce rayon se réfléchit sur lui-même. Un autre rayon quelconque SI se réfléchit suivant IR, de telle sorte que l'angle SIN égale l'angle NIR ; les rayons réfléchis sont divergents et ne peuvent se rencontrer en avant du miroir. Mais la normale IN est parallèle à SP ; le plan de SI et IN contient donc SP, il contient aussi IR d'après la première loi de la réflexion ; par suite, les prolongements de SP et de IR se rencontreront en arrière du miroir en un certain point S'.

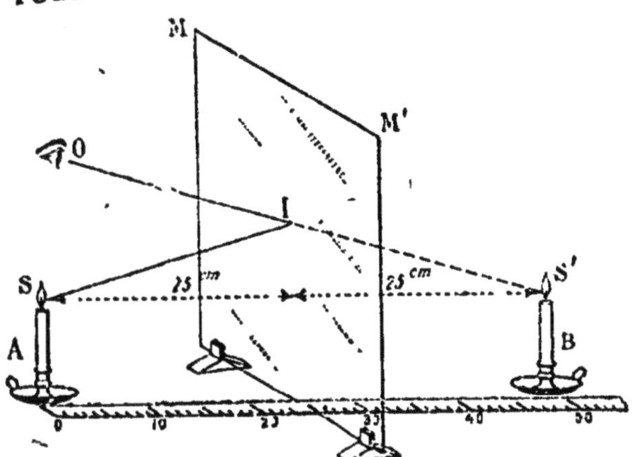

Fig 48. — Marche des rayons produisant l'image d'un point.

Si nous traçons PI, les deux triangles SIP, S'IP sont rectangles en P, ils ont IP commun, et l'angle en S est égal à l'angle en S', puisque l'angle en S est égal à l'angle d'incidence, et l'angle en S' à l'angle de réflexion. Les deux triangles sont donc égaux, et PS égale PS' : le point S' est symétrique du point S par rapport au miroir.

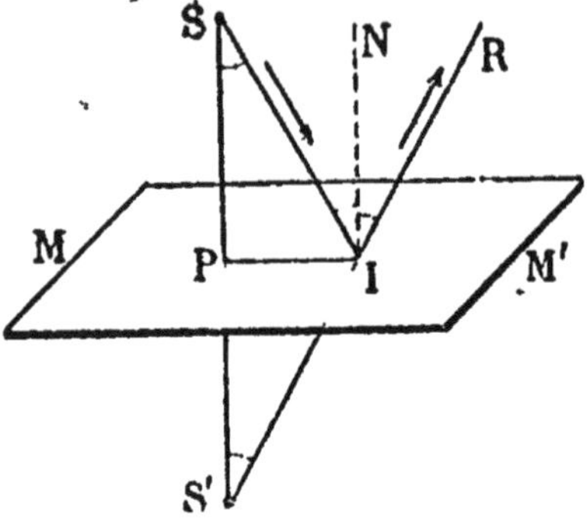

Fig. 49. — Image d'un point lumineux dans un miroir plan.

Mais SI étant un rayon quelconque, la même démonstration s'appliquerait à tout autre rayon issu du point S; par conséquent, les prolongements de tous les rayons réfléchis vont couper SP au même point S'. Comme l'œil voit toujours les points lumineux au point de convergence des rayons qu'il reçoit, il croira voir (*fig*. 48) en S' un point lumineux, l'image de S; cette image n'existe pas réellement, on ne peut la recueillir sur un écran : on dit qu'elle est *virtuelle*.

II. Cas d'un objet lumineux. — On obtiendra l'image d'un objet lumineux AB (*fig*. 50) en construisant l'image de chacun de ses points : le point A donnera une image virtuelle A', symétrique de A par rapport au miroir MM' ; il en sera de même pour tous les autres points. Donc l'image d'un objet placé devant un miroir plan est virtuelle, de même grandeur que l'objet, et symétrique de l'objet par rapport au miroir.

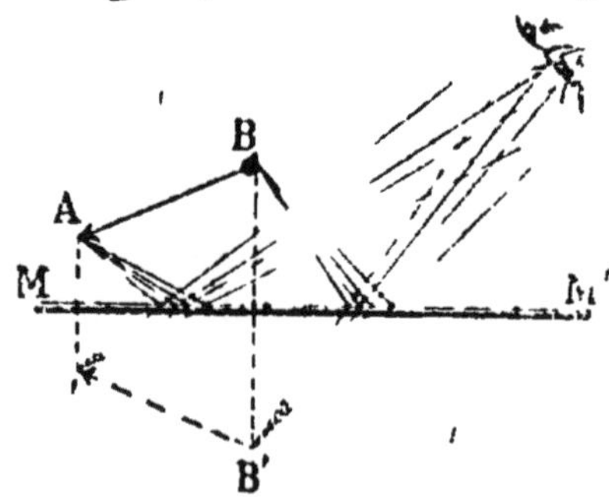

Fig. 50. — Image d'un objet dans un miroir plan.

L'image n'est généralement pas superposable à l'objet, puisqu'elle est symétrique et non semblable; ainsi, l'écriture, vue dans une glace, paraît tracée de droite à gauche.

43. Principe du retour inverse. — De l'égalité des angles d'incidence et de réflexion, il résulte que si un rayon incident C'I (*fig.* 51) se réfléchit suivant IS, un rayon incident SI se réfléchira suivant IC'; c'est ce qu'on appelle le *principe du retour inverse.*

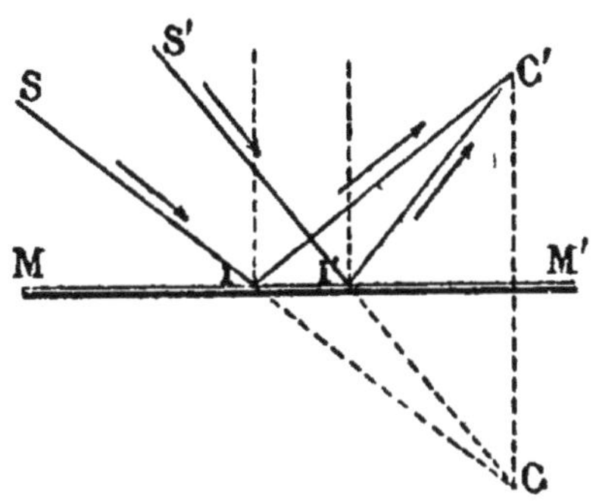

Fig. 51. — Production d'image réelle avec un miroir plan.

Donc si l'on place un miroir plan sur le trajet de rayons lumineux SI, S'I', qui iraient converger en C (par exemple dans le faisceau lumineux sortant d'une lentille convergente), ces rayons se réfléchissent, et vont converger réellement en un point C', symétrique de C par rapport au miroir ; en plaçant un écran en C', on y observera un point lumineux qui est l'*image réelle* de C. Les miroirs plans peuvent donc donner des images réelles, mais seulement dans le cas où les rayons incidents sont convergents, c'est-à-dire quand l'objet lumineux, étant formé par le concours des prolongements des rayons, et non des rayons mêmes, est un *objet virtuel* placé derrière le miroir.

La formation d'images réelles par des miroirs plans est utilisée dans certains appareils, comme le télescope de Newton.

44. Usages des miroirs plans. — Les miroirs plans sont fréquemment utilisés dans la décoration des appartements; placés derrière une lampe et convenablement inclinés, ils servent de *réflecteurs* et renvoient la lumière dans une direction donnée. Les *miroirs espions* placés en dehors des fenêtres et très fréquemment employés dans certains pays, permettent de voir de l'intérieur de la maison ce qui se passe au dehors.

Dans les salles de physique, on emploie souvent des *porte-lumière* que l'on fixe à une ouverture percée dans les volets de la chambre obscure (*fig.* 52), et dont le miroir que l'on peut, de l'intérieur, mouvoir dans tous les sens, envoie les rayons solaires dans une direction déterminée pour les expériences d'optique.

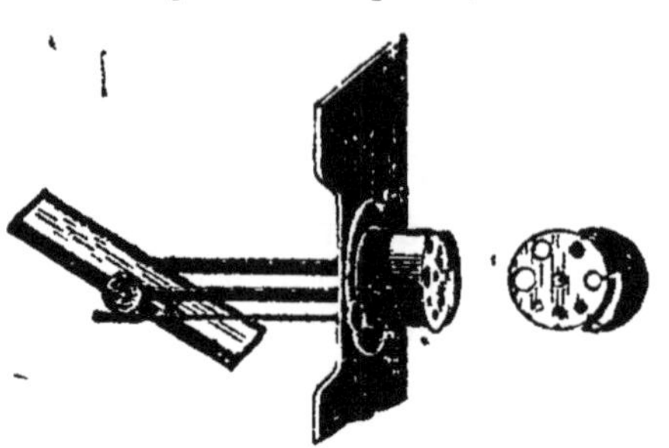

Fig. 52. — Porte-lumière.

Les miroirs sont encore employés dans de nombreux appareils de physique, et pour produire certains effets curieux, tels que l'apparition de spectres dans les théâtres, etc.

45. Miroirs parallèles. — Soit un point lumineux P (*fig.* 53) placé entre deux miroirs plans parallèles M et M'; ce point donnera une image P' symétrique de P par rapport à M et une image P_1, symétrique de P par rapport à M'. Les rayons réfléchis sur M arrivent sur M' comme s'ils provenaient de P', et par suite P' agit comme un point lumineux réel placé devant M'; il donne une image P'' symétrique de P' par rapport à M'. Il en serait de même pour les rayons réfléchis sur M', qui viendront rencontrer M comme s'ils étaient issus de P_1, et donneront l'image P_2. Les rayons se réfléchissent donc successivement sur chacun des miroirs comme le montre la

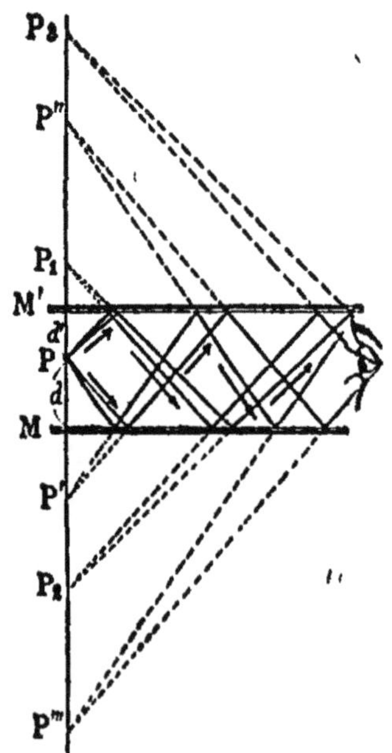

Fig. 53. — Formation des images dans les miroirs parallèles.

figure 53, et l'on obtient une série d'images toutes situées sur la perpendiculaire aux deux miroirs menée par le point lumineux, en nombre infini théoriquement. En pratique, ce nombre est limité, car la quantité de lumière réfléchie étant toujours moindre que la quantité reçue (41), les images diminuent d'éclat à mesure qu'elles paraissent plus éloignées, et finissent par s'éteindre.

Les miroirs parallèles sont souvent utilisés dans les appartements, les magasins, les salles de fêtes, parce qu'ils font paraître les salles plus grandes et semblent multiplier les lumières.

46. Miroirs inclinés. — Si un point lumineux P (*fig.* 54) est placé entre deux miroirs inclinés M, M', les rayons lumineux issus de P qui se sont réfléchis sur le miroir M pourront rencontrer le miroir M', s'y réfléchir de nouveau, puis rencontrer encore M, s'y réfléchir, etc., et l'œil recevant ces rayons verra plusieurs images de P. Le nombre possible de réflexions successives, et par suite d'images, augmente avec l'inclinaison des miroirs; il est limité, soit parce que les images formées par chacun des miroirs arrivent à coïncider, soit parce que les rayons après un certain nombre de réflexions ne peuvent plus rencontrer les miroirs.

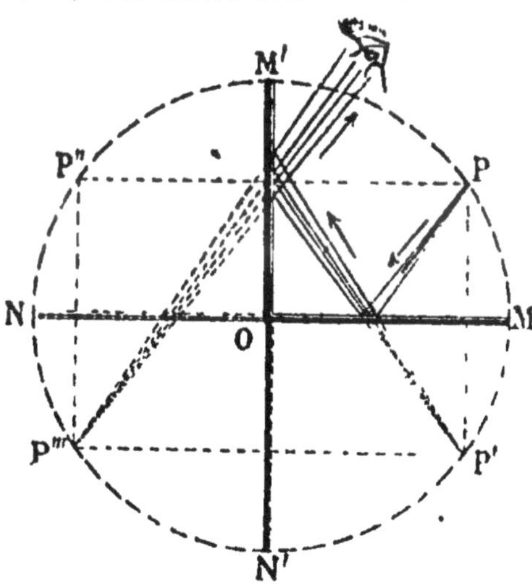

Fig. 54. — Images données par des miroirs inclinés.

Le cas le plus simple est celui de miroirs inclinés à 90° ; soient MO, M'O les sections des miroirs par un plan perpendiculaire à leur intersection et passant par le point lumineux P ; le miroir M donne une image P', symétrique de P par rapport à M ; le miroir M' donne une image P'' symétrique de P par rapport à M'. Mais les rayons réfléchis sur M arrivent sur M' comme s'ils provenaient de P', et par suite P' agit comme un point lumineux placé devant M', et donne une image P''', symétrique de P' par rapport à M'. De même P'' donne une image symétrique de P'' par rapport à M, et qui coïncide avec P''' puisque, l'angle des deux miroirs étant de 90°, les points P, P', P'', P''' sont les sommets d'un rectangle et P''' est symétrique de P'' par rapport à M. Ce point P''' étant dans l'angle NON', les rayons qui semblent en provenir ne rencontrent plus le côté réfléchissant des miroirs, et par suite ne donnent plus d'images.

On a donc trois images, situées sur une circonférence décrite de O comme centre avec OP pour rayon ; et l'œil placé dans l'angle des miroirs voit 4 fois le point P, une fois directement et 3 fois par réflexion.

Si l'angle des miroirs est de 60°, ou $\frac{1}{6}$ de la circonférence, il y a 5 images, et l'on voit l'objet 6 fois ; si l'angle des miroirs est de 45° ou $\frac{1}{8}$ de la circonférence, il y a 7 images et l'on voit l'objet 8 fois.

On applique cette propriété des miroirs inclinés dans le *kaléidoscope* qu'on utilise quelquefois pour obtenir des dessins d'étoffes ou de tapisseries. Il se compose de deux miroirs inclinés à 60° ou à 45° placés dans un tube parallèle à leur intersection ; une des extrémités du tube est fermée par deux disques de verre entre lesquels on met des fragments de carton ou de verre de couleur, de mousses, etc. En regardant par l'autre extrémité, on voit ces objets et leurs images, disposés symétriquement en rosace à 6 ou 8 rayons (*fig.* 55) ; quand on fait tourner le tube, les fragments compris dans l'angle des miroirs, et par suite les rosaces, changent de disposition, et l'on obtient des dessins très variés.

Fig. 55. — Images formées par le kaléidoscope.

RÉSUMÉ DU CHAPITRE II

Quand la lumière rencontre une surface polie, elle est renvoyée en avant de cette surface ; la direction suivant laquelle elle arrive est le rayon incident, celle qu'elle prend, le rayon réfléchi. La réflexion de la lumière se fait suivant deux lois :

1° *Le rayon incident, le rayon réfléchi et la normale au point d'incidence sont dans un même plan ;*

2° *L'angle de réflexion est égal à l'angle d'incidence.*

On vérifie ces lois par l'appareil de Silbermann, et surtout par leurs conséquences.

Les corps mats ou rugueux réfléchissent la lumière dans toutes les directions, on dit qu'ils la *diffusent*. C'est par diffusion que sont visibles les corps non lumineux par eux-mêmes.

Un *miroir plan* est une surface réfléchissante plane. Il donne, d'un point ou d'un objet lumineux, une image virtuelle, symétrique du point ou de l'objet par rapport au miroir.

Les miroirs plans servent à la décoration des appartements, comme réflecteurs, comme miroirs espions, porte-lumière ; on les emploie dans beaucoup d'appareils de physique.

Les miroirs parallèles donnent un nombre indéfini d'images des objets placés entre eux ; ils font paraître les salles plus grandes, et les lumières plus nombreuses.

CHAPITRE III

MIROIRS SPHÉRIQUES

---

47. Définitions. — On appelle miroir sphérique une surface réfléchissante qui est une portion de sphère ; le miroir est *concave* quand c'est la surface interne de la sphère qui est polie, *convexe* quand c'est la surface externe. Ces miroirs se font comme les miroirs plans, soit en métal poli (*fig.* 56), soit en verre argenté (*fig.* 57).

On appelle *centre de courbure* le centre C (*fig.* 58) de la sphère à laquelle appartient le miroir ; *rayon de courbure*, le rayon de cette sphère ; *base du miroir*, le petit cercle

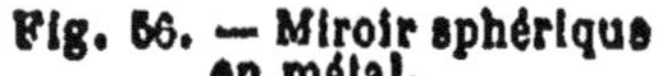

Fig. 56. — Miroir sphérique en métal.

Fig. 57. — Miroir sphérique en verre argenté.

qui limite le miroir ; l'*axe principal* est la perpendiculaire abaissée du centre de courbure sur le plan de la base ; le

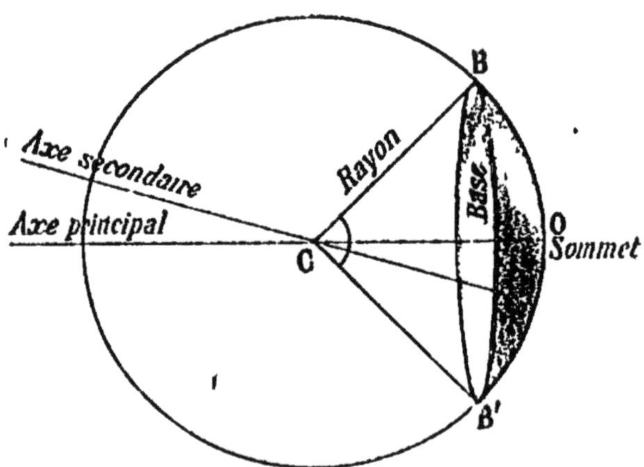

Fig. 58. — Caractéristiques d'un miroir sphérique.

point où cet axe rencontre le miroir est le *centre de figure* ou le *sommet* du miroir.

Généralement, on n'emploie que des miroirs de très petite *ouverture*, c'est-à-dire pour lesquels l'angle BCB' est très petit, et qui ne sont qu'une faible portion de la sphère.

Quand un rayon lumineux rencontre un miroir sphérique, tout se passe comme s'il rencontrait le *plan tangent* à la sphère mené par le point d'incidence, et par suite les lois de la réflexion sont les mêmes pour les miroirs sphériques que pour les surfaces planes; la normale au point d'incidence est alors la perpendiculaire au plan tangent mené en ce point, c'est-à-dire le *rayon géométrique*, allant du centre au point d'incidence.

Miroirs concaves.

48. Foyer principal. — Quand on tourne vers le centre du soleil l'axe principal d'un miroir concave, on constate que tous les rayons lumineux réfléchis par le miroir vont passer en un point, toujours le même, où l'on peut recueillir sur un petit écran une image du soleil très petite, mais très brillante et très chaude. Ce point est le *foyer principal* du miroir. Cette propriété fait souvent donner aux miroirs concaves le nom de miroirs *convergents*.

En effet, soit MM' (*fig.* 59) l'arc suivant lequel un miroir concave est coupé par un plan passant par l'axe principal CO, et soit SM un rayon lumineux parallèle à cet axe, situé dans ce plan; la normale au point d'incidence est le rayon de courbure CM, et le rayon réfléchi se trouvera dans le plan déterminé par les droites SM

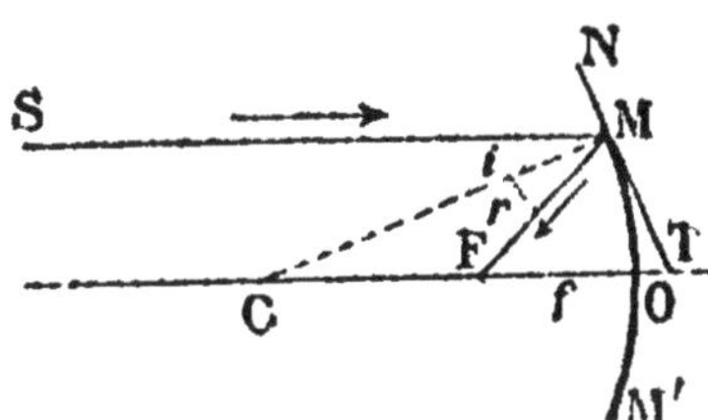

Fig. 59. — Réflexion d'un rayon parallèle à l'axe principal.

et CM, c'est-à-dire dans le plan de la figure. Soient MF le rayon réfléchi et F le point où il coupe l'axe principal D'après les lois de la réflexion, les angles i et r sont égaux ; les angles i et MCF sont aussi égaux comme alternes-internes, par suite le triangle MCF est isocèle et CF égale MF.

Si le miroir n'a qu'une petite ouverture, le point M est peu éloigné de O, la droite FM est sensiblement égale à FO, et l'on a sensiblement CF = FO, d'autant plus exactement que le point d'incidence est plus voisin du sommet ; donc tous les rayons lumineux parallèles à l'axe principal d'un miroir concave, quel que soit leur point d'incidence, vont passer après réflexion en un point appelé foyer principal, situé sur l'axe principal, à égale distance du centre et du sommet du miroir (*fig.* 60). Par suite, la *distance focale* OF est sensiblement égale à la moitié du rayon de courbure. Le plan mené normalement à l'axe principal par le foyer principal est appelé le *plan focal.*

Les rayons lumineux provenant d'*un point* A du soleil peuvent être regardés comme parallèles, étant donnée la

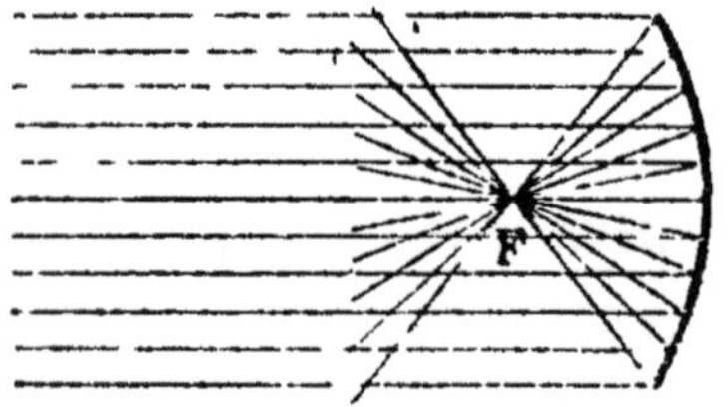

Fig. 60. — Réflexion d'un faisceau de rayons parallèles à l'axe, ou des rayons provenant du foyer principal.

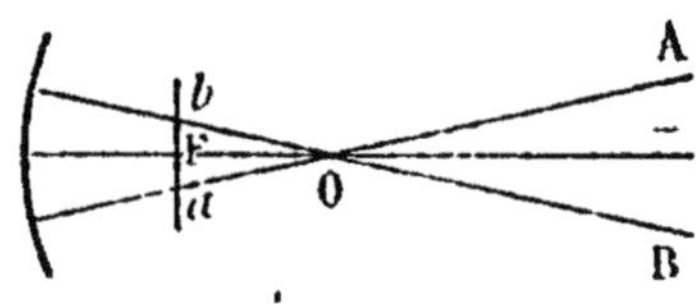

Fig. 61. — Image du soleil.

distance à laquelle ils se rencontrent ; ils ont donc tous leur foyer principal au point de rencontre du rayon passant par le centre O avec le plan focal (*fig.* 61) en a ; et si AO et BO sont les rayons provenant des bords du diamètre vertical du soleil, on voit que l'image du soleil est un petit cercle de diamètre *ab*, dans le plan focal.

En vertu du retour inverse (43), les rayons émis par un point lumineux placé au foyer principal F d'un miroir concave, qui rencontrent le miroir, se réfléchissent parallèlement à l'axe principal.

Si le miroir n'a pas une ouverture très petite, pour les rayons incidents voisins des bords du miroir la droite FO (*fig.* 59) ne peut plus être considérée comme égale à FM, elle est plus petite ; par suite, les rayons réfléchis rencontrent l'axe principal en des points d'autant plus rapprochés du sommet que le point d'incidence en est plus éloigné, et au lieu d'obtenir du soleil une image nette, on observe une courbe lumineuse (*fig.* 62) appelée *caustique principale par réflexion*, qu'on peut voir en recevant les rayons du soleil dans un bol ou une timbale.

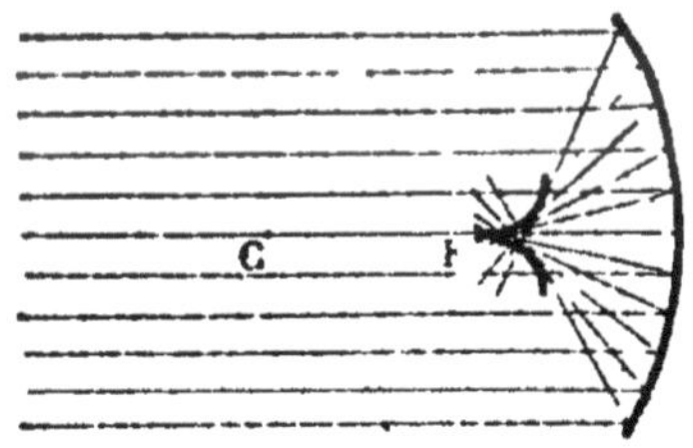

Fig. 62. — Caustique par réflexion.

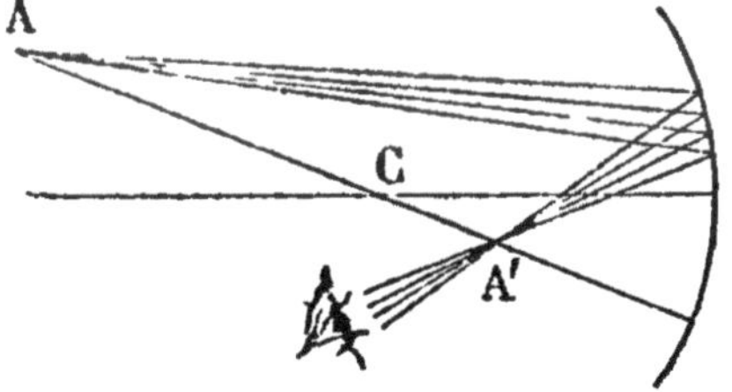

Fig. 63. — Réflexion des rayons issus d'un même point.

49. Foyers conjugués. — Si, dans une chambre obscure, on reçoit sur un miroir concave les rayons provenant d'un point lumineux A (*fig.* 63), on constate, grâce à l'éclairement des poussières atmosphériques sur le trajet des rayons lumineux, que les rayons réfléchis vont passer sensiblement en un même point A', où l'on peut recueillir sur un petit écran un point lumineux, image de A. D'où l'on conclut que: tous les rayons lumineux issus d'un même point vont, après réflexion sur un miroir concave, passer en un même point.

Si l'on met le point lumineux en A', on vérifie aisément par l'expérience que l'image se fait en A, ce que l'on pouvait prévoir d'après le principe du retour inverse. Il y a donc une relation fixe entre la position des points A et A'; on dit que ces points sont des *foyers conjugués*.

50. Construction du foyer conjugué d'un point lumineux. — Pour trouver géométriquement le foyer conjugué d'un point A, il suffit donc de déterminer le point de concours de deux des rayons issus de A et réfléchis par le miroir ; ce sera le point de concours de tous les autres rayons réfléchis et par suite l'image de A.

Or tout rayon lumineux, tel que AC (*fig.* 64), passant

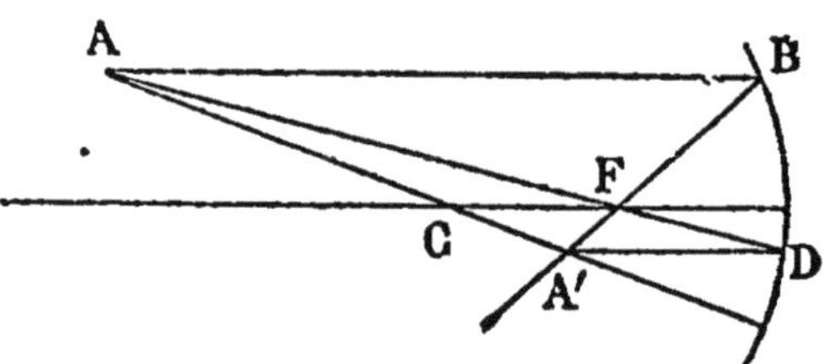

Fig. 64. — Construction du foyer conjugué d'un point lumineux.

par le centre de courbure se réfléchit sur lui-même, puisqu'il fait un angle d'incidence nul et que l'angle de réflexion est aussi nul : on lui a donné le nom d'*axe secondaire* parce qu'il joue le même rôle que l'axe principal pour tout point placé sur lui ; le foyer conjugué de A sera toujours sur cet axe. Nous avons vu (48) que tout rayon incident parallèle à l'axe principal se réfléchit en passant par le foyer principal, et que tout rayon passant par ce foyer se réfléchit parallèlement à l'axe principal ; on peut donc tracer soit le rayon AB qui se réfléchit en BF, soit AF qui se réfléchit suivant DA'; le foyer conjugué de A se trouve au point d'intersection A' de ces rayons avec l'axe secondaire AC.

Si le *point lumineux est sur l'axe principal*, cette construction n'est pas applicable, puisque le rayon passant par le foyer principal et le rayon parallèle à l'axe principal coïncident avec cet axe. Mais si par le centre de courbure on mène un rayon quelconque CB (*fig.* 65), c'est-à-dire un axe secon-

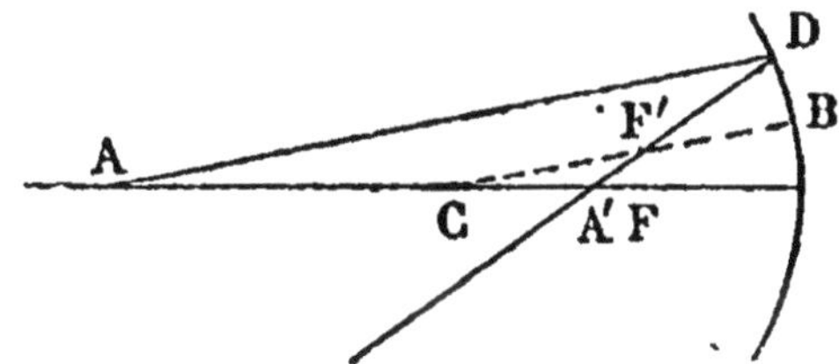

Fig. 65. — Construction du foyer conjugué d'un point situé sur l'axe principal.

daire, tout rayon parallèle à CB, tel que AD, se réfléchit en passant par le point F', milieu de CB, et par suite le foyer conjugué de A se trouve au point d'intersection A' de l'axe principal avec le rayon réfléchi DF'.

51. Image d'un objet. — L'image d'un objet lumineux est formée par les foyers conjugués de tous ses points ; il est donc facile de la construire ; on trouve, par la construction géométrique, et l'on vérifie par l'expérience, que l'image d'une droite perpendiculaire à l'axe principal est aussi une droite perpendiculaire à cet axe. En prenant comme objet une droite AP, perpendiculaire à l'axe (*fig.* 66), il suffira donc pour trouver son image de chercher le foyer conjugué A' du point A, et d'abaisser de A' une perpendiculaire A'P' sur l'axe. Cette construction très simple nous montre facilement comment varient la

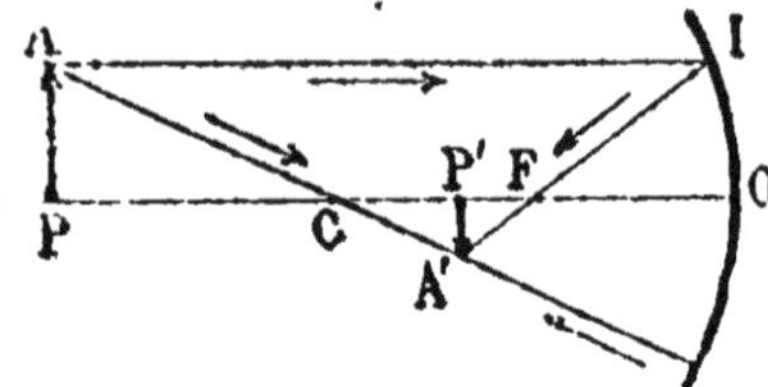

Fig. 66. — Construction de l'image d'une droite.

position et la grandeur relative de l'image avec la position de l'objet.

1° Si l'objet est à une distance infinie comparativement à sa grandeur, l'image est réduite à un point et se fait au foyer principal (48).

2° Quand l'objet est *au delà du centre de courbure*, en AP (*fig.* 66) son image est A'P' ; on voit qu'elle est *réelle*, *renversée* par rapport à l'objet, *plus petite* que l'objet ; elle grandit et se déplace du foyer F vers le centre C à mesure que l'objet se rapproche du centre.

3° Si l'objet est *au centre*, en AC (*fig.* 67), le foyer conjugué de A est en A' sur l'axe secondaire AC, et comme CF est sensiblement égal à la moitié de sa parallèle AI, C est le milieu de AA' ; donc l'image A'C est *réelle*, *égale* à l'objet, et *symétrique de l'objet* par rapport à l'axe principal.

4° L'objet étant *entre le centre et le foyer principal*, en AP (*fig.* 68), son image est en A'P'; elle est *réelle*, *renversée*, *plus grande* que l'objet et placée au delà du centre de courbure ; elle s'éloigne du centre et grandit à mesure que l'objet se rapproche du foyer.

5° Quand l'objet est dans un plan perpendiculaire à l'axe passant par le *foyer principal*, en AF (*fig.* 69), comme AI est sensiblement égale à CF, les rayons réfléchis AC et IF sont sensiblement parallèles ; l'image est donc à une

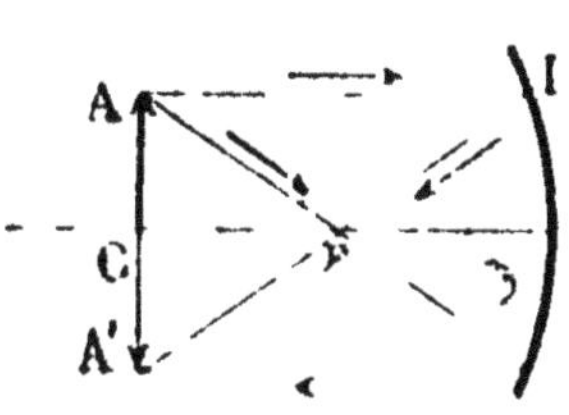

Fig. 67. — Image d'un objet placé au centre de courbure.

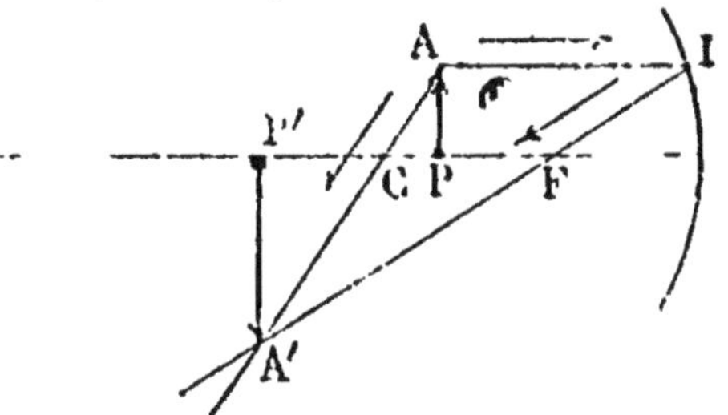

Fig. 68. — Image d'un objet placé entre le centre et le foyer principal.

distance infinie et *infiniment grande*, et par suite il n'y a plus d'image.

6° Lorsque l'objet AP est *entre le foyer principal et le*

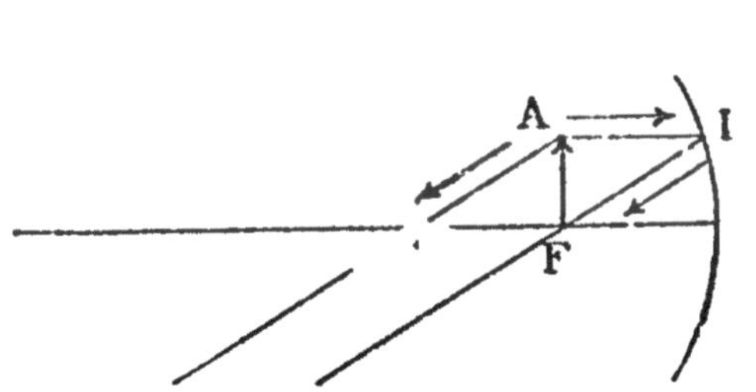

Fig. 69. — Image d'un objet placé au foyer principal.

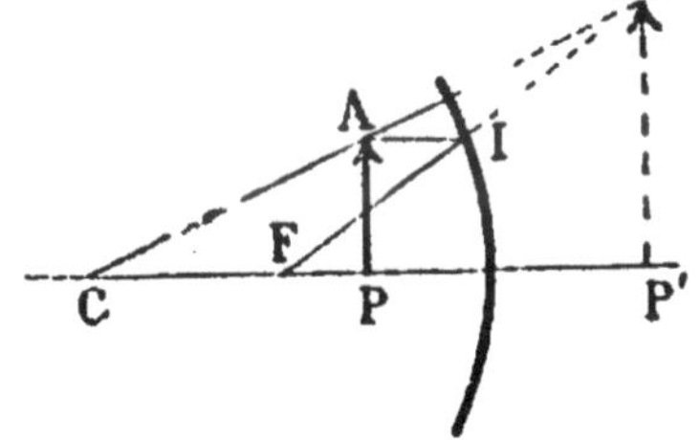

Fig. 70. — Image d'un objet placé entre le foyer principal et le miroir.

miroir (*fig.* 70), la distance AI étant plus petite que CF, les rayons réfléchis AC et IF ne se rencontrent plus en avant du miroir, il n'y a pas d'image réelle; mais leurs prolongements, ainsi que ceux de tous les rayons réfléchis provenant de rayons issus de A, se coupent en arrière du miroir au point A', où l'œil qui reçoit ces rayons croit voir un point lumineux. L'image de AP est alors A'P';

on voit qu'elle est *virtuelle*, *droite* et *plus grande* que l'objet ; elle diminue et se rapproche du miroir quand l'objet s'en rapproche, elle coïncide avec l'objet quand il est au sommet du miroir.

7° En vertu du retour inverse, si les rayons incidents arrivaient suivant les directions CA, FI (*fig.* 70) c'est-à-dire si le point lumineux devenait *virtuel* (43), les rayons réfléchis concourraient au point A, et par suite l'image de la droite virtuelle A'P' serait la droite AP, *réelle*, *droite*, *plus petite* que l'objet, et placée entre le sommet du miroir et le foyer principal.

52. Vérification expérimentale. — On vérifie aisément ces résultats par l'expérience : dans une chambre obscure on déplace lentement une bougie devant un miroir concave; et comme les images réelles formées par le concours des rayons réfléchis, tant que l'objet est au delà du foyer principal, ne seraient visibles que des personnes placées sur le trajet même de ces rayons, on les recueille sur un écran blanc qui diffuse la lumière dans toutes les directions. On déplace l'écran jusqu'à ce que l'image soit aussi nette que possible, on est alors au foyer conjugué de l'objet.

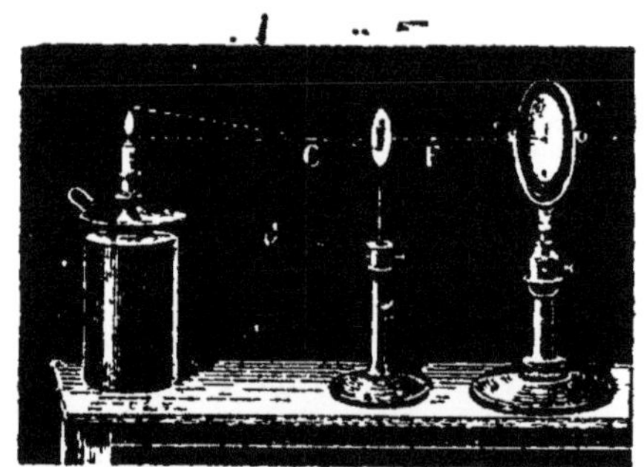

Fig. 71. — Image réelle, plus petite que l'objet, donnée par un miroir concave.

On constate que l'image, renversée, très petite et très brillante quand la bougie est très éloignée, grandit et s'éloigne du miroir quand la bougie s'en rapproche (*fig.* 71). Lorsque la bougie et son image sont égales et également distantes du miroir, on est au centre de courbure, ce qui peut servir à déterminer la position de ce centre. Lorsque la bougie dépasse le centre, l'image passe de l'autre côté du centre, elle reste réelle et renversée, mais devient plus

Fig. 72. — Image réelle, plus grande que l'objet, donnée par un miroir concave.

Fig. 73. — Image virtuelle, plus grande que l'objet, donnée par un miroir concave.

grande (*fig.* 72) et par suite moins éclairée. Quand la bougie est au milieu entre le centre et le miroir, au foyer principal, on ne peut plus obtenir d'image.

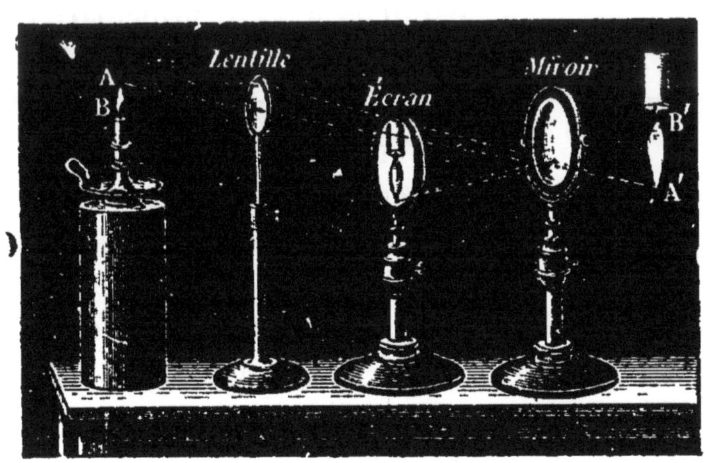

Fig. 74. — Image d'un objet virtuel.

Si la bougie s'approche encore du miroir, on ne trouve plus d'image sur l'écran, mais en se plaçant devant le miroir, on voit en arrière une image droite et d'autant plus grande que la bougie est plus près du foyer (*fig*. 73).

Enfin, si à l'aide d'une lentille on forme une image de la bougie en A'B' (*fig*. 74), et qu'on intercepte à l'aide du miroir les rayons qui allaient en A'B', on peut recueillir sur l'écran une image réelle et droite de l'objet virtuel constitué par la première image.

Miroirs convexes.

53. Foyer principal. — Si l'on dirige vers le centre du soleil l'axe principal d'un miroir convexe, en quelque point qu'on place un écran on ne trouve pas d'image lumineuse; mais si l'œil peut recevoir les rayons réfléchis, on voit en arrière du miroir une image très petite et très brillante du soleil ; le foyer principal est donc virtuel.

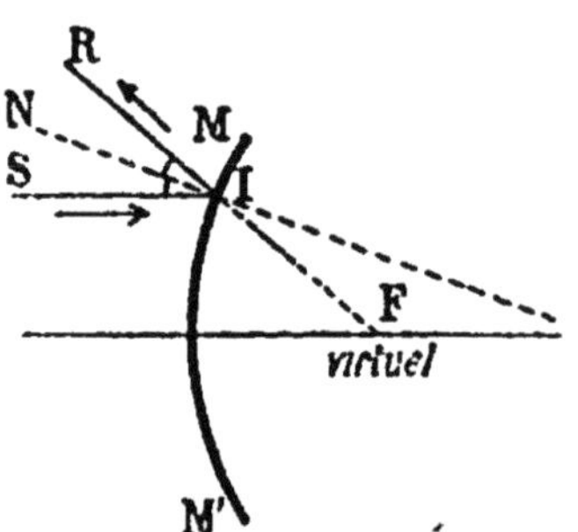

Fig. 75. — Réflexion d'un rayon parallèle à l'axe principal.

En effet, soient MM' un miroir convexe (*fig*. 75) et SI un rayon parallèle à l'axe principal; il se réfléchit en IR, en faisant un angle RIN égal à l'angle SIN ; IR s'écarte de l'axe, mais son prolongement coupe cet axe en F, et dans le triangle IFC, l'angle C et l'angle d'incidence sont égaux comme correspondants, et l'angle I égale l'angle de réflexion qui lui est opposé par le sommet ; donc IFC est isocèle, et IF égale FC.

En supposant, comme pour les miroirs concaves, que le miroir ait une très petite ouverture, on voit que FI égale sensiblement FA, et que le point F est sensiblement à égale distance du centre et du sommet du miroir. Donc tous les rayons parallèles à l'axe principal forment un cône divergent dont le sommet placé sur l'axe principal, en arrière du miroir, est appelé le foyer principal, d'où le nom de *miroirs divergents* donné aussi aux miroirs convexes; mais ce foyer étant virtuel, on ne peut vérifier sa position par l'expérience.

54. Foyers conjugués. — L'expérience montre que, avec les miroirs convexes comme avec les miroirs concaves, un point lumineux A donne pour image un point A', qu'on appelle le foyer conjugué de A, mais qui est toujours virtuel quand le point A est en avant du miroir; on en conclut que tous les rayons issus d'un même point se réfléchissent de telle sorte que leurs prolongements se coupent en un même point.

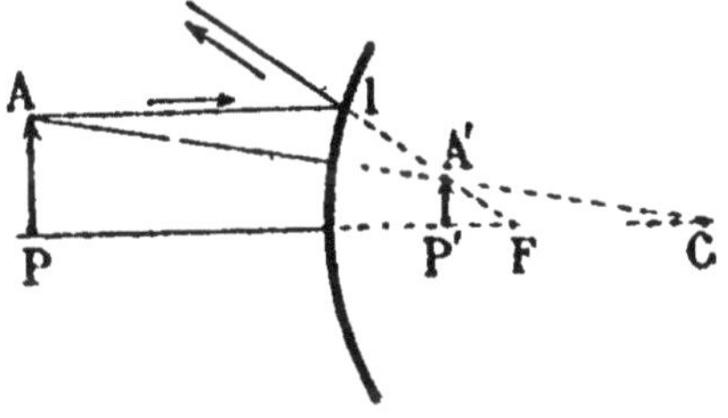

Fig. 76. — Construction de l'image d'une droite.

On peut construire le foyer conjugué d'un point A (*fig.* 76) en traçant l'axe secondaire AC qui se réfléchit sur lui-même, et le rayon AI parallèle à l'axe principal, qui se réfléchit suivant IB dont le prolongement passe par le foyer principal F; le point de rencontre A' des rayons AC et IF est l'image virtuelle de A.

55. Image d'un objet. — On obtiendrait l'image d'un objet en construisant les foyers conjugués de tous ses points. L'image de la droite AP (*fig.* 76) est la droite A'P'; on voit qu'elle est toujours *virtuelle*, *droite*, et *plus petite* que l'objet; elle se déplace du foyer principal au sommet du miroir et grandit à mesure que l'objet se rapproche du miroir; quand il est au sommet, l'image coïncide avec l'objet.

On vérifie facilement ces résultats, avec une bougie et un miroir convexe, quant à la nature et à la grandeur de l'image ; mais la construction géométrique seule indique les variations de position, puisque l'image, étant virtuelle, ne peut être recueillie sur un écran.

En vertu du retour inverse, les rayons lumineux AC, BI, qui iraient converger en A', s'ils sont interceptés par un miroir convexe MM', se réfléchissent suivant CA, IA, e convergent réellement en A. On obtient donc des *images reelles*, avec les miroirs convexes, quand l'objet est *virtuel* et placé *entre le miroir et son foyer principal*, et l'image est droite et plus grande que l'objet.

56. Applications des miroirs sphériques. — Les miroirs concaves servent, en physique, pour certaines expériences d'optique, pour la vérification des lois de la réflexion de la chaleur et du son. On les emploie comme *réflecteurs*, soit pour rendre parallèles les rayons émis par une source lumineuse placée au foyer; dans les appareils de projection, soit pour faire converger la lumière sur une surface donnée de façon à l'éclairer fortement, par exemple dans le microscope. Ils servent encore de *miroirs grossissants*, pour la toilette ; dans ce cas, l'observateur doit se placer entre le miroir et son foyer principal.

Les miroirs convexes n'ont guère d'applications que dans les *globes périscopiques :* ce sont des boules de verre argentées qu'on place quelquefois dans les jardins ou les appartements, et qui donnent des objets environnants une image diminuée, mais déformée à cause de la grande ouverture du miroir qu'elles forment.

RÉSUMÉ DU CHAPITRE III

Un *miroir sphérique* est une portion de sphère dont la surface est réfléchissante ; il est *concave* quand la surface réfléchissante est à l'intérieur de la sphère, *convexe* quand elle est à l'extérieur.

Si un *miroir concave* n'a qu'une faible ouverture, tous les rayons parallèles à l'axe principal vont passer, après réflexion, en un point de l'axe appelé *foyer principal*, et situé à égale distance du centre et du sommet du miroir. Réciproquement, tout rayon provenant du foyer principal se réfléchit parallèlement à l'axe principal.

L'expérience montre que tous les rayons issus d'un même point vont, après réflexion, concourir en un même point, qui est l'image du premier : le point et son image sont des *foyers conjugués*. L'image d'un objet est formée des foyers conjugués de tous les points de l'objet.

Quand un objet est placé au delà du foyer principal, son image est réelle et renversée ; elle est plus petite que l'objet tant que celui-ci est au delà du centre de courbure, plus grande quand il est entre le centre et le foyer principal. Quand l'objet est entre le foyer principal et le miroir, son image est virtuelle, droite et plus grande que l'objet.

Les rayons parallèles à l'axe principal d'un *miroir convexe* sont réfléchis de telle sorte que leurs prolongements vont concourir en un même point de l'axe derrière le miroir : *le foyer principal* est *virtuel*. Les rayons émis par un même point vont, après réflexion, concourir en un même point qui est un foyer conjugué *virtuel* du premier point. Tout objet réel placé devant un miroir convexe donne une image virtuelle, droite, et plus petite que l'objet.

Les miroirs concaves sont employés comme réflecteurs, comme miroirs grossissants, et dans un certain nombre d'appareils. Les globes périscopiques sont des miroirs convexes.

CHAPITRE IV

RÉFRACTION DE LA LUMIÈRE

57. Définitions. — Si, dans une chambre obscure, on envoie obliquement un faisceau lumineux sur une cuve de verre contenant de l'eau, une partie du faisceau se réfléchit ou se diffuse sur la paroi de la cuve, l'autre pénètre dans l'eau ; on constate par l'éclairement des poussières atmosphériques et de l'eau sur le trajet de la lumière

Fig. 77. — Réfraction de la lumière.

(*fig.* 77) que le faisceau qui se propage en ligne droite, tant qu'il reste dans l'air ou dans l'eau, change brusquement de direction en pénétrant dans l'eau, et en sortant de l'eau pour passer de nouveau dans l'air. Le changement de direction d'un rayon lumineux passant obliquement d'un milieu dans un autre s'appelle la réfraction. Si le rayon est perpendiculaire à la surface de séparation des deux milieux, il n'est pas dévié.

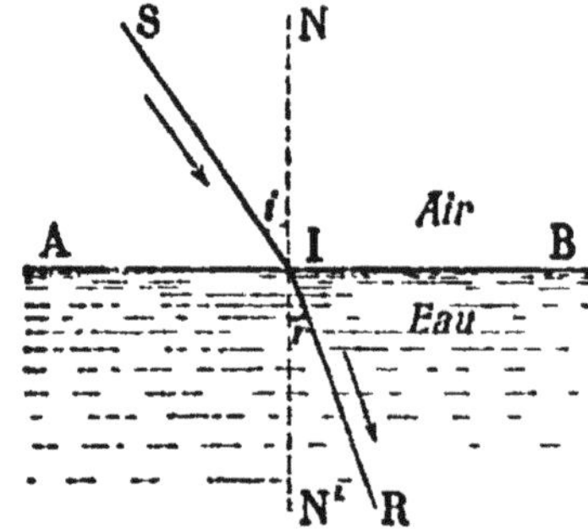

Fig. 78. — Réfraction d'un rayon lumineux.

Soit SI (*fig.* 78) un rayon incident arrivant en I sur la surface de séparation AB de l'air et de l'eau, la direction IR suivant laquelle il se propage dans l'eau est le *rayon réfracté*, et l'angle N'IR de ce rayon avec la normale au point d'incidence est l'*angle de réfraction*.

Si le rayon réfracté est plus près de la normale que le rayon incident, on dit que le second milieu est *plus réfringent* que le premier, c'est le cas de l'eau par rapport à l'air ; si au contraire l'angle de réfraction est plus grand que l'angle d'incidence, ce qui se produit quand la lumière passe de l'eau ou du verre dans l'air, le second milieu est *moins réfringent* que le premier. En général, les solides sont plus réfringents que les liquides, qui le sont eux-mêmes plus que les gaz ; et le plus souvent, un milieu est d'autant plus réfringent qu'il est plus dense.

58. Lois de la réfraction. — La réfraction de la lumière est soumise aux deux lois suivantes, qui ont été énoncées par Descartes :

1re Loi : **Le rayon incident, le rayon réfracté et la normale au point d'incidence sont dans un même plan.**

2e Loi : **Pour deux milieux donnés, il y a un rapport constant entre le sinus de l'angle d'incidence et le sinus de l'angle de réfraction.**

Si du sommet d'un angle comme centre, avec un rayon pris comme unité, on décrit une circonférence (*fig.* 79), on appelle *sinus* de l'angle la perpendiculaire AC abaissée de l'extrémité A du rayon qui forme un des côtés de l'angle sur l'autre côté OB.

On peut vérifier ces lois à l'aide de l'appareil de Silbermann (39), dont on remplace le miroir horizontal par une cuve demi-cylindrique en verre (*fig.* 80) dans laquelle on verse de l'eau jusqu'à ce que le niveau coïncide avec le diamètre horizontal du cercle. A l'aide du petit miroir *m*, on envoie suivant l'axe du tube T un rayon lumineux parallèle au cercle, qui arrive sur l'eau en face du centre C ; ce rayon pénètre dans l'eau en se réfractant et comme il arrive à la surface de la cuve en suivant la direction d'un rayon du cercle, c'est-à-dire normalement, il traverse

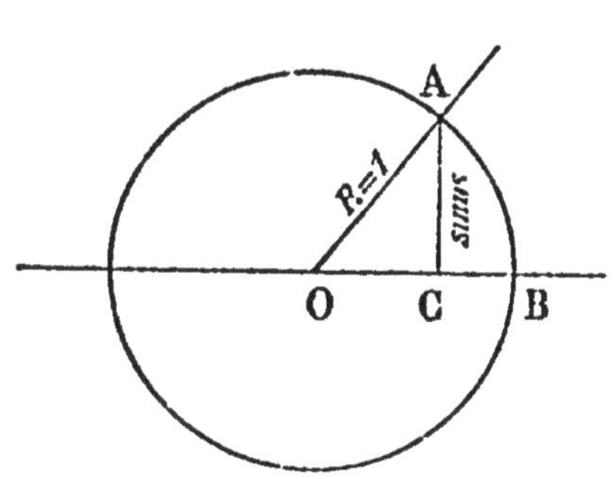

Fig. 79. — Sinus d'un angle.

la paroi et sort dans l'air sans nouvelle déviation. On constate qu'il est toujours possible de placer la règle A' de manière que le rayon réfracté arrive au centre de l'écran ; donc le rayon réfracté est bien resté dans le plan parallèle au cercle qui contenait le rayon incident et la normale au point d'incidence.

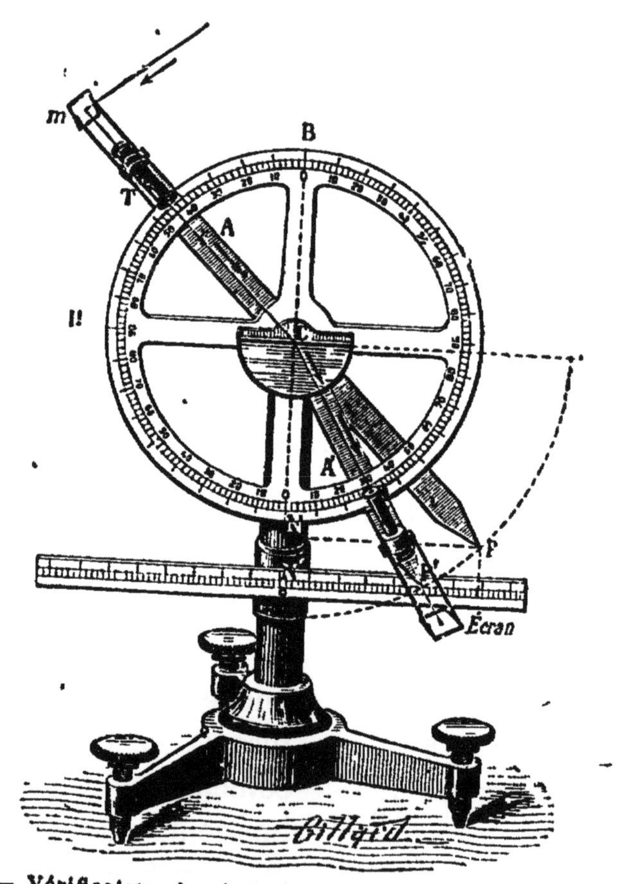

Fig. 80. — Vérification des lois de la réfraction avec l'appareil de Silbermann.

Pour vérifier la seconde loi, on mesure les sinus des angles, à l'aide d'une règle horizontale graduée, mobile sur le pied de l'appareil, qu'on déplace de façon à l'amener successivement au contact des pointes P et P' ; les longueurs CP, CP', qui sont égales, étant prises comme unité, PN est le sinus de l'angle PCN qui est égal à l'angle d'incidence ACB comme opposé par le sommet, et P'N' est le sinus de l'angle de réfraction P'CN'. On trouve :

$$\frac{PN}{P'N'} = \frac{\sin i}{\sin r} = \frac{4}{3}.$$

Si l'on fait varier l'angle d'incidence, le nouvel angle de réfraction est tel que l'on ait encore

$$\frac{\sin i'}{\sin r'} = \frac{4}{3},$$

et cela quel que soit l'angle d'incidence. Donc le rapport entre le sinus de l'angle d'incidence et le sinus de l'angle de réfraction est constant. Il change avec la nature des milieux ; ainsi il est de $\frac{3}{2}$ quand la lumière passe de l'air dans le verre ordinaire.

Ce rapport constant est appelé l'*indice de réfraction* du second milieu par rapport au premier. On voit qu'il est toujours plus grand que 1 quand le second milieu est plus réfringent que le premier.

La vérification des lois de la réfraction par l'appareil de Silbermann, comme celle des lois de la réflexion, n'est qu'approximative ; mais l'exactitude de ces lois est prouvée par les conséquences qu'on peut en tirer et que l'observation vérifie toujours.

59. Principe du retour inverse des rayons lumineux. — On peut encore constater à l'aide de l'appareil de Silbermann que si l'on envoie un rayon lumineux suivant la direction A'C, il pénètre dans l'eau sans déviation puisqu'il arrive normalement aux parois de la cuve, et il sort de l'eau dans l'air suivant CA. On a donc, pour le passage de l'eau dans l'air,

$$\frac{\sin i}{\sin r} = \frac{3}{4},$$

c'est-à-dire que *l'indice de réfraction d'un milieu* B *par rapport à un milieu* A *est l'inverse de l'indice du milieu* A *par rapport au milieu* B. Ainsi l'indice de l'air par rapport à l'eau (passage de la lumière de l'eau dans l'air) est 3/4 ; celui de l'air par rapport au verre (passage de la lumière du verre dans l'air) est 2/3. C'est ce qu'on appelle le principe du retour inverse des rayons lumineux.

60. Passage de la lumière dans un milieu plus réfringent. — Le passage d'un rayon lumineux d'un milieu dans un milieu plus réfringent, de l'air dans l'eau par exemple, est toujours possible puisque l'angle de réfraction est plus petit que l'angle d'incidence. Mais l'incidence ne peut dépasser 90°, et un rayon qui arriverait en I (*fig.* 81), en rasant la surface de l'eau suivant SI prendrait la direction IL telle que $\frac{\sin \text{SIN}}{\sin \text{N'IL}} = \frac{4}{3}$, ce qui correspond à un angle de réfraction d'environ 48°. Donc tous les rayons qui, dans l'air, aboutissaient au point I seront compris, dans l'eau, dans le cône décrit par IL autour de la normale IN'. Si les rayons passaient de l'air dans le verre, l'ouverture du cône ne serait que d'environ 42°.

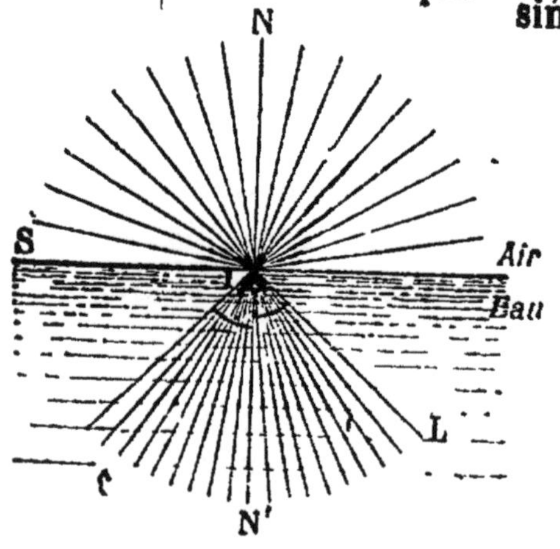

Fig. 81. — Réfraction de la lumière passant de l'air dans l'eau.

61. Construction du rayon réfracté. — Pour construire exactement le rayon réfracté provenant d'un rayon quelconque SA (*fig.* 82), tombant en A sur la surface de séparation MM′ de deux milieux différents, air et eau, on trace de A comme centre une circonférence avec un rayon pris comme unité ; de S on abaisse une perpendiculaire sur MM′, la longueur AC est égale au sinus SB de l'angle d'incidence ; et comme l'indice de réfraction de l'eau par rapport à l'air est $\frac{4}{3}$, si l'on porte sur AM une longueur AD égale aux $\frac{3}{4}$ de AC, en abaissant du point D la perpendiculaire DR, la droite AR sera le rayon réfracté, puisqu'on a bien

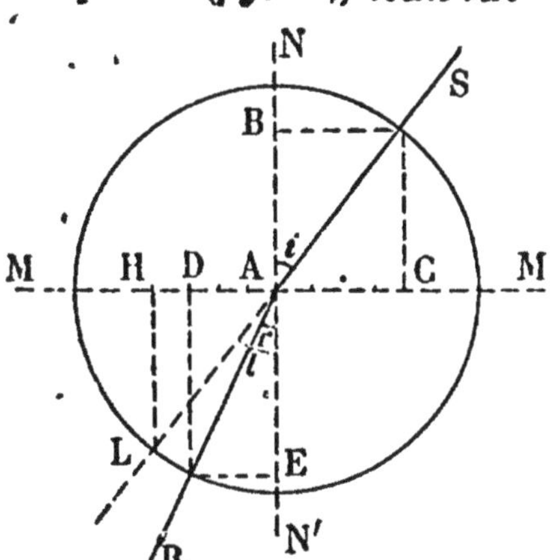

Fig. 82. — Construction du rayon réfracté.

$$\frac{\sin SAN}{\sin RAN'} = \frac{AC}{AD} = \frac{4}{3}.$$

En particulier, pour le rayon M′A le sinus de l'angle d'incidence est le rayon du cercle, et en abaissant du point H pris aux $\frac{3}{4}$ de AM une perpendiculaire HL, on obtient la direction AL du dernier rayon réfracté possible.

62. Passage de la lumière dans un milieu moins réfringent. — Si les rayons lumineux passent de l'eau dans l'air, par exemple, ils s'écartent de la normale, et, en vertu du retour inverse, un rayon RA sort dans l'air suivant AS ; le rayon LA sort en rasant la surface de séparation AM′ des deux milieux. Donc, tout rayon qui arriverait en A sous un angle plus grand que 48°, c'est-à-dire tout rayon compris dans l'espace LAM devrait émerger de l'eau en faisant un angle plus grand que 90°, il ne pourra pas sortir : l'angle LAN′ est l'*angle limite* des rayons qui peuvent se réfracter dans l'air.

63. Réflexion totale. — Les rayons qui ne peuvent sortir se réfléchissent sur la surface de séparation des milieux comme sur un miroir, en suivant les lois de la réflexion. Il y a alors réflexion totale, tandis que pour les rayons dont l'incidence est moindre que l'angle limite une partie de la lumière seulement se réfléchit sur la surface de séparation, l'autre partie se réfractant.

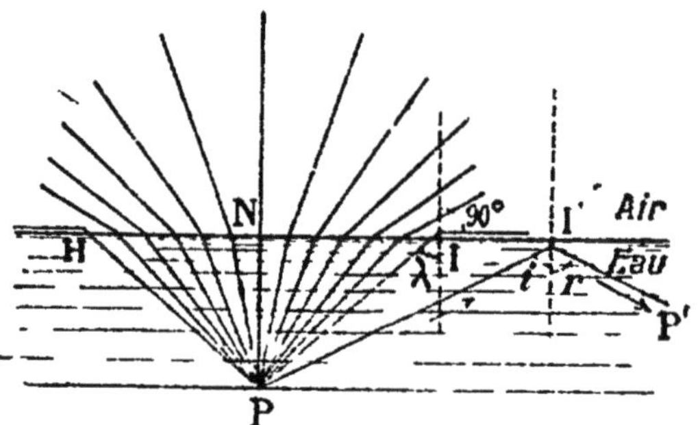

Fig. 83. — Réfraction et réflexion totale de la lumière passant de l'eau dans l'air.

Si l'on considère un point lumineux P (*fig.* 83) placé dans l'eau, les rayons issus de P compris dans le cône NPI, dont l'angle au sommet est 48°, sortent dans l'air en s'écartant de la normale; le rayon PI sort en suivant la surface du liquide, et les rayons tels que PI' se réfléchissent dans l'eau. Si donc on couvre la surface HI, aucun rayon ne sortira dans l'air. Pour le vérifier, on plante une épingle sous un bouchon plat, de façon que l'angle formé par les rayons allant de la tête de l'épingle aux bords du bouchon soit d'au moins 48°, et on place le bouchon sur l'eau d'un vase de verre (*fig.* 84).

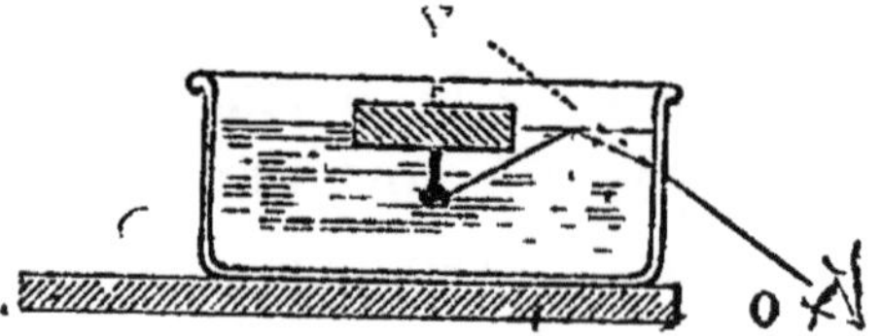

Fig. 84. — Expérience montrant la réflexion totale.

Le bouchon arrête tous les rayons provenant de l'épingle, qui pourraient se réfracter, et d'aucun point au-dessus de l'eau il n'est possible de voir l'épingle. Mais en regardant en dessous du niveau, l'œil reçoit les rayons qui se sont réfléchis totalement, et l'on voit une image virtuelle de l'épingle au-dessus du bouchon.

64. Phénomènes dus à la réfraction. — Certains phénomènes naturels sont dus à la réfraction de la lumière.

I. Relèvement apparent des objets dans l'eau. — On constate par l'expérience qu'un point lumineux situé dans l'eau paraît sensiblement un point à l'observateur placé au-dessus de l'eau; donc les rayons issus d'un point P vont, après réfraction, se couper pour la plupart sensiblement en un point P' qui est l'image virtuelle du point P. Parmi les rayons émis par le point P, le

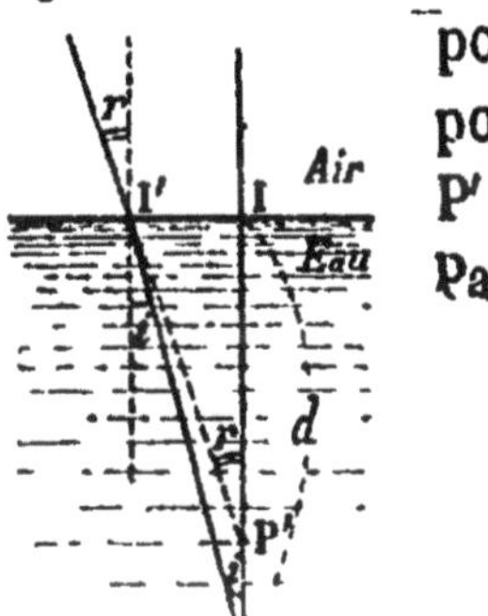

Fig. 85. — Relèvement apparent d'un point placé dans l'eau.

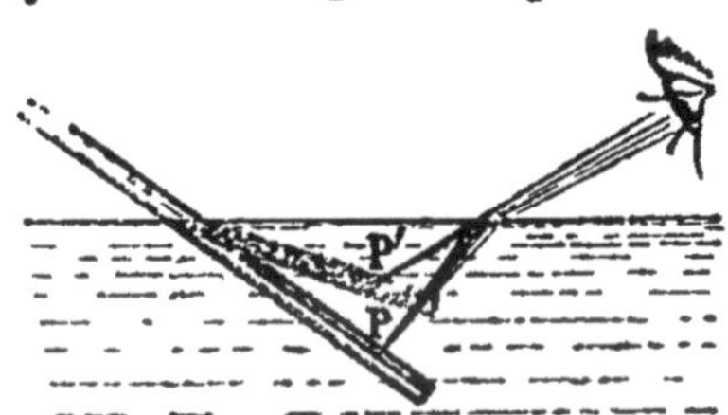

Fig. 86. — Déformation apparente d'un bâton plongé dans l'eau.

rayon PI (*fig.* 85), perpendiculaire à la surface de séparation, sort sans déviation; le rayon PI' s'écarte de la normale en passant dans l'air, et son prolongement coupe PI en un point P' placé entre P et I, qui sera le point de concours d'un certain nombre de rayons réfractés; par suite, l'œil qui reçoit ces rayons verra le point P en P', *plus près de la surface de l'eau* qu'il ne l'est réellement.

Quand on enfonce un bâton obliquement dans l'eau chacun des points de la partie plongée paraît relevé, l'extrémité P vient en P' (*fig.* 86) et le bâton paraît raccourci et coudé au point où il entre dans l'eau.

Si l'on met une pièce de monnaie E au fond d'une cuvette à parois opaques et qu'on s'écarte jusqu'en un point O (*fig.* 87) où l'on ne reçoit plus que le rayon EO allant du bord de la pièce à celui de la cuvette, on constate qu'en faisant verser de l'eau dans la cuvette la pièce devient visible du point O, comme si elle s'était relevée avec le fond de la cuvette. En effet, les rayons tels que EI au lieu de se propager suivant IM ont pris la direction IO, et l'œil voit la pièce à leur point de concours E'. De même le fond d'un vase ou d'une rivière paraît relevé d'environ un quart de sa distance au niveau.

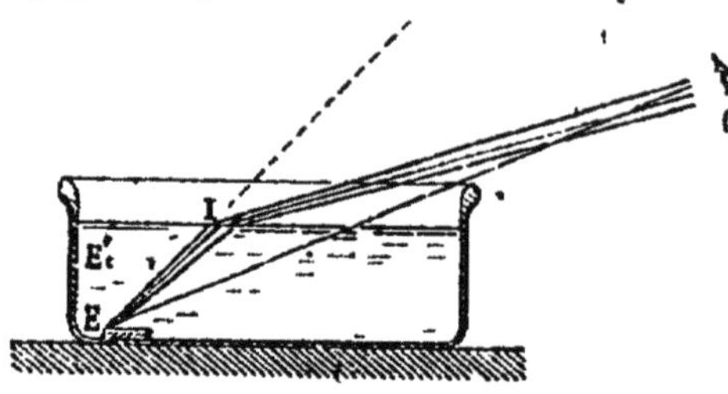

Fig. 87. — Relèvement apparent d'une pièce de monnaie dans l'eau.

II. Réfraction atmosphérique. — Les différentes couches de l'atmosphère étant d'autant moins denses qu'elles sont plus éloignées du sol, agissent comme des milieux de moins en moins réfringents. Un rayon lumineux SI (*fig.* 88) provenant d'une étoile, par exemple, au lieu de se propager en ligne droite se rapproche de la normale en pénétrant dans l'atmosphère terrestre et en passant d'une couche d'air à la couche inférieure plus dense. Mais, l'œil placé en O voit l'étoile dans la direction OS' du rayon qu'il reçoit, et par suite l'étoile paraît plus

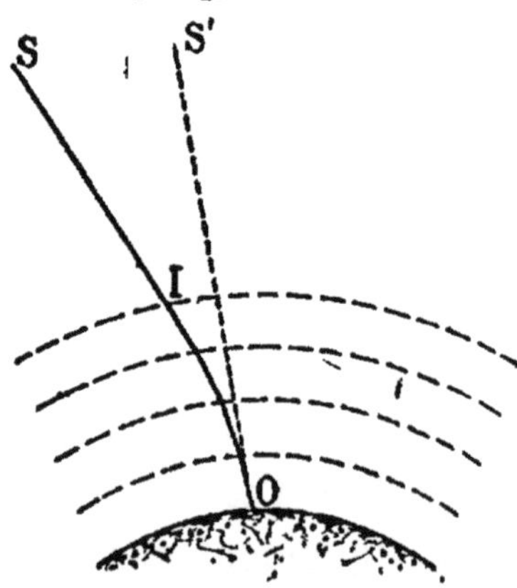

Fig 88. — Réfraction atmosphérique.

élevée au-dessus de l'horizon qu'elle ne l'est en réalité.

La déviation due à la réfraction atmosphérique, nulle au zénith où les rayons arrivent normalement, est d'autant plus forte que les rayons sont plus voisins de l'horizon, et le soleil et la lune paraissent tout entiers au-dessus de l'horizon alors qu'ils sont encore entièrement en dessous. C'est parce que le relèvement du bord inférieur de leur disque est plus grand que celui de leur bord supérieur, qu'ils paraissent aplatis quand ils sont très près de l'horizon.

III. Mirage. — Le mirage, qui se produit surtout dans les plaines sablonneuses des pays tropicaux, est dû à la réflexion totale : le sol prend l'aspect d'une nappe d'eau tranquille, qui réfléchit les objets environnants. Ce phénomène, fréquemment observé pendant l'expédition d'Egypte, a été expliqué pour la première fois par Monge. Il est dû à l'échauffement des couches d'air les plus voisines du sol, fortement échauffé lui-même par le soleil Si l'air est très calme, ces couches restent superposées par ordre de densité et de réfringence croissantes de bas en haut, en sens contraire de l'ordre habituel, jusqu'à une certaine hauteur. Un rayon lumineux issu du point A (*fig.* 89) en traversant ces couches s'écarte de plus en plus de la normale, et il peut arriver à faire un angle d'incidence plus grand que l'angle limite ; il subit alors une réflexion totale et se relève de plus en plus en suivant une direction symétrique de la première puisqu'il traverse les mêmes couches en sens contraire.

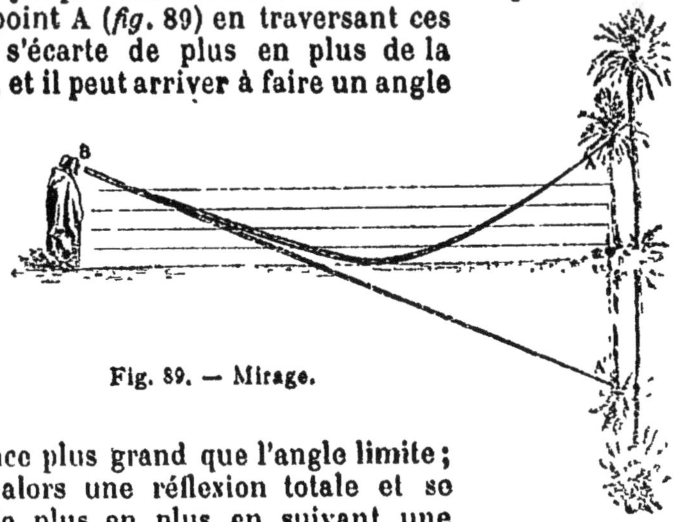

Fig. 89. — Mirage.

Un observateur, placé en B, recevant ce rayon, verra sur le prolongement de sa dernière direction, une image virtuelle et renversée A′ du point A. Comme il voit aussi le point A directement, que l'image A′ est plus pâle que l'objet par suite des réfractions et des réflexions partielles de la lumière dans les différentes couches, et que la lumière bleue du ciel subit le même effet, l'observateur suppose l'existence d'une nappe d'eau qui reflète le ciel et les objets placés sur ses bords. Quand on s'approche, la nappe d'eau paraît reculer, parce que si la distance des objets n'est pas suffisante, les rayons qui ont subi la réflexion totale ne peuvent plus rencontrer l'œil de l'observateur. De même un coup de vent, qui agite les couches d'air et les mélange, fait cesser le mirage.

Le mirage peut se produire en sens inverse, quand le sol ou la mer sont beaucoup plus froids que l'air ; on voit alors dans le ciel l'image des objets placés sur le sol ou sur la mer. Il peut encore se produire latéralement, le long de murs ou de côtes échauffés par le soleil, et on peut l'observer expérimentalement en regardant très obliquement une grande plaque de tôle fortement chauffée : la lumière se réfléchit sur la couche d'air qui touche cette plaque, et l'on observe l'image des objets éloignés.

RÉSUMÉ DU CHAPITRE IV

La *réfraction* est le changement de direction que subit la lumière en passant d'un milieu dans un autre. Un milieu est *plus réfringent* qu'un autre quand les rayons lumineux se rapprochent de la normale en passant du second milieu dans le premier ; il est *moins réfringent* quand les rayons s'écartent de la normale.

La réfraction se fait suivant deux lois énoncées par Descartes :

1° *Le rayon incident, le rayon réfracté et la normale sont dans un même plan ;*

2° *Pour deux milieux donnés, le sinus de l'angle d'incidence et le sinus de l'angle de réfraction sont dans un rapport constant*, qu'on appelle l'*indice de réfraction* du second milieu par rapport au premier.

On vérifie ces lois avec l'appareil de Silbermann, et surtout par leurs conséquences.

La lumière peut toujours passer d'un milieu dans un milieu plus réfringent ; tous les rayons aboutissant en un même point de la surface de séparation sont rassemblés dans un cône dont l'angle au sommet, ou *angle limite*, est d'autant plus petit que l'indice de réfraction est plus grand.

Quand la lumière passe d'un milieu dans un milieu moins réfringent, les rayons qui se présentent à la surface de séparation sous un angle plus grand que l'angle limite ne peuvent sortir dans le second milieu, et se réfléchissent dans le premier : il y a *réflexion totale*.

La réfraction explique le relèvement apparent des objets dans l'eau, l'apparence brisée d'un bâton plongé en partie, obliquement, dans l'eau ; le relèvement apparent des astres au-dessus de l'horizon, la déformation apparente du disque du soleil et de la lune à l'horizon, le mirage.

CHAPITRE V

LAMES ET PRISMES

---

65. Réfraction dans une lame à faces parallèles. — Quand un rayon lumineux tombe perpendiculairement sur une lame de verre à faces parallèles, il entre sans déviation, arrive aussi normalement à la face de sortie, et passe dans l'air sans changer de direction. Mais un rayon oblique tel que SI (*fig.* 90) pénètre dans la lame de verre suivant II′, en se rapprochant de la normale, et il fait un angle r tel que l'on ait (58)

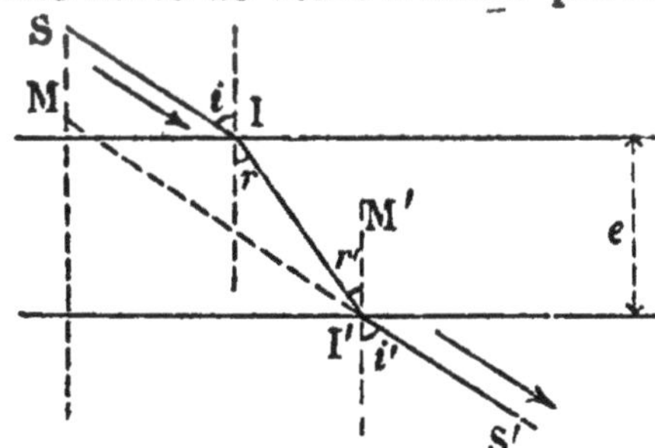

Fig. 90. — Réfraction à travers une lame à faces parallèles.

$$\frac{\sin i}{\sin r} = \frac{3}{2}.$$

Il sort ensuite dans l'air en s'écartant de la normale, et, en vertu du retour inverse, l'angle i' est tel que :

$$\frac{\sin r'}{\sin i'} = \frac{2}{3};$$

donc

$$\frac{\sin i}{\sin r} = \frac{\sin i'}{\sin r'};$$

mais les angles r et r' étant égaux comme alternes-internes, leurs sinus sont égaux ; par suite on a

$$\sin i' = \sin i$$

et l'angle i' est égal à l'angle i ; I'S' est parallèle à SI. Donc, quand un rayon lumineux traverse une lame réfringente à faces parallèles, *le rayon émergent est parallèle au rayon incident.*

Pour l'œil qui reçoit les rayons réfractés provenant d'un point S, SM, I'S', le point S parait être au point de concours M de ces rayons ; les objets vus au travers d'une lame de verre paraissent donc rapprochés de la lame, et, si on regarde obliquement, déplacés latéralement d'autant plus que la lame est plus épaisse.

66. Miroirs étamés. — Les miroirs en verre étamé ou argenté forment une lame à faces parallèles dont une des faces est opaque. Les rayons issus d'un point P qui arrivent sur la première face AB (*fig.* 91) s'y réfléchissent en partie et donnent une image P', peu éclairée, symétrique de P par rapport à AB. La plus grande partie de la lumière pénètre dans le verre en se réfractant, se réfléchit sur la face CD, et sort, en se réfractant de nouveau, parallèlement aux rayons réfléchis sur AB ; elle donne une image P″, bien plus brillante que P'. Mais une portion de la lumière qui arrive de CD sur AB, au lieu de sortir dans l'air, se réfléchit sur AB.

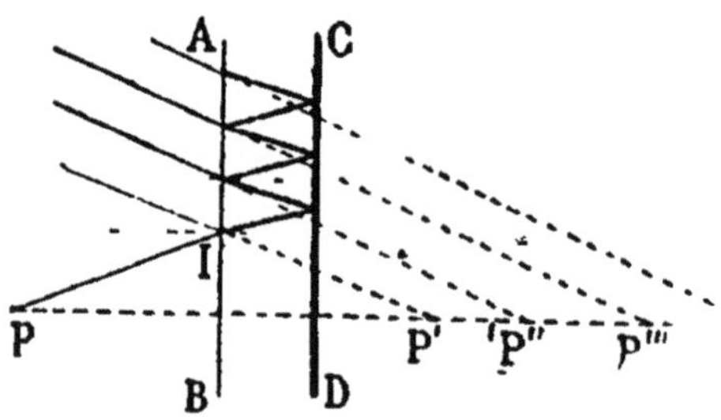

Fig. 91. — Formation des images dans un miroir de verre étamé ou argenté.

retourne vers CD où elle se réfléchit encore, et les rayons qui sortent après avoir subi ces deux réflexions forment une troisième image P''' ; on peut obtenir ainsi, par une série de réflexions sur les deux faces du miroir, une série d'images d'autant plus pâles qu'elles sont plus éloignées.

Si on regarde dans une glace, dans une direction normale à la glace, ces images se superposent et l'on ne distingue que la seconde P'', qui est la plus intense ; mais on les voit nettement en regardant très obliquement dans un miroir un objet bien lumineux, comme la flamme d'une bougie.

Prismes.

67. Définitions. — On nomme prisme, en optique, un milieu réfringent limité par deux faces planes non parallèles. L'intersection AA' de ces deux faces est l'*arête* du prisme (*fig.* 92) ; l'angle dièdre qu'elles forment est l'*angle réfringent* du prisme ; dans la pratique, le prisme est limité par une troisième face, généralement parallèle à l'arête, qui est la *base*. Les prismes sont ordinairement montés sur un support qui permet de leur donner une position quelconque (*fig.* 93).

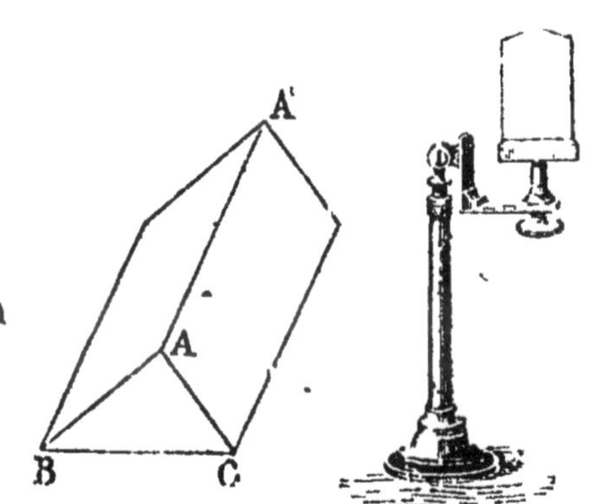

Fig. 92. — Prisme. Fig. 93. — Prisme monté.

68. Réfraction dans les prismes. — Soient BAC la section d'un prisme par un plan perpendiculaire à l'arête, ou *section principale* (*fig.* 94), et SI un rayon lumineux contenu dans ce plan ; ce rayon pénètre dans le prisme en restant dans le plan de la figure, et se rapproche de la normale IN ; il prend la direction II', telle que

$$\frac{\sin i}{\sin r} = \frac{3}{2},$$

et en I′ il sort dans l'air en s'écartant de la normale I′N′, suivant la direction I′S′ qui est encore dans le plan de la figure, et telle que $\frac{\sin r'}{\sin i'} = \frac{2}{3}$.

L'angle D formé par la direction du rayon émergent I′S′ avec celle du rayon incident SI est la *déviation.*

On voit que les réfractions subies à l'entrée et à la sortie du prisme ont pour effet de *rapprocher le rayon de la base du prisme;* l'œil qui reçoit les rayons émergents provenant

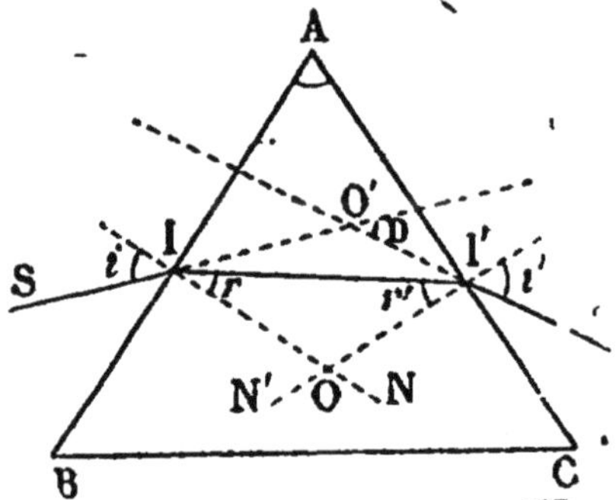

Fig. 94. — Réfraction d'un rayon lumineux dans un prisme.

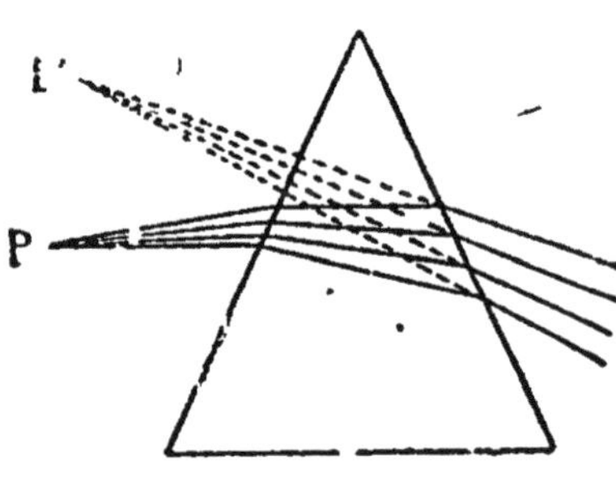

Fig. 95. — Image d'un point donné par un prisme.

d'un point P (*fig.* 95) voit ce point dans le prolongement de ces rayons en un point P′, qui est *virtuel et relevé vers l'arête.* Mais l'image n'est pas nette, sauf quand l'incidence est voisine de celle qui correspond au maximum de déviation (69), et que les rayons tombent près de l'arête du prisme; les rayons émergents provenant des rayons émis par un même point ne concourent donc que dans certains cas. De plus l'image est colorée, la déviation étant accompagnée d'une dispersion et d'une décomposition de la lumière blanche (89).

69. Variations de la déviation. — On peut constater expérimentalement que la déviation varie :

1° Avec l'angle du prisme. — On emploie pour le vérifier une sorte de cuve formée de deux lames de verre qui peuvent tourner autour de charnières entre deux plaques parallèles en cuivre (*fig.* 96); on y verse un liquide transparent et l'on a ainsi un prisme liquide dont l'angle est variable. On fait tomber un rayon lumineux sur une des faces du prisme, et l'on incline plus ou moins l'autre face; on voit que, pour un prisme de même nature et pour une même incidence, la *déviation augmente avec l'angle réfringent.*

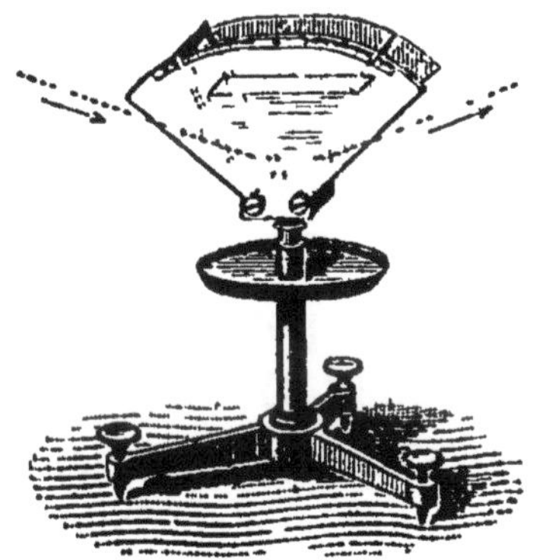

Fig. 96. — Prisme à angle variable.

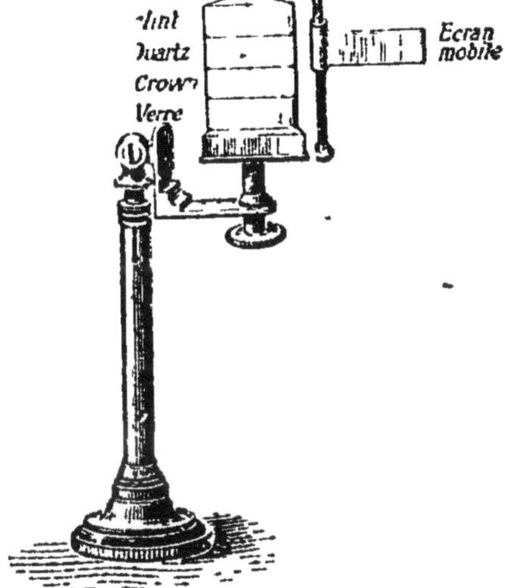

Fig. 97. — Polyprisme.

2° Avec la nature du prisme. — On le vérifie soit avec l'appareil précédent dans lequel on met successivement des liquides différents, soit avec un *polyprisme* (*fig.* 97) formé de plusieurs petits prismes de même angle et de substances différentes dont les arêtes sont en ligne droite. On fait arriver sur le polyprisme une bande lumineuse étroite, parallèle à l'arête, qui rencontre donc tous les prismes sous la même incidence; on constate que les rayons émergents forment sur un écran des images parallèles à l'arête mais inégalement déviées, et que *la déviation croît avec l'indice de réfraction.*

3° **Avec l'incidence.** — On fait tomber un faisceau lumineux normalement sur le bord d'un prisme, de façon qu'une partie seulement du faisceau rencontre le prisme (*fig.* 98); et l'on reçoit sur un écran vertical les rayons qui ont continué directement leur marche dans l'air et ceux

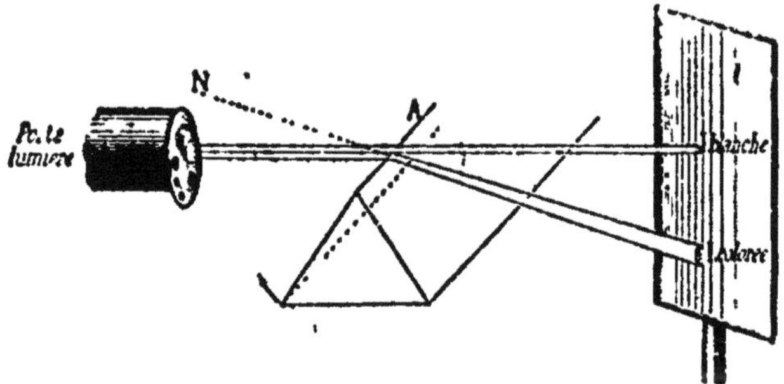

Fig. 98. — Variation de la déviation avec l'incidence de la lumière.

qui ont traversé le prisme. On constate que ces derniers forment une image colorée, déviée vers la base; et si on fait tourner lentement le prisme autour de son arête, on voit l'image colorée se déplacer; donc, pour un prisme donné, la déviation varie avec l'incidence. On constate en outre que l'image colorée après s'être rapprochée de l'image blanche s'en écarte de nouveau, quand on continue à faire tourner le prisme dans le même sens; il y a donc un *minimum de déviation*, et l'expérience montre que ce minimum correspond à la position du prisme pour laquelle le rayon incident et le rayon émergent font des angles égaux avec les deux faces du prisme (*fig.* 99).

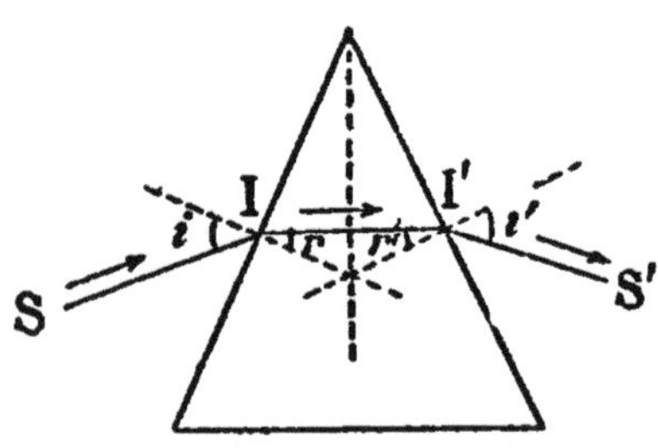

Fig. 99. — Minimum de deviation.

70. Réflexion totale dans les prismes. — Les prismes

étant plus réfringents que l'air, un rayon lumineux peut toujours y pénétrer, quel que soit l'angle d'incidence ; mais l'air étant moins réfringent que le verre, si le rayon refracté se présente à la face de sortie sous un angle plus grand que l'angle limite (63), il ne pourra pas sortir et se réfléchira totalement sur cette face. Par exemple, pour le passage du verre dans l'air l'angle limite étant le 42°, si un rayon SI (*fig.* 100) tombe perpendiculairement sur la face AB d'un prisme dont la section principale est un triangle rectangle isocèle, ce rayon pénètre dans le prisme sans déviation et arrive à la face BC sous un angle de 45° ; il se réfléchit sur BC en faisant avec la normale un angle de 45° et se présente normalement à la face de sortie AC ; il sort donc suivant DO sans nouvelle déviation, et par suite le rayon émergent est perpendiculaire au rayon incident. L'œil placé en O voit en S' l'image du point S, et la face BC agit comme un miroir.

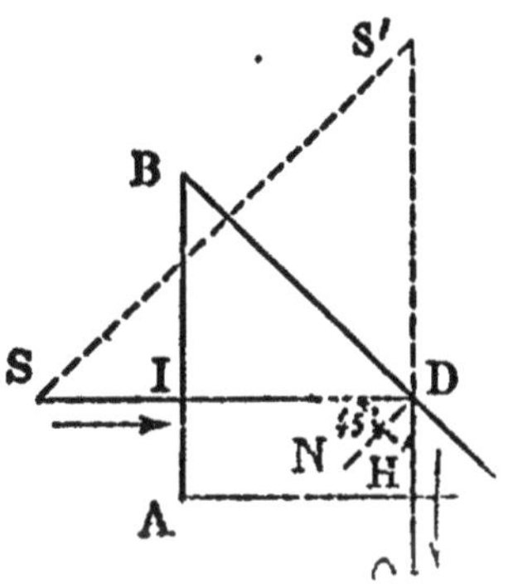

Fig. 100. — Réflexion totale dans les prismes.

71. Applications des prismes. — Les *prismes à réflexion totale* sont employés dans certains appareils d'optique, comme le télescope de Foucault, au lieu de miroirs plans, parce qu'ils réfléchissent une plus grande proportion de lumière que les miroirs métalliques, et ne donnent pas lieu à des réflexions multiples comme les miroirs de verre étamés.

On utilise depuis peu les propriétés du prisme pour l'éclairement des pièces sombres, des sous-sols, etc ; on remplace les vitres ordinaires par des *vitres prismatiques* de 8 à 10^{cm} de largeur ; et en orientant convenablement ces prismes, on peut envoyer la lumière dans les parties de la pièce qui ne recevraient pas directement les rayons lumineux de la fenêtre, s'il y avait des vitres à faces parallèles.

RÉSUMÉ DU CHAPITRE V

Quand un rayon lumineux traverse une *lame réfringente à faces parallèles*, le rayon émergent est parallèle au rayon incident; les objets vus au travers de ces lames paraissent rapprochés de la lame.

Un *prisme* est un milieu réfringent limité par des plans non parallèles. Quand un rayon lumineux traverse un prisme, le rayon émergent est rapproché de la base du prisme ; un point lumineux vu à travers un prisme paraît relevé vers l'arête du prisme. La déviation augmente avec l'angle réfringent (prisme à angle variable) ; elle varie avec la nature du prisme (polyprisme), et avec l'incidence de la lumière; elle passe par un minimum qui correspond au cas où le rayon incident et le rayon émergent sont également inclinés sur les faces du prisme.

Les prismes à réflexion totale remplacent les miroirs plans dans quelques appareils d'optique : les vitres prismatiques sont employées pour éclairer des salles sombres, dans les parties qui ne recevraient pas directement la lumière des fenêtres.

CHAPITRE VI

LENTILLES

---

72. Définitions. — On appelle lentilles des milieux transparents limités par deux surfaces sphériques, ou par une surface sphérique et une surface plane.

Dans les lentilles à faces sphériques, l'*axe principal* est la droite qui joint les centres des deux sphères ; quand l'une des faces est plane, l'axe principal est la perpendiculaire menée du centre de la sphère à laquelle appartient l'autre face, sur la face plane. On appelle *section principale* d'une lentille toute section faite par un plan passant par l'axe principal; les figures suivantes sont toutes dans des sections principales des lentilles. Tout rayon lumineux qui suit la direction de l'axe principal pénètre normalement dans la lentille, et se présente aussi normalement à la face de sortie; il ne subit donc pas de déviation.

On divise les lentilles en deux groupes : 1° Les lentilles

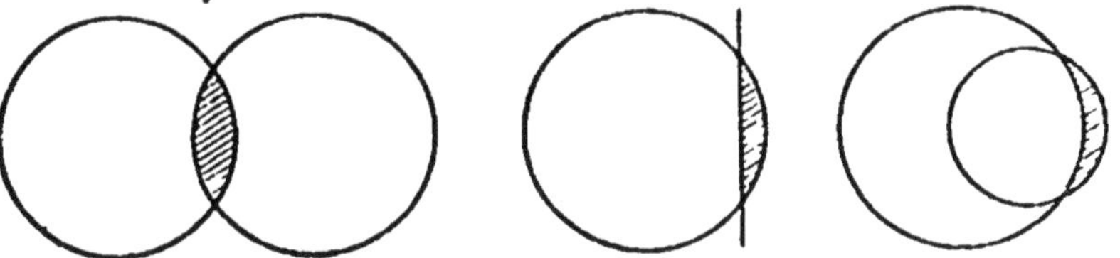

Fig. 101. — Lentilles convergentes.

à *bords minces* (*fig.* 101), qui comprennent les lentilles *biconvexes*, les lentilles *plan-convexes*, et les *ménisques convergents* dont l'une des faces est convexe et l'autre concavé. Pour toutes ces lentilles, si l'on mène, par le point d'incidence et par le point d'émergence d'un même rayon lumineux, des plans tangents aux faces (*fig.* 102), quel

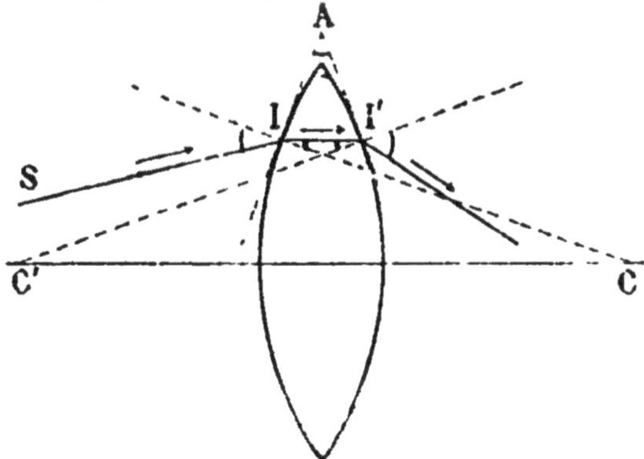

Fig. 102. — Marche d'un rayon lumineux dans une lentille à bords minces.

que soit le rayon, ces plans forment un prisme dont la base est vers l'axe principal ; par suite, le rayon lumineux

SI, qui entre dans la lentille suivant II' en se rapprochant de la normale CI, et qui sort en s'écartant de la normale C'I', se comporte comme s'il traversait le prisme IAI', il est dévié vers la base du prisme ; donc toutes les lentilles plus épaisses au milieu qu'au bord rapprochent les rayons lumineux de l'axe principal, elles sont *convergentes*.

2° Les lentilles à *bords épais* (*fig.* 103), qui comprennent

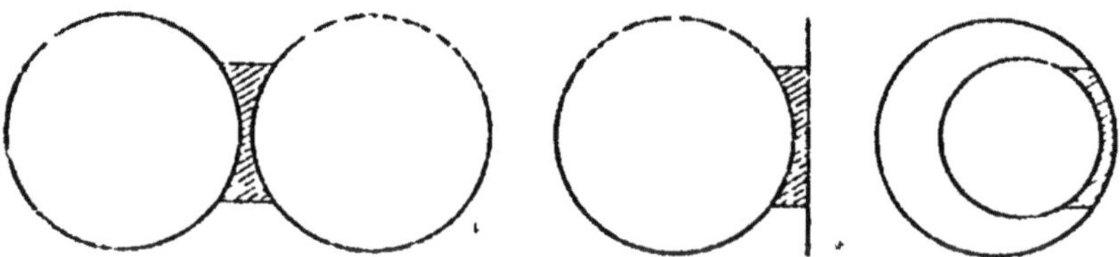

Fig. 103. — Lentilles divergentes.

les lentilles *biconcaves, plan-concaves* et les *ménisques divergents* dont l'une des faces est concave et l'autre convexe. Dans toutes, les plans tangents aux faces menés par les points d'incidence et d'émergence d'un même rayon lumineux (*fig.* 104) forment un prisme dont l'arête est vers l'axe principal, et la lentille aura pour effet, comme ce prisme, d'écarter

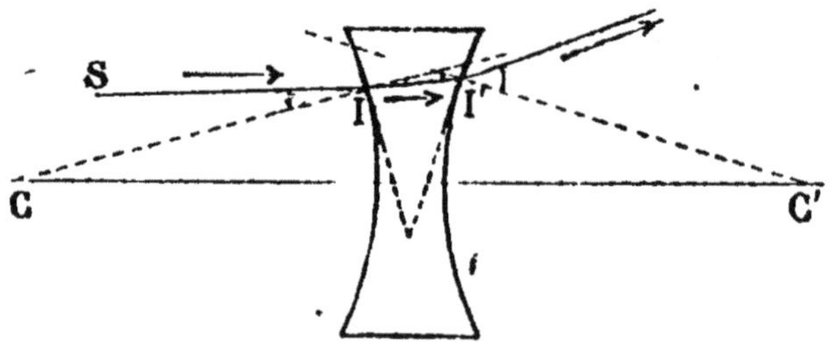

Fig. 104. — Marche d'un rayon lumineux dans une lentille à bords épais.

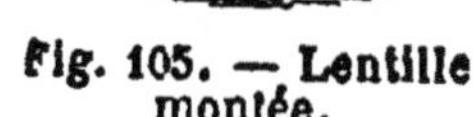

Fig. 105. — Lentille montée.

le rayon de l'axe ; les lentilles plus épaisses au bord qu'au milieu sont donc *divergentes*.

Les lentilles se font généralement en verre plus ou moins réfringent; elles sont montées, pour les expériences de cours, sur des supports qui permettent de leur donner toutes les positions (*fig.* 105).

LENTILLES CONVERGENTES

73. Foyer principal. — Pour étudier les propriétés des lentilles convergentes, nous prendrons comme type la lentille biconvexe, et nous supposerons que cette lentille n'a qu'une faible ouverture, c'est-à-dire que ses faces sont des portions très petites des sphères auxquelles elles appartiennent.

Si l'on fait arriver sur une lentille convergente un faisceau de rayons *parallèles à l'axe principal*, on constate que ces rayons sortent en formant un cône dont le sommet F (*fig.* 106) est sur l'axe principal; si les rayons proviennent du soleil, par exemple, on pourra recueillir sur un écran, en ce point F, une image du soleil, très petite, brillante et très chaude; ce point est le *foyer principal d'émergence* ou *foyer-image* de la lentille.

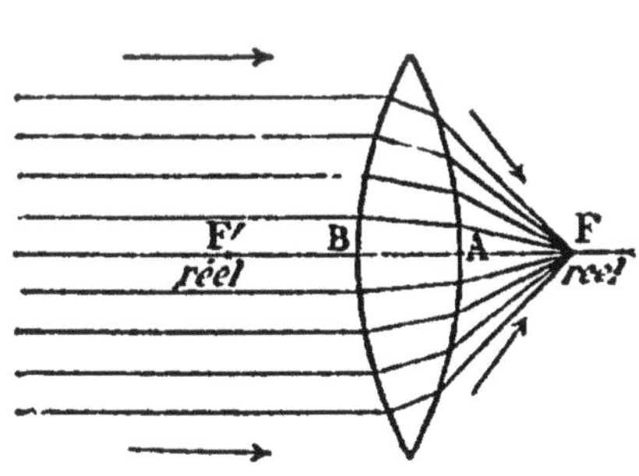

Fig. 106. — Réfraction de rayons parallèles à l'axe principal.

Donc, les rayons parallèles à l'axe principal se réfractent en passant par le foyer principal.

Si l'on fait tomber les rayons sur l'autre face de la lentille, on constate qu'ils vont passer en un même point F' qui est aussi un foyer principal; donc une lentille convergente a *deux foyers principaux, réels*, placés sur l'axe principal ; et si l'épaisseur de la lentille est faible relativement aux distances AF, BF′ des foyers aux faces de la lentille ou *distances focales*, ces distances sont égales.

Réciproquement, si un point lumineux est placé *au foyer principal*, en F ou en F′, en vertu du retour inverse, les rayons qu'il envoie sur la lentille sortent *parallèlement à l'axe principal* ; ce foyer est dit alors *foyer d'incidence*, ou *foyer-objet*. On appelle *plans focaux* les plans menés par les foyers, normalement à l'axe principal. Tout faisceau de rayons parallèles, mais non parallèles à l'axe principal a son foyer principal K dans le plan focal PP′ (*fig.* 107).

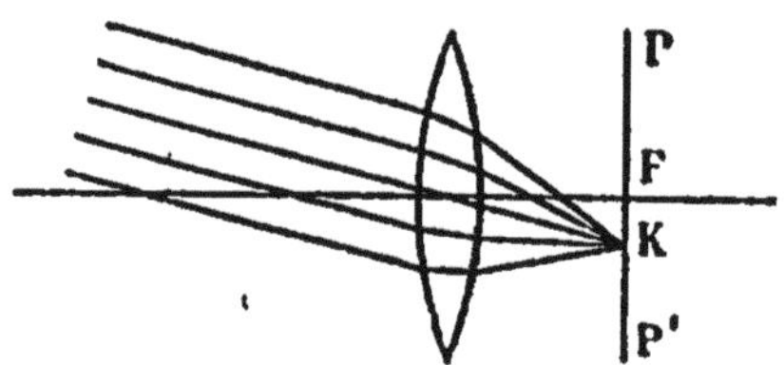

Fig. 107. — Foyer principal de rayons parallèles.

74. Foyers conjugués. — Si un point lumineux P se trouve devant une lentille, au delà du foyer principal, on constate par l'expérience qu'on peut recueillir sur un écran convenablement placé une image de P réduite à un point P′. Donc tous les rayons issus d'un même point, qui traversent la lentille, convergent sensiblement en un même point. Si on met le point lumineux en P′, on constate que son image vient en P, ce qui est conforme au principe du retour inverse. Donc ces points P et P′ sont invariablement reliés : ce sont des *foyers conjugués*. Pour trouver l'image d'un point géométriquement, il suffit donc de déterminer le point de concours de deux des rayons réfractés provenant de ce point.

75. Centre optique. — Dans toute lentille il existe un point nommé *centre optique*, situé sur l'axe principal, et tel que tout rayon qui passe par ce point sort parallèlement au rayon incident. Si la lentille est très mince, le déplacement latéral du rayon est très faible, et l'on peut admettre que le rayon émergent est dans le prolongement du rayon incident. Donc : **Tout rayon qui passe par le centre optique traverse la lentille sans déviation** : on l'appelle *axe secondaire*.

Soient C et C′ (fig. 108) les centres de courbure d'une lentille biconvexe, CI et C′I′ deux rayons de courbure parallèles; si l'on mène en I et I′ les plans tangents aux deux faces, ces plans sont parallèles; donc tout rayon lumineux qui traverse la lentille suivant II′ se comporte comme s'il traversait une lame à faces parallèles, c'est-à-dire que le rayon émergent I′S′ est parallèle au rayon incident SI, qui s'est réfracté suivant II′ en pénétrant dans la lentille. Soit O le point d'intersection du rayon II′ avec l'axe principal. Ces deux triangles COI, C′OI′ qui ont leurs angles égaux chacun à chacun sont semblables ; on a donc

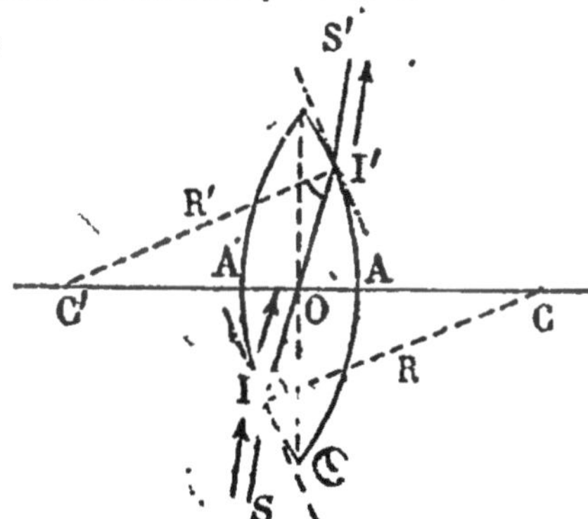

Fig. 108. — Détermination du centre optique d'une lentille.

$$\frac{CO}{C'O} = \frac{CI}{C'I'};$$

mais CI et C′I′ sont les rayons de courbure, leur rapport est constant; le point O divise la droite CC′ dans un rapport donné, et comme il n'y a entre C et C′ qu'un point qui partage CC′ dans ce rapport, le point O est constant, quels que soient les rayons de courbure parallèles considérés ; c'est le centre optique. Par suite tout rayon qui passe en O sort parallèlement au rayon incident. Si les rayons de courbure sont égaux, OA = OA′ et le centre optique est au milieu de l'épaisseur de la lentille. Si l'une des faces est plane, il est au point de rencontre de l'axe principal avec la face courbe : dans les ménisques il est un peu en dehors de la lentille.

76. Construction de l'image d'un point. — Si la lentille est mince, on la représente généralement par une droite perpendiculaire à l'axe principal, passant par le centre optique et terminée par deux pointes de flèche (*fig.* 109) pour indiquer qu'elle est convergente ; les deux réfractions qui se produisent à l'entrée du rayon dans la lentille et à sa sortie dans l'air, sont remplacées par une seule déviation au point où le rayon rencontre cette droite.

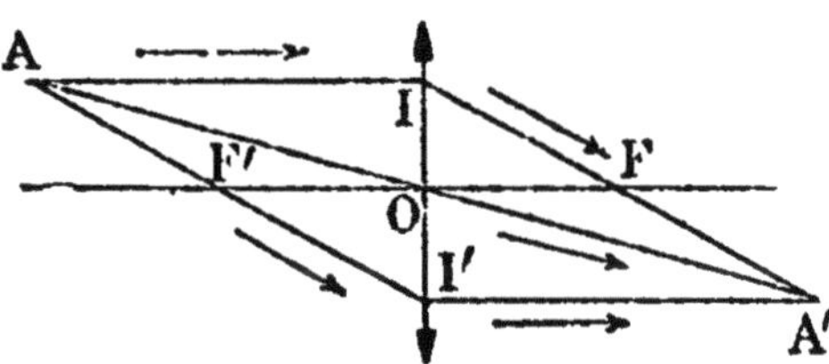

Fig. 109. — Construction de l'image d'un point.

Pour trouver l'image d'un point A situé hors de l'axe principal, on mène l'axe secondaire AO, et le rayon AI parallèle à l'axe principal, qui se réfracte par le foyer d'émergence F, ou le rayon AF′, passant par le foyer d'incidence, qui sort parallèlement à l'axe principal ; le point de concours A′ de ces rayons est l'image de A.

77. Image d'un objet. — L'image d'un objet s'obtiendra en cherchant les foyers conjugués de chacun de ses points. On constate par l'expérience qu'une droite perpendiculaire à l'axe principal donne une image qui est aussi perpendiculaire à cet axe, et comme l'image d'un point pris sur l'axe principal est aussi sur l'axe, l'image de la droite AP (*fig.* 110) sera la perpendiculaire A′P′ abaissée du foyer conjugué de A sur l'axe. Cette construction permet de trouver facilement comment varient la position et la grandeur relative de l'image, quand l'objet se déplace devant la lentille.

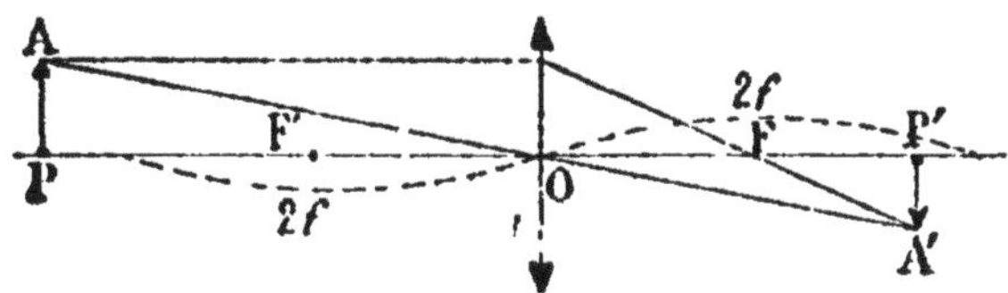

Fig. 110. — Image d'un objet placé au delà du double de la distance focale.

1° Quand l'objet est *très éloigné* relativement à sa grandeur, l'image est *très près du foyer principal, réelle, renversée* et *très petite.* A mesure que l'objet se rapproche, son image s'éloigne du foyer et grandit en restant réelle et renversée (*fig.* 110).

2° Quand l'objet est *au double de la distance focale* (*fig.* 111) AI étant le double de OF, AA' est aussi le double

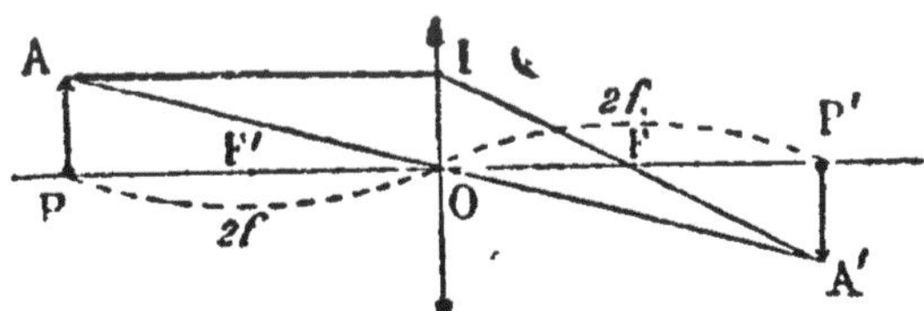

Fig. 111. — Image d'un objet placé au double de la distance focale.

de AO, et par suite OA' égale OA et OP' égale OP ; l'image est donc aussi au double de la distance focale, réelle, renversée et égale à l'objet.

3° Quand l'objet *se déplace du double de la distance focale au foyer principal*, s'il est en A'P' (*fig.* 110), en vertu du retour inverse, l'image sera en AP ; donc elle est *au delà du double de la distance focale, réelle, renversée* et *plus grande* que l'objet ; elle grandit et s'éloigne à mesure que l'objet se rapproche du foyer.

4° Si l'objet est *au foyer principal d'incidence*, les rayons de chaque point sortent parallèles à l'axe secondaire de ce point; il n'y a donc plus d'image, puisqu'elle serait à l'infini.

5° Quand l'objet est *entre le foyer principal et la lentille* (*fig.* 112) la distance AI étant plus petite que OF', les rayons émergents ne se rencontrent plus au delà de la lentille, il n'y a donc pas d'image réelle; mais leurs prolongements se coupent du côté de l'objet, et l'œil placé de l'autre côté de la lentille voit une image A'P', *virtuelle*, *droite*, *plus grande* que l'objet, et *plus éloignée* de la lentille; cette image se rapproche et diminue quand l'objet se rapproche, elle est égale à l'objet quand celui-ci touche la lentille.

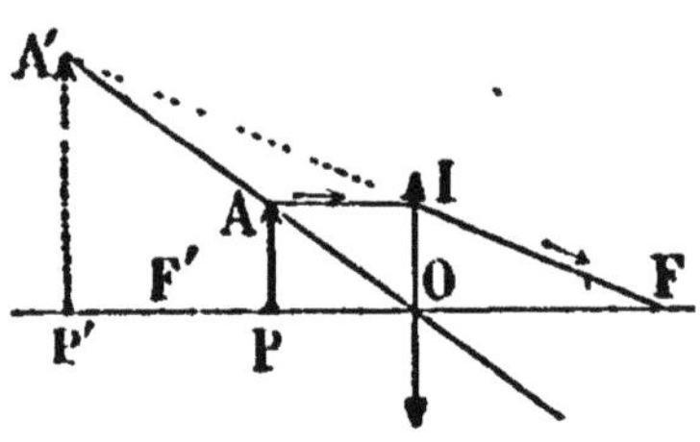

Fig. 112. — Image d'un objet placé entre le foyer principal et la lentille.

78. **Vérification expérimentale.** — On peut vérifier ces résultats en prenant comme objet lumineux la flamme d'une bougie qu'on déplace, dans une chambre noire, le long de l'axe principal d'une lentille convergente; comme les images réelles ne sont visibles que des personnes placées sur le trajet même des rayons qui les forment, on les recueille sur un écran blanc qu'on déplace jusqu'à ce que l'image soit aussi nette que possible, et qui rend l'image visible dans toutes les directions.

On constate, en approchant lentement la bougie, que l'image, renversée, d'abord très petite, grandit peu à peu (*fig.* 113); il arrive un moment où elle devient égale à la flamme, et se fait à la même distance de la lentille que la bougie : la bougie et l'image sont alors au double de la distance focale, ce qui peut servir à déterminer cette distance et la position du foyer principal. Si l'on continue à approcher la bougie jusqu'au foyer principal l'image s'éloigne en devenant plus grande que la flamme (*fig.* 114).

Fig. 113. — Image réelle, plus petite que l'objet, donnée par une lentille convergente.

Enfin, quand la bougie est entre le foyer et la lentille, on ne peut plus trouver d'image à l'aide de l'écran ; mais l'œil placé derrière la lentille sur le trajet des rayons émergents, voit, du même côté que la bougie relativement à la lentille, une image droite et d'autant plus grande que la bougie est plus près du foyer principal. L'image coïncide avec la bougie quand celle-ci touche la lentille.

Fig. 114. — Image réelle, plus grande que l'objet, donnée par une lentille convergente.

Lentilles divergentes.

79. Foyer principal. — Nous prendrons comme type des lentilles divergentes les lentilles biconcaves, et nous les supposerons de faible ouverture.

Si, dans la chambre noire, on fait tomber sur une lentille biconcave un faisceau de rayons lumineux parallèles à l'axe principal, on constate que les rayons émergents forment, sur un écran, un cercle lumineux qui grandit à mesure qu'on s'éloigne de la lentille ; on ne peut donc pas trouver d'image réelle. Mais l'œil placé dans le cône des rayons émergents voit un point lumineux F (*fig.* 115) derrière la lentille ; donc les prolongements des rayons réfractés provenant de rayons parallèles à l'axe principal concourent tous en un même point qui est le foyer principal de la lentille ; ce foyer est *virtuel*, et placé sur l'axe principal, puisque le rayon lumineux qui arrive suivant cet axe ne subit pas de déviation.

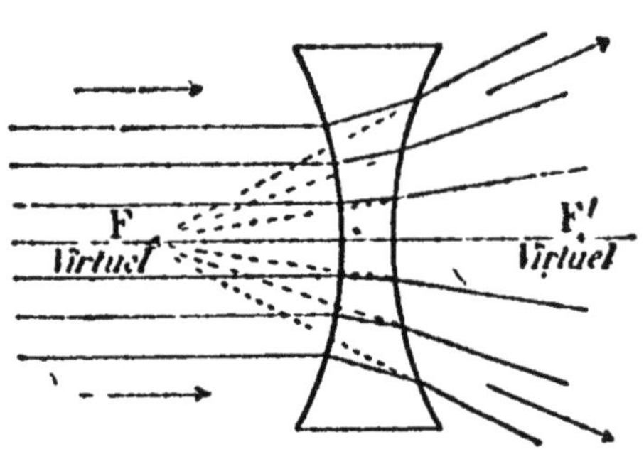

Fig. 115. — Réfraction des rayons parallèles à l'axe principal.

Si l'on fait tomber les rayons sur l'autre face de la lentille, on constate, comme pour les lentilles convergentes, qu'il y a un *deuxième foyer principal* F'; les distances focales ne peuvent être mesurées directement, puisque les foyers sont virtuels, mais les constructions géométriques montreraient que les deux foyers principaux sont à égale distance des faces de la lentille.

Réciproquement, si l'on fait tomber sur la lentille des rayons qui, sans son interposition, iraient aboutir en F, ces rayons après avoir traversé la lentille sortent *parallèlement à l'axe principal*.

80. Foyers conjugués. — En déplaçant devant la lentille un point lumineux P, on constate que les rayons provenant de ce point sortent de la lentille en divergeant, quelle que soit la position du point P ; donc *un objet réel ne donne jamais d'image réelle* ; mais l'œil placé dans le cône des rayons émergents voit toujours, du même côté que l'objet par rapport à la lentille, une image réduite sensiblement à un point P' : ce point est le *foyer conjugué virtuel* de P.

81. Construction des images. — On peut trouver facilement par une construction géométrique la position des images formées par les lentilles divergentes. On pourrait démontrer, comme pour les lentilles convergentes, que les lentilles divergentes ont un *centre optique*, tel que tout rayon qui passe par ce point n'est pas dévié. On suppose la lentille réduite à une droite perpendiculaire à l'axe principal, passant par le centre optique, et terminée par des pointes de flèche retournées pour montrer qu'elle est divergente (*fig.* 116).

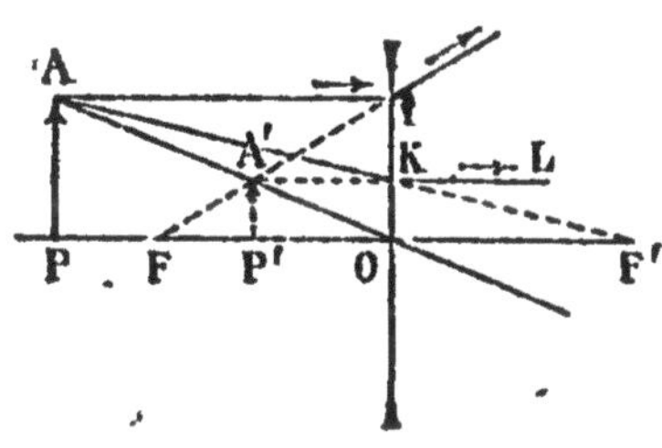

Fig. 116. — Construction de l'image d'un objet.

Du point lumineux A, on mène l'axe secondaire AO, et le rayon AI parallèle à l'axe principal, qui se réfracte de façon que son prolongement aille passer au foyer d'émergence F, ou le rayon AF', qui irait au foyer virtuel d'incidence et qui en sortant de la lentille devient KL parallèle à l'axe principal ; l'image de A est au point de concours A' des prolongements de ces rayons réfractés.

L'image d'une droite AP serait la droite A'P', puisque l'image de P doit être sur l'axe PO. On voit que l'image d'un objet réel est toujours *virtuelle, droite, plus petite* que l'objet et plus rapprochée de la lentille ; elle grandit et se déplace du foyer principal à la lentille, à mesure que l'objet se rapproche ; et quand l'objet touche la lentille, l'image coïncide avec lui.

On vérifie facilement ces résultats en déplaçant lentement une bougie allumée devant une lentille divergente, mais comme on ne peut recueillir les images sur un écran, il faut se placer dans la direction des rayons émergents (*fig.* 117) pour voir l'image droite et plus petite de la bougie;

Fig. 117. — Image virtuelle donnée par une lentille divergente.

on ne peut mesurer la distance de l'image à la lentille, mais on voit que l'image se rapproche de la lentille en même temps que la bougie.

82. **Usages des lentilles.** -- Les lentilles, convergentes ou divergentes, sont employées dans la plupart des *instruments d'optique.*

Elles servent aussi à *remédier aux défauts de l'œil* : on sait que l'œil est un ensemble de milieux réfringents limités par des surfaces sensiblement sphériques, et qu'il agit comme une lentille convergente dont le centre optique serait très voisin de la face postérieure du cristallin, et dont le foyer principal est sensiblement sur la rétine ; il donne, d'un objet lumineux, une image réelle et renversée qui doit se former sur la rétine pour que l'objet soit nettement perçu. Mais la distance de l'image au cristallin devrait varier avec la distance des objets à l'œil, si le cristallin agissait comme une lentille ordinaire ; c'est grâce aux changements de courbure du cristallin que l'image se fait toujours sur la rétine tandis que la position de l'objet varie de l'infini à la distance minima de la vision distincte, distance qui est normalement d'environ 15^{cm}.

Si le globe de l'œil est trop allongé d'avant en arrière,

l'image des objets éloignés se forme en avant de la rétine, et ne donne qu'une impression confuse; la vision n'est donc nette que pour les objets très rapprochés: on dit que l'œil est *myope*. Pour voir nettement les objets éloignés on place alors devant l'œil une *lentille biconcave* qui fait diverger davantage les rayons arrivant à l'œil (*fig.* 118) et recule l'image de A en A′ sur la rétine. La divergence de la lentille doit être telle que l'image des objets très éloignés se forme sur la rétine sans accommodation du cristallin.

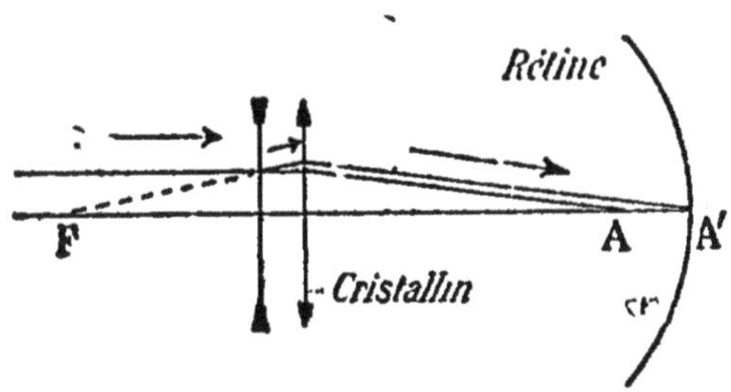

Fig. 118. — Correction de la myopie par une lentille divergente.

Si au contraire le globe de l'œil est trop court (œil *hypermétrope*), l'image des objets même éloignés se fait en arrière de la rétine; ou si la puissance d'accommodation du cristallin est devenue trop faible (œil *presbyte*), l'image des objets rapprochés se fait au delà de la rétine; on place alors devant l'œil une lentille biconvexe (*fig.* 119) de convergence convenablement choisie, qui diminue la divergence des rayons qui la traversent, et ramène l'image de A en A′ sur la rétine, comme si les rayons provenaient d'un point P′ plus éloigné que P.

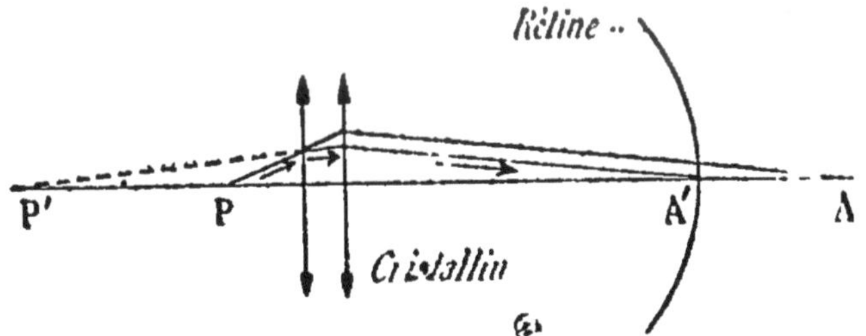

Fig. 119. — Correction de la presbytie par une lentille convergente.

Les lentilles convergentes sont encore employées pour *concentrer en un point* la lumière ou la chaleur du soleil, pour *rendre parallèles* les rayons lumineux provenant d'une source quelconque, de façon que le faisceau lumineux conserve sensiblement la même intensité à de grandes distances (projecteurs des phares, des navires de guerre, des voitures automobiles).

Dans les *phares*, où l'on utilise surtout cette propriété, les lentilles employées doivent être de grande taille ; mais alors leur ouverture n'est plus négligeable, et leur foyer principal, au lieu d'être réduit à un point, forme une courbe analogue à celle que l'on obtient avec les miroirs

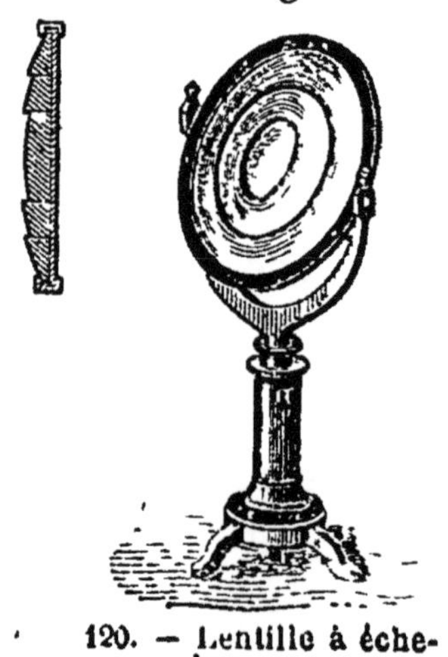

120. — Lentille à échelons.

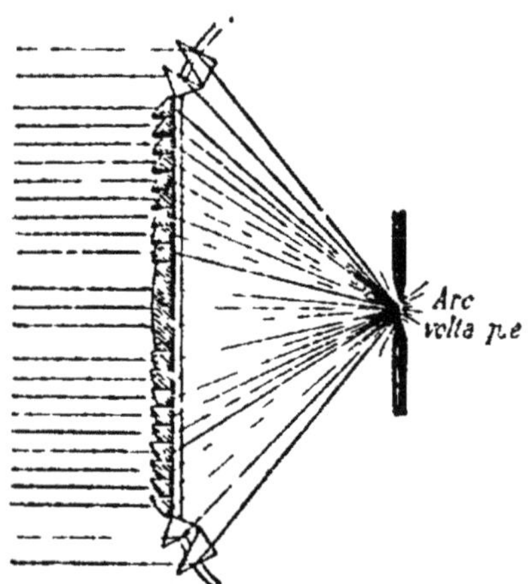

Fig. 121. — Lentille à échelons d'un phare.

sphériques de grande ouverture (48). On remplace alors les lentilles biconvexes par des *lentilles à échelons* (*fig.* 120 et 121) formées d'une lentille plan-convexe entourée d'une série d'anneaux concentriques en verre, qui sont des portions de lentilles plan-convexes choisies de façon que le foyer principal de toutes ces lentilles coïncide. On obtient, en plaçant une source lumineuse puissante au foyer d'une de ces lentilles à échelons, un faisceau lumineux cylindrique qui peut être visible jusqu'à 60^{km} du phare.

RÉSUMÉ DU CHAPITRE VI

Les *lentilles* sont des milieux transparents limités par deux surfaces sphériques, ou par une surface sphérique et une surface plane. Les lentilles plus minces au bord qu'au milieu sont *convergentes*, c'est-à-dire rapprochent les rayons de l'axe principal ; celles qui sont plus épaisses au bord qu'au milieu sont *divergentes*, elles écartent les rayons de l'axe principal.

Les rayons qui arrivent sur une *lentille convergente* parallèlement à l'axe principal se réfractent en passant tous par le *foyer principal*, qui est sur l'axe ; une lentille a deux foyers principaux à égale distance des deux faces. Réciproquement, les rayons provenant du foyer principal sortent de la lentille parallèlement à l'axe principal.

Tous les rayons issus d'un même point qui traversent une lentille convergente vont concourir en un même point, qui est le *foyer conjugué* du premier. Tout rayon qui passe par un point de l'axe principal appelé *centre optique*, sort de la lentille sans déviation.

Tant qu'un objet est au delà du foyer principal d'une lentille convergente, son image est réelle et renversée ; elle est plus petite que l'objet si l'objet est au delà du double de la distance focale, plus grande s'il est entre le double de la distance focale et le foyer. Quand l'objet est entre le foyer principal et la lentille, son image est virtuelle, droite et agrandie.

Les rayons qui tombent sur une *lentille divergente* parallèlement à l'axe principal, se réfractent de façon que leurs prolongements vont passer en un même point de l'axe, placé du même côté que les rayons incidents, et qui est le *foyer principal virtuel* ; les deux foyers principaux sont également distants des faces de la lentille.

Tout objet réel placé devant une lentille divergente donne une image *virtuelle*, droite et plus petite que l'objet.

Les lentilles convergentes et divergentes sont employées dans la plupart des instruments d'optique, et pour remédier aux défauts de l'œil ; les myopes, pour voir les objets éloignés, regardent au travers de lentilles divergentes ; les hypermétropes et les presbytes, pour voir les objets très rapprochés, se servent de lentilles convergentes. Les lentilles convergentes servent encore à concentrer en un point la lumière et la chaleur du soleil, et dans les phares pour rendre parallèles des rayons divergents.

CHAPITRE VII

INSTRUMENTS D'OPTIQUE

83. Loupe ou microscope simple. — La loupe est un instrument destiné à donner des images agrandies des petits objets, pour permettre d'en distinguer mieux les détails.

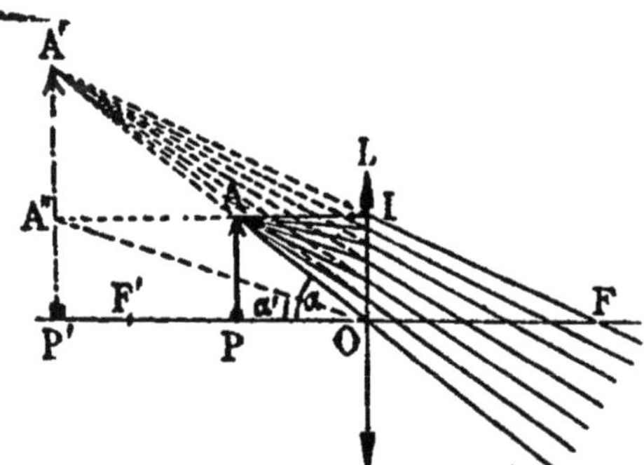

Fig. 122. — Marche des rayons dans la loupe.

La loupe est une lentille convergente L (*fig.* 122) de faible distance focale ; on place l'objet AP entre le foyer principal F' et la lentille ; on a vu (77) que l'image A'P' est alors virtuelle, droite et agrandie ; on met la loupe très près de l'œil et on *met au point* en déplaçant l'objet jusqu'à ce que l'image se fasse à la distance minima de vision distincte.

Nous voyons d'autant mieux les détails d'un objet que son image sur la rétine est plus grande ; or, soit O le centre optique de l'œil (*fig.* 123) : un objet AB donne sur la rétine une image *ab* qu'on peut construire en menant jusqu'à la rétine les axes secondaires des points A et B ; si AB vient en A'B', son image *a'b'* est plus grande que *ab* ; l'image est donc d'autant plus grande que l'angle AOB qu'on appelle le *diamètre apparent* de l'objet est plus grand, et par suite elle augmente quand l'objet se rapproche. Mais comme le pouvoir d'accommodation du cristallin est limité, et que l'œil ne peut donner d'image nette des objets situés à une distance inférieure à la distance minima de vision distincte, c'est

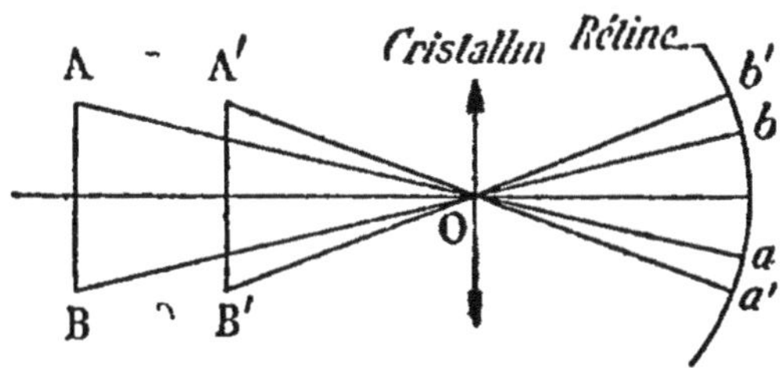

Fig. 123. — Variation du diamètre apparent d'un objet avec la distance.

à cette distance qu'il faut placer les objets pour en voir le mieux les détails.

Si l'œil est placé contre la lentille, on peut négliger la distance de la loupe au centre optique de l'œil, et prendre comme diamètre apparent de l'image A'P' l'angle A'OP' (*fig.* 122) ; l'image est alors vue sous l'angle *a* égal à celui sous lequel on verrait l'objet AP directement sans loupe ; mais pour voir distinctement AP, il faudrait le reculer à la distance minima de vision distincte, en A"P', et on le verrait alors sous l'angle *a'* bien plus petit que *a*.

Grossissement. — On appelle *grossissement* de la loupe *le rapport du diamètre apparent de l'image au diamètre apparent de l'objet*, l'image et l'objet étant supposés tous deux à la distance minima de vision distincte. Les angles *a* et *a'* étant très petits, leur rapport est sensiblement égal à celui des longueurs A'P' et A"P' ou AP ; or $\frac{A'P'}{AP} = \frac{OP'}{OP}$, le grossissement augmente donc quand OP diminue, et par suite il est d'autant plus grand que la distance focale est plus faible puisqu'on doit alors rapprocher l'objet de la lentille ; il augmente aussi avec OP', c'est-à-dire avec la distance minima de vision distincte ; il dépend donc, pour une même loupe, de l'observateur, et il est plus fort pour un presbyte que pour un myope ; il ne dépasse pas 10 fois en général.

Usages. — Les loupes sont très employées par les

horlogers, les graveurs, les botanistes, les entomologistes, etc.; pour compter les fils des étoffes, lire les caractères fins, les cartes, faire des dissections; on les monte différemment suivant leur usage (*fig.* 124 et 125) et on leur

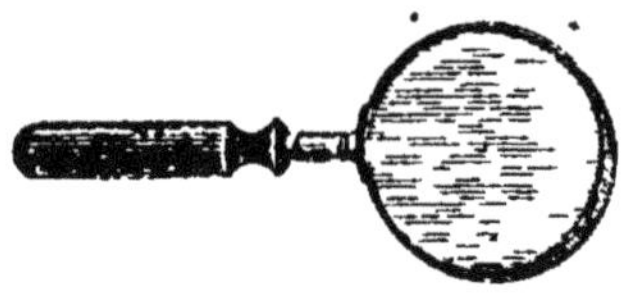

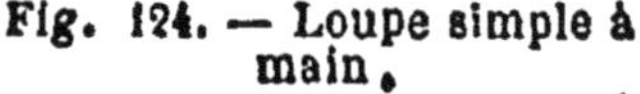

Fig. 124. — Loupe simple à main.

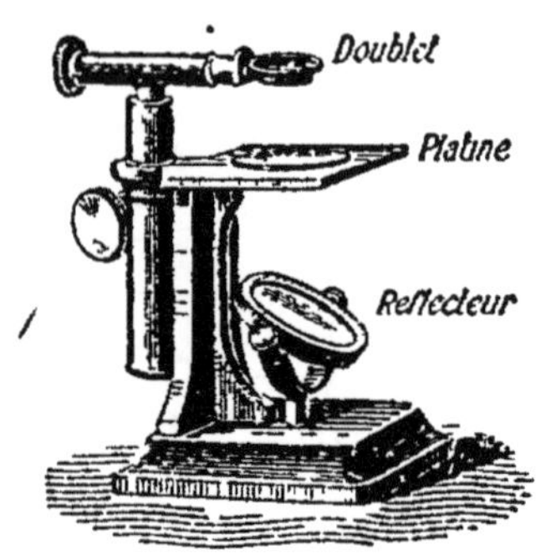

Fig. 125. — Microscope simple.

donne le nom de *microscope simple* quand elles sont montées sur un pied, muni d'une platine sur laquelle on place l'objet et d'un réflecteur qui sert à l'éclairer, pour faciliter les observations.

84. Microscope composé. — On ne peut obtenir un grossissement considérable avec la loupe, parce que si l'on diminue la distance focale, la courbure des faces augmente, et il faut n'employer que la partie centrale de la lentille, ou bien les images sont déformées. On se sert alors, pour l'observation des préparations anatomiques et des objets très petits, du microscope composé.

Principe. — Le microscope composé est formé essentiellement de deux lentilles convergentes, ayant même axe principal, dont l'une appelée *objectif* donne de l'objet une image réelle, agrandie, qui sert d'objet relativement à autre, appelée *oculaire*, jouant le rôle de loupe.

L'objectif L (*fig.* 126) est à très courte distance focale; on place l'objet AP entre le foyer F' et le double de la distance focale; il donne (77) une image A'P', réelle, agrandie et renversée, qui doit se faire entre l'oculaire L' et son foyer F', et l'on obtient une seconde image A″P″, virtuelle, encore agrandie, droite par rapport à la pre-

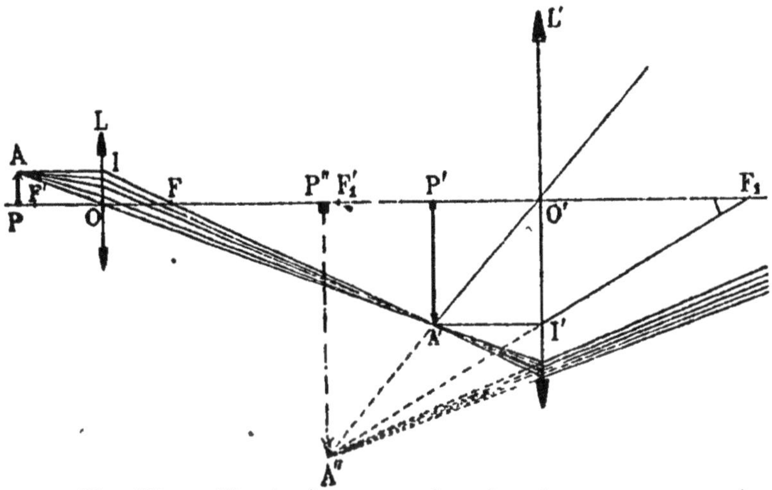

Fig. 126. — Marche des rayons dans le microscope composé.

mière, donc renversée par rapport à l'objet. On *met au point* en réglant la distance de l'objet à l'objectif, de manière que l'image A″P″ se fasse à la distance minima de vision distincte, l'œil étant placé très près de l'oculaire.

Grossissement. — Le grossissement du microscope est encore le rapport du diamètre apparent de l'image à celui de l'objet supposé à la distance minima de vision distincte ; les angles étant très petits, on peut remplacer leur rapport par celui des longueurs A″P″ et AP ; mais on peut multiplier les deux termes du rapport par A'P' sans en changer la valeur ; on a donc

$$\frac{A''P''}{AP} = \frac{A''P'' \times A'P'}{AP \times A'P'} \quad \text{ou} \quad \frac{A''P''}{A'P'} \times \frac{A'P'}{AP};$$

or $\frac{A''P''}{A'P'}$ est le grossissement de l'oculaire, et $\frac{A'P'}{AP}$ celui de l'objectif; le grossissement du microscope est donc égal au produit du grossissement de l'oculaire par celui de l'objectif, il peut atteindre 1000 fois.

En général, on détermine le grossissement par l'expérience : on emploie comme objet un *micromètre* (*fig.* 127), petite lame de verre sur laquelle sont tracés des traits parallèles distants de 1/100 de millimètre, et à l'aide d'une *chambre*

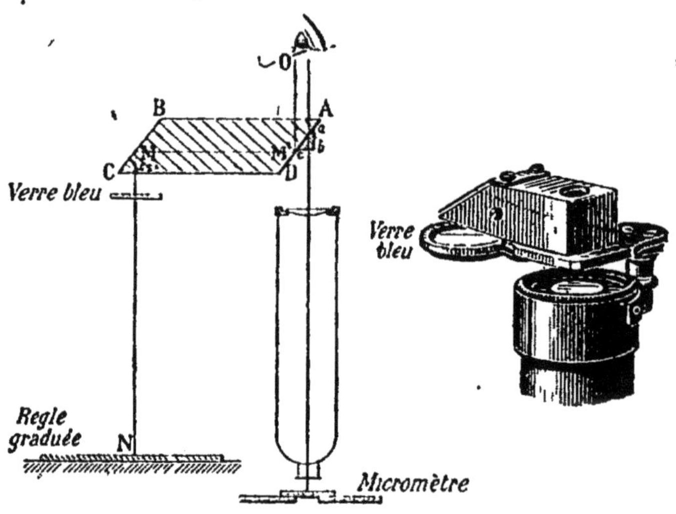

Fig. 127. — Détermination expérimentale du grossissement du microscope.

claire, prisme à réflexion totale qu'on adapte au microscope, on amène l'image d'une règle divisée en millimètres et placée à la distance minima de vision distincte, à coïncider avec l'image du micromètre vue dans le microscope ; si une division du micromètre ou 1/100 de millimètre paraît couvrir 3 divisions de la règle ou 3ᵐᵐ, le grossissement est de 300.

Description. — Dans la pratique, l'objectif et l'oculaire sont formés chacun de plusieurs lentilles, pour éviter l'emploi de lentilles à courbure trop grande, qui donneraient des images déformées et confuses. Ces lentilles sont fixées aux deux extrémités d'un tube de laiton T (*fig.* 128), noirci intérieurement pour éviter la réflexion des rayons sur les parois ; ce tube glisse à frottement doux dans un autre tube T', fixé par un collier à une colonne creuse C, dans laquelle se trouve une vis qui permet de déplacer lentement le collier et tout le tube T pour mettre l'appareil au point. L'objet à observer est placé dans une goutte d'eau ou d'un liquide convenable, sur une lame de verre, puis on le recouvre d'une lamelle de verre très mince ; le tout est maintenu, par deux lames formant ressort, sur une plaque ou *platine*, percée en son milieu d'une ouverture. L'image est très agrandie, et l'objectif, très petit, ne laisse passer qu'une faible partie de la lumière émise par l'objet ; celui-ci doit donc être très éclairé pour que l'image le soit suffisamment ; si l'objet est transparent, ce qui est le cas le plus fréquent, on l'éclaire par dessous, au moyen d'un miroir concave ou *réflecteur* qui concentre sur lui, par l'ouverture de la platine, la lumière du jour ou celle d'une lampe ; si l'objet est opaque, on l'éclaire par-dessus à l'aide d'une *lentille convergente* L. L'appareil tout entier peut tourner autour d'un axe horizontal porté par le pied qui est très lourd, et prendre une inclinaison variable pour rendre l'observation plus facile.

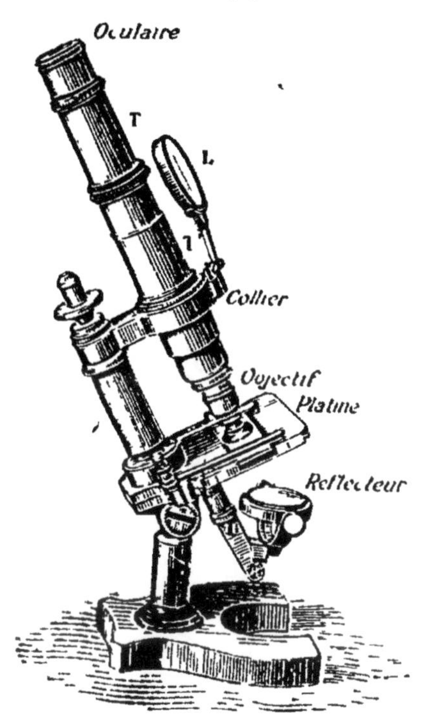

Fig. 128. — Microscope petit modèle.

On peut adapter au tube des objectifs et des oculaires différents pour obtenir des grossissements variables.

Usages. — L'emploi du microscope a eu des conséquences très importantes, surtout en histoire naturelle et en médecine : il a permis de reconnaître la constitution et le mode de développement des tissus vivants, de découvrir les infusoires, les ferments, les microbes, etc. Il a aussi de nombreuses applications dans l'industrie, en particulier dans la recherche des falsifications des fécules, des farines, du thé, du chocolat et d'un grand nombre de produits alimentaires.

85. Lunette astronomique. — La lunette astronomique est destinée à observer les astres, et en général les objets très éloignés.

Principe. — Elle se compose, en principe, comme le microscope, d'un *objectif* qui donne de l'objet une image réelle, et d'un *oculaire* qui joue le rôle de loupe par rapport à cette image. Mais l'objet étant très éloigné, l'objectif

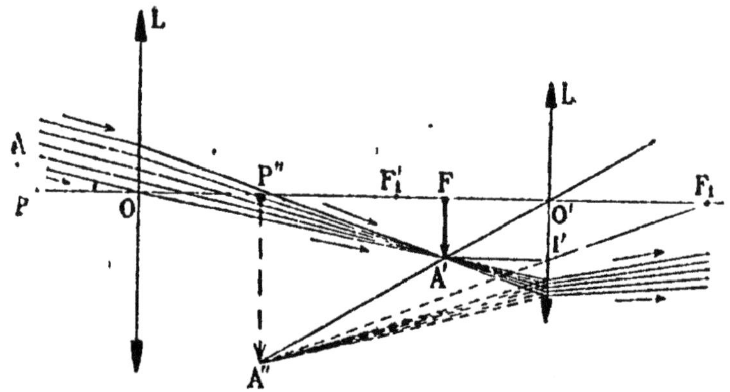

Fig. 129. — Marche des rayons dans la lunette astronomique.

doit être de grande surface pour laisser passer une quantité suffisante de lumière ; et l'image sera réelle, renversée, très petite, et sensiblement dans le plan du foyer principal F de l'objectif L (*fig.* 129), puisque les rayons issus d'un même point de l'objet qui arrivent sur la lentille, peuvent être regardés comme parallèles. Pour construire l'image A'F on ne peut figurer l'objet, à cause de sa distance, que par son diamètre apparent, c'est-à-dire par l'angle AOP des axes secondaires de ses extrémités.

L'image A'F doit se faire entre l'oculaire L' et son foyer principal F'_1, et très près de F_1, pour que l'oculaire en donne une image A"P", virtuelle, agrandie, droite par rapport à la première image, donc renversée par rapport à l'objet. La distance des deux lentilles L et L' est donc sensiblement égale à la somme des distances focales OF, O'F'_1 et comme l'objectif est à grande distance focale, la lunette est toujours assez longue.

Grossissement. — Le grossissement de la lunette astronomique est le rapport du diamètre apparent de l'image vue dans la lunette à celui de l'objet vu à l'œil nu; l'angle sous lequel on voit l'image A"P", l'œil étant très près de l'oculaire, est toujours plus grand que l'angle AOP sous lequel on verrait l'objet, quand cet objet a un diamètre apparent sensible; les lunettes astronomiques grossissent souvent de 50 à 100 fois; on en fait dont le grossissement atteint 1000 fois, et dont la longueur est de 8^m. Mais la lunette agit surtout en permettant de rapprocher l'image et de l'amener à la distance de vision distincte. Les étoiles, qui n'ont pas de diamètre apparent à l'œil nu, paraissent toujours un simple point dans la lunette astronomique, mais elles semblent plus brillantes; et l'on peut apercevoir avec la lunette des étoiles invisibles à l'œil nu.

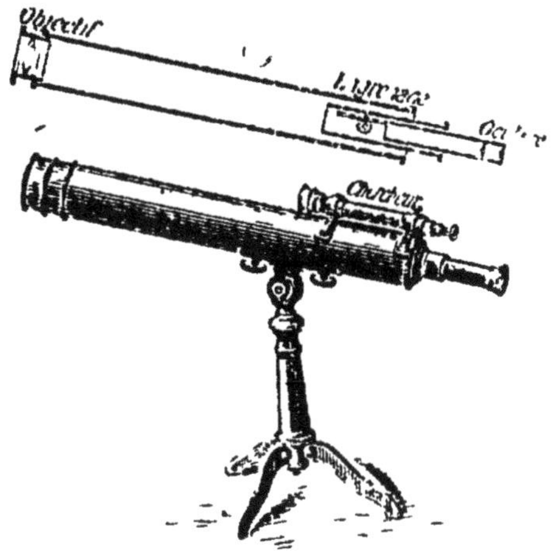

Fig. 130. — Lunette astronomique.

Description. — L'objectif et l'oculaire sont généralement formés de plusieurs lentilles; l'objectif est placé à l'extrémité d'un tube de laiton (*fig.* 130) noirci intérieurement et monté sur un pied de telle façon qu'il puisse tourner autour de l'axe de ce pied et prendre une inclinaison quelconque. L'autre extrémité du tube porte un tube plus étroit, qui y glisse à frottement doux, et dans lequel s'enfonce plus ou moins, à l'aide d'un bouton et d'une crémaillère, le tube portant l'oculaire ; on peut donc faire varier la distance de l'objectif à l'oculaire pour la mise au point, puisqu'on ne peut déplacer l'objet comme dans le microscope.

Le *champ* de la lunette astronomique, c'est-à-dire la portion de l'espace visible à la fois dans l'appareil, est très petit, et il est assez difficile de trouver avec la lunette un astre déterminé ; aussi on ajoute souvent à la lunette une lunette plus petite ou *chercheur*, ayant un grossissement faible, mais un champ plus grand, et dont l'axe optique est parallèle à celui de la grande lunette. Quand l'astre qu'on veut observer est dans la direction de l'axe du chercheur, il se trouve donc aussi sur l'axe et par suite dans le champ de la lunette astronomique.

Usages. — La lunette astronomique ne sert pas seulement à l'étude des astres ; on l'emploie encore dans un grand nombre d'instruments de physique : boussoles de déclinaison, spectroscopes, niveaux d'arpentage..., et pour observer à distance les divisions de règles graduées, du thermomètre, du baromètre, etc.

86. Lunette terrestre. — Pour l'observation des objets terrestres, la lunette astronomique est incommode parce

Fig. 131. — Lunette terrestre.

qu'elle donne des images renversées ; on la remplace le plus souvent par la *lunette terrestre* ou *longue-vue* (*fig.* 131), qui n'en diffère que par l'interposition, entre l'objectif et l'oculaire, de deux lentilles convergentes disposées de manière à redresser l'image sans en changer la grandeur. Ces deux lentilles sont placées dans le tube qui porte l'oculaire et qu'on appelle alors *oculaire terrestre.*

87. **Lunette de Galilée.** — La longue-vue a l'inconvénient d'être embarrassante et de diminuer la clarté de l'image, puisque les lentilles interposées arrêtent toujours une partie de la lumière qui traverse l'instrument. Aussi on emploie plutôt, pour l'observation des objets éloignés, la *lunette de Galilée* ou *lorgnette*, dans laquelle l'image **A'P'** fournie par l'objectif L (*fig.* 132) est redressée par un *oculaire divergent* L' placé entre l'objectif et l'image A'P' de manière que sa

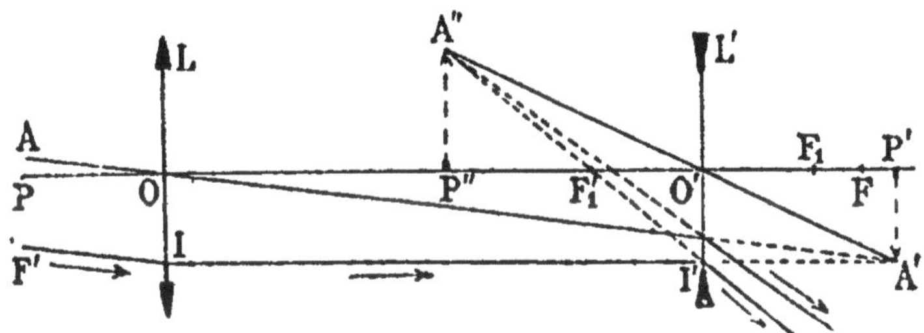

Fig. 132. — Construction des images dans la lunette de Galilée.

distance à l'image soit un peu supérieure à sa distance focale $O'F_1$. Les rayons qui iraient converger en A', par exemple, traversent donc l'oculaire; le rayon O'A', qui passe par le centre optique O' sort sans déviation, mais les autres sont déviés; le rayon II' parallèle à l'axe principal sort dans une direction telle que son prolongement passe par le foyer principal F'_1; les rayons réfractés par l'oculaire semblent provenir du point A", et l'image A'P' est remplacée par l'image A"P", qui est virtuelle, et droite relativement à l'objet; cette image est vue sous un angle plus grand que le diamètre apparent AOP de l'objet vu à l'œil nu; et de plus on peut, en mettant la lunette au point par

Fig. 133. — Jumelle.

le déplacement de l'oculaire, amener l'image à se faire à la distance de vision distincte.

Le plus souvent, on assujettit parallèlement deux lunettes de Galilée semblables (*fig.* 133) de manière à voir à la fois avec les deux yeux ; on obtient alors une *jumelle;* les deux lunettes sont mises au point simultanément en faisant tourner la molette M qui, par l'intermédiaire du tube TT' et de la traverse reliant les lunettes, éloigne ou rapproche les oculaires des deux objectifs.

88. Lanterne de projection. — Cet appareil est destiné à donner d'un objet petit une image réelle, très agrandie, visible à la fois pour un grand nombre de personnes. Il se compose essentiellement (*fig.* 134 et 135) d'un *condenseur*, système

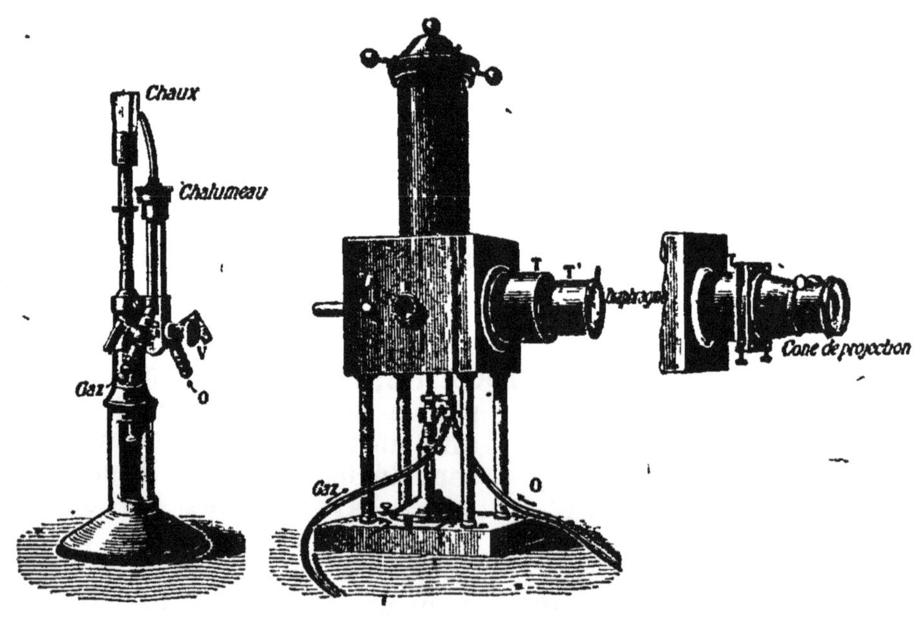

Fig. 134. — Lanterne de projection.

convergent de lentilles, qui concentre la lumière d'une source intense sur l'objet à projeter ; et d'un *objectif de projection*, formé ordinairement de deux lentilles achromatiques, qui donne de cet objet une image réelle, agrandie et renversée que l'on reçoit sur un écran éloigné ; l'objet doit donc être placé entre le foyer et le double de la distance focale de l'objectif.

La source lumineuse est généralement l'arc électrique, ou la lumière de Drummond formée d'une pastille de magnésie

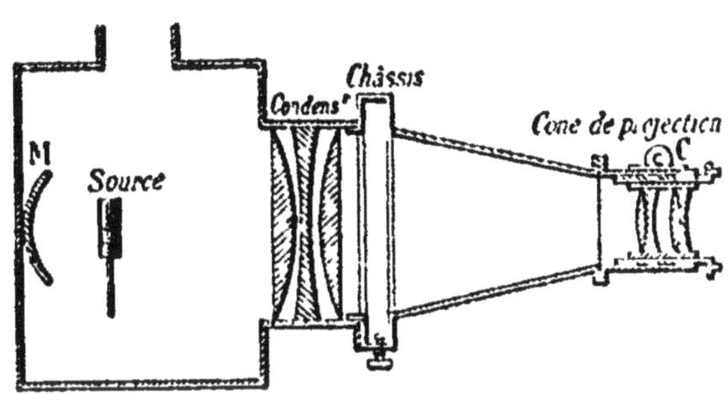

Fig. 135. — Parties essentielles d'une lanterne de projection.

ou d'un bâton de chaux portés à l'incandescence par la flamme d'un chalumeau oxhydrique ; elle est placée dans la lanterne close, et peut être déplacée à la main ou par des boutons de réglage de façon à l'amener au point par rapport au condenseur et à obtenir un éclairement uniforme de l'écran.

L'objet est le plus souvent un cliché ou un dessin sur verre, ou une coupe extrêmement mince d'un tissu, placée entre deux verres ; on le passe dans un châssis où il est maintenu par des ressorts. Pour que son image se fasse exactement sur l'écran, on met au point en déplaçant, à l'aide d'un pignon denté commandé par la crémaillère C, l'objectif qui est monté avec le condenseur dans un tube fixé à l'une des faces de la lanterne.

L'*agrandissement linéaire* est le rapport de deux dimensions homologues de l'image et de l'objet ; il est égal au rapport des distances de l'écran et de l'objet à l'objectif ; il est donc d'autant plus grand que l'écran est plus éloigné.

La lanterne de projection est très employée, non seulement dans les cours de sciences, de géographie, etc., mais encore pour illustrer les conférences publiques, pour les projections cinématographiques, les annonces lumineuses, etc.

RÉSUMÉ DU CHAPITRE VII

La *loupe* est une lentille convergente qui donne des images virtuelles droites et agrandies des petits objets. L'objet doit être placé entre la loupe et son foyer principal ; on fait varier sa distance pour amener l'image à la distance minima de vision distincte.

Le *microscope composé* est employé pour l'observation des objets très petits ; il se compose d'un objectif, qui donne de l'objet une image réelle, agrandie, renversée ; et d'un oculaire jouant le rôle de loupe par rapport à cette image, et qui donne une seconde image virtuelle, encore agrandie, renversée relativement à l'objet. On met au point en faisant varier la distance de l'objectif à l'objet.

La lunette astronomique sert à l'observation des astres et des objets très éloignés ; elle se compose d'un objectif large, qui donne une image réelle, renversée, très petite ; cette image sert d'objet pour l'oculaire qui donne une seconde image virtuelle, renversée par rapport à l'objet, mais dont le diamètre apparent est plus grand que celui de l'objet vu directement.

La *lunette terrestre* ou *longue-vue* est une lunette astronomique dans laquelle on interpose, entre l'objectif et l'oculaire, un système de lentilles qui redresse l'image.

Dans la *lunette de Galilée*, ou *lorgnette*, l'image donnée par l'objectif est redressée par un oculaire divergent. La *jumelle* est formée de deux lunettes de Galilée parallèles, pour permettre la vision avec les deux yeux.

CHAPITRE VIII

DISPERSION DE LA LUMIÈRE

---

89. Dispersion. Spectre solaire. — Nous avons vu (69) que si l'on fait arriver dans une chambre noire, par une ouverture circulaire très étroite, un faisceau de rayons solaires, et qu'on place un prisme à arête horizontale sur le trajet de ces rayons, on obtient sur un écran blanc, au lieu de l'image ronde et blanche qu'on avait avant l'interposition du prisme, une image déviée vers la base du prisme; de plus, cette image est allongée verticalement et colorée (*fig.* 136) ; la déviation est donc accompagnée d'un autre phénomène, découvert par Newton, et qu'on appelle la *dispersion*.

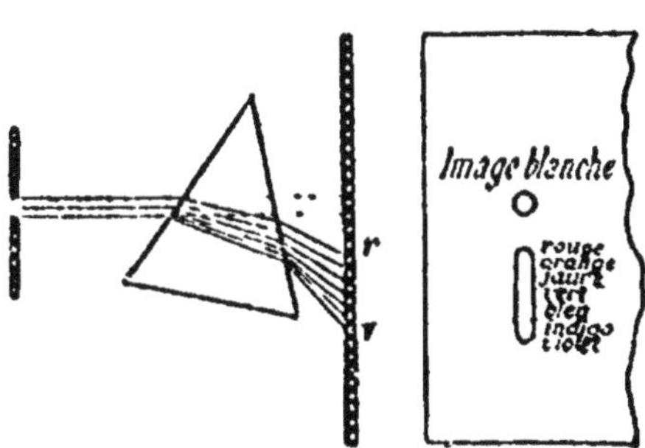

Fig. 136. — Dispersion de la lumière solaire par un prisme.

L'image colorée a reçu le nom de *spectre solaire* ; elle présente une infinité de teintes qui passent insensiblement de l'une à l'autre, et où l'on reconnait sept couleurs principales, qui sont, en partant de celle qui est le moins déviée :

rouge, orangé, jaune, vert, bleu, indigo, violet.

Ces différentes couleurs n'ont pas toutes la même étendue dans le spectre, c'est l'orangé qui est le moins étalé, le violet qui l'est le plus ; leurs limites ne sont d'ailleurs pas très précises.

90. Explication de la dispersion. — Newton a expliqué la production du spectre solaire en supposant que *la lumière blanche est formée d'une infinité de rayons diversement colorés et inégalement réfrangibles* ; ces rayons en traversant le prisme sont donc plus ou moins déviés ; par suite, ils sont séparés à la sortie et donnent une série d'images colorées de l'ouverture.

On peut vérifier cette hypothèse par l'expérience :

I. — On reçoit un spectre solaire sur un écran opaque (*fig.* 137), dans lequel on a percé une ouverture assez étroite pour ne laisser passer que des rayons du spectre qui paraissent de même couleur, un petit faisceau violet, par exemple ; on place sur le trajet de ce faisceau un second prisme et derrière lui un écran. On constate que l'image formée sur l'écran est encore déviée, mais reste violette ; et quelle que soit la couleur des rayons qui traversent le second prisme, la déviation n'est plus accompagnée de changement de couleur ; donc *les couleurs du spectre sont simples,* c'est-à-dire indécomposables par le prisme.

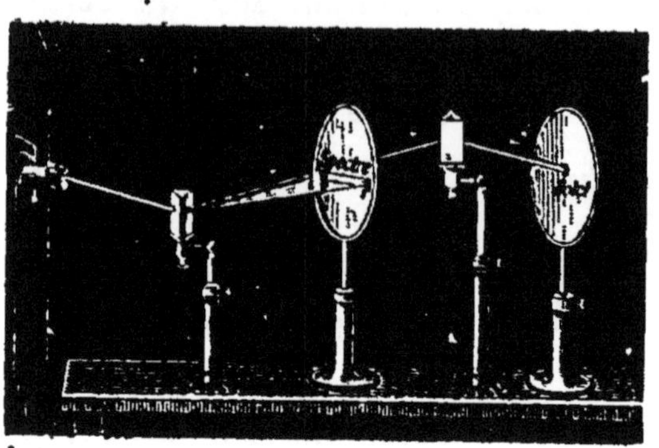

Fig. 137. — Expérience montrant que chaque couleur du spectre est simple.

II. — On fait tourner le premier prisme autour de son arête, de manière à faire tomber sur l'ouverture, et par suite sur le second prisme, les autres couleurs du spectre; et l'on constate que la déviation va en diminuant à mesure qu'on se rapproche du rouge. Comme l'angle et la nature du second prisme sont constants, et que les divers faisceaux sont toujours arrivés sous la même incidence (69), c'est que l'indice de réfraction a varié avec les couleurs : donc *les couleurs du spectre sont inégalement réfrangibles.*

On peut le constater très simplement en collant sur un papier noir, dans le prolongement l'une de l'autre, une bande étroite de papier rouge et une de papier violet ; en les regardant au travers d'un prisme, on voit la bande violette plus relevée vers l'arête que la bande rouge (*fig.* 138) ; donc les rayons violets sont plus déviés vers la base que les rayons rouges.

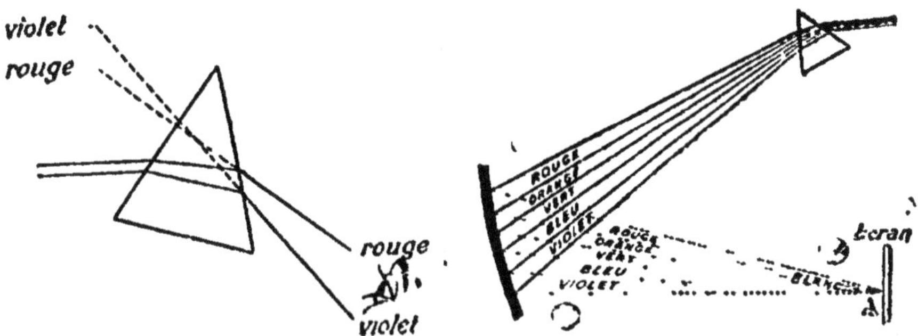

Fig. 138. — Inégale réfringence des différentes couleurs du spectre.

Fig. 139. — Recomposition de la lumière par un miroir concave.

91. Recomposition de la lumière blanche. — On peut encore vérifier par l'expérience que *la superposition de toutes les couleurs du spectre reproduit la lumière blanche.*

I. Par un miroir concave. — On reçoit sur un miroir concave le faisceau coloré sortant d'un prisme (*fig.* 139); ce faisceau semble provenir sensiblement d'un même point, ses rayons vont donc converger, après réflexion sur le miroir, en un même point A, et si on place un écran en ce point, on y reçoit une image blanche.

II. Par le disque de Newton. — On fait tourner rapidement, autour d'un axe passant par son centre, un disque divisé en secteurs présentant les couleurs du spectre, dans l'ordre où elles se suivent et avec des surfaces proportionnelles à celles qu'elles occupent dans le spectre (*fig.* 140). Les différents secteurs viennent former successivement leur image sur les mêmes points de la rétine, et par suite de la persistance des impressions lumineuses, les couleurs se superposent : le disque paraît blanc ou plutôt

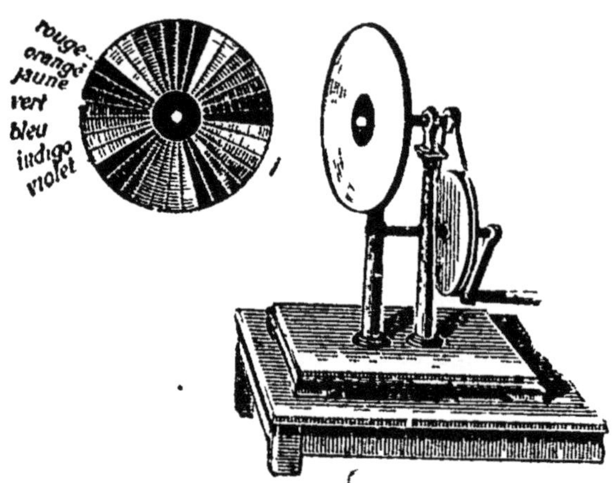

Fig. 140. — Recomposition de la lumière par le disque de Newton.

gris clair parce que les couleurs employées pour peindre les secteurs ne sont jamais pures comme celles du spectre.

Remarque. — Puisque les couleurs du spectre en se superposant forment de la lumière blanche, si l'on fait tomber sur un prisme une large bande lumineuse, au lieu d'un faisceau très étroit, on obtient non pas un spectre mais une bande de lumière blanche, *irisée* sur les bords.

En effet, le rayon SI (*fig.* 141) donne à la sortie du prisme un spectre *rv*, le rayon S'I' donne un spectre *r'v'*, et tous les rayons intermédiaires donnent des spectres disposés dans le même ordre et compris entre les rayons extrêmes *r* et *v'*; les différentes couleurs se superposent donc en formant du blanc, sauf pour les rayons extrêmes qui ne se recomposent pas avec d'autres et qui forment une bande rouge en haut et une bande violette en bas.

Pour obtenir un spectre *pur*, c'est-à-dire dans lequel les couleurs empiètent le moins possible l'une sur l'autre, on fait donc arriver la lumière sur le prisme dans la direction correspondant à la déviation minimum par une fente aussi étroite que possible, parallèle à l'arête réfringente du prisme

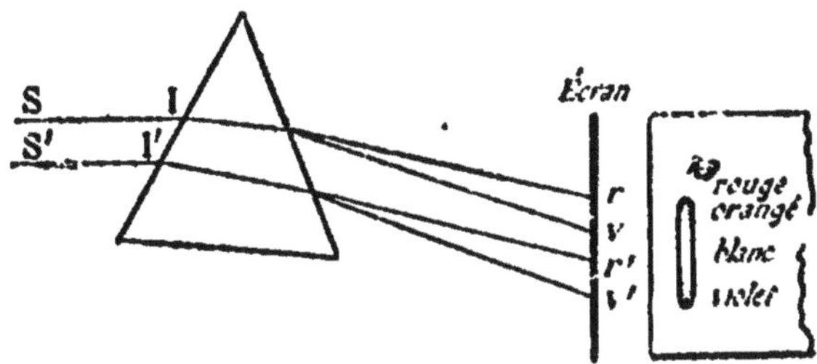

Fig. 141. — Image donnée par une bande de lumière blanche tombant sur un prisme.

et on place le prisme très près de la fente, et l'écran à une distance de 4 à 5ᵐ. On obtient un spectre encore plus pur en plaçant très près du prisme une lentille achromatique (93), la fente et l'écran étant placés tous deux au double de la distance focale de la lentille.

92. Couleurs complémentaires. — Si au lieu de rassembler toutes les couleurs du spectre on en supprime une à l'aide d'un écran, les autres forment une couleur composée, vert bleuâtre par exemple quand on a isolé le rouge, qui, avec la couleur supprimée, donne du blanc. On peut encore obtenir du blanc en superposant deux couleurs simples convenablement choisies : bleu et orangé, violet et jaune, rouge et vert ; deux couleurs dont la réunion forme du blanc sont dites *complémentaires*.

93. Dispersion par les lentilles. — Les lentilles, qui réfractent la lumière comme les prismes, la décomposent aussi ; il en résulte que si une lentille convergente reçoit un faisceau de lumière blanche parallèle à l'axe principal (*fig.* 142), le foyer principal F_v des rayons violets est plus rapproché de la lentille que le foyer F_r des rayons rouges, puisque les rayons violets sont plus déviés que les rouges ; les foyers des autres couleurs sont compris entre F_v et F_r, dans l'ordre où les couleurs se suivent dans le spectre. Mais les rayons des différentes couleurs se superposant dans la partie centrale du cône émergent, l'image donnée par la lentille sera blanche, bordée de rouge si on place un écran dans la région comprise entre AA' et la lentille, et bordée de violet si l'écran est au delà de AA'; c'est en AA' que l'irisation est le plus faible.

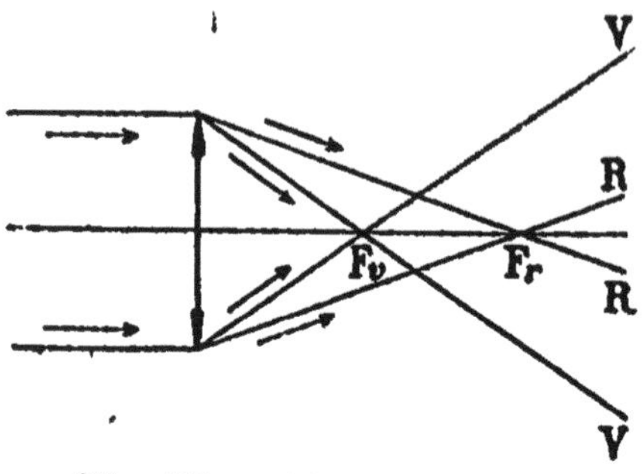

Fig. 142. — Dispersion par une lentille.

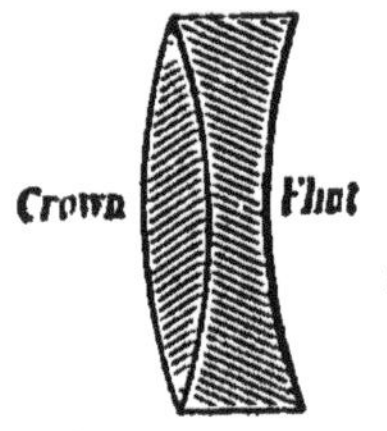

Fig. 143. — Lentille achromatique.

L'expérience montre que l'on peut conserver la déviation de la lumière tout en supprimant l'irisation des images, en assemblant des lentilles de courbures convenables mais de substances différentes ; ces systèmes de lentilles, qu'on emploie presque toujours dans les instruments d'optique, portent le nom de *lentilles achromatiques* (*fig.* 143).

94. Arc-en-ciel. — L'arc-en-ciel est un phénomène lumineux qui se produit quand, le soleil étant peu élevé au-dessus de l'horizon, les nuages opposés au soleil se résolvent en pluie ; l'observateur qui tourne le dos au soleil peut recevoir des rayons qui après s'être décomposés en pénétrant dans les gouttes de pluie, se présentent à la face de sortie de ces gouttes sous un angle plus grand que l'angle limite, et sont réfléchis totalement. Comme il faut que les rayons se présentent sous un angle déterminé pour que la réflexion totale se produise, tous les rayons d'une même couleur qui subiront cette réflexion forment un cône dont le soleil est le sommet, et qui découpe sur la voûte céleste un cercle dont on ne voit que l'arc situé au-dessus de l'horizon. L'observateur voit donc sur le ciel sept arcs concentriques présentant les couleurs du spectre, l'arc rouge étant à l'extérieur, et l'arc violet à l'intérieur.

La sortie des rayons peut ne se produire qu'après deux réflexions successives dans les gouttes d'eau, ce qui donne lieu à la formation d'un second arc-en-ciel, extérieur au premier, très pâle, et dans lequel l'ordre des couleurs est renversé.

95. Couleur des corps. — Un corps non lumineux par lui-même n'a pas de couleur propre, car son aspect change si l'on fait tomber sur lui des rayons différemment colorés ; sa coloration provient donc de la façon dont il agit sur la lumière qu'il reçoit.

I. Corps transparents. — Les corps qui se laissent traverser par la lumière ne la laissent jamais passer entièrement; ils paraissent *incolores* quand ils laissent passer toutes les couleurs dans la même proportion : tels sont l'alcool, le verre à vitres, l'eau, sous une faible épaisseur, et un grand nombre de liquides. Les corps qui absorbent certains rayons plus que d'autres paraissent de la couleur des rayons qu'ils laissent sortir : ainsi le verre à vitres sous une grande épaisseur parait vert, l'eau et l'air, bleus, parce qu'ils absorbent les rayons verts ou bleus moins que les autres rayons ; le verre rouge ne laisse passer que les rayons rouges.

Si on interpose un prisme sur le trajet des rayons qui ont traversé un corps, on constate le plus souvent que la couleur du corps n'est pas simple : on obtient un spectre présentant des bandes noires dans la région des rayons absorbés, et l'ensemble des autres rayons, pour du verre bleu, par exemple, forme en se superposant du bleu.

Pour certains corps, appelés corps *dichroïques*, la coloration varie avec l'épaisseur : ainsi la solution de perchlorure de chrome est verte sous une faible épaisseur et rouge sous une épaisseur plus grande.

II. Corps opaques. — La lumière qui arrive sur un corps non transparent y pénètre toujours un peu, une partie est absorbée, le reste est diffusé et produit la coloration du corps. Un corps paraît *blanc* quand il diffuse dans la même proportion toutes les couleurs du spectre, *jaune* quand il ne diffuse que les rayons jaunes; *noir* quand il absorbe complètement toutes les couleurs; les corps noirs n'envoient donc point de rayons à l'œil, et ne sont visibles que par contraste avec les corps voisins blancs ou colorés.

De même que pour les corps transparents, la couleur des corps opaques n'est généralement pas simple ; c'est pourquoi le mélange de deux substances présentant des couleurs complémentaires donne rarement du blanc ; du bleu et du jaune, par exemple, donnent du vert, parce qu'ils sont mélangés de rayons voisins : vert et indigo pour le bleu, vert et orangé pour le jaune ; le bleu et le jaune, l'indigo et l'orangé donnent du blanc, et le vert qui reste colore le mélange.

Les *corps polis* réfléchissent une grande quantité de lumière blanche qui peut masquer leur couleur réelle, celle qu'ils diffusent après l'avoir décomposée ; c'est pourquoi la plupart des métaux paraissent blancs. Aussi ne peut-on juger de la couleur propre d'un métal qu'en faisant réfléchir plusieurs fois la lumière à sa surface, de façon à augmenter la proportion des rayons diffusés ; on voit alors que l'argent est jaune, le fer violet, le zinc bleu indigo, l'or rouge, le cuivre rouge écarlate. Les miroirs usuels doivent réfléchir également toutes les radiations pour que la teinte de l'image soit semblable à celle de l'objet; l'argent et l'étain sont les métaux qui conviennent le mieux.

96. Influence de la lumière sur la couleur des corps. — La couleur d'un corps dépend donc de la lumière qu'il reçoit : un corps blanc placé dans une chambre noire, et éclairé successivement par chacune des couleurs du spectre, paraît successivement violet, bleu, vert... ; tandis qu'un corps rouge paraît noir dans toutes les lumières autres que le rouge, puisqu'il ne diffuse que les rayons rouges ; dans une chambre éclairée par la flamme de l'alcool salé, qui est jaune, tous les objets paraissent jaunes ou noirs suivant qu'ils diffusent les rayons jaunes ou qu'ils les absorbent.

De même, si l'on regarde un paysage éclairé par le soleil, au travers d'un verre rouge, il paraît très sombre, parce que le verre ne laissant passer que les rayons rouges, tous les corps qui ne diffusent pas de rouge, les feuilles par exemple, semblent noires.

La différence d'aspect que présentent des couleurs différentes, quand elles sont éclairées par une lumière colorée, permet de reconnaître les corrections faites sur des écritures, les retouches de dessins, de tableaux, d'émaux, etc., l'encre ou les matières employées pour les corrections n'étant jamais identiques à celles de l'œuvre primitive ; pour cela, on éclaire les objets à vérifier avec les couleurs très pures données par un appareil appelé **filtre spectroscopique**, dont la partie essentielle est formée de trois prismes, disposés de façon à séparer complètement les couleurs du spectre.

97. Corps lumineux par eux-mêmes. — Les corps lumineux par eux-mêmes, c'est-à-dire portés à l'incandescence, émettent des couleurs différentes suivant leur température : quand un fil de platine, par exemple, est traversé par un courant électrique, dont l'intensité croît graduellement, sa température s'élève peu à peu ; il commence à devenir lumineux vers 500°, et si on place un prisme sur le trajet des rayons qu'il émet, on n'observe d'abord que des rayons rouges; à mesure que la température s'élève apparaissent des rayons orangés, jaunes... dans l'ordre du spectre, et enfin violet quand le platine est chauffé *à blanc.*

98. Spectres des différentes sources lumineuses. — Si l'on étudie à l'aide du prisme les lumières provenant de sources diverses, on obtient des spectres différents : les *solides et les liquides incandescents*, la flamme d'une bougie, l'arc électrique, par exemple, donnent un spectre continu (Pl. I, *fig.* 2); les *gaz ou les vapeurs incandescents* donnent un spectre discontinu formé de raies brillantes, dont la couleur, le nombre et la position sont *caractéristiques* pour chaque corps; ainsi avec un sel de sodium introduit dans la flamme d'un bec Bunsen, on obtient une double raie jaune très brillante (Pl. I, *fig.* 3); avec la flamme de l'hydrogène, le spectre se compose de trois raies : rouge, bleu vert, et indigo (Pl. I, *fig.* 4). De là l'emploi de l'*analyse spectrale* pour reconnaître la présence d'un corps, surtout d'un métal, dans une substance donnée, même à dose infiniment trop faible pour être constatée par les procédés ordinaires d'analyse.

Si l'on interpose entre une flamme à spectre continu et le prisme une flamme colorée par le sodium, on constate dans le spectre la présence d'une double raie noire (Pl. I, *fig.* 1, D_1, D_2); la flamme du sodium a donc absorbé les rayons semblables à ceux qu'elle émet. Il en serait de même avec les autres vapeurs incandescentes : la flamme d'hydrogène interposée produirait dans le spectre les raies noires C, F, G (Pl. I, *fig.* 1); c'est ce qu'on a appelé le *renversement des raies.* Or le spectre solaire (Pl. I, *fig.* 1) contient un grand nombre de raies noires que l'on attribue à l'absorption de certains rayons du noyau solaire par des vapeurs incandescentes existant autour de ce noyau, ou même par les gaz de l'atmosphère terrestre ; et l'on peut déterminer par ces raies la nature des vapeurs entourant le soleil ; l'étude approfondie du spectre des différents astres nous fournit donc des renseignements précieux sur leur constitution.

99. Spectre calorifique. — Le spectre solaire ne renferme pas seulement des rayons lumineux ; si on déplace un thermomètre, très sensible et assez étroit pour ne recevoir que des rayons de même couleur, dans le spectre solaire fourni par un prisme en sel gemme qui laisse passer la chaleur obscure aussi bien que la chaleur lumineuse, on constate que la chaleur croît du violet au rouge; mais le thermomètre continue à monter un peu au delà du rouge, et indique ensuite une variation de température jusqu'à une distance du rouge sensiblement égale à la longueur du spectre visible. Il existe donc, outre les radiations calorifiques qui accompagnent les rayons lumineux, des radiations calorifiques, ou rayons *infra-rouges*, moins réfrangibles que les rayons rouges, et qui n'ont pas d'action sur notre rétine; elles sont absorbées par les milieux de l'œil.

100. Spectre chimique. — La lumière solaire a une action chimique sur certains corps, tels que les sels d'argent qui noircissent par la formation d'argent métallique. Si, dans une chambre noire, on reçoit le spectre solaire fourni par un prisme et une lentille de quartz sur une feuille de papier imprégnée de chlorure d'argent, on constate que les diverses couleurs n'agissent pas toutes également : le papier ne noircit pas dans les rayons rouges et jaunes, et l'action chimique, qui va en augmentant vers le violet, se continue bien au delà du violet. Il y a donc des rayons *ultra-violets*, plus réfrangibles que les rayons du spectre visible, qui sont arrêtés par les corps transparents autres que le quartz, qui n'ont d'effet ni sur la rétine, ni sur le thermomètre, mais qui ont des propriétés chimiques énergiques. Ces radiations sont très fatigantes pour l'œil ; elles sont aussi absorbées par les milieux de l'œil, surtout par le cristallin. Elles ont une action bactéricide très énergique ; aussi commence-t-on à employer pour la stérilisation des liquides alimentaires : vins, lait, eau destinée à l'alimentation des villes, les rayons ultraviolets fournis par l'arc électrique ou la lampe à vapeurs de mercure.

La lumière solaire contient donc des radiations lumineuses, calorifiques et chimiques, que le prisme sépare parce qu'elles sont inégalement réfrangibles ; mais ces radiations, bien que différentes dans leurs effets, sont de même nature, car en traversant certains milieux elles peuvent se transformer les unes dans les autres; ainsi le spath fluor, la solution de sulfate de quinine, l'infusion d'écorce de marronnier, toutes les substances dites *fluorescentes* deviennent lumineuses dans la partie ultra-violette du spectre ; ces corps changent donc les radiations chimiques obscures en radiations lumineuses.

RÉSUMÉ DU CHAPITRE VIII

Quand un faisceau étroit de lumière solaire traverse un prisme, le faisceau émergent est dévié et *dispersé :* il s'étale et présente une infinité de couleurs dont les principales sont, par ordre de déviation croissante, le rouge, l'orangé, le jaune, le vert, le bleu, l'indigo et le violet ; cette image colorée est un *spectre solaire.* Newton a montré que la dispersion est due à ce que *la lumière blanche est formée d'une infinité de rayons diversement colorés et inégalement réfrangibles ;* on le vérifie en faisant passer séparément les couleurs du spectre dans un second prisme : on voit qu'elles ne sont plus décomposées, et qu'elles sont déviées inégalement. On peut aussi reconstituer la lumière blanche en rassemblant toutes les couleurs du spectre à l'aide d'un miroir concave, ou par le disque de Newton.

Deux couleurs, simples ou formées de la réunion de couleurs simples, sont *complémentaires* quand leur superposition donne du blanc : par exemple, le rouge et le vert, le violet et le jaune.

Les corps non lumineux par eux-mêmes n'ont pas de couleur propre. Les corps transparents paraissent incolores quand ils laissent passer également toutes les couleurs, colorés quand ils ne laissent passer que certains rayons. Les corps opaques paraissent de la couleur qu'ils diffusent, blancs quand ils diffusent toutes les couleurs également, noirs quand ils les absorbent toutes.

Les corps lumineux par eux-mêmes émettent des couleurs différentes suivant leur température ; les rayons apparaissent, à mesure que la température s'élève, dans l'ordre de réfrangibilité croissante.

La lumière solaire renferme des *radiations calorifiques*, qui sont surtout abondantes dans la région rouge et infra-rouge du spectre; et des *radiations chimiques*, qui sont nulles dans la région rouge du spectre, abondantes dans le violet et dans la région ultra-violette.

CHAPITRE IX

PHOTOGRAPHIE

101. La photographie est l'art de fixer, à l'aide de substances sensibles à l'action de la lumière, les images obtenues dans la chambre noire. Inventée par Niepce et Daguerre vers 1830, elle a reçu depuis de nombreux perfectionnements.

102. Préparation du négatif. — I. Production de l'image. — L'image des objets est obtenue au moyen d'une *chambre noire* (*fig.* 144), composée d'une boite à parois noires et opaques, portant sur l'une de ses faces verticales un *objectif* formé d'une lentille, ou plutôt d'un système de lentilles convergentes pour que l'image soit nette, non déformée et très éclairée ; un objet placé devant l'objectif au delà du double de la distance focale donne une image réelle, renversée, plus petite que l'objet, donc bien éclairée. Les parois de la chambre forment un soufflet qui permet de *mettre au point*, c'est-à-dire d'avancer ou de reculer l'écran en verre dépoli qui constitue la face opposée à l'objectif,

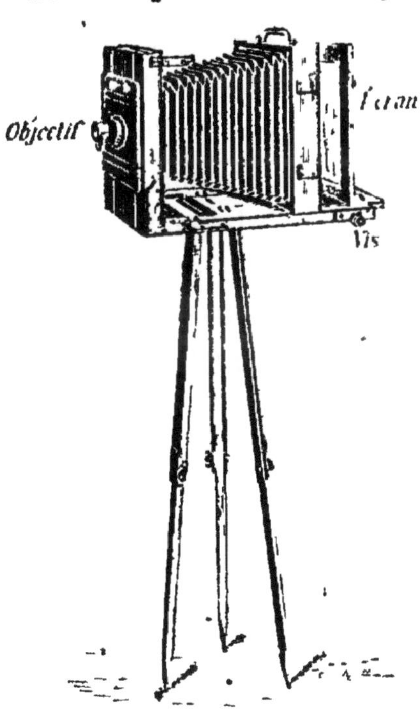

Fig. 144. — Chambre noire de photographie.

jusqu'à ce qu'il soit exactement au foyer conjugué de l'objet qu'on veut reproduire, et par suite que l'image de cet objet se fasse sur ce verre avec autant de netteté que possible. La mise au point doit être faite avec le plus grand soin ; c'est pourquoi l'opérateur met la tête sous un voile noir qui recouvre l'appareil, et qui, en interceptant la lumière extérieure, permet de mieux distinguer les détails de l'image ; on met généralement au point sur des détails du premier plan, l'objectif étant à toute ouverture, puis on diaphragme jusqu'à ce que les lointains, qui étaient d'abord flous, deviennent suffisamment nets.

On remplace alors le verre dépoli par un châssis (*fig.* 145) dans lequel se trouve une *plaque sensible*, c'est-à-dire une glace couverte d'un côté par une couche mince d'une substance impressionnable à la lumière, le plus souvent d'une pellicule de gélatine imprégnée de bromure d'argent. Cette plaque doit donc être placée dans le châssis dans une chambre obscure ou éclairée seulement par une lanterne à verres rouges, ces verres ne laissant passer que des rayons rouges qui n'ont pas d'action chimique ; et l'objectif doit être fermé par un couvercle ou un obturateur pendant qu'on introduit le châssis dans l'appareil et qu'on soulève le rideau mobile qui couvre la plaque. La chambre noire est construite de telle sorte que la plaque sensible occupe alors exactement la place du verre dépoli ; et si l'on découvre l'objectif, l'image de l'objet se produit sur la plaque, qui

Fig. 145. — Châssis double à demi-rideaux.

est *impressionnée* dans tous les points où elle reçoit de la lumière. La durée de la pose varie avec l'intensité de la lumière, l'objectif, et la nature de la substance sensible; elle est généralement d'une fraction de seconde. On ferme l'objectif, puis le châssis, qu'on enlève de l'appareil.

II. Développement. — On reporte le châssis dans la chambre éclairée par la lumière rouge; la plaque n'a pas changé d'aspect, mais dans tous les points où elle a reçu de la lumière, donc dans tous les points correspondant aux parties blanches ou éclairées de l'image, le sel d'argent est devenu facilement réductible ; par suite, si on plonge

Fig. 146. — Reproduction du positif et du négatif d'un même portrait.

la plaque dans un bain réducteur, dans une solution d'oxalate de fer par exemple, qui tend à prendre à l'eau l'oxygène, et met en liberté de l'hydrogène qui prend le brome, il se fera aux points éclairés un dépôt d'argent métallique, noir, tandis que les parties de l'image qui étaient sombres resteront blanches, le sel d'argent ne se décomposant pas; l'image apparaîtra donc, mais avec les parties claires de l'objet en noir et inversement, d'où le nom d'*épreuve négative* ou de *négatif* qu'on lui donne (*fig.* 146).

III. **Fixage.** — Si la plaque était alors exposée au jour, le bromure d'argent non attaqué noircirait à son tour uniformément et l'image disparaîtrait ; pour *fixer* l'image, on plonge la plaque dans un bain d'hyposulfite de sodium qui dissout le bromure d'argent ; les parties blanches du négatif deviennent transparentes. On lave ensuite la plaque à grande eau pour enlever l'hyposulfite, et on la laisse sécher à l'air, à l'abri des poussières ; elle constitue alors un *cliché* qui peut servir à *tirer* un grand nombre d'épreuves positives.

103. Préparation du positif. — I. Tirage. — Les positifs se font le plus souvent sur du papier sensibilisé par du chlorure ou du citrate d'argent, qui donne des épreuves d'une grande finesse. Dans un châssis-presse (*fig.* 147) à fond de verre, on place le cliché, le côté qui porte l'image en dessus ; on le recouvre d'une feuille de papier sensible, puis d'une planchette à charnière qui est maintenue par deux lames à ressort. On expose le châssis à la lumière : le sel d'argent du papier sensible est réduit et donne un dépôt d'argent, noir, derrière toutes les parties transparentes du cliché qui correspondent aux noirs et aux ombres de l'objet, tandis qu'il reste blanc derrière les noirs du cliché où le dépôt d'argent opaque arrête la

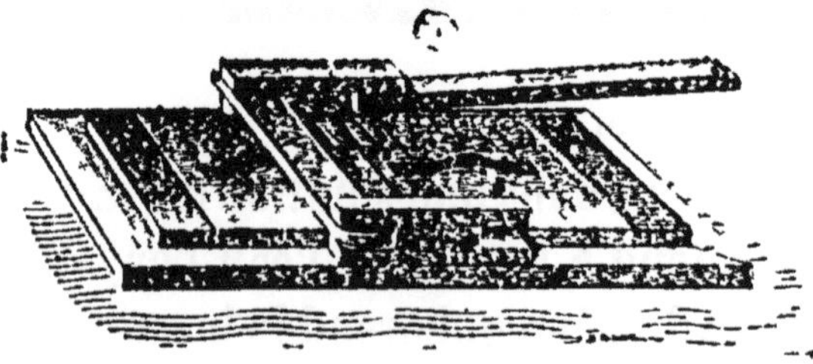

Fig. 147. - Châssis-presse.

lumière. On suit la venue de l'image, qui est beaucoup plus lente que l'impression de la plaque sensible, en ouvrant de temps en temps, à l'ombre, un des côtés de la planchette ; on retire la feuille quand elle a une teinte assez foncée, un peu plus que ne doit être l'image définitive, les opérations suivantes la faisant baisser de ton.

II. Virage et fixage. — L'épreuve obtenue a une teinte chocolat, et noircirait partout également si on la laissait à la lumière ; on la lave d'abord dans l'eau pour enlever l'excès de sel d'argent, puis on la *vire* dans un bain de chlorure d'or : l'argent est remplacé par de l'or qui est inaltérable à l'air et donne des tons plus agréables, variant du brun au violacé suivant la durée du virage.

On *fixe* ensuite l'épreuve en la plongeant pendant quelques minutes dans un bain d'hyposulfite de sodium, qui dissout le chlorure d'argent non décomposé ; puis on lave à grande eau pendant plusieurs heures pour enlever toute trace d'hyposulfite, car ce sel, sous l'action de l'air humide, altérerait peu à peu l'image et la ferait disparaître.

Comme la lumière agit sur un grand nombre de substances, il y a de nombreux procédés photographiques, dans l'étude desquels nous ne pouvons entrer. Ils fournissent des images de teintes différentes, mais ne reproduisent que la disposition des lumières et des ombres, et non les couleurs des objets ; les valeurs mêmes, c'est-à-dire l'intensité de clarté, ne sont pas toujours exactement rendues, parce que la couleur de la lumière influe sur son action chimique : les objets rouges, par exemple, paraissent toujours plus sombres, à éclairage égal, que les objets bleus, puisque les radiations chimiques sont bien plus abondantes dans la lumière bleue que dans la lumière rouge.

La reproduction photographique des couleurs a cependant été obtenue par différents procédés.

M. Lippmann, par une méthode fondée sur l'interférence des rayons directs et des rayons réfléchis par la plaque formant miroir, a réalisé et fixé, dès 1891, des épreuves colorées ; mais la manipulation de ces plaques est trop compliquée et trop délicate pour devenir pratique. Par le procédé trichrome, c'est-à-dire par le triage des couleurs naturelles au moyen de trois écrans : rouge, jaune et vert, placés devant l'objectif, on est arrivé, en superposant les trois épreuves de teintes différentes préparées avec ces trois négatifs, à une reproduction assez exacte des couleurs. Depuis, MM. Lumière ont résolu le problème de façon pratique, en imaginant de recouvrir la couche sensible des plaques de grains de fécule, colorés séparément en rouge, jaune et vert, et de grains de charbon qui en remplissent les intervalles, le tout laminé de façon à présenter une épaisseur uniforme. Les rayons lumineux, avant d'impressionner le sel d'argent, doivent traverser les grains diversement colorés, qui agissent sur eux comme les écrans du procédé trichrome ; et c'est la plaque même qui, par un traitement relativement simple, donne un positif durable reproduisant fidèlement les couleurs du modèle.

104. Applications. — La photographie, outre son usage habituel, a pris une grande importance dans les sciences : elle est employée en astronomie et en micrographie pour fixer les images des astres ou des objets microscopiques et par suite pour les étudier plus facilement. Par la photographie instantanée, on a pu obtenir l'image d'objets ou d'animaux en mouvement, et connaître avec plus de précision le mécanisme de la locomotion.

Si l'on prend, sur un ruban de celluloïd sensibilisé, une succession de photographies instantanées d'une scène animée quelconque, et qu'à l'aide d'un *cinématographe* on fasse succéder sur un même écran la projection de ces photographies, dans l'ordre où elles ont été prises et avec la même vitesse, en vertu de la persistance des impressions lumineuses sur la rétine, ces images, au lieu de se succéder, se superposent en donnant une impression continue et en reproduisant la scène avec tous ses mouvements. Le cinématographe combiné avec l'ultra-microscope (donnant un grossissement de 10 000 à 20 000) permet non seulement de faire assister un auditoire tout entier à la vie des microbes, mais d'arrêter à volonté la projection si les phénomènes présentés exigent des explications spéciales.

En parlant devant un petit miroir extrêmement léger, mis en mouvement par une membrane analogue à celle du phonographe, et projetant un rayon lumineux sur une bande de papier sensible, on peut *photographier directement la voix* avec toutes ses caractéristiques de hauteur, de force, de justesse, etc. (appareil du Dr Marage).

On peut préparer, par la photographie, des planches d'impression qui permettent d'obtenir des épreuves positives par les procédés mécaniques analogues à ceux qu'on emploie dans la lithographie et la gravure; ces procédés, désignés sous le nom de *photogravure* ou d'*héliogravure*, donnent des épreuves aussi belles que des photographies, en nombre beaucoup plus grand et à bien plus bas prix que par l'action directe de la lumière.

Enfin on a réussi, à l'aide de clichés sur glycérine bichromatée, à transmettre par le fil du téléphone, avec une régularité remarquable, des photographies, dessins... en 4 minutes de Paris à Bordeaux (procédé de *phototélégraphie* de M. Belin).

RÉSUMÉ DU CHAPITRE IX

La *photographie* est l'art de fixer, à l'aide de substances sensibles à l'action de la lumière, les images obtenues dans la chambre noire.

Pour faire le *cliché* ou *négatif*, on amène l'image de l'objet qu'on veut reproduire, formée dans une *chambre noire*, à se faire sur un écran en verre dépoli, qu'on remplace, quand il est bien mis au point, par un châssis contenant une plaque sensible. On ouvre le châssis puis l'objectif; la plaque est *impressionnée* dans tous les points où elle a reçu de la lumière. On referme le châssis, et on *développe* l'image dans un bain réducteur, à la lumière rouge; on la *fixe* dans l'hyposulfite de sodium, et on obtient ainsi un négatif où les parties éclairées de l'objet sont opaques, et les parties sombres transparentes.

On met un papier sensible derrière le cliché et on l'expose à la lumière ; il noircit derrière les parties transparentes et reste blanc derrière les parties opaques ; le positif est ensuite *viré* dans un sel d'or, et *fixé* dans l'hyposulfite de sodium.

La photographie est employée en astronomie, en micrographie, pour l'étude du mouvement, dans le cinématographe, pour la préparation des planches d'impression (photogravure), etc.

MAGNÉTISME

CHAPITRE I

PHÉNOMÈNES GÉNÉRAUX

105. Aimants. — On donne le nom d'aimant à tout corps ayant la propriété d'attirer le fer. On trouve dans la nature des pierres noires, constituées par un oxyde de fer de formule Fe^3O^4, qui ont cette propriété : ce sont des *aimants naturels* ; ces pierres d'aimant étaient très abondantes autrefois dans la province de Magnésie, en Asie Mineure, d'où le nom de *magnétisme* donné à l'étude des propriétés des aimants.

En frottant un morceau d'acier avec une pierre d'aimant, on lui communique la propriété d'attirer le fer, et l'on en fait un *aimant artificiel* ayant toutes les propriétés des aimants naturels. Les aimants artificiels sont seuls employés dans la pratique, parce qu'ils sont plus énergiques et plus réguliers que les aimants naturels et qu'on peut leur donner une forme plus simple, le plus souvent celle d'un prisme allongé (*barreau aimanté*) ou d'une lame mince taillée en losange très allongé (*aiguille aimantée*).

Le fer n'est pas le seul métal attirable par les aimants : le nickel, le cobalt, le chrome et le manganèse sont aussi des *corps magnétiques*, mais à un degré bien moindre que le fer.

106. Pôles d'un aimant. — Quand on plonge un barreau aimanté dans la limaille de fer, on voit que cette limaille, au lieu de s'attacher uniformément sur toute la surface du barreau, se fixe seulement aux deux extrémités (*fig.* 148), tandis qu'elle n'adhère pas à la région médiane.

Fig. 148. — Attraction de la limaille de fer par un barreau aimanté.

On appelle les points où la propriété magnétique semble concentrée les *pôles*, et la région inactive la *zone neutre* ou la *ligne neutre* de l'aimant. Dans un aimant régulier, il y a un pôle à chaque extrémité et une zone neutre au milieu.

Fig. 149. — Spectre magnétique d'un barreau aimanté.

On peut montrer encore l'existence des pôles par l'expérience dite du *spectre magnétique* : sur une feuille mince de carton ou de verre placée au-dessus d'un barreau aimanté, on fait tomber de la limaille de fer à l'aide d'un tamis, pour que cette limaille se répande d'une manière uniforme ; en donnant à la feuille de légères secousses, on voit les grains de limaille se disposer en files formant des courbes régulières, d'un point voisin d'une extrémité au point symétrique de l'autre extrémité (*fig.* 149). On constate ainsi : 1° que l'action d'un aimant s'exerce à travers les corps non magnétiques comme le verre et le carton ; 2° qu'un aimant agit non seulement sur la limaille qui est en contact avec lui, mais à distance tout autour de lui, et que son action, nulle dans la zone neutre, atteint son maximum aux pôles. On appelle *champ magnétique* la portion de l'espace dans laquelle s'exerce l'action d'un aimant, et *lignes de force* les courbes dessinées par la limaille ; l'ensemble de ces lignes constitue le *spectre magnétique* de l'aimant.

Quelquefois on trouve dans un aimant, surtout dans les aimants naturels, plus de deux points formant des centres d'attraction pour la limaille : il y a donc plus de deux pôles; on les nomme alors *points conséquents* ; mais toujours deux pôles consécutifs sont séparés par une ligne neutre.

107. Distinction des pôles. — Si l'on suspend un barreau aimanté par son milieu, à l'aide d'un étrier de papier et d'un fil sans torsion, de façon qu'il soit mobile dans un plan horizontal, ou qu'on abandonne à elle-même une aiguille aimantée reposant sur une pointe verticale par une chape d'agate placée en son centre (*fig.* 150), on constate que l'aimant, après quelques oscillations, prend une direction constante qui est sensiblement la direction Nord-Sud. Si on l'écarte de cette position, il y revient dès qu'on l'abandonne à lui-même, et c'est toujours la même

Fig. 150. — Orientation d'une aiguille aimantée mobile dans un plan horizontal.

extrémité de l'aimant qui se tourne vers le nord. Les deux pôles, bien qu'ayant une action analogue sur la limaille de fer, ne sont donc pas identiques; on appelle *pôle nord* le pôle qui se dirige vers le nord, et *pôle sud* celui qui se dirige vers le sud. Pour les distinguer l'un de l'autre, on marque le premier d'un N, le second d'un S, ou l'on peint en rouge la moitié nord de l'aimant et en noir la moitié sud ; dans les aiguilles aimantées on conserve sur la moitié nord la teinte bleue de l'acier recuit, tandis qu'on polit l'autre moitié.

Si l'on déplace dans le champ magnétique d'un aimant une petite aiguille aimantée, on constate qu'en chaque point elle s'oriente dans la direction du filet de limaille qui passe par ce point, son pôle nord orienté dans un sens déterminé (*fig.* 151) et son pôle sud en sens contraire. On convient d'appeler *direction du champ magnétique* en un point la direction que prend l'aiguille aimantée placée en ce point, et *sens de la ligne de force* le sens qui va du pôle sud au pôle nord de cette aiguille,

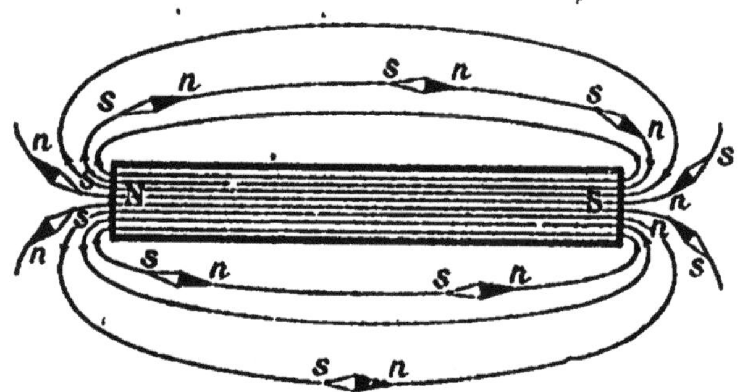

Fig. 151. — Direction et sens du champ d'un barreau aimanté.

c'est-à-dire le sens dans lequel est poussé le pôle nord de l'aiguille. On voit donc que, par convention, les lignes de force du champ d'un barreau aimanté vont, à l'extérieur du barreau, du pôle nord du barreau à son pôle sud ; et l'on admet, par suite de considérations tirées de l'étude des bobines électriques (203), que ces lignes se continuent, se ferment en traversant l'aimant du pôle sud au pôle nord. L'*intensité* du champ est maximum au voisinage des pôles, et diminue à mesure qu'on s'en éloigne.

On dit qu'un champ magnétique est *uniforme* quand la

direction et le sens des lignes de force y sont partout les mêmes, c'est-à-dire quand les lignes de force sont parallèles : c'est le cas du champ magnétique terrestre dans une chambre ne contenant ni fer, ni acier, ou du champ créé par deux pôles de noms contraires d'aimants aussi identiques que possible, placés en face l'un de l'autre, dans la région NS (*fig.* 152).

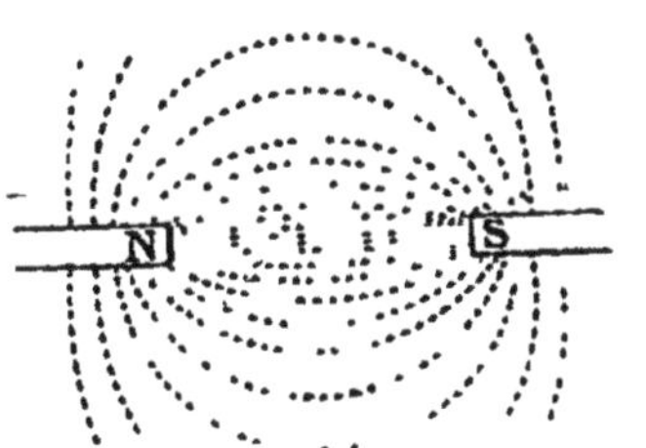

Fig. 152. — Spectre magnétique des pôles contraires de deux aimants identiques.

108. Actions réciproques des pôles de deux aimants. — Si l'on approche du pôle nord d'une aiguille aimantée mobile le pôle nord d'un autre aimant, on voit l'aiguille tourner rapidement comme si elle était repoussée ; de même, le pôle sud de l'aimant fixe repousse le pôle sud de l'aiguille mobile (*fig.* 153). Au contraire, un pôle sud attire un pôle nord, et réciproquement. On en déduit cette loi fondamentale : Les pôles de même nom se repoussent ; les pôles de noms contraires s'attirent.

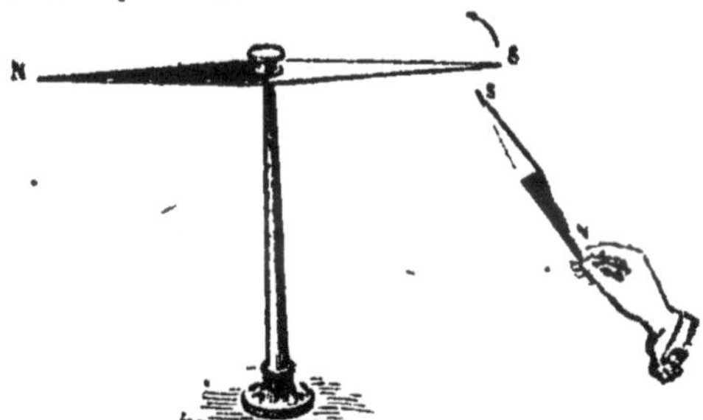

Fig. 153. — Actions réciproques des pôles de deux aimants.

Il est donc facile de reconnaître la nature d'un pôle d'aimant : il suffit de l'approcher du pôle nord d'une aiguille aimantée mobile ; c'est un pôle sud s'il y a attraction, un pôle nord s'il y a répulsion. On voit ainsi que dans un aimant naturel présentant des points conséquents, ces points sont toujours alternativement un pôle nord, un pôle sud, un pôle nord, etc.

On constate, en prenant des aimants plus ou moins énergiques et en faisant varier leur distance à l'aiguille aimantée, que la force avec laquelle s'exercent les attractions ou les répulsions augmente avec l'intensité des aimants et diminue quand la distance augmente.

Coulomb a montré que les forces magnétiques varient proportionnellement à l'intensité et en raison inverse du carré de la distance des deux pôles qui agissent l'un sur l'autre. En appelant m et m' les intensités magnétiques des deux pôles et d leur distance, la force magnétique f d'attraction ou de répulsion est donc donnée par la formule

$$f = k\frac{mm'}{d^2}.$$

On peut encore faire agir un barreau aimanté sur une aiguille mobile en plaçant l'aiguille au-dessus du barreau (*fig.* 154) ; on voit alors l'aiguille prendre une direction parallèle à celle du barreau, mais de façon que les pôles de noms contraires des deux aimants soient en regard.

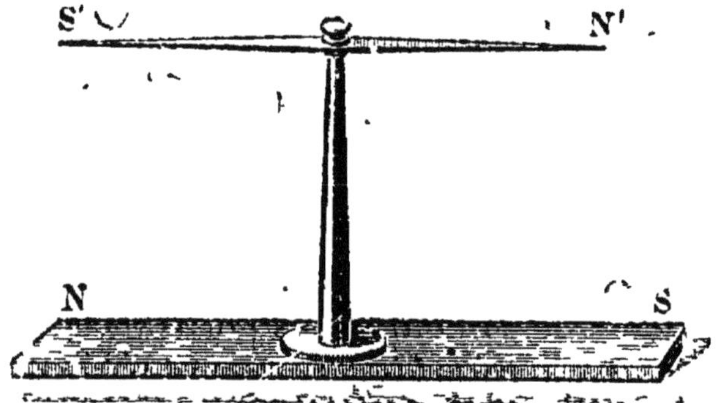

Fig. 154. — Action de deux aimants parallèles.

Cette expérience avait fait supposer, pour expliquer l'orientation des aimants par la Terre, qu'il existait au centre de la Terre un aimant très puissant, court, et dont l'axe était très voisin de l'axe de rotation de la Terre; on appelait *pôle boréal* de cet aimant le pôle situé dans l'hémisphère boréal de la Terre, *pôle austral* celui qui était dans l'autre hémisphère. D'après l'expérience précédente, le pôle nord d'un aimant était donc de même nature que le pôle austral, et le pôle sud que le pôle boréal de l'aimant terrestre ; d'où les dénominations, maintenant abandonnées comme l'hypothèse de l'aimant terrestre, de pôle austral pour l'extrémité d'un aimant qui se tourne vers le nord, et de pôle boréal pour celle qui se tourne vers le sud.

109. Expérience de l'aimant brisé. Constitution des aimants. — Si l'on aimante une aiguille à tricoter et qu'on la brise en son milieu, on constate, en la plongeant dans la limaille de fer, que les deux extrémités de chaque moitié attirent la limaille (*fig.* 155) ; on reconnaît, en les

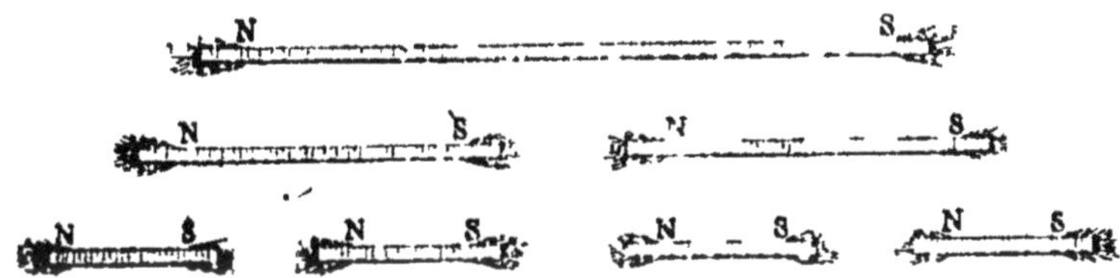

Fig. 155. — Expérience de l'aimant brisé.

approchant d'une aiguille aimantée mobile, que chaque morceau présente un pôle nord, un pôle sud et une ligne neutre, c'est-à-dire est devenu un aimant complet. Il s'est donc formé au point de rupture deux pôles de noms contraires. En rompant chaque morceau en deux, la même chose se reproduit, et cela aussi loin qu'on pousse la division ; on ne peut donc jamais obtenir les deux pôles séparés.

Inversement, si l'on rassemble tous les aimants ainsi obtenus, en les collant par exemple sur une bande de carton l'un au bout de l'autre, de façon qu'ils se touchent par leurs pôles de noms contraires, l'ensemble agit comme un aimant unique avec ses deux pôles et sa zone neutre ; les pôles intermédiaires n'ont plus d'effet extérieur.

On en conclut que chaque molécule d'un aimant peut être regardée comme un petit aimant avec deux pôles et une ligne neutre ; les pôles intermédiaires se neutralisent, les pôles extrêmes seuls agissent ; et les propriétés de l'aimant sont la résultante des actions exercées par ces aimants moléculaires, tous orientés dans le même sens.

110. Aimantation par influence. — Un morceau de *fer doux*, c'est-à-dire de fer pur, placé dans le voisinage d'un aimant, attire la limaille de fer et présente deux pôles et une région neutre; de même, toute substance magnétique placée dans un champ magnétique devient un aimant; le pôle nord de cet aimant se fait du côté du pôle sud de l'aimant influent, le pôle sud à l'extrémité opposée (*fig.* 156). Cette aimantation par influence explique l'attraction du fer doux par l'aimant; il se produit dans le fer doux, au voisinage de l'aimant, un pôle de nom contraire à celui de l'aimant, et il y a attraction entre ces deux pôles contraires.

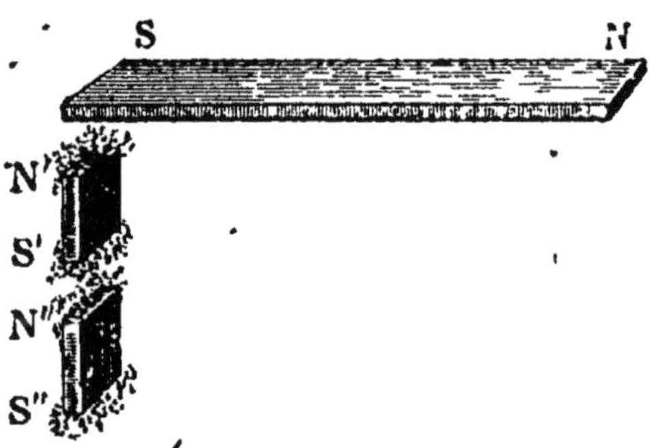

Fig. 156. — Action d'un aimant sur une substance magnétique.

L'aimant produit peut à son tour aimanter par influence les corps magnétiques voisins, ce qui explique l'expérience du spectre magnétique : chaque parcelle de limaille devient un petit aimant, agit sur les parcelles voisines, et prend la direction des lignes de force.

111. Magnétisme temporaire et magnétisme rémanent. — Si le fer soumis à l'influence d'un aimant est bien pur, son aimantation est énergique et se produit instantanément, mais elle tend à disparaître dès que l'influence cesse : son magnétisme n'est que *temporaire*. Avec le fer impur, la fonte, l'acier, surtout l'acier trempé, l'aimantation, qui est moins intense et ne se produit que lentement, subsiste en proportion plus ou moins grande après l'éloignement de l'aimant influent; on appelle *magnétisme* *rémanent* celui qui persiste quand l'influence a cessé. L'acier peut donc fournir des aimants permanents, tandis que le fer doux ne donne que des aimants temporaires.

Pour expliquer ces faits, on suppose que le magnétisme existe toujours dans les substances magnétiques, mais les aimants moléculaires (109) étant orientés dans tous les sens n'ont aucun effet extérieur ; sous l'influence d'un aimant, ces aimants moléculaires s'orientent tous dans le même sens et agissent comme un aimant unique. On a donné le nom de *force coercitive* à la propriété que possède l'acier de conserver cette orientation des aimants moléculaires après l'influence, tandis que dans le fer doux l'orientation cesse avec l'action de l'aimant. Pour le fer doux le magnétisme rémanent est considérable et la force coercitive très petite, de sorte qu'un champ magnétique de sens contraire très faible le désaimante complètement ; tandis que l'acier, surtout s'il est trempé, reste relativement peu aimanté quand on supprime le champ magnétique, mais il faut un champ inverse intense pour supprimer son aimantation.

112. Procédés d'aimantation. — On emploie presque exclusivement aujourd'hui, pour obtenir des aimants puissants et réguliers, l'action du courant électrique, qui sera étudiée plus loin. On peut cependant aimanter un barreau d'acier par l'influence d'un aimant, et pour cela on emploie divers procédés. Le plus simple est celui de la *simple touche*, qui consiste à faire glisser un aimant puissant sur le barreau à aimanter, toujours dans le même sens, de A en B par exemple (*fig.* 157) et d'une extrémité à l'autre ; pour revenir de B en A, on soulève l'aimant. Il se fait à l'extrémité B, que l'aimant quitte la dernière, un pôle de nom contraire à celui avec lequel on frotte, et à

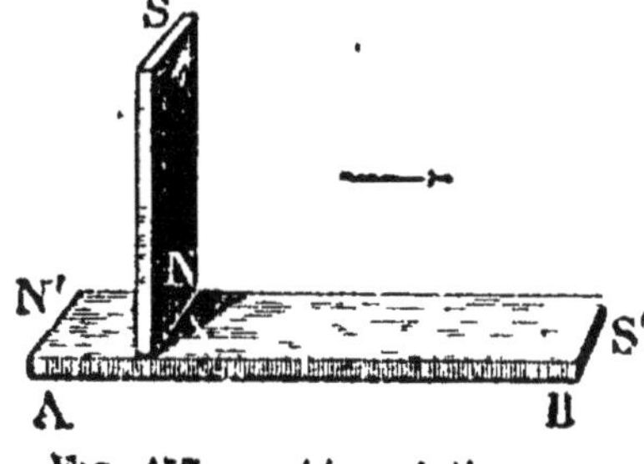

Fig. 157. — Aimantation par simple touche.

l'extrémité A un pôle de même nom que celui de l'aimant.

On obtient une aimantation plus forte et plus régulière par le procédé de la *touche séparée* : on fait reposer les extrémités du barreau à aimanter sur les pôles de noms contraires de deux aimants N et S (*fig.* 158), et on place au milieu du barreau les pôles N′, S′, de même nom que

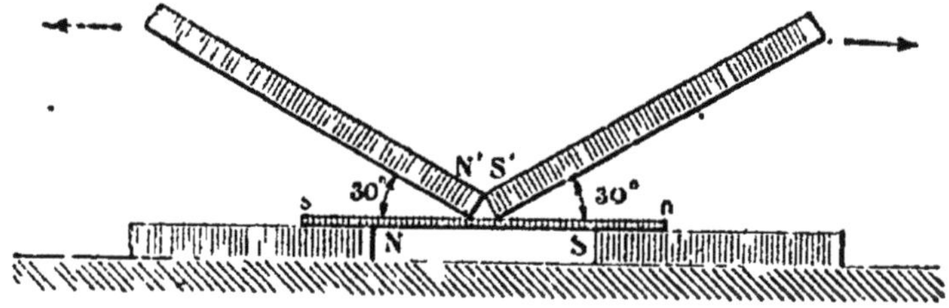

Fig. 158. — Aimantation par touche séparée.

ceux des aimants fixes correspondants, de deux aimants égaux que l'on tient inclinés à 30° environ. On écarte simultanément ces deux aimants jusqu'aux extrémités du barreau ; on les soulève pour les replacer au milieu, et on répète l'opération plusieurs fois sur chaque face du barreau. Il se fait à chaque extrémité du barreau un pôle de nom contraire à celui avec lequel la moitié correspondante du barreau a été frottée.

La Terre agissant comme un aimant très puissant (108) peut aussi produire l'aimantation d'un barreau d'acier : quand ce barreau est placé dans la direction que prend une aiguille aimantée mobile, sous l'action de la Terre il s'y fait un pôle nord à l'extrémité tournée vers le nord, et un pôle sud à l'autre extrémité. On aide beaucoup à l'aimantation en faisant vibrer le barreau par des chocs, par exemple en le frappant avec un marteau ; c'est pourquoi, dans les ateliers, la plupart des outils d'acier présentent des traces plus ou moins fortes d'aimantation.

113. Principales formes et conservation des aimants. — On donne souvent aux aimants, comme on l'a déjà vu (105), la forme de barreaux droits, ou d'aiguilles en losange très allongé. Quand on veut utiliser à la fois les deux pôles, pour porter des poids, par exemple, on donne plutôt à l'aimant la forme d'un fer à cheval (*fig.* 159).

Fig. 159. — Aimant en fer à cheval.

Comme on a constaté par l'expérience que l'acier ne s'aimante qu'à la surface, pour obtenir des aimants puissants, droits ou en fer à cheval, on réunit par leurs pôles de même nom des lames d'acier aimantées séparément. La force de l'aimant ainsi obtenu n'est pas égale à la somme des forces de toutes les lames prises isolément, car chaque lame tend à aimanter en sens contraire les lames voisines, et par suite les neutralise en partie. La même *action démagnétisante* se produit entre les parties voisines d'un même barreau, et l'aimantation tend à aller en s'affaiblissant.

Pour conserver à un aimant toute sa force, il faut neutraliser cette action ; on y arrive sensiblement, pour les barreaux droits, en les plaçant deux à deux parallèlement dans une boîte, les pôles de noms contraires en regard et réunis par des barreaux de fer doux appelés *armures* ou *armatures* (*fig.* 160). Les pôles des aimants développent par influence, dans les armures, des pôles de noms contraires, qui réagissent à leur tour sur les barreaux aimantés et conservent leur magnétisme.

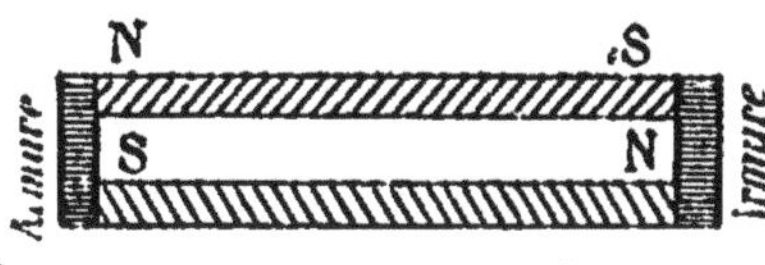

Fig. 160. — Conservation des barreaux aimantés.

Dans les aimants en fer à cheval, on obtient le même effet en réunissant les deux pôles par une armure de fer doux (*fig.* 159) ; cette armure est souvent munie d'un crochet auquel on peut suspendre des poids : de bons aimants supportent ainsi jusqu'à 15 à 18 fois leur propre poids sans que l'armure se détache.

Diverses causes peuvent encore modifier le magnétisme d'un aimant : la trempe l'augmente, tandis que le recuit le diminue ; l'aimantation diminue à mesure que la température s'élève, et cesse brusquement au delà d'une certaine température ; elle ne reparait pas alors par le refroidissement. Les corps voisins peuvent aussi par influence modifier l'aimantation : il faut éviter, par exemple, de placer les aimants à conserver auprès de grandes masses de fer, ou d'aimants plus puissants orientés de façon quelconque.

RÉSUMÉ DU CHAPITRE I

Les aimants sont des corps ayant la propriété d'attirer le fer. Les *aimants naturels* sont de l'oxyde de fer Fe^3O^4 ; les *aimants artificiels* sont en acier, ils ont les mêmes propriétés et sont plus réguliers.

Les extrémités, ou *pôles*, d'un aimant attirent seules la limaille de fer ; la région médiane, ou *zone neutre*, n'a pas d'action ; on montre par l'expérience du spectre magnétique l'existence d'un *champ magnétique* autour de l'aimant.

Un aimant mobile dans un plan horizontal prend sensiblement la direction Nord-Sud ; le pôle qui se dirige toujours vers le nord est appelé *pôle nord*, celui qui se dirige vers le sud, *pôle sud*.

Si l'on approche un aimant d'une aiguille aimantée mobile, on constate que deux pôles de même nom se repoussent, et que deux pôles de noms contraires s'attirent.

Une aiguille aimantée mobile, placée au-dessus d'un barreau aimanté, prend une direction parallèle à celle du barreau, les pôles de noms contraires étant superposés.

Quand on brise un aimant, chaque morceau forme un aimant complet ; on en conclut que toutes les molécules d'un aimant agissent comme de petits aimants, tous orientés dans le même sens.

Toute substance magnétique placée dans le voisinage d'un aimant devient un aimant ; l'aimantation du fer doux est *temporaire* et cesse avec l'influence de l'aimant ; celle de l'acier est *permanente*. On obtient des aimants artificiels en frottant avec un aimant un barreau d'acier, droit ou en forme de fer à cheval ; et pour leur conserver leur intensité, on munit leurs pôles d'armures en fer doux.

CHAPITRE II

MAGNÉTISME TERRESTRE

---

114. Action directrice de la Terre sur les aimants. — Nous avons vu (107) qu'une aiguille aimantée mobile autour de son centre dans un plan horizontal prend une direction fixe, qui est sensiblement la direction Nord-Sud. Cette action de la Terre est purement directrice, c'est-à-dire qu'elle tend à orienter l'aimant, mais non à lui donner un mouvement de translation quelconque. Pour le démontrer, il suffit de prouver que la Terre ne produit sur un aimant ni déplacement horizontal, ni déplacement vertical ; car, d'après un théorème de mécanique, une force quelconque peut toujours être décomposée en deux autres de directions arbitrairement choisies ; par suite, quelle que soit la direction de la force avec laquelle la Terre agirait sur un aimant, cette force pourrait être décomposée en deux autres, l'une horizontale, l'autre verticale.

Or le poids d'un barreau d'acier est rigoureusement le même avant et après son aimantation : l'action de la Terre n'a donc *pas de composante verticale ;* elle n'a *pas non plus de composante horizontale*, car un barreau aimanté placé sur un bouchon à la surface d'une eau tranquille (*fig.* 161), et par conséquent mobile en tous sens dans un plan horizontal, s'oriente sans donner au bouchon aucun mouvement de translation. Donc l'action de la Terre ne peut être représentée par une force unique; elle se ramène à l'action, simplement directrice, d'un *couple*, c'est-à-dire de deux forces égales, parallèles et de sens contraires, appliquées chacune à l'un des pôles de l'aimant ; et ces forces ne peuvent avoir d'autre effet que de faire tourner l'aimant jusqu'à ce qu'il ait pris la direction commune des deux forces, qui se font alors équilibre.

Fig. 161. — Orientation d'un barreau aimanté flottant sur l'eau.

115. Direction du couple magnétique terrestre. Déclinaison. Inclinaison. — Pour avoir la direction du couple terrestre en un point donné, il suffit donc d'abandonner à lui-même un aimant suspendu par son centre de gravité de manière à se mouvoir librement dans tous les sens. Dans nos régions, l'aimant se place dans un plan vertical voisin de celui qui passe par les deux pôles de la Terre, et en même temps il s'incline de façon que son pôle nord pointe fortement vers le sol. Mais ce mode de suspension est impossible à réaliser exactement, car forcément l'aimant ne peut se mouvoir que dans un plan perpendiculaire à l'axe qui le supporte. Aussi, dans la pratique, on détermine la direction du couple terrestre au moyen de deux angles : la *déclinaison* et l'*inclinaison*.

On sait que le *méridien géographique* d'un lieu est le plan qui passe par la verticale du lieu et par les deux pôles terrestres; on appelle méridien magnétique d'un lieu le plan passant par la verticale du lieu et par le couple terrestre ;

c'est le plan vertical qui passe par les deux pôles de l'aiguille aimantée mobile autour de son centre de gravité. Ces deux plans se coupent donc suivant la verticale et forment entre eux un angle dièdre ; la déclinaison d'un lieu est l'angle formé par les parties nord du méridien géographique et du méridien magnétique de ce lieu.

Un angle dièdre ayant pour mesure son angle plan (c'est-à-dire l'angle obtenu en coupant ce dièdre par un plan perpendiculaire à l'arête), la déclinaison est mesurée par l'angle de la partie nord N d'une aiguille aimantée horizontale (*fig.* 162) avec la trace MA du méridien géographique sur le plan d'horizon. On compte la déclinaison de 0° à 180° ; elle est *orientale* ou *occidentale* suivant que la partie nord du méridien magnétique est à l'est ou à l'ouest du méridien géographique.

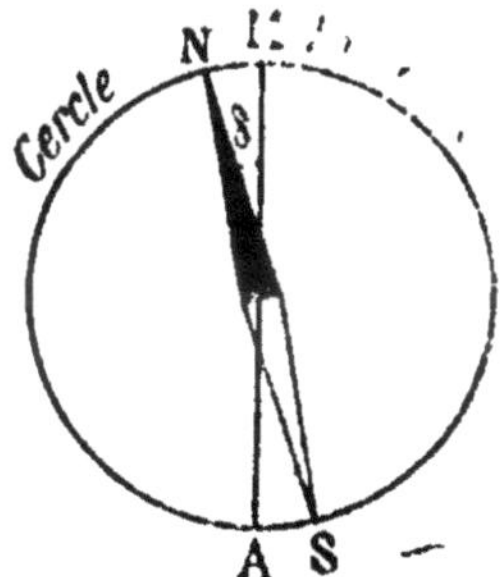

Fig. 162. — Angle de déclinaison.

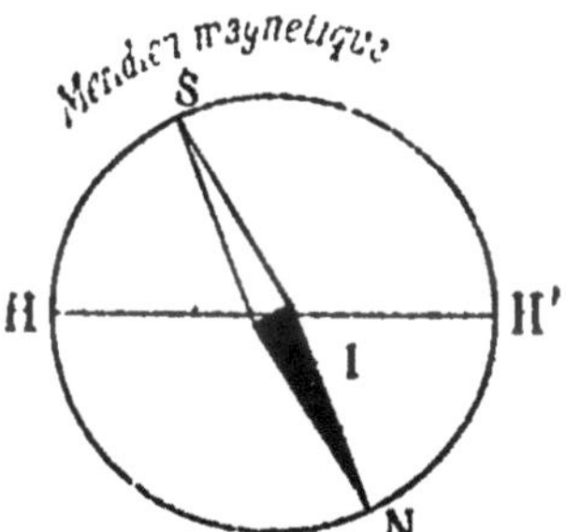

Fig. 163. — Angle d'inclinaison.

L'inclinaison d'un lieu est l'angle que fait en ce lieu, avec l'horizontale, la moitié nord d'une aiguille aimantée mobile autour de son centre de gravité dans le plan du méridien magnétique (*fig.* 163). On la compte de 0° à 90° ; elle est dite *positive* quand le pôle nord de l'aiguille pointe vers le sol, *négative* quand il pointe vers le ciel.

116. Mesure de la déclinaison et de l'inclinaison. — On

donne le nom général de boussoles aux instruments dont la partie essentielle est une aiguille aimantée.

I. **Boussole de déclinaison.** — Pour mesurer la déclinaison, on se sert de la *boussole de déclinaison* ; elle se compose essentiellement d'une aiguille aimantée reposant, par une chape d'agate placée en son centre, sur un pivot d'acier vertical ; l'extrémité sud de l'aiguille est chargée d'une petite masse supplémentaire de plomb ou de cuivre, afin que l'aiguille se meuve dans un plan horizontal, malgré l'action de la Terre qui tend à incliner le pôle nord vers le sol. Pour

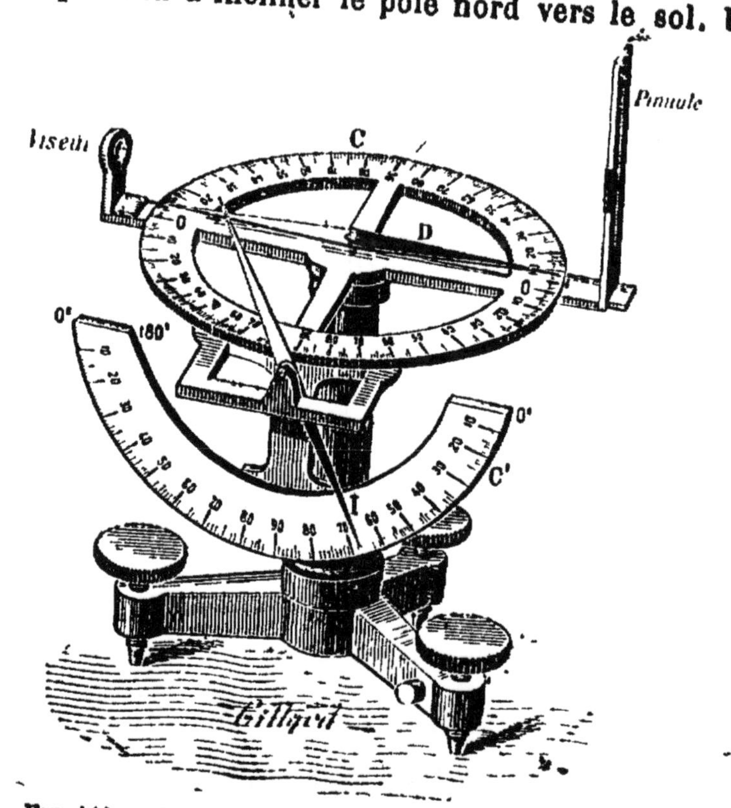

Fig. 164. — Boussole de déclinaison et d'inclinaison.

déterminer facilement l'angle de déclinaison, on place le pivot de l'aiguille D (*fig.* 164) au centre d'un cercle gradué horizontal C mobile autour de son centre sur un pied vertical à trois vis calantes. Si le méridien géographique du lieu est connu, on fait tourner le cercle C jusqu'à ce que le diamètre 0°-0° soit dans le plan de ce méridien, et indique par suite la ligne Nord-Sud ; l'angle formé par ce diamètre avec l'aiguille aimantée est la déclinaison.

Si le méridien géographique n'est pas connu, on le détermine au moyen d'observations astronomiques que l'on peut faire à l'aide d'une pièce de cuivre verticale, ou pinnule, portant un crin tendu verticalement devant une fente, et d'un viseur, qui correspondent au diamètre 0°-0°.

II. Boussole d'inclinaison. — Pour mesurer l'inclinaison, on emploie la *boussole d'inclinaison*, composée essentiellement d'une aiguille aimantée, mobile autour d'un axe d'acier horizontal qui passe par son centre de gravité et qui repose sur deux prismes d'agate; elle se meut donc dans un plan vertical. Pour lire facilement l'angle d'inclinaison, on place l'axe de l'aiguille au centre d'un cercle vertical gradué, parallèle au plan décrit par l'aiguille, dont le diamètre horizontal est marqué 0°-0°, et qui est porté par un pied à vis calantes. Si l'on fait tourner le cercle, on constate que l'inclinaison de l'aiguille varie suivant le plan vertical dans lequel elle est placée ; c'est pourquoi on a défini l'inclinaison : l'angle que fait l'aiguille avec l'horizon dans le plan du méridien magnétique. Il faut donc, avant de lire l'angle sur le cercle, placer l'aiguille dans ce plan ; pour cela, on emploie souvent la *boussole de Stroumbo* (*fig.* 104), dans laquelle l'aiguille d'inclinaison I, et le demi-cercle vertical gradué C' qui lui correspond, sont fixés au cercle horizontal C de l'aiguille de déclinaison D, dans un plan parallèle au diamètre 0°-0° du cercle C; il suffit de faire tourner le cercle horizontal jusqu'à ce que l'aiguille de déclinaison soit au-dessus du diamètre 0°-0° pour que l'aiguille d'inclinaison soit dans le plan du méridien magnétique ; mais pendant chaque expérience il faut enlever celle des aiguilles dont on ne se sert pas, pour que leur action réciproque n'influe pas sur leur position.

Quand on place l'aiguille d'inclinaison dans un plan vertical perpendiculaire au méridien magnétique, on constate que l'aiguille prend toujours la direction verticale ; on peut se servir de cette remarque pour déterminer le méridien magnétique sans aiguille de déclinaison : on fait tourner le cercle vertical de la boussole d'inclinaison autour de son axe vertical, jusqu'à ce que l'aiguille se place verticalement, et il suffit de le faire tourner ensuite d'un angle de 90° avec cette position pour être dans le plan du méridien magnétique.

117. Variations du magnétisme terrestre. — La déclinaison et l'inclinaison varient d'un lieu à un autre, et dans le même lieu suivant le moment de l'observation. Parmi ces variations, les unes sont lentes et paraissent régulières, les autres sont brusques et accidentelles.

I. Variations de la déclinaison. — Dans nos régions, la partie nord de l'aiguille de déclinaison oscille chaque jour de l'est vers l'ouest, de 7 h. du matin jusque vers 2 h. du soir ; elle revient ensuite vers l'est, pour recommencer son mouvement le lendemain ; mais l'écart entre les deux positions extrêmes ne dépasse guère 12′ ; les *variations diurnes* sont donc peu importantes.

Les *variations annuelles* ne sont guère plus considérables : à Paris, la déclinaison est plus forte de quelques minutes en été qu'en hiver.

En comparant les déclinaisons moyennes des années successives, on constate des *variations séculaires* qui présentent un caractère périodique bien marqué : les observations les plus anciennes, pour Paris, datent de 1580 ; la déclinaison était alors orientale et égale à 11° 30′ ; elle a diminué jusqu'en 1664, où elle était nulle, l'aiguille indiquait donc exactement la direction nord-sud ; puis elle est devenue occidentale et a augmenté jusqu'en 1824, où elle a atteint 22° 34′ ; et depuis l'aiguille retourne vers l'est, la déclinaison diminuant de 8′ à 9′ par an ; elle était au 1er janvier 1914 de 13° 34′. Des variations analogues s'observent dans tous les points du globe

II. Variations de l'inclinaison. — L'inclinaison présente aussi des variations diurnes et annuelles, mais très faibles : l'oscillation diurne ne dépasse pas 4 à 5', et l'inclinaison est un peu plus forte en été qu'en hiver. Enfin, depuis les premières observations qui, pour Paris, datent seulement de 1671, l'inclinaison a toujours été en diminuant ; de 75° elle est passée à 64° 33', au 1er janvier 1914.

III. Variations accidentelles. — Les *variations accidentelles*, pour l'inclinaison comme pour la déclinaison, se produisent en général brusquement, à la fois sur une grande partie de la surface du globe, avec des intensités diverses, et ne durent que quelques heures ; elles coïncident le plus souvent avec l'apparition d'aurores boréales, ou avec les tremblements de terre, et paraissent dues à des sortes d'orages magnétiques. En temps d'orage, l'aiguille aimantée est souvent affolée.

IV. Distribution du magnétisme sur le globe. — D'un lieu à un autre, la déclinaison et l'inclinaison varient ; si l'on réunit par une ligne tous les points du globe qui ont au même moment la même déclinaison, on obtient des courbes assez irrégulières, qu'on appelle *lignes d'égale déclinaison*, et qui ont quelque analogie avec les méridiens géographiques. Actuellement la ligne de déclinaison nulle coupe la Russie et la Perse, du Cap Nord au golfe Persique, l'Australie, et, dans le Nouveau Continent, le Brésil et la Floride. Entre ces deux lignes, la déclinaison est orientale dans la région qui comprend l'Europe et l'Océan Atlantique ; elle est occidentale dans la région du Pacifique. En France, la déclinaison varie entre 10° 1/2 environ à Nice et 16° 1/2 à Brest.

Les *lignes d'égale inclinaison*, obtenues en réunissant tous les points où l'inclinaison a la même valeur au même moment, sont plus régulières que les lignes d'égale déclinaison, et se rapprochent davantage des parallèles géographiques. La ligne d'inclinaison nulle ou *équateur magnétique*, sur laquelle l'aiguille d'inclinaison reste horizontale, traverse le Pérou, le Brésil et le Soudan, et coupe l'équateur géographique en deux points, situés l'un dans l'Atlantique, l'autre dans le Pacifique. A mesure qu'on s'éloigne de l'équateur magnétique vers le nord, le pôle nord de l'aiguille s'incline de plus en plus vers le sol ; et l'aiguille devient verticale en un point qu'on appelle le *pôle magnétique*, situé dans l'Amérique du Nord. Dans l'hémisphère austral, au contraire, c'est le pôle sud de l'aiguille qui pointe vers le sol, et il y a un second pôle magnétique dans la Terre de Victoria (Terres antarctiques).

118. Boussoles. — L'aiguille aimantée, se plaçant toujours dans le plan du méridien magnétique, donne, si l'on connaît la déclinaison du lieu, le moyen de trouver toujours la position du nord, et par suite d'obtenir une direction déterminée; si, par exemple, la déclinaison est de 18° orientale, il suffit de faire avec l'aiguille aimantée, et à la gauche de sa partie nord, un angle de 18° pour avoir la ligne Nord-Sud. De là, l'emploi des boussoles pour la détermination des points cardinaux dans la topographie, l'arpentage, etc., et sur mer pour la direction des navires.

I. Boussoles terrestres. — La boussole la plus simple est la *boussole de poche* (*fig.* 165), qui a la forme d'une montre, et qui se compose d'une aiguille de déclinaison, mobile autour du centre d'un cercle de cuivre portant une division en degrés ou une rose des vents. Pour se servir de la boussole, on la place horizontalement, et l'aiguille indique sensiblement la direction Nord-Sud ; si l'on veut avoir cette direction exactement, il faut tenir compte de la déclinaison. On peut la mesurer approximativement avec la boussole elle-même dont l'aiguille indique le méridien magnétique, en

Fig. 165. — Boussole de poche.

prenant pour la direction du méridien géographique du lieu l'ombre d'un fil à plomb éclairé par le Soleil à midi.

Pour les travaux d'arpentage, les levers de plans, on emploie la *boussole d'arpenteur* (*fig.* 166), dans laquelle l'aiguille de déclinaison et le cercle divisé sont fixés au fond d'une boîte carrée, que l'on peut rendre horizontale à l'aide d'un pied à trois branches et d'un niveau à bulle d'air ; cette boîte porte, sur l'un de ses côtés, une lunette ou viseur, qui peut tourner autour d'un axe horizontal en restant toujours dans un plan parallèle au diamètre 0°-180° du cercle divisé; quand un point est vu au travers du viseur, l'appareil indique donc l'angle que fait la ligne allant de la boussole à ce point, avec l'aiguille, et par suite, si la déclinaison est connue, avec la ligne Nord-Sud. Soit à lever le plan d'un terrain ABCDE (*fig.* 167) ; la boussole étant placée en A, on déterminera successivement les angles faits par les lignes AB, AC, AD, AE avec la ligne Nord-Sud ; et en traçant ces angles sur le papier et portant sur les lignes obtenues des longueurs proportionnelles aux longueurs AB, AC... mesurées sur le terrain, on obtiendra en joignant les points A, B, C... une figure semblable au terrain à mesurer.

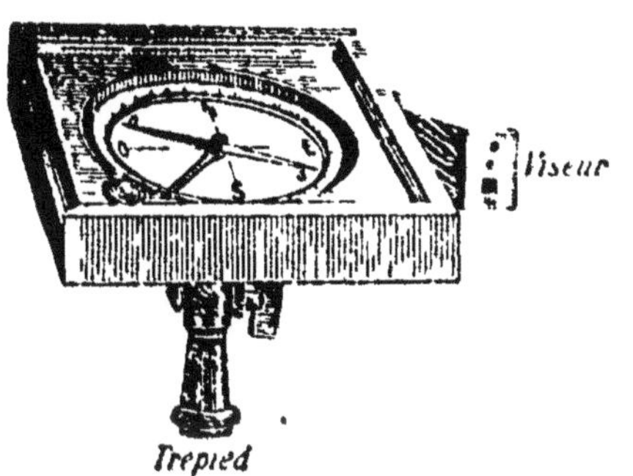

Fig. 166. — Boussole d'arpenteur.

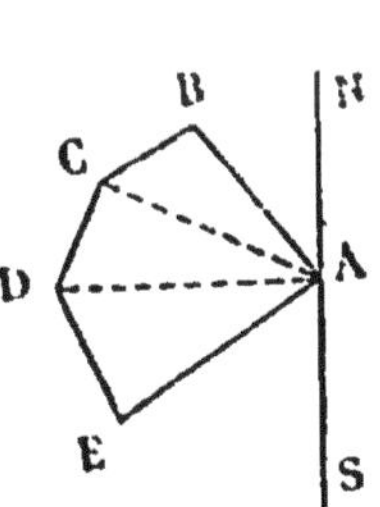

Fig. 167. — Levé de plan d'un terrain.

II. Boussole marine. — La *boussole marine* ou *compas*

(*fig.* 168), employée sur les navires pour déterminer la direction à suivre, se compose d'une aiguille de déclinai-

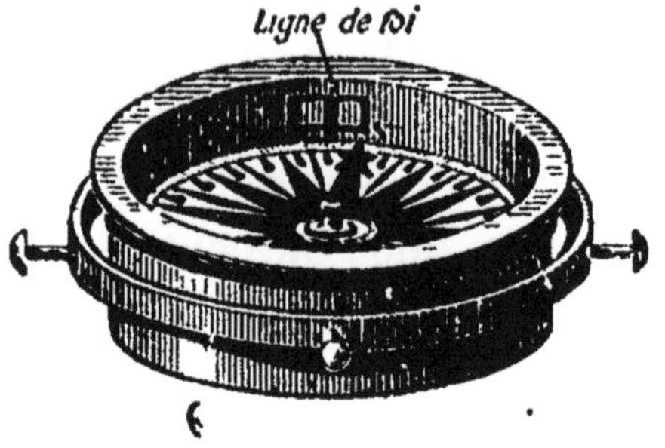

Fig. 168. — Boussole marine.

son, fixée sous un disque mince de mica portant une rose des vents et une division en degrés dont le diamètre 0°-180° correspond à l'aiguille.

L'axe sur lequel se meut l'aiguille est au centre d'une boîte de cuivre suspendue à la Cardan, de façon à rester horizontale malgré les mouvements du navire ; sur la paroi interne de cette boîte est tracée une ligne parallèle à l'axe du navire, et qu'on appelle la *ligne de foi*.

Le timonier chargé de la manœuvre du gouvernail sait, d'après la position du navire et le lieu de destination, l'angle a que fait la route à suivre AB avec la ligne Nord-Sud (*fig.* 169) et, par suite, la déclinaison d étant connue ou déterminée à l'aide d'observations spéciales, l'angle $a+d$ que fait cette route avec l'aiguille aimantée ns ; il suffit alors de faire tourner le gouvernail jusqu'à ce que la ligne de foi fasse, avec la division du cadran correspondant à l'aiguille aimantée, l'angle calculé, pour que l'axe du navire se trouve dans la direction à suivre.

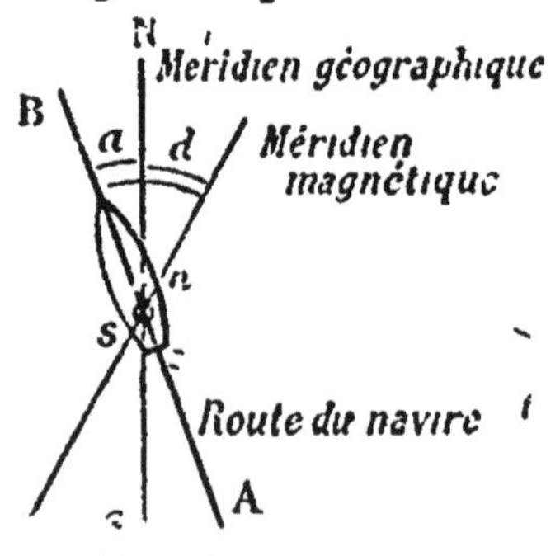

Fig. 169. — Direction d'un navire.

RÉSUMÉ DU CHAPITRE II

L'action de la Terre sur un aimant est celle d'un *couple* ; elle est purement directrice. La direction du couple terrestre est déterminée au moyen de deux angles, la déclinaison et l'inclinaison. Le *méridien magnétique* d'un lieu est le plan passant par la verticale du lieu et par le couple terrestre ; la *déclinaison* est l'angle formé par les parties nord du méridien géographique et du méridien magnétique du lieu ; l'*inclinaison*, l'angle que fait avec l'horizontale la moitié nord d'une aiguille aimantée mobile autour de son centre de gravité, dans le plan du méridien magnétique.

On détermine la déclinaison et l'inclinaison à l'aide de *boussoles* appareils dont la partie essentielle est une aiguille aimantée. Dans la boussole de déclinaison, l'aiguille aimantée est mobile dans un plan horizontal ; dans la boussole d'inclinaison, elle est mobile dans un plan vertical qu'on place dans le plan du méridien magnétique.

La déclinaison et l'inclinaison subissent, dans un même lieu, des *variations régulières* faibles, et des *variations accidentelles*, brusques et très différentes. Elles varient en outre d'un lieu à l'autre.

La boussole de poche, la boussole d'arpenteur et la boussole marine servent à déterminer la direction Nord-Sud, la déclinaison étant connue.

ÉLECTRICITÉ

CHAPITRE III

PHÉNOMÈNES FONDAMENTAUX

119. Électrisation des corps par le frottement. — Si l'on frotte vivement un bâton de résine avec une peau de chat et qu'on l'approche de corps légers, comme des petits morceaux de papier, des brins de paille ou de laine, des barbes de plumes, ces corps sont attirés par le bâton de résine (*fig.* 170) ; il en est de même avec une baguette de verre, un bâton de cire à cacheter, un porte-plume en caoutchouc durci, un morceau de soufre, une feuille de papier séchée au feu, frottés avec un morceau de drap ou même avec la main bien sèche. Ces corps ont donc acquis par le frottement un état particulier, caractérisé par la propriété d'attirer les corps légers (sur les corps lourds l'attraction existe également, mais ne produit pas d'effets visibles) ; comme ce phénomène fondamental a été observé pour la première fois par Thalès de Milet (VIe siècle av. J.-C.) avec l'ambre jaune, on a donné à la cause, encore inconnue aujourd'hui, de ces attractions, le nom d'*électricité*, du mot grec *électron* qui signifie ambre ;

Fig. 170. — Attraction des corps légers par les corps électrisés.

et l'on dit que les corps qui ont acquis la propriété d'attirer les corps légers sont *électrisés*.

La plupart des autres corps, comme les métaux, le bois, le liège, ne montrent aucune trace d'électrisation quand on les frotte en les tenant à la main ; mais un bouchon fermant un tube de verre, frotté avec un morceau de drap, un cylindre de cuivre tenu par un manche de verre et frappé avec une peau de chat, attirent les corps légers ; il en serait de même de tous les corps, du moins des solides, que l'on avait cru d'abord non électrisables. Donc, tous les corps solides peuvent s'électriser par le frottement.

120. Corps bons conducteurs et corps mauvais conducteurs. — Si l'on observe avec soin, quand on les tient à la main, les corps qui s'électrisent, on voit que les points frottés seuls attirent les corps légers, et que, si l'on touche avec le doigt en un point un bâton de verre frotté, le point touché perd seul son électricité. Au contraire, le cylindre de cuivre tenu par un manche de verre, frappé en un point, attire les corps légers par toute sa surface, et perd toute son électricité si on le touche en un point avec le doigt. La différence entre ces deux catégories de corps tient donc à ce que dans les premiers l'électricité ne se propage pas d'un point à l'autre, mais reste localisée au point où elle s'est développée, tandis que dans les seconds l'électricité produite en un point passe instantanément dans tout le corps; les premiers sont dits *mauvais conducteurs*, et les seconds *bons conducteurs* de l'électricité.

Il n'y a d'ailleurs pas de différence absolue entre ces deux groupes, et l'on passe graduellement de l'un à l'autre. Les métaux, la plombagine, les pierres, la terre, l'eau, le corps de l'homme et des animaux, les végétaux sont bons conducteurs; la paraffine, l'ambre, la résine, la cire, le caoutchouc, le verre, le soufre, la soie sont mauvais conducteurs; il en est de même de l'air sec puisqu'un corps peut y rester électrisé, et de tous les gaz sauf l'hydrogène.

121. Isolants. — On comprend donc pourquoi un cylindre de cuivre, et en général un corps conducteur, tenu à la main ne paraît pas s'électriser quand on le frotte: l'électricité passe du cylindre par la main et le corps dans le sol, et la quantité d'électricité ne peut être suffisante en chaque point pour produire des effets sensibles. Au contraire, en interposant un corps mauvais conducteur comme le verre entre la main et le corps conducteur, on *isole* ce corps, et l'électricité qu'il acquiert par le frottement peut être suffisante en chaque point pour se manifester. De là l'emploi des corps mauvais conducteurs comme *isolants*.

On se sert surtout, comme isolants, du verre et de la résine, mais ils n'isolent bien que dans l'air sec; dans l'air humide, ils condensent à leur surface une couche d'eau qui est conductrice; c'est pourquoi on place souvent les supports de verre dans un vase contenant de l'acide sulfurique, qui dessèche l'air autour du verre (isolateurs de M. Mascart, *fig.* 171).

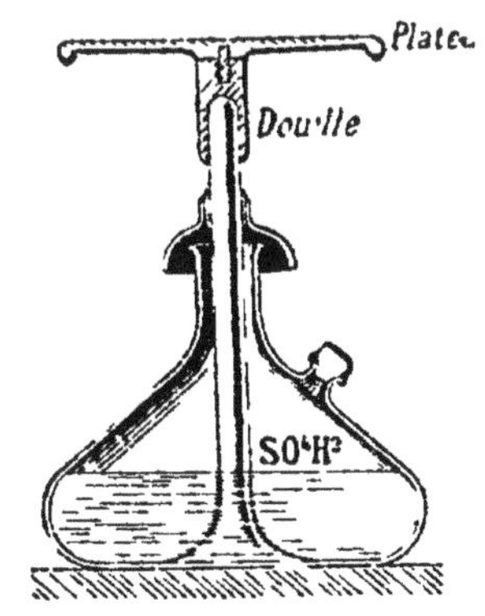

Fig. 171. — Isolateur de M. Mascart.

La paraffine, qui est très peu hygrométrique, isole très bien; mais elle n'est pas solide, et quand elle est salie par les poussières atmosphériques qui y adhèrent facilement, elle n'est plus isolante. En la mélangeant avec du soufre, on obtient la *diélectrine*, assez dure pour pouvoir être travaillée au tour, et qui est un des meilleurs isolants.

122. Électrisation par contact. — Quand un corps mauvais conducteur ou isolé, à l'*état neutre*, c'est-à-dire ne présentant aucune trace d'électricité, est mis en contact avec un corps électrisé, on constate que les deux corps, séparés ensuite, attirent tous deux les corps légers ; le corps électrisé a donc communiqué de l'électricité au corps neutre.

Lorsque le corps neutre est mauvais conducteur, il ne s'électrise qu'aux points de contact ; s'il est conducteur, il s'électrise sur toute sa surface. De là un second moyen d'électriser un corps isolé.

On observe le plus souvent, un peu avant qu'il y ait contact réel entre les deux corps, la production d'une *étincelle*, c'est-à-dire d'un trait de feu, accompagné d'un crépitement particulier ; c'est un des phénomènes qui manifestent le plus fréquemment la présence de l'électricité sur un corps.

123. Distinction de deux espèces d'électricité. — On emploie souvent, pour reconnaître si un corps est électrisé, un *pendule électrique* (*fig.* 172) formé d'une petite balle de sureau ou de liège suspendue par un fil fin à un support ; le fil est en soie ou en coton, et le support en verre ou en métal, suivant qu'on veut isoler ou non la balle de sureau.

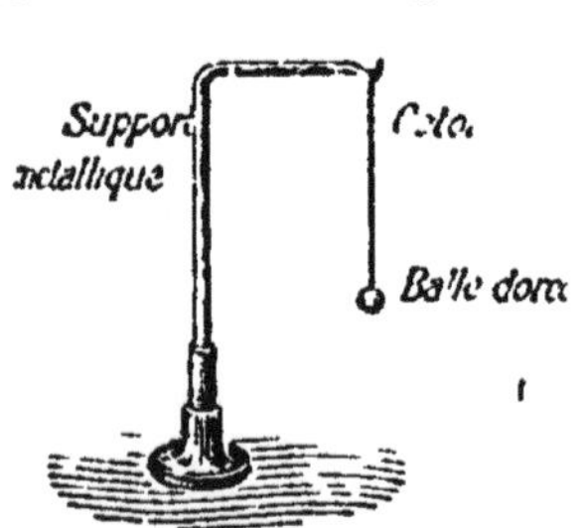

Fig. 172. — Pendule électrique non isolé.

Si d'un pendule isolé on approche lentement un bâton de résine frotté avec une peau de chat, la balle de sureau est attirée ; mais dès qu'elle est venue au contact du bâton, qui lui communique une partie de son électricité, elle est vivement repoussée (*fig.* 173), et s'écarte constamment du bâton quand on l'approche.

Il en est de même si, au lieu du bâton de résine, on approche du pendule isolé et à l'état neutre un bâton de

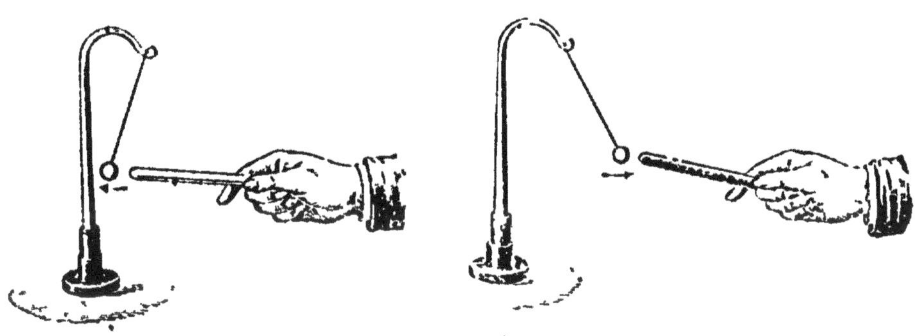

Fig. 173. — Répulsion produite par deux électricités semblables.

Fig. 174. — Attraction produite par deux électricités différentes.

verre frotté avec du drap, ou tout autre corps électrisé ; l'attraction est suivie, après qu'il y a eu contact, d'une répulsion.

Mais si après avoir, par contact, chargé la balle du pendule isolé de l'électricité de la résine, on en approche le bâton de verre frotté avec du drap, on observe une vive attraction (*fig.* 174); de même, le bâton de résine attire la balle chargée d'abord par contact de l'électricité du verre. Donc l'électricité du verre et celle de la résine ne sont pas identiques.

Si l'on prend ensuite un corps électrisé quelconque, et qu'on l'approche successivement de deux pendules chargés l'un par contact avec le verre, l'autre avec la résine. on observe qu'il y a toujours attraction de l'une des balles et répulsion de l'autre ; par suite l'électricité de ce corps est identique soit à celle du verre, soit à celle de la résine.

De ces expériences, on déduit ces deux lois fondamentales :

1° Il y a deux espèces d'électricité et il n'y en a que deux ; pour les distinguer, on appelle électricité vitrée ou *positive* celle qui se produit sur le verre frotté avec du drap, et électricité résineuse ou *négative* celle qui se développe sur la résine frottée avec une peau de chat ;

2° **Deux corps chargés de la même électricité se repoussent, et deux corps chargés d'électricités contraires s'attirent.**

124. Lois des attractions et des répulsions électriques. — On peut remarquer, en approchant plus ou moins d'un pendule électrique le même corps électrisé, ou en plaçant toujours à la même distance des corps plus ou moins chargés, que les attractions ou les répulsions qui se produisent sont d'autant plus vives que la distance est moindre et la charge plus forte. Pour étudier avec précision les lois des forces électriques, il faut des appareils beaucoup plus sensibles, dans l'étude desquels nous ne pouvons entrer ici ; les résultats des expériences de Coulomb ont été rassemblés dans la loi suivante, qui est encore mieux vérifiée par ses conséquences : **Les forces attractives ou répulsives qui s'exercent entre deux corps électrisés sont proportionnelles aux quantités d'électricité des deux corps, et inversement proportionnelles au carré de leur distance**, ce que l'on peut représenter par la formule $f = \frac{mm'}{d^2}$.

On constate en effet qu'une même sphère isolée et électrisée exerce sur une balle de sureau, également isolée et électrisée, une force, attractive ou repulsive suivant que les deux charges sont de noms contraires ou de même nom, mais qui devient 4, 9, 16 fois plus petite quand la distance devient 2, 3, 4 fois plus grande. Il y a donc autour de tout corps électrisé un certain espace où s'exercent des forces attractives ou répulsives, et qu'on appelle le *champ électrique* du corps, analogue au champ magnétique créé par un aimant (106) ; il est limité en pratique par suite de la diminution rapide des forces électriques avec la distance.

Bien qu'on ne connaisse pas la nature de l'électricité, on peut mesurer une *charge électrique*, une *quantité d'électricité*, par l'action qu'elle est capable d'exercer : si deux corps, placés successivement à la même distance d'un corps électrisé A exercent sur lui la même force attractive ou répulsive, on dit qu'ils sont chargés de quantités *égales* d'électricité ; si l'un des corps, dans les mêmes conditions, agit sur A avec une force double de la force avec laquelle agit l'autre corps, on dit que la quantité d'électricité du premier corps est double de celle de l'autre. Si, après avoir noté l'action d'une sphère isolée et électrisée sur A, on touche cette sphère avec une seconde sphère identique à l'état neutre, on constate qu'elle n'agit plus ensuite sur A qu'avec une force égale à la moitié de la force primitive, mais la seconde sphère agit sur A avec une force aussi égale à cette moitié. On peut en conclure que la quantité d'électricité qui était sur la première sphère s'est partagée également entre les deux sphères égales ; et l'on voit que la charge de la première sphère étant devenue moitié moindre, la force électrique est devenue aussi deux fois plus petite.

Deux quantités égales d'électricité de même nom, agissant ensemble dans les mêmes conditions sur un même corps, produisent une force double : elles s'ajoutent ; tandis que deux quantités égales d'électricités contraires n'ont plus d'effet, elles s'annulent. On peut donc représenter les charges électriques par des quantités algébriques, les unes positives, les autres négatives : d'où le nom donné aux deux espèces d'électricités, et les signes + et — par lesquels on les représente généralement : $+a$ représentant une quantité a d'électricité positive, et $-a$, la même quantité d'électricité négative.

On a choisi comme unité théorique C. G. S. de masse électrique la quantité d'électricité positive qui, agissant sur une masse égale placée à 1cm de distance, la repousse avec une force de 1 dyne ; cette unité étant extrêmement petite, on emploie plutôt comme *unité pratique* le *coulomb*, qui vaut 3×10^9 unités C. G. S.

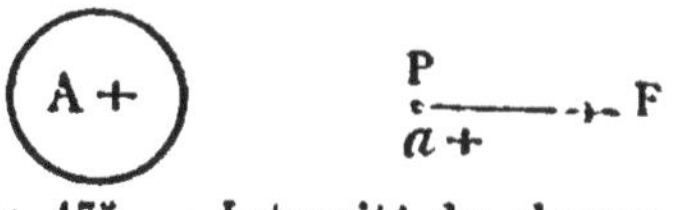

A + P F a +

Fig. 175. — Intensité du champ de la sphère A en P.

Si en un point P du champ électrique de la sphère A (*fig.* 175), on suppose placé un corps extrêmement petit *a* chargé d'une quantité *q* d'électricité, ce corps sera soumis à une force *f* que l'on représentera par une droite *a*F de longueur et de sens déterminé suivant son intensité et suivant qu'il y a attraction ou répulsion. On appelle *intensité* du champ électrique au point P la force qui agirait sur l'unité de masse électrique en ce point ; ce serait donc le quotient $\frac{f}{q}$.

125. Électroscope à feuilles. — La répulsion qui s'exerce entre deux corps chargés d'électricité de même nom est utilisée, dans l'*électroscope à feuilles*, pour constater l'existence de charges électriques très faibles, qui n'auraient pas d'effet sur le pendule à balle de sureau.

L'électroscope à feuilles (*fig.* 176) se compose essentiellement d'une tige de laiton terminée en boule à sa partie supérieure et portant à sa partie inférieure deux feuilles très légères d'or ou d'aluminium. Ces feuilles sont enfermées dans un flacon de verre qui les protège contre l'agitation de l'air, et la tige est isolée par le bouchon de paraffine ou de diélectrine qu'elle traverse.

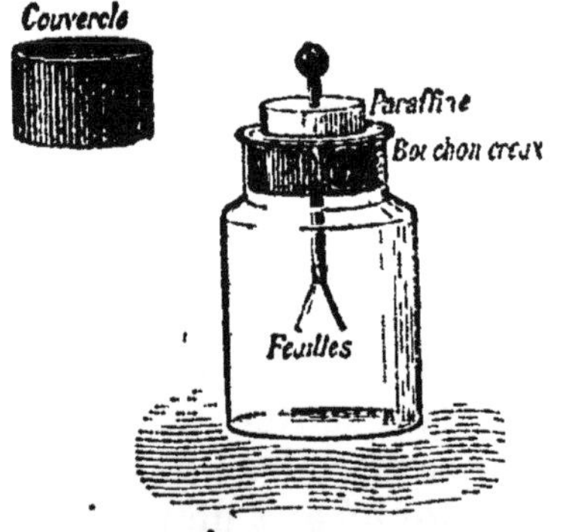

Fig. 176. — Électroscope à feuilles d'or de M. Boudréaux.

Si l'on touche la boule de l'électroscope avec un corps électrisé, une partie de l'électricité du corps passe dans la tige et dans les feuilles, qui se repoussent et divergent d'autant plus que la charge est plus forte.

En mettant l'électroscope en communication successivement avec des corps ayant des charges connues, et notant chaque fois les écarts correspondants des feuilles, on peut le graduer de façon à comparer facilement les charges des corps avec lesquels on le mettra en contact ensuite.

126. Développement simultané des deux électricités par le frottement. — Dans les expériences précédentes, quand on frottait les bâtons de verre ou de résine avec du drap ou de la peau de chat, on n'observait pas d'électricité sur le drap ou la peau, parce qu'on les tenait à la main ; mais si l'on frotte l'un contre l'autre deux corps isolés, par exemple un disque de verre et un disque de laiton munis tous deux de manches de verre (*fig.* 177), on constate, en les approchant ensuite séparément d'un pendule électrique, que le disque de verre est chargé d'électricité positive, et le disque de laiton d'électricité négative. Si l'on remet les deux disques en contact et qu'on les approche ensemble du pendule, on n'observe aucun effet ; les deux charges sont donc équivalentes. On observerait les mêmes résultats, quelle que soit la nature des disques, d'où l'on conclut que : *Deux corps frottés l'un contre l'autre s'électrisent tous les deux, et leurs charges sont de signes contraires et équivalentes.*

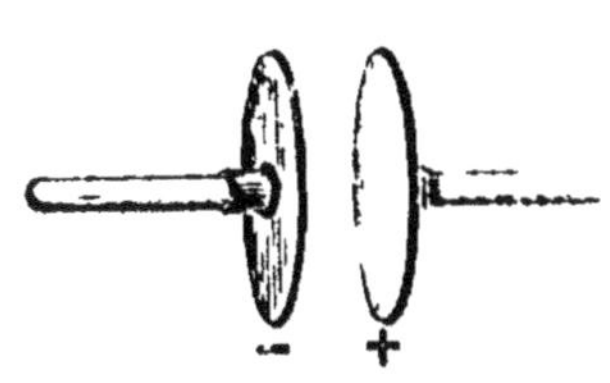

Fig. 177. — Developpement des deux electricités par le frottement.

Ce développement simultané des deux électricités par le frottement n'est d'ailleurs qu'un cas particulier d'une loi générale : on ne peut produire ou détruire une quantité quelconque d'électricité sans produire ou détruire en même temps une quantité équivalente d'électricité contraire.

Quant à la nature de l'électricité qui se développe, elle n'est pas toujours la même pour le même corps : ainsi tandis que le verre frotté avec du drap se charge d'électricité positive, il se charge généralement d'électricité négative si on le frotte avec une peau de chat, la peau prenant alors l'électricité positive. Le signe de l'électricité développée dépend donc de la nature des deux corps en présence ; dans le tableau suivant, les corps sont rangés dans un ordre tel que chacun se charge positivement quand on le frotte avec un des corps qui le suivent, et négativement quand on le frotte avec un de ceux qui le précèdent :

peau de chat	soie
verre poli	résine
étoffes de laine	verre dépoli
plumes	soufre
bois	métaux
papier	gutta-percha.

Si l'on frotte l'un sur l'autre deux corps de même nature, c'est le plus rugueux, ou celui qui s'échauffe le plus, qui se charge négativement : ainsi un ruban de soie, frotté transversalement avec un morceau du même ruban, s'électrise négativement, tandis que le ruban qui frotte, échauffé sur une plus grande longueur, se charge positivement.

RÉSUMÉ DU CHAPITRE III

Tous les corps solides acquièrent par le *frottement* la propriété d'attirer les corps légers : on dit qu'ils *s'électrisent*. Les uns s'électrisent quand on les frotte en les tenant à la main : ce sont les corps *mauvais conducteurs* (ambre, résine, verre, paraffine,...) ; les autres ne s'électrisent que s'ils sont séparés de la main par un corps mauvais conducteur qui les isole : ce sont les corps *bons conducteurs* (métaux, terre, eau, corps humain,...).

Les corps isolés ou mauvais conducteurs peuvent aussi s'électriser par *contact* avec un corps électrisé.

Le *pendule électrique*, formé d'une balle de sureau suspendue à un fil, sert à reconnaître si un corps est électrisé.

Il y a deux espèces d'électricité : l'*électricité positive*, qui se produit sur le verre frotté avec du drap ; et l'*électricité négative*, qui se produit sur la résine frottée avec une peau de chat. Deux corps chargés de la même électricité se repoussent, et deux corps chargés d'électricités contraires s'attirent. Les forces qui s'exercent entre deux corps électrisés sont proportionnelles aux quantités d'électricité des deux corps, et inversement proportionnelles au carré de leur distance.

Deux corps frottés l'un contre l'autre s'électrisent tous les deux.

et leurs charges sont de signes contraires et équivalentes. C'est généralement le corps le plus rugueux, ou celui qui s'échauffe le plus, qui s'électrise négativement.

CHAPITRE IV

DISTRIBUTION DE L'ÉLECTRICITÉ

127. L'électricité se localise à la surface extérieure des conducteurs. — Sur les corps *mauvais conducteurs* la distribution de l'électricité est irrégulière, puisque l'électricité reste aux points où elle s'est développée ; mais dans un corps conducteur en équilibre électrique, il n'y a jamais d'électricité qu'à la surface extérieure. On peut le vérifier par plusieurs expériences :

1° On électrise une sphère métallique creuse, isolée par un pied de verre ou de paraffine (*fig.* 178), et présentant à sa partie supérieure une ouverture par laquelle peut passer sans frottement une petite boule de cuivre ou *sphère d'épreuve* fixée à une tige de verre. Si l'on touche avec la sphère d'épreuve un point de la surface extérieure du conducteur électrisé, on peut constater que la petite boule est électrisée ; si, au contraire, on touche un point de la surface intérieure du conducteur, en ayant soin que la petite boule n'effleure pas en sortant les bords de l'ouverture,

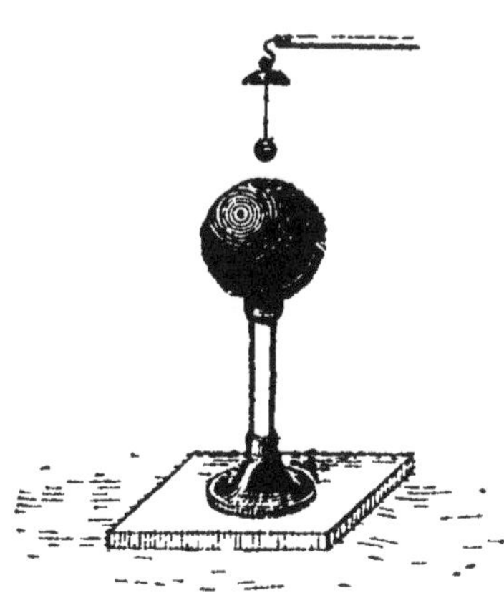

Fig. 178. — Sphère creuse de Coulomb.

on n'observe sur la sphère d'épreuve aucune trace d'électricité, même avec les appareils les plus délicats.

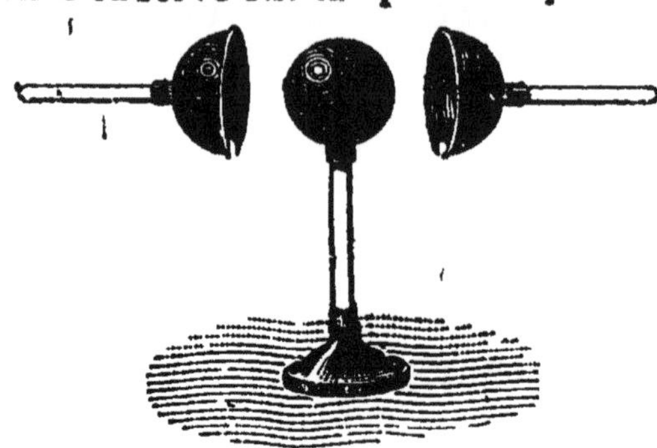

Fig 179 — Sphère de Cavendish.

2° On recouvre une sphère métallique isolée et électrisée, avec deux hémisphères métalliques, de diamètre un peu plus grand, tenus par des manches isolants et présentant une échancrure pour laisser passer le pied de la sphère (*fig.* 179) ; les hémisphères ayant été en contact avec la sphère, on les en écarte, et on les sépare en ayant soin qu'ils ne la touchent plus. On constate alors que les hémisphères sont électrisés tandis que la sphère est revenue à l'état neutre : c'est donc qu'au moment où il y avait contact, c'est-à-dire où les hémisphères et la sphère formaient un conducteur unique, toute l'électricité a passé sur les hémisphères qui en étaient la surface extérieure.

Fig. 180. — Filet de Faraday.

3° On peut encore employer, comme le faisait Faraday, une sorte de filet à papillons en mousseline, monté sur un pied isolant (*fig.* 180) et au fond duquel s'attache un fil de soie qui permet de retourner le filet sans le toucher avec un corps conducteur. On électrise le filet par contact avec un conducteur chargé, et on constate avec la sphère d'épreuve qu'il y a de l'électricité seulement à la surface extérieure ; on le retourne alors en tirant le fil de soie, et l'on voit que la sphère d'épreuve se charge quand elle touche la nouvelle surface extérieure, qui auparavant était neutre, mais qu'elle ne donne aucune trace d'électrisation si elle touche la surface, tout à l'heure électrisée, qui est maintenant à l'intérieur.

4° Sur les barreaux d'une cage d'oiseau en fils métalliques, ou simplement d'un panier à salade, on place de petits cavaliers de papier d'étain, et l'on met la cage en communication avec un corps électrisé ; on constate que les cavaliers qui pendent à l'intérieur restent immobiles, tandis que ceux qui sont à l'extérieur divergent par suite de la répulsion qui s'exerce entre corps chargés de la même électricité. Un oiseau placé dans la cage ne ressent rien, même s'il s'appuie contre les barreaux, et alors même que la cage est assez chargée pour que l'on puisse en tirer de fortes étincelles à l'extérieur.

De ces expériences on peut donc conclure que l'électricité d'un conducteur réside exclusivement sur la surface extérieure, que cette surface soit continue ou non ; et qu'un conducteur creux se comporte absolument comme un conducteur plein de même nature et de même forme. De plus, un conducteur forme un *écran électrique* pour tout ce qu'il enveloppe, puisque ni l'électricité qui réside à sa surface, ni celle des sources extérieures, n'exercent aucune action sur tout point pris à l'intérieur du conducteur ; il coupe donc le champ électrique, qui est nul à l'intérieur de tout conducteur en équilibre électrique.

128. Distribution de l'électricité à la surface des corps. — Pour étudier la répartition de l'électricité à la surface des conducteurs, on se sert du *plan d'épreuve* (*fig.* 181), formé d'un petit disque de clinquant ou d'aluminium, collé sur la base d'un cylindre de paraffine muni d'un manche d'ébonite ou caoutchouc durci. Si l'on applique le disque sur un conducteur électrisé, il constitue momentanément la surface extérieure du conducteur au point touché, et la quantité d'électricité qui se trouvait en ce point passe sur le disque, sans que la charge totale soit modifiée sensiblement. En retirant alors le disque, bien normalement, il emporte cette électricité et permet de la mesurer à l'aide du *cylindre de Faraday* et de l'électroscope à feuilles d'or.

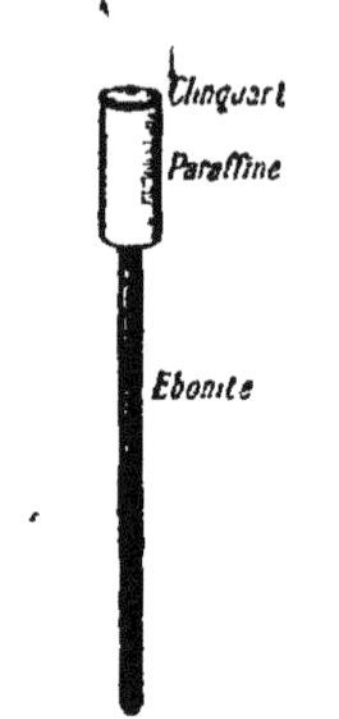

Fig. 181. — Plan d'épreuve de M. Boudréaux.

Le cylindre de Faraday (*fig.* 182) se compose d'un cylindre creux reposant sur un gâteau de paraffine et fermé par un couvercle muni d'un manche isolant. Si l'on y introduit un conducteur électrisé, avec lequel on touche la paroi intérieure, toute l'électricité du conducteur passe sur la surface extérieure du cylindre (127) ; et l'on juge de la charge en mettant le cylindre en communication avec un électroscope à feuilles d'or. Pour comparer les charges des différents points d'un conducteur, il suffit donc d'y appliquer successivement le plan d'épreuve, de porter ce plan

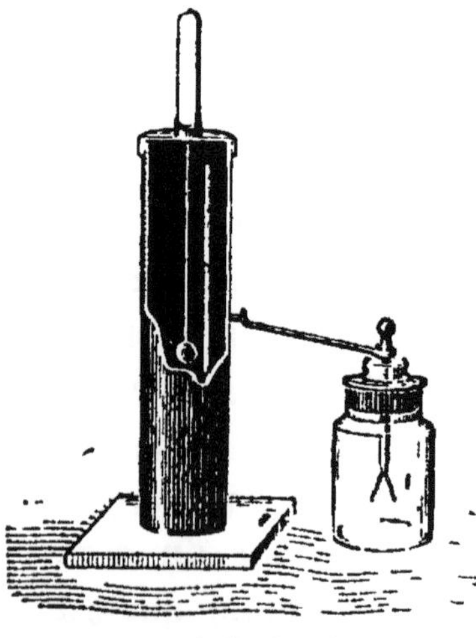
Fig. 182. — Cylindre de Faraday.

dans le cylindre de Faraday, et de noter chaque fois l'écart correspondant de l'électroscope. On constate ainsi que pour une sphère électrisée et éloignée de tout autre conducteur, l'écart est le même pour tous les points : l'électricité est donc répartie uniformément sur toute la surface de la sphère; par suite les lignes de force du champ électrique d'une sphère (*fig.* 183) sont toutes égales, dirigées suivant les rayons de la sphère dans un sens ou dans l'autre suivant que la sphère est chargée positivement ou négativement.

Avec un conducteur non sphérique l'écart des feuilles de l'électroscope varie suivant le point touché par le plan d'épreuve : il est d'autant plus grand que le rayon de courbure est plus petit; ainsi sur un ellipsoïde (*fig.* 184) la charge est bien plus forte aux extrémités du grand axe qu'à celles du petit; sur un conducteur ovoïde, c'est au petit bout qu'elle est la plus forte.

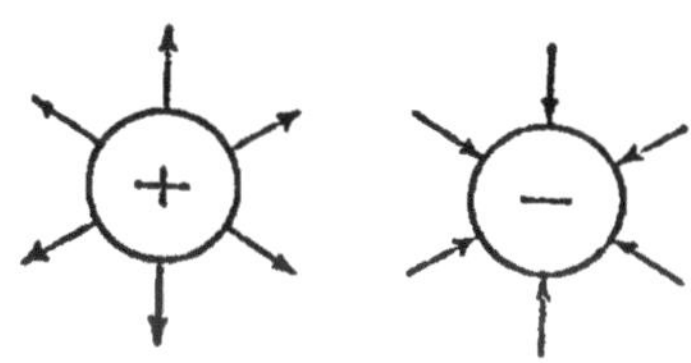

Fig. 183. — Champ électrique d'une sphère.

Fig. 184. — Distribution de l'électricité sur un conducteur ellipsoïde.

On traduit ces résultats en considérant l'électricité comme un corps matériel formant à la surface des conducteurs une couche extrêmement mobile ayant ou une *épaisseur* variable, ou partout même épaisseur mais une *densité* variable suivant la charge en chaque point; et l'on appelle *densité électrique* en un point la quantité d'électricité répandue sur 1^{cm^2} autour de ce point. La densité électrique est donc *uniforme en tous les points d'une sphère*[1]; sur les conducteurs non sphériques elle est *d'autant plus grande que le rayon de courbure est plus petit*; elle est très faible ou nulle sur les parties rentrantes.

Les forces électriques qui s'exercent en chaque point de la surface d'un conducteur sont donc normales à cette surface au point considéré, car sans cela l'électricité se déplacerait le long de cette surface et ne serait pas en équilibre ; ces forces sont dirigées vers l'extérieur et équilibrées par la résistance de l'air ou de l'isolant qui s'oppose au passage de l'électricité. On appelle *pression électrostatique* en un point, la force électrique par unité de surface, et l'on démontre qu'elle est proportionnelle au carré de la densité électrique en ce point.

129. Pouvoir des pointes. — Lorsqu'un conducteur électrisé présente des arêtes vives ou des pointes, le rayon de courbure de ces parties étant très petit, la densité électrique y est très grande ; et la pression électrostatique qui s'exerce en ces régions peut devenir supérieure à la résistance qu'offre l'air au déplacement de l'électricité ; l'électricité abandonne alors le conducteur et se répand dans l'air environnant ; les pointes laissent donc échapper l'électricité et ramènent à l'état neutre les conducteurs électrisés qui en sont munis : c'est ce qu'on appelle le *pouvoir des pointes*. On le constate en fixant à une machine électrique en activité une tige métallique recourbée, terminée en pointe ; la machine se décharge, et à mesure que l'électricité se reforme, elle s'écoule par la pointe, en formant une aigrette violacée, visible dans l'obscurité, si c'est de l'électricité positive qui s'échappe, ou un point lumineux à l'extrémité de la pointe, si c'est de l'électricité négative. En même temps, les molécules d'air voisines de la pointe se chargeant de l'électricité qui s'écoule, sont vivement repoussées, et il semble qu'un courant d'air s'échappe de la pointe : c'est ce qu'on appelle le *vent électrique*. Ce courant d'air est sensible à la main, et il est assez fort pour courber ou même éteindre la flamme d'une bougie placée devant la pointe (*fig.* 185).

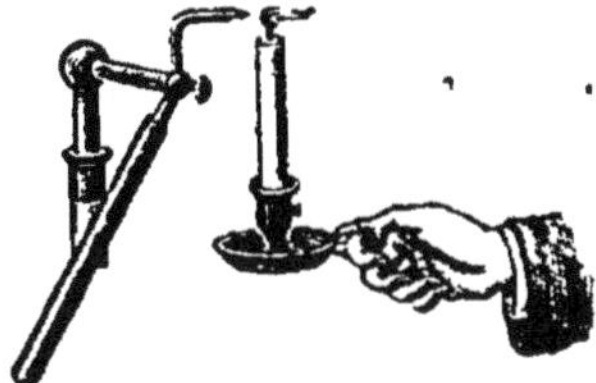

Fig. 185. — Vent électrique.

Si la pointe est très mobile, la répulsion qui s'exerce entre elle et l'air voisin peut la mettre en mouvement en sens contraire de l'écoulement de l'électricité; on le constate à l'aide du *tourniquet électrique* (*fig.* 186), composé d'une étoile à quatre ou six branches en laiton, dont les rayons, terminés en pointe, sont recourbés tous dans le même sens, et qui est mobile sur un pivot vertical; quand on met le pivot en communication avec une machine électrique, l'appareil tourne en sens inverse de la direction des pointes, tant que la machine lui fournit de l'électricité.

Fig. 186. - Tourniquet électrique.

C'est sans doute à cause de leur forme effilée que les flammes déchargent les conducteurs électrisés : il est impossible, par exemple, de charger le collecteur d'une machine sur lequel est posée une bougie allumée.

130. Déperdition de l'électricité. — Du pouvoir des pointes, il résulte que tout conducteur isolé, s'il présente une surface rugueuse, des arêtes ou des pointes, se décharge spontanément quand on l'électrise ; c'est pourquoi on donne aux conducteurs sur lesquels on veut conserver l'électricité des surfaces très polies, arrondies, et raccordées par des courbures d'assez grand rayon. Mais outre la déperdition par les pointes ou les rugosités, par les isolants qui laissent toujours passer un peu d'électricité dans le sol, et par l'air s'il est humide, le vent électrique est une cause constante de perte d'électricité ; les molécules chargées au contact du corps électrisé étant repoussées, sont remplacées par d'autres à l'état neutre, qui se chargent à leur tour et ainsi de suite ; de sorte que les conducteurs même les mieux construits, soutenus par des isolants aussi parfaits que possible, et entourés d'air sec, ne peuvent conserver leur charge que peu de temps.

RÉSUMÉ DU CHAPITRE IV

Dans un conducteur en équilibre électrique, il n'y a jamais d'électricité qu'à la surface extérieure. On le vérifie par les expériences de la sphère creuse avec la sphère d'épreuve, de la sphère recouverte de deux hémisphères, du filet et de la cage de Faraday.

Pour étudier la répartition de l'électricité à la surface des conducteurs, on y applique le plan d'épreuve, et on le porte dans un cylindre de Faraday communiquant avec un électroscope à feuilles d'or. On constate que sur une sphère la charge est la même en tous les points ; et sur un conducteur non sphérique, elle est d'autant plus grande que le rayon de courbure du point touché est plus petit.

Les arêtes vives et surtout les pointes laissent échapper l'électricité (pouvoir des pointes) ; l'électricité qui s'écoule forme, dans l'obscurité, une aigrette lumineuse ; elle produit aussi un courant d'air ou vent électrique. Si la pointe est mobile, elle tend à se déplacer en sens inverse de l'écoulement d'électricité (tourniquet électrique).

CHAPITRE V

INFLUENCE ÉLECTRIQUE

131. Électrisation par influence. — *Tout corps placé dans le voisinage d'un corps électrisé devient lui-même électrisé ;* on dit qu'il s'est électrisé par *influence*, et l'on appelle corps *influençant* ou *inducteur* le corps primitivement électrisé, corps *influencé* ou *induit*, celui qui se charge d'électricité. Il se produit toujours, dans la région du corps influencé la plus voisine de l'influençant, de l'électricité de nom contraire à celle de l'influençant ; et dans la région la plus éloignée, de l'électricité de même nom ; mais la quantité d'électricité développée et sa répartition varient suivant un grand nombre de circonstances, dont nous allons étudier expérimentalement les principales.

132. Influence sur un conducteur entourant complètement l'influençant. — I. Le conducteur est isolé. — Le cas le plus simple est celui où le corps qui subit l'influence est un conducteur fermé, entourant complètement l'inducteur ; on peut l'étudier en prenant comme inducteur une petite sphère conductrice, chargée par exemple d'électricité positive, et en l'introduisant dans un cylindre de Faraday communiquant avec un électroscope à feuilles d'or (*fig.* 187).

1° On constate que la divergence des feuilles, qui se produit dès que la sphère entre dans le cylindre, augmente d'abord à mesure que la sphère descend ; puis à partir du moment où la sphère est à quelque distance de l'orifice, l'écart reste stationnaire, quelle que soit la position de la sphère : l'orifice n'a donc plus d'effet, et le cylindre se comporte comme s'il était fermé. On peut constater alors, avec le plan d'épreuve, qu'il y a de l'*électricité positive* sur la surface *extérieure* du cylindre et de l'*électricité négative* sur la surface *intérieure* ; et de plus que la distribution de l'électricité sur la surface extérieure est *uniforme et indépendante de la position de la sphère*, tandis que sur la surface intérieure, l'électricité s'accumule dans les points les plus voisins de la sphère et par conséquent la distribution change avec la position de l'inducteur.

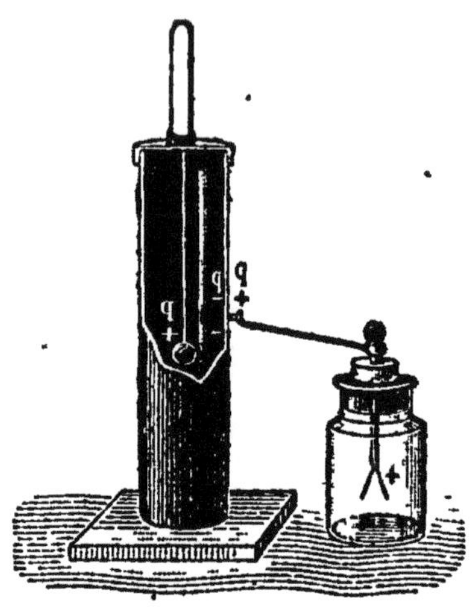

Fig. 187. — Influence sur un conducteur entourant le corps influençant.

2° Dès que l'on retire la sphère, les feuilles d'or retombent et l'on ne constate plus d'électricité en aucun point du cylindre ; donc *les quantités d'électricités contraires qui s'étaient développées étaient équivalentes*, puisqu'elles se sont neutralisées en se combinant.

3° Si l'on introduit de nouveau la sphère dans le cylindre, puis qu'on la mette en contact avec lui, on ne constate aucune variation dans l'écart des feuilles d'or, mais le plan d'épreuve n'indique plus d'électricité ni sur la sphère ni sur la surface intérieure du cylindre ; donc les quantités d'électricités contraires de cette surface et de la sphère sont équivalentes, puisqu'en passant toutes deux sur la surface extérieure du cylindre elles n'ont produit aucun effet; par suite, la charge positive développée sur la surface extérieure du cylindre, qu'il y ait ou non contact avec la sphère, est aussi *égale à celle de l'inducteur.*

On peut donc se servir du cylindre de Faraday pour graduer l'électroscope à feuilles ; en prenant comme unité la charge de la sphère, électrisée toujours dans les mêmes conditions, on portera la sphère une fois dans le cylindre et l'on marquera 1 à l'angle d'écart des feuilles ; on portera ensuite la sphère 2 fois dans le cylindre et l'on marquera 2 à l'angle d'écart correspondant, puis on la portera 3 fois et l'on marquera 3 à l'angle d'écart, et ainsi de suite.

II. Le conducteur n'est pas isolé. — Recommençons l'expérience, et pendant que la sphère est dans le cylindre mettons celui-ci en communication avec le sol : les feuilles d'or retombent, et l'on ne trouve plus trace d'électricité positive sur la surface extérieure, cette électricité étant passée dans le sol ; mais on constate que la surface intérieure reste chargée négativement. Si l'on rompt la communication avec le sol et qu'on retire la sphère sans qu'elle ait touché le cylindre, l'électricité négative passe sur la surface extérieure, et la divergence des feuilles d'or est la même que dans les expériences précédentes, mais leur charge est négative. Si la sphère avait touché le cylindre, on n'observerait plus de divergence, ce qui montre encore que la charge de la sphère et la charge contraire de la surface intérieure sont équivalentes.

Cette électricité négative et l'électricité positive de la sphère n'ont aucun effet sur un corps placé à l'extérieur du cylindre, puisque nous venons de voir qu'elles ne font pas diverger les feuilles d'or, quand l'électricité de la surface extérieure est passée dans le sol; par conséquent le cylindre empêche toute action des corps électrisés placés à l'intérieur sur l'extérieur ; comme il empêche aussi (127) l'action des corps électrisés extérieurs sur tout point intérieur, il forme un *écran électri-*

que et sépare l'espace en deux régions qui ne peuvent avoir aucune influence l'une sur l'autre au point de vue électrique ; ainsi les parois d'une salle étant toujours des conducteurs en communication avec le sol, les corps électrisés placés dans une salle ne peuvent agir sur les corps placés au dehors ou dans les salles voisines et, réciproquement, les corps électrisés extérieurs ne peuvent agir sur les conducteurs placés dans la salle. Dans la pratique, pour annuler en un point P le champ électrique produit par un corps voisin A, il suffit de placer entre P et A une lame conductrice, à condition qu'elle soit suffisamment large et qu'elle soit en communication avec le sol.

III. Le conducteur est déjà électrisé. — Le cylindre de Faraday, au lieu d'être à l'état neutre, peut être chargé déjà d'une certaine quantité d'électricité ; l'influence se produit de la même façon, mais l'électricité développée par influence s'ajoute à celle qui est déjà sur le conducteur, si elle est de même signe, ou la neutralise en partie si elle est de signe contraire. Par exemple, quand on introduit la sphère chargée positivement dans le cylindre déjà chargé d'électricité positive, la divergence des feuilles d'or augmente, par suite de la production sur la surface extérieure du cylindre d'une nouvelle quantité d'électricité positive ; si, au contraire, le cylindre est chargé négativement, l'électricité positive développée par influence sur sa surface extérieure neutralise une quantité égale d'électricité négative, la divergence des feuilles d'or diminue ; puis si la charge de l'inducteur est plus forte que celle du cylindre, les feuilles d'or peuvent diverger de nouveau, leur charge étant devenue positive.

Quand on retire la sphère, si elle n'a pas été en contact avec le cylindre, il ne reste sur celui-ci que l'électricité qu'il avait avant l'influence. Si l'on a mis le cylindre en communication soit avec la sphère, soit avec le sol, on peut trouver facilement la quantité et le signe de l'électricité qui reste sur lui à la fin de l'expérience, en tenant compte à la fois des quantités et des signes de l'électricité qui était primitivement sur le cylindre et de celle qui s'y est développée par influence.

133. Influence sur un conducteur n'entourant pas l'influençant. — Le cas le plus général est celui où le conducteur influencé n'entoure pas complètement l'influençant; il ne diffère du précédent qu'en ce que la quantité d'électricité développée sur le conducteur est moindre que celle de l'influençant.

I. Conducteur isolé. — On étudie ordinairement ce cas avec une sphère isolée chargée positivement, et un cylindre métallique, terminé par des calottes sphériques, isolé, auquel sont suspendus des pendules doubles à fil conducteur (*fig.* 188). Quand on approche le cylindre de la sphère, on voit les pendules des extrémités diverger, tandis que dans une région voisine du milieu mais plus rapprochée de la sphère, les pendules restent immobiles; on constate, en approchant des pendules un corps chargé d'une électricité connue, un bâton de verre ou de résine frotté par exemple, que la région du cylindre la plus voisine de la sphère est chargée négativement, et la région la plus éloignée positivement; entre les deux se trouve une zone neutre.

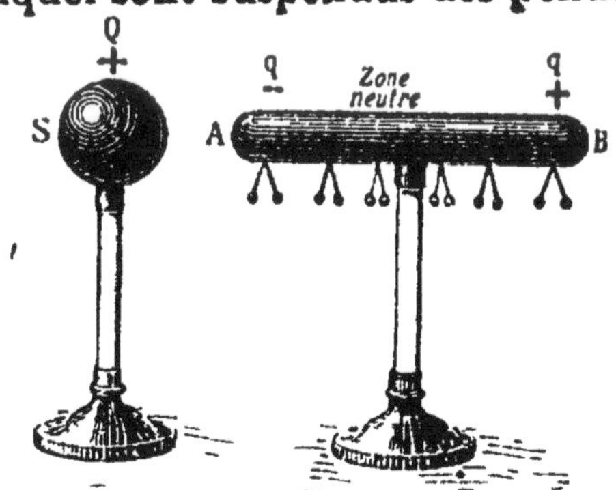

Fig. 188. — Influence d'une sphère électrisée sur un cylindre isolé.

Si l'on éloigne la sphère ou qu'on la décharge, tous les

pendules retombent : les quantités d'électricités contraires développées par influence étaient donc équivalentes de même que dans le cylindre de Faraday ; mais si l'on met la sphère chargée en contact avec le cylindre, elle n'est pas ramenée à l'état neutre, la quantité d'électricité développée étant moindre que celle de la sphère, puisque c'est sur l'ensemble des conducteurs qui entoureraient complètement l'inducteur que l'électricité induite serait en quantité égale à l'électricité influençante.

II. Conducteur non isolé. — Le cylindre étant approché de nouveau de la sphère électrisée, si on le touche avec le doigt, de façon à le mettre en communication avec le sol, on voit les pendules de l'extrémité B la plus éloignée de la sphère retomber (*fig.* 189), tandis que ceux de l'extrémité A divergent davantage ; l'électricité de même nom

Fig. 189. — Influence d'une sphère électrisée sur un cylindre communiquant avec le sol.

que celle de la sphère a donc disparu, la ligne neutre reculant, et la quantité d'électricité de nom contraire a augmenté. Le résultat est le même, quel que soit le point touché ; et en plaçant le doigt au point A, c'est encore l'électricité de même nom que celle de l'inducteur qui passe dans le sol.

Si l'on rompt la communication avec le sol et qu'on

supprime la sphère, les pendules divergent tous également et l'on constate que le cylindre est chargé négativement ; on peut donc, par influence, charger un conducteur d'électricité contraire à celle d'un corps électrisé.

Pour un cylindre déjà électrisé approché de la sphère, on trouverait, comme dans le cas du conducteur entourant l'influençant, la quantité et le signe de l'électricité qui resterait sur le conducteur isolé ou non, en tenant compte de la charge primitive, et de l'électricité qui se développe par influence exactement comme si le conducteur était à l'état neutre.

III. Effets de l'étincelle. — Le cylindre étant ramené à l'état neutre, si on l'approche lentement de la sphère on constate que la divergence des pendules va en augmentant, ce qui prouve que les quantités d'électricité induites deviennent de plus en plus grandes à mesure que la distance diminue. Si l'on continue à rapprocher le cylindre, il arrive généralement un moment où l'attraction entre les électricités contraires de la sphère et de l'extrémité A du cylindre est assez forte pour vaincre la résistance de l'air, et les deux électricités se réunissent en produisant une étincelle ; en même temps les pendules de A retombent tandis que ceux de la région B divergent davantage. Si l'on retire alors le corps influençant, il reste sur le cylindre une quantité d'électricité positive égale à celle que l'électricité négative du cylindre a neutralisée sur la sphère par l'étincelle. L'étincelle produit donc le même effet qu'une communication établie entre les deux conducteurs ; elle permet de charger par influence un conducteur de la même électricité que celle de l'inducteur.

Si le conducteur est en communication avec le sol, l'étincelle est plus forte, puisque la quantité d'électricité induite est plus grande, mais après l'étincelle le conducteur est revenu à l'état neutre.

Des phénomènes d'influence analogues précèdent toujours la production d'étincelles que nous avons déjà constatée (122) : par exemple, quand on approche le doigt d'un corps électrisé, c'est parce que le doigt se charge par influence d'électricité contraire à celle du corps que l'étincelle jaillit entre lui et le corps avant qu'il y ait contact.

IV. Effets des pointes. — Les pointes permettant à l'électricité de s'échapper, si un conducteur soumis à l'influence présente une pointe dans la région voisine du corps électrisé, l'électricité contraire qui se produit dans cette région s'écoulera vers le corps, dont elle neutralisera une partie de la charge ; et si l'on retire la pointe, puis l'inducteur, il ne restera sur le conducteur que de l'électricité de même nom que celle du corps. Si le conducteur communique avec le sol, la pointe laisse échapper de l'électricité contraire jusqu'à ce que le corps influençant soit ramené à l'état neutre.

Si la pointe est placée dans la région opposée à l'inducteur, l'électricité de même nom s'écoulera dans l'atmosphère; et en enlevant la pointe, puis l'inducteur, le conducteur reste chargé d'électricité contraire à celle de l'influençant.

Les pointes agissent donc comme une communication soit avec le corps influençant, soit avec le sol.

Remarque. — Il n'y a pas lieu d'étudier le cas où le corps influençant entourerait le conducteur influencé, puisque nous avons vu (127) qu'un conducteur électrisé n'exerce aucune action sur tout point pris à l'intérieur de ce conducteur.

Le corps influencé réagit aussi sur le corps influençant, sur lequel il modifie la distribution de l'électricité : l'attraction qui s'exerce entre l'électricité de l'influençant et la charge contraire développée sur le corps influencé accumule l'électricité dans les parties de l'inducteur les plus voisines du conducteur influencé, comme on peut le constater avec le plan d'épreuve.

134. Influence sur les corps mauvais conducteurs. — Un corps mauvais conducteur subit aussi l'influence des corps électrisés, mais l'électrisation est moins nette et plus lente. Il se comporte comme s'il était formé de particules conductrices disséminées dans un milieu isolant, et dont chacune se chargerait par influence, comme un conducteur isolé, d'électricité contraire à celle de l'inducteur du côté voisin de l'inducteur, et d'électricité de même nom du côté opposé ; l'ensemble produit le même effet que si l'extrémité du corps voisine de l'inducteur était chargée d'électricité contraire à celle de l'influençant, et l'extrémité opposée d'électricité de même nom. Si l'influence dure peu, le corps revient à l'état neutre aussitôt qu'elle cesse ; si elle est prolongée, le corps peut conserver deux régions électrisées de signes contraires et séparées par une zone neutre.

L'influence s'exerce à travers les corps mauvais conducteurs comme à travers l'air ; ils ne forment donc pas écran électrique comme les conducteurs ; c'est pourquoi on donne aux isolants le nom de *diélectriques*.

135. Explication du mouvement des corps légers. Pendule électrique. — Les phénomènes d'influence permettent d'expliquer l'attraction des corps légers par les corps électrisés : quand on approche un corps électrisé de morceaux de papier, de plumes, posés sur une table, ou de la balle de sureau d'un pendule conducteur, il développe sur eux par influence, comme dans un conducteur communiquant avec le sol, de l'électricité contraire à la sienne, et l'attraction des deux électricités contraires peut vaincre la résistance due à la pesanteur et mettre ces corps en mouvement.

Si le corps léger est isolé, comme la balle de sureau d'un pendule à tige de verre (*fig.* 190), il se fait sur le côté de la balle tourné vers le corps électrisé de l'électricité contraire à celle de ce corps, et sur le côté opposé de l'électricité de même nom ; ces deux électricités sont en quantités équivalentes, mais comme l'électricité contraire est la plus rapprochée du corps, la force attractive est plus grande que la force répulsive, et il y a attraction ; cette attraction est moins vive que dans le premier cas, puisque la quantité d'électricité contraire induite est moins grande et que l'on n'observe que la résultante des deux forces contraires, c'est-à-dire leur différence. Le pendule isolé est donc moins sensible que le pendule non isolé, et permet moins facilement de reconnaître si un corps est électrisé ; mais il est nécessaire de l'employer quand on veut déterminer le signe de la charge d'un corps. Pour cela, on charge d'abord, par contact, le pendule de l'électricité du corps ; puis on en approche un bâton de verre ou de résine frotté : s'il y a attraction, c'est que l'électricité du pendule, et par suite celle du corps, est de nom contraire à l'électricité du bâton ; s'il y a répulsion, c'est que l'électricité du corps et celle du bâton sont de même nom. L'expérience doit être faite avec précaution, en approchant lentement le bâton électrisé, car l'électricité contraire qu'il développe par influence pourrait être en plus grande quantité que l'électricité qui est déjà sur la balle de sureau, et si le corps était chargé de la même électricité que le bâton, la répulsion serait suivie si rapi-

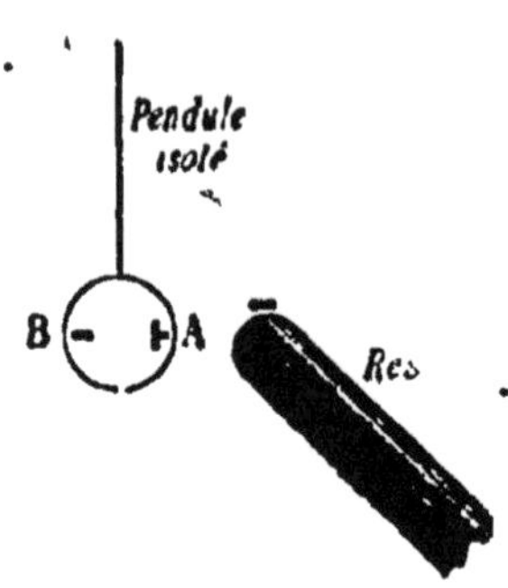

Fig. 190. — Attraction d'un pendule électrique isolé.

dement d'une attraction qu'on pourrait n'observer que ce second mouvement, et en déduire que la charge primitive du pendule était de nom contraire à celle du bâton.

136. Grêle électrique. Carillon électrique. — L'attraction et la répulsion des corps légers à la suite de leur électrisation par influence donnent lieu à plusieurs expériences parmi lesquelles on peut citer la *grêle électrique* et le *carillon électrique*. L'appareil à grêle électrique est une cloche de verre (*fig.* 191), reposant sur un plateau métallique en communication avec le sol, et dans le bouchon de laquelle passe une tige métallique, terminée à l'intérieur de la cloche par un disque de métal ; des balles de sureau reposent sur le fond de l'appareil. Si l'on met la tige en communication avec une source d'électricité, les balles se chargent par influence et sont attirées par le disque ; en le touchant, elles se chargent d'électricité de même nom, elles sont alors repoussées, retombent sur le plateau qui les décharge, subissent de nouveau l'influence du disque et sont attirées, etc. ; elles effectuent donc entre le disque et le plateau une série de mouvements de va-et-vient.

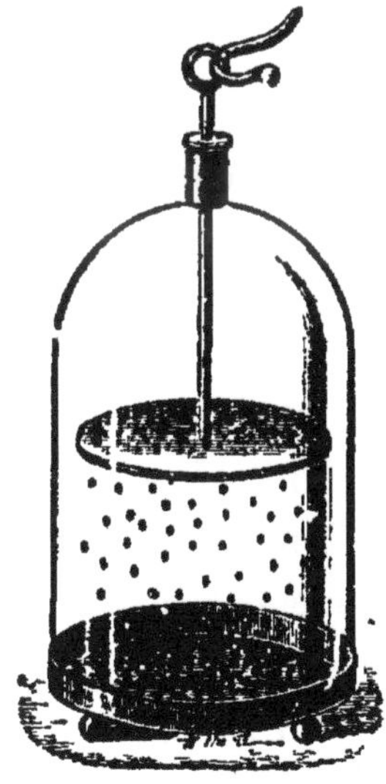

Fig. 191. — Appareil à grêle électrique.

Le carillon électrique (*fig.* 192) se compose de trois timbres suspendus à une tige métallique, celui du milieu par un fil de soie, les deux autres par des fils métalliques.

Entre les timbres se trouvent deux petites balles métalliques, suspendues à la même tige par des fils de soie. Si l'on met la tige en communication avec une source d'électricité, les timbres extrêmes s'électrisent, attirent les petites balles, puis les repoussent après qu'il y a eu contact; elles viennent alors se décharger sur le timbre du milieu, qui communique avec le sol par une chaîne métallique; elles sont attirées de nouveau, et ainsi de suite, et frappent donc alternativement le timbre du milieu et les deux autres tant que l'appareil reçoit de l'électricité.

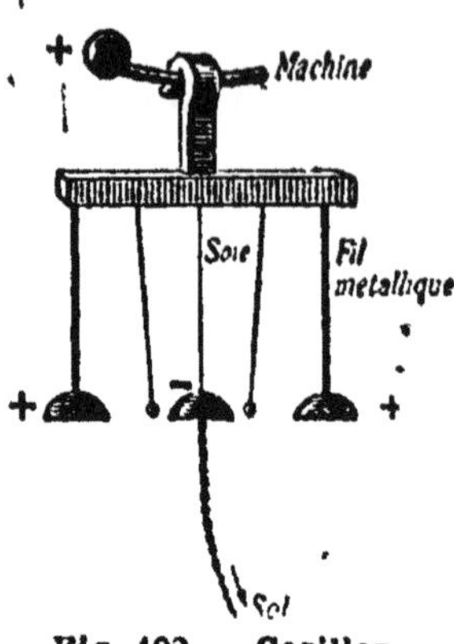

Fig. 192. — Carillon électrique.

137. Détermination du signe de l'électricité d'un corps par l'électroscope à feuilles d'or. — Il n'est pas nécessaire, pour reconnaître si un corps est électrisé, de le mettre en contact avec le bouton de l'électroscope (125); il suffit de l'en approcher : si le corps est chargé négativement, par exemple, il développe par influence le l'électricité positive dans le bouton de l'électroscope (*fig.* 193), et de l'électricité négative dans les feuilles qui divergent.

Fig. 193. — Manière de reconnaître si un corps est électrisé.

Pour déterminer le signe de l'électricité d'un corps, on charge d'abord l'électroscope d'une électricité connue, par contact ou par influence; on en approche, par exemple, un bâton de résine frotté qui développe dans les feuilles d'or de l'électricité négative et les fait diverger (*fig.* 194, A) ; on touche avec le doigt le bouton de l'électroscope, l'électricité négative s'en va dans le sol et les feuilles retombent (B) ; si on retire le doigt, puis la résine,

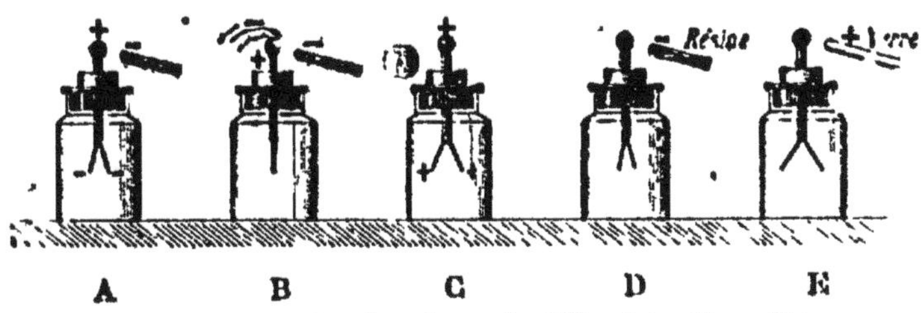

Fig. 194. — Recherche du signe de l'électrisation d'un corps.

l'électroscope reste chargé positivement (C). On approche alors *de loin* et *lentement* le corps dont on veut reconnaître l'électrisation : si les feuilles se rapprochent (D), c'est que le corps a attiré l'électricité dont elles étaient chargées, et par suite qu'il est chargé négativement ; si elles divergent (E), c'est que le corps repousse dans les feuilles l'électricité positive, il est donc chargé positivement.

Le corps développe par influence, dans les feuilles, de l'électricité de même nom que la sienne, et en quantité d'autant plus grande qu'il en est plus près ; donc s'il est chargé d'électricité contraire à celle de l'électroscope, négative dans le cas de la figure, l'électricité négative qu'il développe dans les feuilles peut neutraliser d'abord l'électricité positive dont elles étaient chargées, puis les charger négativement et amener une nouvelle divergence ; si le corps est approché *brusquement*, le rapprochement des feuilles peut n'avoir pas le temps de se produire, et l'on n'observe que la divergence ; d'où l'on conclurait à tort que le corps est chargé positivement.

Si l'on approchait de l'électroscope un corps *non électrisé*, on observerait encore un rapprochement des feuilles ; car l'électroscope développerait par influence, sur le corps, de l'électricité, négative dans le voisinage de l'électroscope, positive dans la région opposée ; l'électricité négative du corps réagirait à son tour sur celle de l'électroscope, qui serait attirée vers le bouton ; la charge des feuilles diminuerait donc. Mais dans ce cas le rapprochement augmenterait à mesure qu'on approcherait le corps, et ne serait jamais suivi de divergence. On ne peut donc déduire sûrement le signe de la charge du corps que quand on a observé un rapprochement suivi d'une divergence ; et l'on charge l'électroscope successivement avec la résine ou le verre, jusqu'à ce qu'on obtienne ce résultat.

138. **Electrophore.** — L'électrophore, imaginé par Volta, est la plus simple des sources d'électricité ; il se composé (*fig.* 195) d'un gâteau de résine coulé dans un moule de bois ou de métal, et d'un disque de bois recouvert de papier d'étain, de diamètre un peu plus petit, et muni d'un manche isolant. On remplace souvent la résine, qui est cassante, par l'*ébonite* ou caoutchouc durci, qui est du caoutchouc auquel on a incorporé de 20 à 35 % de fleur de soufre ; c'est une matière d'un beau noir, très résistante, se travaillant bien à la scie et au tour, et très employée aujourd'hui dans la construction des appareils d'électricité.

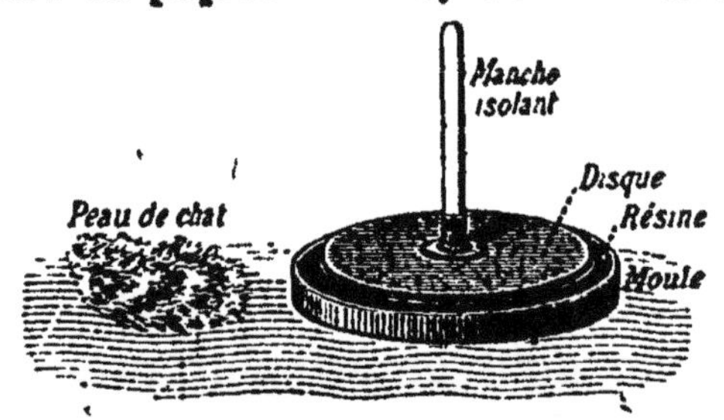

Fig. 195. — Électrophore

Pour charger le gâteau, on le frappe avec une peau de chat ; puis on y pose le disque conducteur : l'électricité négative de la résine développe par influence de l'électricité positive sur la face inférieure du disque, et de l'électricité négative sur la face supérieure (*fig.* 196); on touche le disque avec le doigt, l'électricité négative s'en va dans le sol, et la quantité d'électricité positive augmente. Si on retire le doigt et qu'on soulève le disque par le manche isolant, on emporte la charge positive qui, n'étant plus

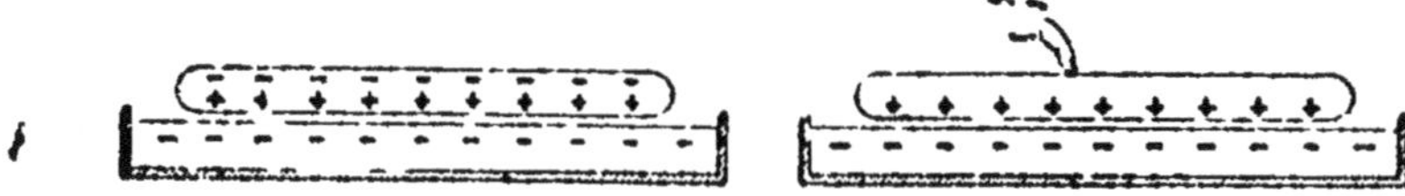

Fig. 196. — Production d'électricité par influence dans l'électrophore.

maintenue par l'électricité du gâteau, se répand sur tout le disque, et peut servir à charger un autre corps. En approchant le doigt du bord du disque, on en tire des étincelles qui peuvent atteindre plusieurs centimètres, si le gâteau est bien chargé ; en portant le disque dans le cylindre de Faraday, il lui cède toute sa charge. En remettant le disque sur le gâteau, on le charge de nouveau ; on le reporte dans le cylindre, et on répète l'opération autant qu'on le veut ; le cylindre se charge de plus en plus, servant ainsi de collecteur à l'électricité.

Si l'air est très sec, on peut charger le disque un très grand nombre de fois sans frapper de nouveau le gâteau, car la résine, par suite de sa mauvaise conductibilité, conserve son électricité pendant très longtemps, surtout si le moule conducteur qui l'entoure communique avec le sol : l'électricité contraire à celle de la résine qui se développe sur ce moule empêche alors l'électricité du gâteau de se perdre dans l'atmosphère. L'énergie électrique fournie par l'électrophore est produite par le travail mécanique correspondant à la séparation du disque et du gâteau, entre lesquels s'exerce une attraction électrique puisqu'ils sont chargés d'électricités contraires.

RÉSUMÉ DU CHAPITRE V

Tout conducteur placé dans le voisinage d'un corps électrisé s'électrise *par influence* ; le corps électrisé est l'influençant ou inducteur, le conducteur, l'influencé ou induit. Il se fait, dans la partie de l'induit la plus voisine de l'inducteur, de l'électricité contraire à celle de l'inducteur, et dans la partie la plus éloignée, de l'électricité de même nom.

Quand le conducteur est isolé et *entoure complètement l'influençant*, les quantités d'électricités contraires induites sur les deux faces du conducteur sont équivalentes entre elles et à la quantité inductrice. Si l'on met l'inducteur en contact avec l'induit, les électricités de l'inducteur et de la surface intérieure de l'induit se neutralisent, et la quantité d'électricité développée sur la surface extérieure ne change pas. Si l'on met le conducteur en communication avec le sol, l'électricité de même nom que celle de l'inducteur s'en va dans le sol.

L'influence s'exerce sur un conducteur déjà électrisé exactement comme s'il était à l'état neutre.

Tous ces cas se vérifient en introduisant une sphère électrisée dans un cylindre de Faraday communiquant avec un électroscope à feuilles d'or.

Quand le conducteur *n'entoure pas complètement l'influençant*, les quantités d'électricités induites sont encore de signes contraires et équivalentes, mais elles sont moindres que la quantité inductrice ; on étudie ce cas avec une sphère électrisée et un cylindre à pied isolant, muni de doubles pendules à fil conducteur.

Si on approche de plus en plus un corps électrisé d'un conducteur, il arrive un moment où une étincelle jaillit entre les deux, par suite de la combinaison des électricités contraires de l'inducteur et du corps influencé.

Une pointe, fixée à un conducteur voisin d'un corps électrisé, agit, suivant sa position, comme une communication avec ce corps ou avec le sol.

L'attraction des corps légers est toujours précédée d'électrisation par influence ; elle est moindre si le corps est isolé que s'il ne l'est pas, parce que l'électricité de même nom que celle de l'inducteur reste alors sur le corps, et exerce une force répulsive qui neutralise en partie l'attraction des électricités contraires.

Le pendule électrique, la grêle électrique, le carillon électrique sont des applications de l'attraction des corps légers.

L'*électroscope à feuilles d'or* permet de reconnaître si un corps est électrisé, et de quel signe est son électricité. Un corps électrisé fait diverger les feuilles, dès qu'on l'approche du bouton de l'appareil. Pour déterminer la nature de son électricité, on charge d'abord l'électroscope d'une électricité connue, puis on en approche de loin et lentement le corps électrisé ; s'il est chargé d'électricité contraire à celle de l'appareil, les feuilles d'or se rapprochent ; s'il est chargé d'électricité de même nom, les feuilles divergent davantage.

L'*électrophore* se compose essentiellement d'un gâteau de résine ou d'ébonite, et d'un disque de bois recouvert d'étain, à manche isolant. On frotte le gâteau avec une peau de chat, il s'électrise négativement ; on pose le disque dessus, on le touche avec le doigt, puis on retire le doigt, et on enlève le disque, qui reste chargé positivement et peut servir à charger d'autres corps.

CHAPITRE VI

NOTIONS SUR LE POTENTIEL ÉLECTRIQUE

---

139. Définition expérimentale du potentiel. — Nous avons vu (128) qu'en touchant avec le plan d'épreuve différents points d'un conducteur non sphérique, isolé et électrisé, et en portant chaque fois le plan d'épreuve dans le cylindre de Faraday, on obtenait des écarts différents des feuilles d'or d'un électroscope communiquant avec le cylindre : d'où nous avons conclu que la quantité d'électricité n'est pas la même en tous les points du conducteur. Au contraire, si nous mettons le conducteur en communication, par un fil métallique fin, avec un électroscope assez éloigné pour qu'il ne puisse subir aucune action d'influence du conducteur, quel que soit le point par lequel la communication est établie, l'écart des feuilles d'or est le même. Il est encore le même si le point touché est à l'intérieur du conducteur, tandis que, dans ce cas, on n'obtient avec le plan d'épreuve aucune trace d'électricité. Si le conducteur relié à l'électroscope est soumis à l'influence d'un corps électrisé (133), l'écart des feuilles est le même, que la communication soit établie par la région positive, ou par la région négative, ou par la zone neutre du conducteur; et le signe de l'électricité des feuilles est toujours le même que celui du corps influençant.

Il y a donc, à côté de la quantité d'électricité, qui varie suivant les points, un état spécial de l'électricité qui est le même pour tous les points de la surface ou de l'intérieur d'un conducteur, quelle que soit sa forme : cet état électrique est ce qu'on appelle le *potentiel* du conducteur.

Le signe de l'électricité des feuilles d'or est le même que celui de l'électricité du conducteur, et le potentiel est dit positif ou négatif suivant que les feuilles se chargent d'électricité positive ou négative; il est d'autant plus grand en valeur absolue que l'écart des feuilles est plus grand.

140. Conducteurs au même potentiel. Équilibre électrique.— Si nous mettons des conducteurs différents successivement en communication avec le même électroscope, nous pourrons observer des écarts différents; le potentiel, qui est le même pour tous les points d'un conducteur, varie donc d'un conducteur à l'autre. On dit que *deux conducteurs sont au même potentiel quand, mis successivement en communication lointaine avec un même électroscope à l'état neutre, ils donnent aux feuilles d'or la même divergence, les feuilles étant chargées de la même électricité*. Dans ce cas, si l'on met les deux conducteurs en communication lointaine par un fil fin, l'expérience montre que rien n'est changé dans leur état électrique : ils donnent, avec l'électroscope et avec le plan d'épreuve, les mêmes indications qu'avant la communication. Donc, deux conducteurs au même potentiel sont en équilibre électrique.

Quand on met l'électroscope en communication avec le sol, les feuilles d'or restent au repos ; il en est de même si on le met en communication avec un conducteur à l'état neutre, ou avec un conducteur communiquant avec le sol, même si ce conducteur est soumis à l'influence d'un corps électrisé et par suite chargé d'électricité : le potentiel du sol, qui donne un écart nul à l'électroscope, a été pris comme *potentiel zéro*.

141. Conducteurs à des potentiels différents. Force électromotrice. — *Deux conducteurs sont à des potentiels différents quand, mis successivement en communication lointaine avec un même électroscope, ils donnent aux feuilles d'or des écarts différents.* Si l'on fait communiquer ces conducteurs par un fil fin, en les laissant éloignés, on constate qu'après la communication ils sont chargés de la même électricité, même s'ils avaient auparavant des charges de noms contraires, et qu'ils donnent à l'électroscope le même écart ; ils ont donc pris le même potentiel, et ce potentiel est intermédiaire entre les potentiels primitifs. Il y a donc eu passage d'électricité positive du corps qui était au potentiel le plus élevé à celui qui était au potentiel le moins élevé. (On convient de regarder un potentiel négatif comme d'autant moins élevé qu'il est plus grand en valeur absolue.)

Enfin, si l'on met un conducteur en communication avec le sol, quel que soit son potentiel, positif ou négatif, il prend toujours le potentiel zéro.

Le passage de l'électricité d'un corps à un autre est donc

dû à une différence entre le potentiel des deux corps ; c'est pourquoi la différence de potentiel, qui est la seule cause du mouvement de l'électricité, est souvent appelée *force électromotrice*. On convient d'appeler *potentiel d'un corps* la différence de potentiel entre ce corps et le sol, et c'est parce que dans un conducteur électrisé il y a de l'énergie *en puissance* que le potentiel a reçu son nom qui veut dire « en puissance ».

L'unité de force électromotrice adoptée dans la pratique est le *volt*, qui représente sensiblement la force électromotrice d'un élément de pile de Volta (172) dont le circuit est ouvert. On peut mesurer la force électromotrice d'un conducteur électrisé en le mettant en communication lointaine par un fil métallique avec un électroscope à feuilles préalablement gradué en volts ; pour graduer l'électroscope on établit entre la boule et la cage de l'appareil des différences de potentiel de 50, 100, 200,... volts en le mettant en communication avec les pôles de piles de 50, 100, 200,... éléments de Volta, et l'on marque 50, 100, 200,... devant les positions respectives des feuilles ; l'électroscope peut indiquer jusqu'à 1000 volts.

142. Analogies entre le potentiel et la température ou le niveau des liquides. — Le potentiel peut être comparé à la *température*, ou mieux encore au *niveau des liquides*. En effet, deux corps sont à la même température quand ils donnent la même indication au thermomètre, et, si on les met alors en contact, il n'y a entre eux aucun échange de chaleur : ils sont en équilibre calorifique, comme deux corps sont au même potentiel et en équilibre électrique quand ils donnent le même écart et le même signe à l'électroscope ; le thermomètre doit être choisi de façon à ne pas faire varier sensiblement la température des corps, comme l'électroscope ne doit pas modifier sensiblement la charge électrique ; les zéros conventionnels du thermomètre et de l'électroscope ne veulent pas dire qu'il n'y a, dans les corps qui les indiquent, ni chaleur, ni électricité, mais seulement que la température du corps est la même que celle de la glace fondante, ou le potentiel le même que celui du sol. De même encore, deux vases dans lesquels l'eau est au même niveau sont en équilibre et ne subissent aucun changement si on les met en communication par un tube étroit.

C'est la différence de température et non pas la quantité de chaleur qui détermine le passage de la chaleur d'un corps à l'autre : une petite sphère métallique fortement chauffée cédera de la chaleur à une grande masse d'eau à la température ordinaire, bien que la quantité de chaleur contenue dans la sphère puisse être inférieure à celle de l'eau ; c'est aussi la différence des niveaux qui règle l'écoulement quand deux réservoirs sont mis en communication : le liquide passe toujours du réservoir où le niveau est le plus élevé à celui où il est le plus bas, et l'écoulement cesse quand les surfaces libres sont, dans les deux réservoirs, sur un même plan horizontal. De même, si l'on met en communication une petite sphère métallique à un potentiel élevé avec une sphère plus grosse à un potentiel faible, c'est la petite sphère qui fournit de l'électricité à la grosse, et jusqu'à ce qu'elles aient pris le même potentiel. C'est à cause de ces analogies que le potentiel est souvent appelé *niveau électrique*.

On peut encore comparer le potentiel à la *force elastique* des gaz ; l'électricité est dans un état de *tension* à la surface des corps (128) qui tend à la faire passer dans le sol ; et quand on met deux corps électrisés en contact, l'électricité passe de celui qui a la tension la plus forte sur celui qui a la plus faible, comme le gaz de deux récipients mis en communication passe de celui où la pression est la plus forte dans celui où elle est la plus faible, quelles que soient les masses de gaz respectives de chaque récipient.

On dit qu'un corps possède une certaine *énergie* quand il peut produire un certain travail : par exemple, un corps pesant, élevé au-dessus du sol, peut, en tombant, enfoncer un clou dans du bois ou produire un travail quelconque ; il possède de l'énergie. Une masse d'eau n'est pas par elle-même une source d'énergie : elle ne peut fournir de travail qu'en passant d'un niveau à un niveau moins élevé, et le travail produit ne dépend que de la masse de l'eau qui s'écoule, et de la hauteur de la chute. De même, l'électricité ne peut produire de travail qu'en passant d'un potentiel à un autre moins élevé, et le travail fourni ne dépend que de la quantité d'électricité qui disparaît et de la différence de potentiel ; c'est donc cette différence qui est intéressante à connaître plutôt que la valeur absolue des potentiels ; et l'on démontre que le travail T fourni par un *électromoteur* quelconque, c'est-à-dire par un appareil capable de produire une différence de potentiel entre deux points qu'on appelle ses *pôles*, est égal au produit de la quantité Q d'électricité qui disparaît et de la différence de potentiel V — V' de ses pôles ; d'où la formule $T = Q \times (V - V')$. Comme nous n'avons pas de sens qui perçoive l'électricité, nous ne pouvons constater sa présence que par ses effets, qui ne sont pas des phénomènes électriques proprement dits, mais des phénomènes mécaniques, calorifiques, lumineux, etc., tous dus à une transformation de l'énergie transportée par l'électricité en une autre sorte d'énergie : mouvement, chaleur, lumière, ... ; l'électricité nous apparaît donc comme un agent de transport et de transformation de l'énergie fournie par des moyens qui varient suivant l'électromoteur : énergie mécanique (bâton de résine, électrophore), énergie chimique (piles), énergie calorifique (machines à vapeur actionnant des dynamos), etc.

143. Capacité électrique. — Quand on verse une même quantité de liquide dans des vases de sections différentes, le niveau ne s'élève pas d'une même hauteur dans tous ; si on fournit la même quantité de chaleur à des corps différents, l'élévation de température n'est pas la même pour tous ; on dit qu'ils n'ont pas la même *capacité calorifique;* l'expérience montre aussi que des quantités égales d'électricité produisent sur des conducteurs différents des élévations de potentiel différentes ; les conducteurs n'ont donc pas tous la même *capacité électrique*, et cette capacité est d'autant plus grande qu'une même charge donne au conducteur un potentiel plus faible.

La capacité électrique d'un conducteur ne dépend ni de sa nature, ni de sa masse, mais seulement de sa forme, de sa surface extérieure ; et tandis que la capacité d'un vase et la capacité calorifique d'un corps sont des quantités constantes, la capacité électrique d'un corps varie avec sa position par rapport aux conducteurs voisins ; par suite, elle n'est constante que si le conducteur est soustrait à toute influence électrique.

Si l'on donne successivement à un conducteur isolé, soustrait à toute influence électrique et relié à un électroscope à feuilles d'or, des charges double, triple,... de la charge primitive, on constate par la divergence des feuilles d'or que le potentiel devient double, triple,... de ce qu'il était d'abord. D'autre part, une même charge, fournie successivement à des conducteurs différents, leur donne des potentiels inversement proportionnels à leur capacité ; et par suite, pour qu'un conducteur, ayant une capacité double de celle d'un autre, ait le même potentiel que cet autre, il faut lui fournir une quantité d'électricité deux fois plus forte. La charge d'un conducteur est donc proportionnelle à la fois à son potentiel et à sa capacité, et peut être représentée par le produit de ces deux facteurs ; si l'on représente par V le potentiel d'un conducteur et par C sa capacité électrique, la quantité d'électricité Q qu'il renferme est donc $Q = C \times V$.

RÉSUMÉ DU CHAPITRE VI

Quand un conducteur électrisé est relié par un fil long et fin à un électroscope à feuilles d'or, quel que soit le point que touche le fil, l'écart des feuilles est le même : cet écart caractérise l'état électrique ou *potentiel* du conducteur. Le potentiel est le même pour tous les points extérieurs ou intérieurs d'un conducteur.

Deux conducteurs sont *au même potentiel* quand, mis en communication lointaine avec un électroscope, ils donnent le même écart et le même signe aux feuilles d'or ; ils sont alors en *équilibre électrique*.

Deux conducteurs sont à des *potentiels différents* quand ils donnent aux feuilles d'un même électroscope des écarts différents ; si on les met en communication, de l'électricité positive passe de celui qui est au potentiel le plus élevé à celui qui est au potentiel le plus faible, jusqu'à ce qu'ils aient le même potentiel ; la différence de potentiel est la *force électromotrice*.

On prend comme potentiel zéro le potentiel du sol.

Le potentiel présente de nombreuses analogies avec la température, dans la chaleur, et le niveau des liquides, en hydrodynamique.

Un conducteur a une *capacité électrique* d'autant plus grande qu'une même charge lui donne un potentiel plus faible. La capacité électrique d'un conducteur dépend de sa forme, de sa surface extérieure, et de sa position par rapport aux conducteurs voisins.

La *charge* d'un conducteur peut être représentée par le produit de sa capacité par son potentiel.

CHAPITRE VII

CONDENSATION ÉLECTRIQUE

---

144. Principe de la condensation. — Nous avons dit (143) que la capacité d'un conducteur dépend de sa situation par rapport aux conducteurs voisins ; pour le vérifier expérimentalement, prenons une sphère métallique isolée, communiquant par un fil fin avec un électroscope éloigné (*fig.* 197), et chargée d'une certaine quantité d'électricité Q, qui donne aux feuilles d'or un écart a, correspondant à un potentiel déterminé V, et tel que l'on ait

$$Q = C \times V.$$

Si nous en approchons un conducteur isolé à l'état neutre, le cylindre qui a servi à étudier l'influence, par exemple

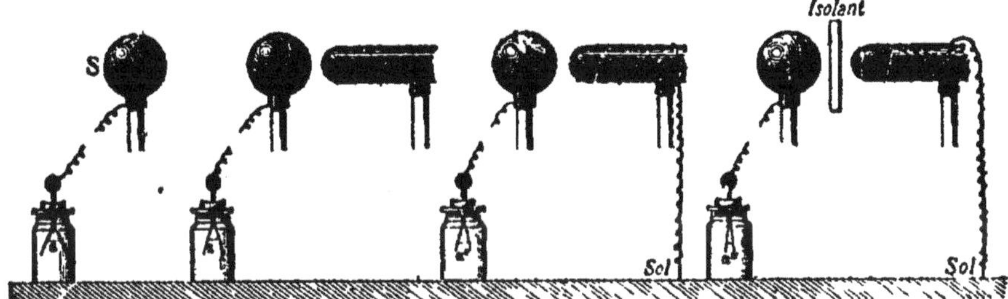

Fig. 197. — Variation de la capacité d'un conducteur.

(133), l'écart a' des feuilles d'or, et par suite le potentiel de la sphère, diminue à mesure que la distance du cylindre à la sphère devient moindre. La charge de la sphère n'ayant pas varié, si son potentiel diminue, c'est que sa capacité devient plus grande. Sans rien changer à la position des deux conducteurs, mettons le cylindre en communication avec le sol : les feuilles d'or se rapprochent encore ; et leur écart diminue de nouveau si l'on place entre la sphère et le cylindre un corps isolant solide, une lame de verre par exemple.

Le potentiel de la sphère a donc diminué dans ces expériences successives, et puisque la charge est restée la même, on peut en conclure que *la capacité électrique d'un conducteur augmente lorsqu'on en approche un autre conducteur*, surtout si ce conducteur est *en communication avec le sol, et séparé du premier par un solide mauvais conducteur.*

Mais si la sphère a été chargée par communication avec une source d'électricité, c'est-à-dire avec une machine capable de porter les conducteurs communiquant avec elle à un potentiel constant, son potentiel primitif V correspondant à l'écart a était celui de la machine (140); quand l'écart est devenu a''', le potentiel a pris une autre valeur, 3 fois plus petite que V, par exemple ; la capacité de la sphère est donc devenue 3 fois plus grande ou 3 C ; si, laissant le cylindre et la lame isolante dans leur position, on rétablit alors la communication avec la machine, la sphère reprendra le potentiel V, et par suite sa charge Q' sera $Q' = 3C \times V = 3Q$; c'est-à-dire qu'elle sera 3 fois plus grande que la charge primitive.

On peut donc, par l'influence d'un autre conducteur, accumuler ou *condenser* l'électricité sur un conducteur communiquant avec une source d'électricité constante ; et on appelle condensateur un système de conducteurs disposés de façon à augmenter considérablement la capacité électrique de l'un d'eux.

Le système le plus favorable est formé de deux lames conductrices parallèles, ou *armatures*, séparées par une lame isolante; l'une des armatures est mise en communication avec une source électrique; c'est celle dont la capacité doit augmenter ou le *collecteur* ; l'autre, qui est reliée au sol, et qui détermine par sa présence l'augmentation de capacité du collecteur, est appelée le *condenseur*.

Les condensateurs les plus employés sont le *condensateur à plateaux d'Æpinus* et la *bouteille de Leyde*.

145. Condensateur à plateaux. — Le condensateur d'Æpinus s'emploie surtout dans les cours, parce qu'il permet de suivre facilement les phases de la condensation. Il se compose (*fig.* 198) de deux plateaux de laiton, portant chacun un petit pendule à fil conducteur, et montés

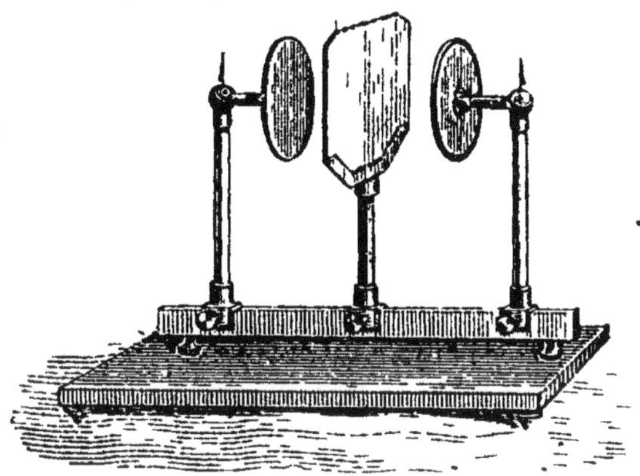

Fig. 198. — Condensateur à plateaux.

sur des pieds de verre qui peuvent se déplacer le long d'une règle horizontale. Entre les deux est une lame de verre, mobile sur la même règle.

Charge du condensateur. — Les deux plateaux étant aux extrémités de la règle, on met le collecteur A en communication lointaine avec une source d'électricité positive (*fig.* 199, I); il prend le potentiel V de cette source, et le

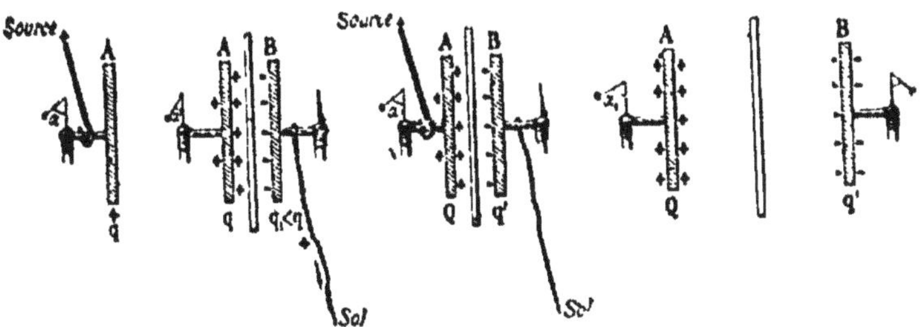

Fig. 199. — Charge du condensateur à plateaux.

pendule fixé au plateau diverge d'un angle a; si l'on représente par C la capacité du plateau, sa charge est donc $q = C \times V$.

On supprime la communication entre la source et le plateau A, et l'on approche les deux plateaux de la lame de verre, B étant relié au sol par une chaîne métallique (*fig.* 199, II); il se développe par influence sur le plateau B de l'électricité négative, ce qui change la distribution de l'électricité positive sur le collecteur dont le pendule diverge moins et dont le potentiel prend une nouvelle valeur V'; on a donc, la charge n'ayant pas changé: $q = C' \times V'$, et puisque V' est plus petit que V, C' est plus grand que C. Le pendule du condenseur ne diverge pas, bien que ce plateau soit chargé, parce que l'électricité négative du condenseur et une partie de l'électricité positive du collecteur sont dissimulées, et pour ainsi dire neutralisées, par leur attraction réciproque.

On remet le plateau A en communication avec la source d'électricité (*fig.* 199, III), il reprend le potentiel V et le pendule diverge de nouveau d'un angle a; la capacité du collecteur est restée C', sa charge devient donc

$$Q = C' \times V,$$

et par suite elle a augmenté.

On supprime alors les communications avec la source, puis avec le sol, et on écarte les deux plateaux pour qu'ils n'aient plus d'influence l'un sur l'autre; on voit les pendules diverger, l'écart a_1 sur le collecteur étant bien plus grand que l'écart primitif a. Le potentiel V'' du collecteur est donc plus grand que le potentiel V; en effet, le plateau A, dès qu'il n'est plus dans le voisinage du condenseur, reprend sa capacité primitive C, et comme sa charge Q, qui est égale au produit $C' \times V$ ou à $C \times V''$, est plus grande que la charge initiale $q = C \times V$, V'' doit être plus grand que V. Quant au plateau B, son pendule diverge, parce que l'électricité négative qui s'y est développée, n'étant plus maintenue par l'attraction de l'électricité positive du collecteur, se répand sur tout le condenseur.

146. Force condensante. — *On appelle force condensante d'un condensateur le rapport de la charge que prend le collecteur quand il fait partie du condensateur à celle qu'il prend quand il est seul, son potentiel étant le même,* c'est-à-dire le rapport $\frac{Q}{q}$; comme on avait $q = C \times V$, et $Q = C' \times V$, on a : $\frac{Q}{q} = \frac{C'}{C}$; la force condensante est donc aussi le rapport de la capacité du collecteur quand il fait partie du condensateur à celle qu'il a quand il est seul.

Cette force varie avec la nature de la lame isolante ; c'est avec l'air, servant seul d'isolant, qu'elle est le plus faible, avec le mica qu'elle est le plus grande ; on appelle *pouvoir diélectrique* ou *pouvoir inducteur spécifique* d'un corps le rapport de la capacité du condensateur dont les armatures sont séparées par une lame de ce corps à celle du même condensateur à lame d'air de même épaisseur ; ce rapport est de 5,5 pour le verre, de 8 environ pour le mica. La force condensante varie aussi en raison inverse de la distance des deux plateaux ; mais on ne peut pas diminuer indéfiniment l'épaisseur de la lame isolante, parce que l'attraction des électricités contraires accumulées sur les deux plateaux pourrait devenir plus grande que la résistance de l'isolant, et la combinaison des deux électricités se ferait au travers de la lame isolante dont elle déterminerait la rupture.

147. Décharge du condensateur. — Un condensateur peut être déchargé soit par une série de contacts successifs, ce qu'on appelle la décharge lente ; soit en une seule fois, par la décharge instantanée.

I. Décharge lente. — Les plateaux du condensateur étant rapprochés comme pendant la charge de l'appareil, et les communications avec la source électrique et le sol supprimées, on touche le collecteur A (*fig.* 200); on observe une petite étincelle, l'électricité positive, libre, de ce plateau, s'en va dans le sol, et le pendule retombe. Mais alors la quantité d'électricité négative du condenseur B qui était auparavant neutralisée par l'attraction de l'électricité positive disparue devient libre, et l'on voit en effet le pendule du plateau B diverger. On touche le plateau B, cette électricité s'en va dans le sol, et le pendule retombe, pendant que le pendule du collecteur diverge, une partie de l'électricité qui était restée sur lui, maintenue par l'attraction de l'électricité du condenseur, devenant libre à son tour. En touchant alternativement les deux plateaux, on finit donc par décharger le condensateur ; mais on n'enlève chaque fois qu'une partie de l'électricité, et cette partie devient de plus en plus petite, comme le montrent les étincelles de plus en plus faibles; et si l'air était parfaitement sec, il faudrait un nombre infini de contacts pour décharger complètement l'appareil.

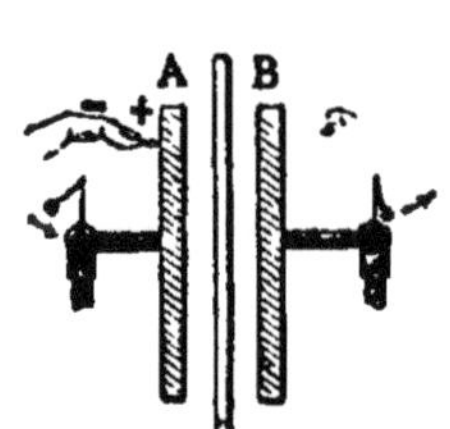

Fig. 200. — Décharge lente d'un condensateur à plateaux.

II. Décharge instantanée. — On décharge le condensateur brusquement en réunissant les deux armatures par un corps conducteur ; la combinaison des deux électricités contraires produit une étincelle brillante, qui éclate généralement un peu avant que le conducteur touchant un des plateaux n'arrive au contact de l'autre, et les deux pendules retombent.

En touchant d'une main le condenseur et de l'autre le collecteur, c'est par le corps de l'opérateur que se fait la décharge, et la réunion des deux électricités produit dans les bras et le corps une commotion plus ou moins violente, qui pourrait être dangereuse ; aussi, pour l'éviter, on décharge plutôt le condensateur à l'aide d'un *excitateur* (*fig.* 201), formé de deux arcs de laiton terminés par des boules, articulés comme les branches d'un compas, et munis de poignées de verre ; on applique l'une des boules sur le condenseur, on approche l'autre du collecteur, et l'étincelle jaillit un peu avant qu'elle n'arrive en contact avec lui.

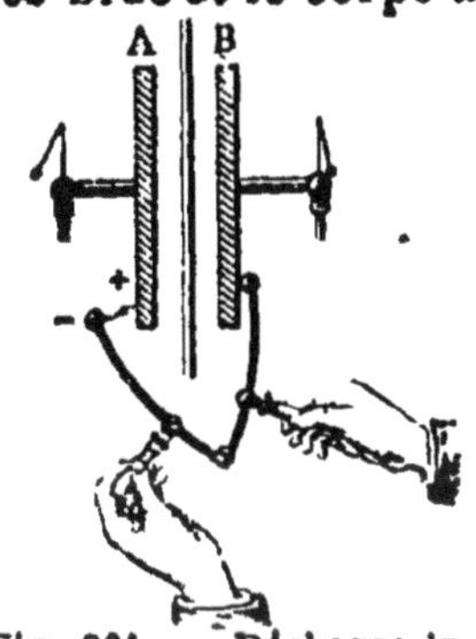

Fig. 201. — Décharge instantanée d'un condensateur à plateaux.

III. Décharges résiduelles. — Si, quelques instants après avoir déchargé le condensateur, on remet les armatures en contact à l'aide de l'excitateur, on observe une seconde étincelle, moins forte que la première; et l'on peut obtenir, à des intervalles de quelques minutes, une série d'étincelles de plus en plus faibles. Ces *décharges résiduelles* montrent qu'il restait de l'électricité sur le condensateur. Les deux électricités contraires résident non sur les plateaux, mais sur les deux faces de la lame isolante, qui ne les laissent passer que peu à peu sur les plateaux ; en effet, si l'on écarte les deux plateaux de la lame de verre et qu'on les touche séparément, chacun ne donne qu'une étincelle faible, et ils sont évidemment déchargés ; en les remettant alors en contact avec la lame de verre, on obtient avec l'excitateur une étincelle presque aussi forte que celle qu'on aurait eue en déchargeant l'appareil avant d'écarter les plateaux.

148. Bouteille de Leyde. — Dans la pratique, on emploie surtout comme condensateur la bouteille de Leyde, qui en est la forme la plus ancienne et la plus commode ; elle doit son nom à la ville dans laquelle elle a été inventée par Cunéus et Muschenbroek en 1746.

Elle se compose d'une bouteille cylindrique en verre mince, tapissée extérieurement jusqu'à une certaine distance du goulot par une feuille d'étain formant le condensateur ou *armature externe* (*fig*. 202) ; la partie non recouverte d'étain est enduite d'un vernis à la gomme laque ou à la cire rouge. A l'intérieur, on met des feuilles d'or battu, de clinquant, ou un conducteur quelconque : limaille de cuivre, etc., en contact avec une tige de laiton, qui passe à frottement dur dans le bouchon de la bouteille, se recourbe à l'extérieur, et se termine par une

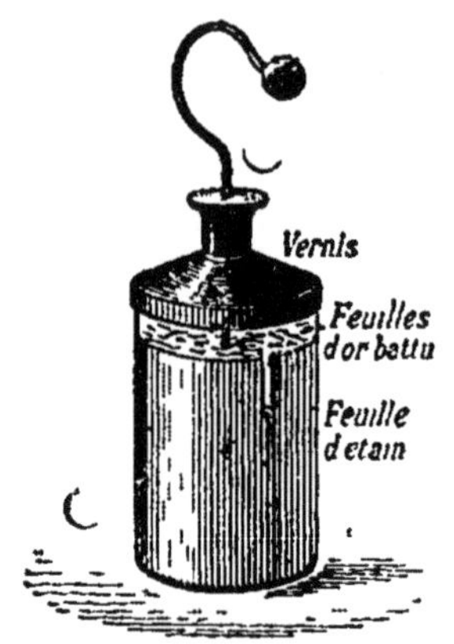

Fig. 202. — Bouteille de Leyde.

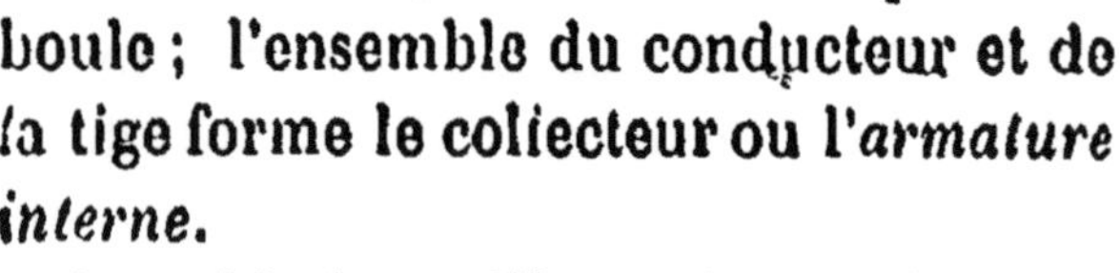
boule ; l'ensemble du conducteur et de la tige forme le collecteur ou l'*armature interne*.

Quand la bouteille est de grande taille et à goulot assez large, on lui donne le nom de *jarre* ; on emploie comme armature interne une feuille d'étain tapissant la bouteille à l'intérieur, et on termine la tige de laiton par une chaîne de cuivre qui repose sur le fond (*fig*. 203).

Fig. 203. — Jarre.

Charge de la bouteille. — Pour charger une bouteille de Leyde, on met l'armature externe en communication avec le sol, ordinairement en la tenant à la main par la panse, et on fait communiquer l'armature interne avec une source d'électricité, avec le pôle positif d'une machine électrique, par exemple. L'armature interne se charge d'électricité positive au même potentiel que la machine; l'armature externe se charge par influence d'une quantité presque égale d'électricité négative, puisque le conducteur influencé entoure presque complètement l'influençant.

Décharge de la bouteille. — La décharge se fait, comme pour le condensateur à plateaux, soit lentement, en touchant alternativement les deux armatures; soit instantanément, en mettant les deux armatures en contact au moyen de l'excitateur à manches de verre.

La décharge lente peut se faire automatiquement à l'aide de plusieurs dispositions, entr'autres par la *bouteille à carillon* (*fig*. 204): la tige de laiton de l'armature interne est terminée par un timbre, en face duquel est placé un autre timbre relié à l'armature externe; entre les deux, peut osciller une petite balle métallique suspendue par un fil de soie. Cette balle, attirée d'abord par le timbre de la bouteille, se charge positivement à son contact, est repoussée, et va neutraliser une partie de l'électricité négative de l'autre timbre, au contact duquel elle se charge négativement; elle revient alors vers le premier timbre, et ainsi de suite, en produisant un carillon tant que la bouteille n'est pas déchargée.

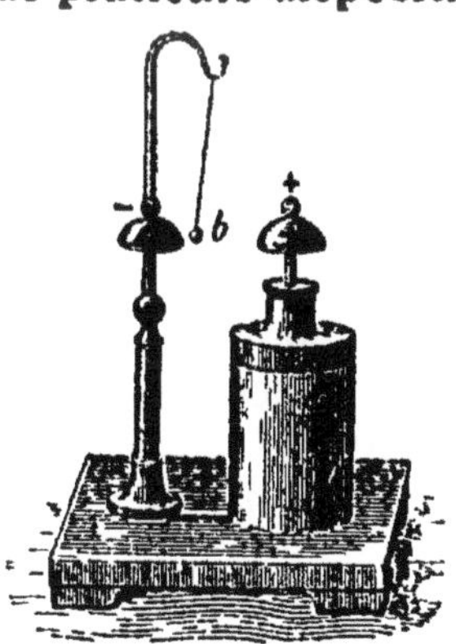

Fig. 204. — Bouteille de Leyde à carillon.

Quand on décharge brusquement la bouteille, on peut obtenir ensuite des décharges résiduelles, comme avec le condensateur à plateaux ; pour montrer que ces décharges sont dues à l'électricité qui s'était portée sur le verre, on emploie la *bouteille de Leyde décomposable* (*fig.* 205), dont les armatures sont en laiton et peuvent se séparer de la

Fig. 205. — Bouteille de Leyde décomposable.

partie isolante formée par un verre conique. On charge la bouteille, on la pose sur un support isolant ; on enlève avec la main l'armature interne, puis le verre, et on touche l'armature externe pour la décharger aussi. On reconstitue ensuite la bouteille, et l'on obtient une étincelle presque aussi forte que si l'on n'avait pas démonté l'appareil.

Les effets produits par la décharge d'un condensateur dépendent de l'énergie que peut fournir ce condensateur ; mais tandis que dans un électromoteur dont la force électromotrice reste constante, le travail est égal au produit de la quantité Q d'électricité par la force électromotrice (142), le calcul et l'expérience montrent que l'énergie W d'un condensateur n'est que la moitié de ce produit $\left(\text{W joules} = \text{Q coulombs} \times \frac{\text{E volts}}{2}\right)$, parce que la différence de potentiel entre les armatures va en diminuant de E à 0 pendant la décharge.

149. Batteries. — La quantité d'électricité accumulée dans un condensateur dépend de sa capacité et du potentiel auquel on l'a chargé ; et la capacité augmente avec la surface des armatures, et en raison inverse de l'épaisseur de la lame isolante (146). On ne peut pas diminuer beaucoup l'épaisseur de cette lame, ni augmenter

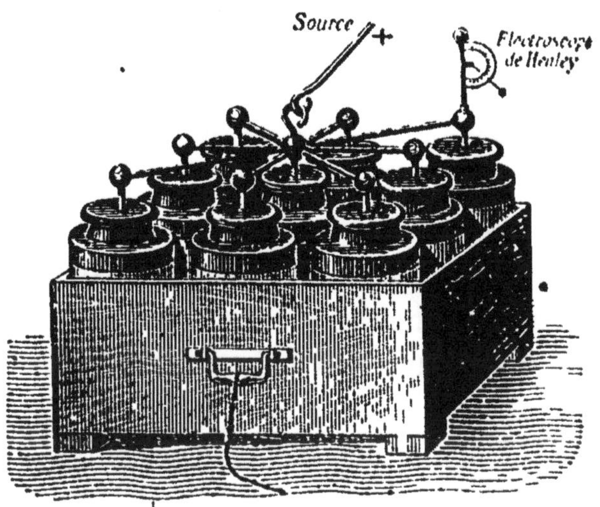

Fig. 206. — Batterie électrique en surface.

indéfiniment le potentiel, parce que les électricités contraires se réuniraient en brisant la bouteille; aussi quand on veut obtenir de violentes décharges, on augmente la capacité du condensateur en réunissant plusieurs bouteilles de Leyde en une *batterie* (*fig.* 206).

Batterie en surface. — Pour cela, on dispose un certain nombre de jarres dans une caisse en bois, tapissée intérieurement par une feuille d'étain reliée aux poignées métalliques de la caisse, et qui fait communiquer toutes les armatures externes ; on met les armatures internes en communication par des tiges métalliques horizontales.

Pour charger la batterie, on met les armatures internes en communication avec une source d'électricité, et les armatures externes en communication avec le sol par une chaîne métallique fixée à l'une des poignées de la caisse

En général, on fixe à l'armature interne un petit électroscope formé d'une balle de sureau dont la tige conductrice, articulée sur un support métallique, est mobile sur un cadran d'ivoire gradué; on voit à chaque instant, par sa divergence, la charge de la batterie.

On décharge une batterie comme une bouteille de Leyde; mais il faut avoir soin d'employer l'excitateur et de ne pas recevoir la décharge, car la commotion produite serait très violente et pourrait être dangereuse.

Les jarres formant des conducteurs fermés en communication avec le sol, n'ont pas d'action les unes sur les autres; une batterie équivaut donc à une jarre unique dont les armatures auraient une surface égale à la somme des surfaces d'armatures de toutes les jarres réunies; c'est pourquoi ce mode de groupement est appelé *batterie en surface*. La capacité de la batterie est la somme des capacités des jarres.

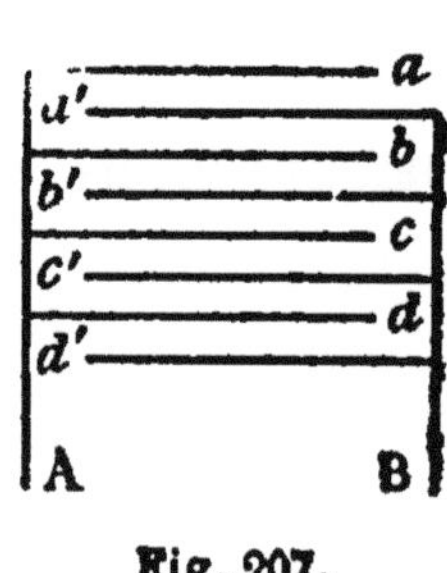

Fig. 207.

On obtient une batterie de très grande capacité en intercalant entre des feuilles d'étain *a*, *b*, *c*, *d*, toutes réunies par un conducteur métallique A (*fig.* 207), des feuilles d'étain semblables *a'*, *b'*, *c'*, *d'*, réunies par le conducteur métallique B, et séparant toutes ces feuilles l'une de l'autre par des lames de mica. Pour décharger ce condensateur, on met en communication les conducteurs A et B.

Batterie en cascade. — On peut encore réunir plusieurs bouteilles de Leyde en mettant l'armature externe de chacune en communication avec l'armature interne de la suivante (*fig.* 208) ; on forme alors une *batterie en cascade*. Pour la charger, on met l'armature interne de la première bouteille en communication avec une source d'électricité, et l'armature externe de la dernière en communication avec le sol. Si l'armature interne de la première bouteille prend une charge positive, elle développe par influence sur l'armature externe une charge négative sensiblement équivalente, et repousse une quantité à peu près égale d'électricité positive dans l'armature interne de la seconde bouteille; celle-ci agit à son tour par influence sur son armature externe, et ainsi de suite; de sorte que toutes les bouteilles se chargent simultanément de quantités légèrement décroissantes, pendant que la source fournit seulement la charge positive de la première bouteille. Mais tandis que cette bouteille prend le potentiel V de la source, la dernière est au potentiel zéro ; et s'il y a trois bouteilles, la différence de potentiel se répartissant entre les trois, il n'y a entre les armatures de chacune qu'une différence de potentiel égale à $\frac{V}{r}$. Il y a donc avantage à employer le groupement en cascade quand on dispose d'un potentiel que les bouteilles ne pourraient pas supporter, l'épaisseur de l'isolant étant trop faible, par exemple.

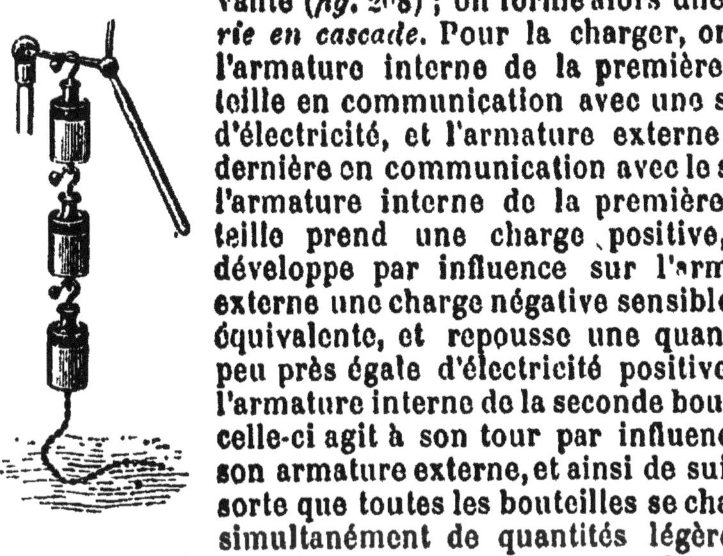

Fig. 208. — Batterie en cascade.

150. Électroscope condensateur. — L'électroscope condensateur, imaginé par Volta, permet de reconnaître la présence de quantités d'électricité trop faibles pour agir sur l'électroscope à feuilles d'or.

Il se compose d'un électroscope à feuilles d'or dont la boule est remplacée par un plateau métallique verni à la gomme laque (*fig.* 209, *a*) ; sur ce plateau on en pose un deuxième, verni sur sa face inférieure, et muni d'un manche de verre. Les deux plateaux forment un condensateur dans lequel les deux couches de vernis servent de lame isolante.

On met la source d'électricité en contact avec le plateau inférieur (*fig.* 209, *b*), et l'on touche le plateau supérieur avec le doigt : il y a condensation, c'est-à-dire que la capacité du

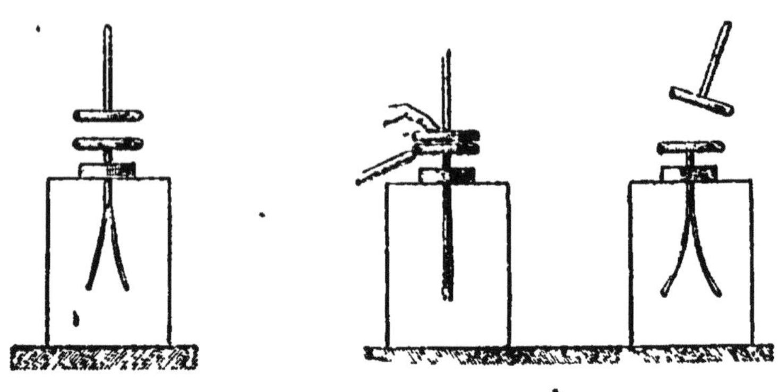

Fig. 209. — Électroscope condensateur.

plateau inférieur augmente (144), et il se charge au potentiel du corps électrisé. On retire le doigt et le corps, puis on enlève le plateau supérieur ; la capacité du plateau inférieur reprend sa valeur primitive, et par suite son potentiel augmente ; il produit donc une divergence des feuilles d'or plus grande que celle qu'on aurait pu observer par simple contact du corps avec le plateau inférieur.

La lame isolante étant formée des deux couches de vernis, chaque plateau emporte avec lui la moitié de l'isolant et l'électricité qui y a pénétré.

RÉSUMÉ DU CHAPITRE VII

La capacité électrique d'un conducteur augmente lorsqu'on en approche un autre conducteur, surtout si ce conducteur communique avec le sol, et est séparé du premier par un isolant solide.

Un *condensateur* est formé de deux conducteurs, séparés par une lame isolante ; l'un le *collecteur* communique avec une source électrique, et l'autre, le *condenseur*, avec le sol.

Le *condensateur à plateaux* d'Æpinus sert surtout à étudier la condensation; pour le charger, les plateaux étant rapprochés de la lame isolante, on fait communiquer le condenseur avec le sol, et le collecteur avec une source électrique ; puis on supprime la communication avec la source et avec le sol, et on écarte les plateaux; la capacité du collecteur, qui avait augmenté, reprend sa valeur primitive, et, la charge restant la même, le potentiel devient plus grand que celui de la source; en même temps, l'électricité contraire à celle du collecteur qui s'était développée sur le condenseur devient libre et les deux plateaux restent chargés d'électricités contraires.

La *force condensante* d'un condensateur est le rapport de la charge du collecteur quand il fait partie du condensateur à celle qu'il a quand il est seul; elle varie avec la nature de l'isolant et en raison inverse de son épaisseur.

On peut décharger un condensateur *lentement* en touchant alternativement les deux plateaux un grand nombre de fois; ou *instantanément* en touchant à la fois les deux plateaux; on se sert généralement, dans ce cas, de l'excitateur à manches de verre, pour ne pas recevoir la décharge. On peut obtenir, quelques instants après avoir déchargé un condensateur, des *décharges résiduelles* dues aux électricités qui avaient pénétré dans les deux faces de l'isolant.

La bouteille de Leyde est un condensateur dont la lame isolante est une bouteille de verre; le condenseur ou armature externe, une feuille d'étain collée sur la bouteille; et le collecteur ou armature interne, des feuilles métalliques placées dans la bouteille et une tige métallique terminée par un bouton. Dans les *jarres*, l'armature interne est une feuille d'étain collée à l'intérieur du flacon. La bouteille de Leyde se charge et se décharge comme le condensateur à plateaux; la pénétration de l'électricité dans l'isolant se montre avec la bouteille de Leyde décomposable.

Pour obtenir une charge et des effets intenses, on emploie une *batterie électrique* formée de plusieurs jarres ou bouteilles de Leyde, dont toutes les armatures internes communiquent ensemble et toutes les armatures externes ensemble et avec le sol.

Pour reconnaître la présence de charges très faibles, on se sert de l'*électroscope condensateur*, électroscope à feuilles d'or dont le bouton est remplacé par un plateau métallique verni, sur lequel on pose un plateau semblable muni d'un manche isolant; le premier plateau sert de collecteur et le second de condenseur, le vernis forme la lame isolante.

CHAPITRE VIII

MACHINES ÉLECTRIQUES

151. Définition. — Toute source continue d'électricité est une machine électrique ; mais on réserve ce nom aux machines électrostatiques qui transforment du travail mécanique en énergie électrique ; ces machines comprennent une *source* qui produit de l'électricité, un *transporteur* qui la conduit et un *collecteur* qui la recueille. La source développe de l'électricité soit par *frottement*, soit par *influence*, et sépare toujours en quantités égales les deux sortes d'électricités, qui se portent dans deux parties appelées les *pôles* de la machine.

Les machines électrostatiques ont toujours un *débit relativement faible*, c'est-à-dire qu'elles ne peuvent fournir par seconde qu'une faible quantité d'électricité ; mais elles établissent entre leurs deux pôles une *différence de potentiel considérable.*

152. Machine de Ramsden. — La machine électrique à frottement la plus répandue est la *machine de Ramsden,* qu'on appelle encore machine électrique ordinaire.

Description. — Elle se compose d'un *plateau de verre* circulaire (*fig.* 210), que l'on peut faire tourner, à l'aide d'une manivelle, autour d'un axe horizontal, et qui passe entre deux paires de coussins ou *frottoirs* fixés à deux montants de bois, sur le diamètre vertical du plateau. Ces coussins sont en soie ou en cuir rembourré, et maintenus au contact du plateau par des ressorts ; on enduit leur surface d'une matière pulvérulente, or mussif (variété de bisulfure d'étain jaune d'or) ou amalgame d'étain, rendue adhérente par un peu de suif.

Le plateau passe aussi dans deux conducteurs en fer à cheval, présentant à

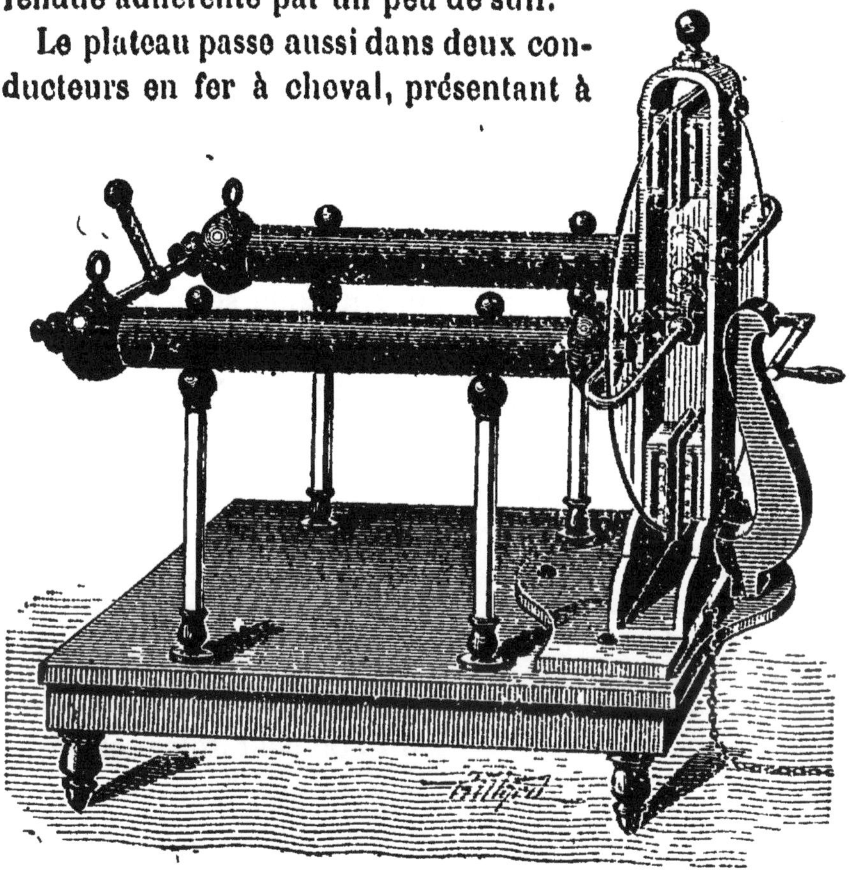

Fig. 210. — Machine de Ramsden.

l'intérieur des pointes dirigées vers le plateau, qui leur font donner le nom de *peignes* ou de *mâchoires*; ces conducteurs sont placés aux extrémités du diamètre horizontal, et communiquent avec deux gros cylindres de cuivre, horizontaux, reliés par un cylindre plus petit, et soutenus par des pieds de verre.

Fonctionnement. — Quand on fait tourner le plateau, le frottement contre les coussins (*source*) développe de l'électricité positive sur le verre et de l'électricité négative sur les coussins ; le plateau (*transporteur*), en tournant, amène l'électricité positive en face des peignes (*fig.* 211), sur lesquels elle agit par influence : de l'électricité positive est repoussée dans la région la plus éloignée des cylindres (*collecteurs*), et de l'électricité négative, développée sur les peignes, s'écoule par les pointes et ramène à l'état neutre la région du plateau qui vient de les traverser. Le plateau, en frottant contre la seconde paire de coussins, pourra donc se charger de nouveau d'électricité positive qui, en passant entre les peignes, développera sur les cylindres une nouvelle quantité d'électricité positive, et ainsi de suite.

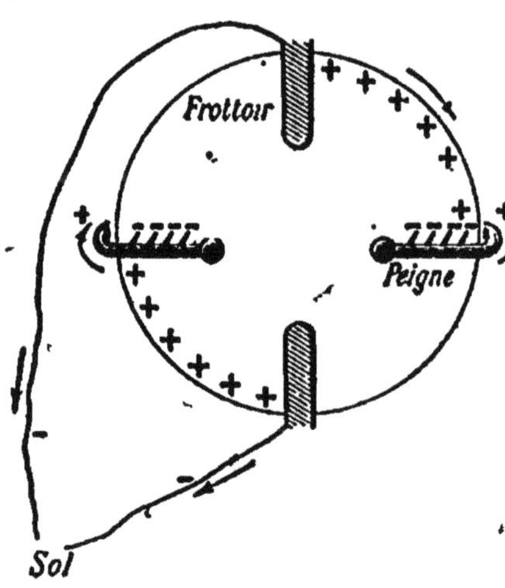

Fig. 211. — Distribution de l'électricité sur le plateau d'une machine de Ramsden.

Les cylindres forment le pôle positif de la machine, et les coussins le pôle négatif ; on peut isoler ces derniers et les faire communiquer avec des conducteurs qui se chargent négativement ; mais le plus souvent on les met en communication avec le sol, et la machine ne fournit que de l'électricité positive. Dans les deux cas, la machine donne la même quantité d'électricité, et la différence de potentiel entre les peignes et les coussins est constante, que les coussins soient au potentiel zéro, ou qu'ils aient un potentiel négatif ; il y a donc avantage à les faire communiquer avec le sol, si l'on ne veut recueillir que l'électricité positive.

Limite de charge. — En théorie, une quantité nouvelle d'électricité étant développée sur les cylindres à chaque tour du plateau, leur charge et par suite leur potentiel devraient augmenter indéfiniment. Mais si la différence de potentiel devient assez grande pour que des étincelles jaillissent entre les peignes et les coussins, l'électricité disparaît à mesure qu'on la produit et l'on ne peut plus augmenter la charge. Dans la pratique, on n'atteint pas cette limite de charge, à cause de la déperdition par l'air et par les supports ; il est même difficile d'obtenir de bons effets de cette machine par les temps humides, ce qui l'a fait abandonner presque complètement.

Dans la machine de Ramsden, comme dans toutes les machines électrostatiques, l'énergie électrique fournie correspond au travail mécanique dépensé pour vaincre les attractions et les répulsions qui se produisent entre les électricités du plateau, des frottoirs et des conducteurs ; le travail nécessaire pour vaincre le frottement se transforme en chaleur et non en électricité ; les machines à frottement n'utilisent donc qu'une partie très faible du travail qu'elles nécessitent, et par suite elles sont défectueuses au point de vue du rendement.

153. Machine à influence de Wimshurst. — Dans les machines à influence, il n'y a plus de frottement à vaincre entre les organes ; on obtient donc une plus grande quantité d'électricité pour le même travail. Une des plus récemment inventées et des plus employées à cause des bons résultats qu'elle donne, quel que soit le temps, est la machine de Wimshurst.

Description. — Elle se compose essentiellement de deux plateaux de verre identiques, vernis à la gomme laque, parallèles, et portant sur leur face extérieure des bandes d'étain disposées dans le sens des rayons (*fig.* 212). Une manivelle permet de faire tourner les plateaux (*transporteurs*) en sens contraires, autour d'un même axe horizontal. Deux peignes métalliques embrassent les plateaux suivant le diamètre horizontal, et communiquent avec deux arcs conducteurs mobi-

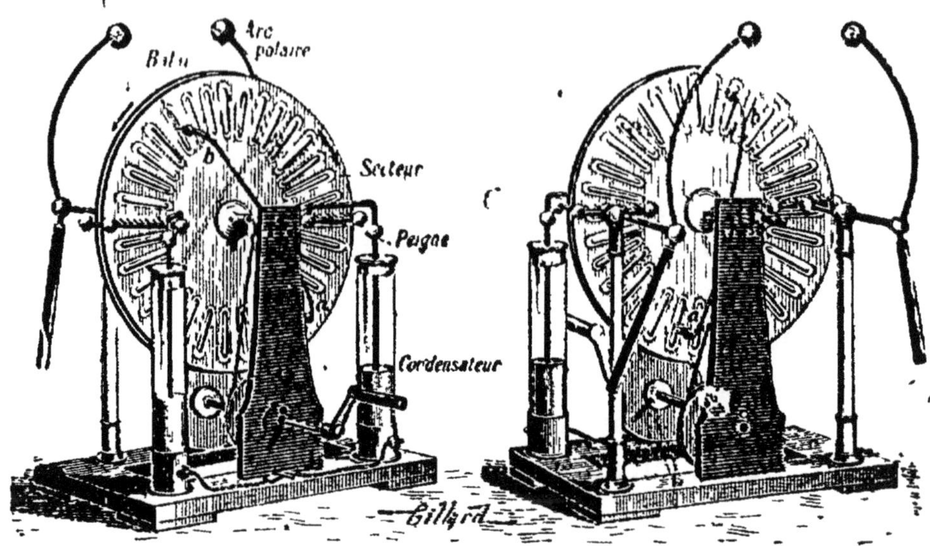

Fig. 212. — Machine de Wimshurst (vue antérieure et vue postérieure).

les (*collecteurs*), terminés par des boules, et munis de poignées d'ébonite. Ces arcs sont les pôles de la machine.

Deux conducteurs, terminés chacun par deux petits balais (*source*) de fils métalliques souples qui frottent sur les bandes d'étain, sont placés en regard des plateaux, suivant deux diamètres inclinés en sens contraires, et formant des angles d'environ 60° entre eux et avec les peignes ; ces conducteurs communiquent ensemble par l'axe et sont, par le support en bois de la machine, en communication mauvaise avec le sol.

Fonctionnement. — Pour faciliter l'explication du fonctionnement, représentons le plateau postérieur DD comme s'il était un peu plus grand que le plateau antérieur D'D' (*fig.* 213). Le plateau D' tournant dans le sens des aiguilles d'une montre, et le plateau D en sens contraire, supposons qu'une petite quantité d'électricité positive existe sur le balai *b*, et par suite sur le secteur *s* qui vient de le toucher; lorsque ce secteur arrive en face du balai *b'*, il agit par influence, au travers des plateaux, sur le conducteur $b'b'_1$, attire en *b'* de l'électricité négative qui charge les secteurs supérieurs de D, et repousse en b'_1 de l'électricité positive qui passe sur les secteurs inférieurs de D. La rotation continuant, la plage positive de D′ arrive devant le peigne P, où elle attire de l'électricité négative, qui s'écoule par les pointes sur elle et la décharge, pendant qu'une quantité égale d'électricité positive est repoussée dans le collecteur E.

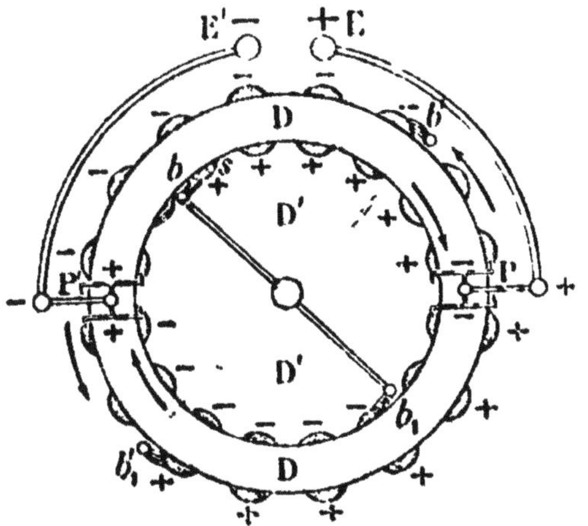

Fig. 213. — Représentation schématique d'une machine de Wimshurst en activité.

Mais, dans le même temps, les secteurs négatifs de D arrivent devant le conducteur b et y déterminent par influence de l'électricité positive en b et de l'électricité négative en b_1 ; et les secteurs positifs de D, en face de b_1, déterminent aussi de l'électricité négative en b_1 et de l'électricité positive en b.

Les secteurs de la plage de D′ qui était revenue à l'état neutre en P viennent ensuite frotter sur b_1 et se chargent négativement ; puis ils passent devant b'_1 et y déterminent, par influence au travers des plateaux, de l'électricité positive, qui passera par contact sur les secteurs inférieurs de D, pendant que de l'électricité négative sera repoussée en b' et chargera négativement les secteurs supérieurs de D. Toutes ces actions s'ajoutent donc et augmentent à chaque tour la charge des balais, ce qui fait que l'influence augmente à chaque tour (machine *à multiplication*).

La plage négative de D′ arrive ensuite devant le peigne P′, où elle est neutralisée pendant que de l'électricité négative est repoussée sur le conducteur E'_1. A leur tour les secteurs négatifs de D déterminent en passant devant le peigne P′ de l'électricité négative en E'_1 ; et les secteurs positifs de D, par le peigne P, de l'électricité positive en E.

Il suffit d'une charge extrêmement faible pour mettre la machine en activité ; aussi la machine s'amorce d'elle-même après quelques tours de plateaux, soit parce qu'un conducteur n'est presque jamais absolument neutre, soit parce que le contact des balais de cuivre avec les secteurs d'étain établit entre les deux une différence de potentiel (principe de Volta, 171).

Avant de mettre les plateaux en mouvement, on amène au contact les boules des arcs polaires ; on entend, dès que les plateaux tournent, un bruissement particulier, dû à l'afflux d'électricité vers les deux pôles ; les deux électricités se recombinent au travers de l'arc métallique en formant une sorte de *courant*.

On écarte alors les deux boules, et les électricités contraires passent de l'une à l'autre sous forme d'aigrettes ; en même temps, les peignes laissent échapper par leurs pointes de l'électricité contraire à celle du pôle correspondant, ce que l'on peut voir par l'aspect différent des lueurs qu'ils émettent dans l'obscurité (129).

Pour augmenter la capacité des arcs polaires, qui est faible, on les met en communication chacun avec l'armature interne d'une bouteille de Leyde, et l'on fait communiquer les armatures externes des deux bouteilles.

On n'observe plus alors d'aigrettes entre les pôles, mais des étincelles bruyantes et intermittentes, puisqu'elles n'éclatent que lorsque la différence de potentiel entre les armatures internes des bouteilles est devenue suffisante pour vaincre la résistance de la colonne d'air séparant les deux boules. Dans les bonnes machines, la longueur des étincelles atteint de 10 à 18 cm.

154. Puissance et usages des machines électrostatiques. — La puissance d'une machine électrique, c'est-à-dire le travail qu'elle peut fournir en une seconde (I, 109) s'obtient en faisant le produit de la quantité d'électricité débitée par la machine en une seconde par la différence de potentiel des deux pôles ; elle est toujours très faible pour les machines à frottement ou à influence, bien que la force électromotrice puisse atteindre de 10 à 100 000 volts, parce que le débit ne dépasse pas quelques cent-millièmes de coulombs par seconde. C'est pourquoi ces machines ne peuvent être employées dans l'industrie ; elles ne servent guère qu'aux expériences de cours : pour charger des conducteurs, des condensateurs, montrer la distribution de l'électricité, le pouvoir des pointes, l'électrisation par influence, etc. On les emploie aussi en médecine, surtout la machine de Wimshurst, dans le traitement des maladies nerveuses.

RÉSUMÉ DU CHAPITRE VIII

Les *machines électrostatiques* transforment du travail mécanique en énergie électrique ; elles ont un faible débit et un potentiel considérable.

La *machine de Ramsden* est une machine à frottement ; elle se compose d'un disque de verre qui se charge d'électricité positive en tournant entre deux paires de coussins ou frottoirs ; le disque passe ensuite dans deux peignes en fer à cheval, qui laissent écouler sur lui de l'électricité négative, pendant que de l'électricité positive se développe sur deux cylindres de cuivre à pieds isolants, qui communiquent avec les peignes.

En théorie, la charge est limitée par la production d'étincelles entre les cylindres et les coussins ; en pratique, on n'atteint pas cette limite, à cause des déperditions par l'air et par les supports.

La *machine de Wimshurst* est une machine à influence qui s'amorce d'elle-même ; elle fournit plus d'électricité que les machines à frottement, pour la même dépense de travail, et marche par tous les temps.

Les machines électrostatiques servent surtout pour les expériences de cours, et en médecine ; elles n'ont pas d'applications industrielles, à cause de leur trop faible débit.

CHAPITRE IX

EFFETS DE LA DÉCHARGE ÉLECTRIQUE

155. Transformation de l'énergie électrique pendant la décharge. — Lorsqu'un corps est électrisé, on a dû, pour le charger, effectuer un certain travail, et par suite il possède une certaine *énergie potentielle* : c'est-à-dire qu'il peut, comme une masse de liquide qui a été élevée à une certaine hauteur, produire à son tour un travail. Mais cette énergie ne se manifeste que si le liquide descend à un niveau moins élevé, ou si l'on met le corps électrisé en communication soit avec le sol, soit avec un corps ayant un potentiel moindre ; le corps électrisé perd alors tout ou partie de son électricité, et la dépense d'énergie qui accompagne la décharge se traduit par des effets variables suivant le milieu dans lequel elle s'effectue. Quel que soit ce milieu, il oppose toujours une *résistance* au passage de l'électricité, et une partie de l'énergie disponible est employée à vaincre cette résistance et se transforme en *chaleur*; le reste se dépense dans l'*étincelle électrique*, ou produit des effets *mécaniques, chimiques* ou *physiologiques*.

Quand la décharge passe à travers un corps conducteur, elle est dite *conductive* : presque toute l'énergie est transformée en chaleur et l'étincelle est très faible ; quand elle a lieu dans un corps mauvais conducteur, elle est dite *disruptive* parce que le corps est souvent arraché, percé, et il y a une plus grande proportion de l'énergie transformée en effets mécaniques et en étincelle.

156. Effets calorifiques. — La quantité de chaleur qui se produit pendant la décharge est d'autant plus grande que la résistance du corps au travers duquel elle s'effectue est plus grande ; l'expérience montre que cette résistance varie non seulement suivant la nature du corps, mais encore, pour un conducteur en forme de fil, proportionnellement à la longueur et en raison inverse de la section.

Donc, si l'on veut observer des effets autres qu'un dégagement de chaleur, il faut employer pour la décharge des conducteurs métalliques de grande section et de faible longueur, n'offrant que peu de résistance.

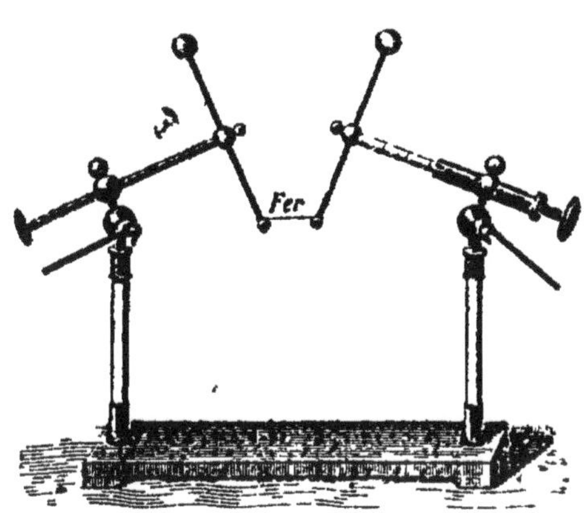

Fig. 214. — Excitateur universel.

Si l'on intercale entre deux gros conducteurs un fil métallique très fin, donc très résistant, la décharge, qui n'échauffera pas sensiblement les conducteurs, pourra rougir, fondre, ou même volatiliser le fil fin. On fait l'expérience à l'aide de l'*excitateur universel* (*fig.* 214) ; on tend le fil métallique entre les boules qui terminent deux tiges métalliques, articulées de façon à pouvoir prendre toutes les positions, et montées sur des pieds de verre ; on fait communiquer ces deux tiges avec les deux armatures d'une batterie, et la décharge traverse le fil fin en produisant des effets variables suivant la nature du fil : le fer fond en gouttelettes, qui brûlent avec une vive lumière en projetant des étincelles et formant de l'oxyde Fe^3O^4 ; l'or, l'argent, le cuivre se volatilisent avec explosion. On peut faire l'expérience avec un fil de soie recouvert d'argent ou d'or, comme les fils que l'on emploie en passementerie : la soie reste intacte, tandis que le métal disparaît en vapeurs qui se condensent sur une carte placée derrière le fil, et forment sur la carte une trace vert noirâtre si c'est de l'argent, violacée si c'est de l'or qui a été volatilisé.

157. Effets lumineux. — Lorsque l'électricité passe d'un corps à un autre à travers un milieu mauvais conducteur, elle produit des effets lumineux qui se présentent sous la forme d'*étincelles*, d'*aigrettes* ou de *lueurs*.

Étincelle. — La *distance explosive*, c'est-à-dire la distance qui sépare deux conducteurs entre lesquels l'étincelle éclate, et par suite la longueur de l'étincelle, dépend de la différence de potentiel des conducteurs ; l'*épaisseur* et l'éclat de l'étincelle dépendent de la quantité d'électricité qui passe dans la décharge. Il faut une force électromotrice de 5000 volts environ pour obtenir une étincelle de 1^{mm} de longueur, et la distance explosive augmente plus rapidement que la force électromotrice ; d'ailleurs quand l'étincelle vient de passer, le milieu paraît rendu plus conducteur pendant un certain temps, et l'étincelle peut continuer à passer avec une force électromotrice plus faible que celle qui avait été nécessaire pour provoquer la première étincelle. Quand l'étincelle est courte, elle forme un trait rectiligne très lumineux ; si sa longueur augmente, le trait devient plus étroit, moins brillant, sinueux, et il tend à se ramifier de plus en plus.

La planche I représente, en réduction, la photographie d'une étincelle électrique de 10^{cm} de longueur, obtenue en faisant arriver sur une plaque photographique les deux extrémités du fil d'une bobine de Ruhmkorff.

Les planches II et III reproduisent des photographies obtenues en mettant soit le pôle positif, soit le pôle négatif en contact avec la couche sensible d'une plaque photographique, l'autre pôle étant en contact avec l'autre face de la plaque.

Si l'on place entre les deux pôles d'une machine électrique, ou entre l'un des pôles et le sol, une série de conducteurs isolés, séparés par de petits intervalles, ils se chargent tous par influence ; et quand une étincelle jaillit entre le premier ou les extrêmes et la machine. il s'en produit en même temps entre tous les conducteurs. On le montre à l'aide du *tube étincelant* (*fig.* 215), tube de verre à l'intérieur duquel sont collés en spirale de petits losanges de clinquant, séparés par de très petits intervalles ; le premier et le dernier touchent les montures en laiton qui ferment le tube. Si l'on met ces montures en communication avec les deux pôles d'une machine, ou que, tenant le tube par une des montures, on approche l'autre de l'un des pôles, des étincelles jaillissent simultanément entre tous les losanges, dessinant une spirale lumineuse. Les *globes étincelants*, les *carreaux étincelants*, sont d'autres dispositions de la même expérience.

Fig. 215. — Tube étincelant.

Le bruit sec qui accompagne l'étincelle est dû à l'ébranlement violent du milieu qu'elle traverse ; il en est de même de l'explosion qui se produit pendant la volatilisation d'un fil d'or ou d'argent.

Aigrettes. — Lorsqu'un conducteur électrisé est très fortement chargé, ou qu'il présente des arêtes, des pointes, où la densité électrique devient très grande, l'écoulement spontané d'électricité qui se produit se manifeste par des aigrettes ; ce sont des lueurs violacées entremêlées de lignes très fines plus brillantes (*fig.* 216), visibles surtout dans l'obscurité, et accompagnées d'un bruissement particulier. On observe encore des aigrettes à l'extrémité des pointes que l'on présente à un conducteur chargé ; elles

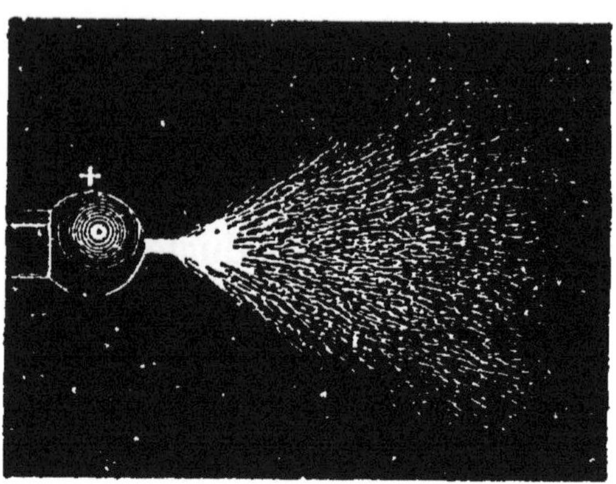

Fig. 216. — Aigrette.

sont dues à l'écoulement continu, par la pointe, d'électricité contraire à celle du conducteur.

L'écoulement d'électricité positive donne seul lieu à la production de véritables aigrettes, assez étendues et ramifiées ; l'électricité négative forme une sorte de couche lumineuse autour de la partie par laquelle elle s'échappe, ou une petite étoile brillante à l'extrémité des pointes ; on observe facilement cette différence, dans l'obscurité, aux pointes des peignes d'une machine de Wimshurst en activité.

Lueurs. — Quand la décharge traverse un gaz très raréfié, elle produit des *lueurs* ou *effluves*. On se sert, pour faire l'expérience, de l'*œuf électrique* (*fig.* 217), globe de verre épais, en forme d'œuf, muni de garnitures métalliques dont l'une porte un robinet et un pas de vis, qui permet de fixer l'appareil sur la machine pneumatique pour y raréfier l'air ou un gaz quelconque. Dans les deux garnitures passent des tiges métalliques terminées par des boules ; quand on met ces tiges en communication avec les deux pôles d'une machine, ou avec l'un des pôles et le sol, on voit de longues bandes lumineuses allant de la boule reliée au pôle positif vers l'autre boule ; il reste un espace obscur entre ces bandes et l'auréole violacée, plus brillante, qui entoure la boule négative.

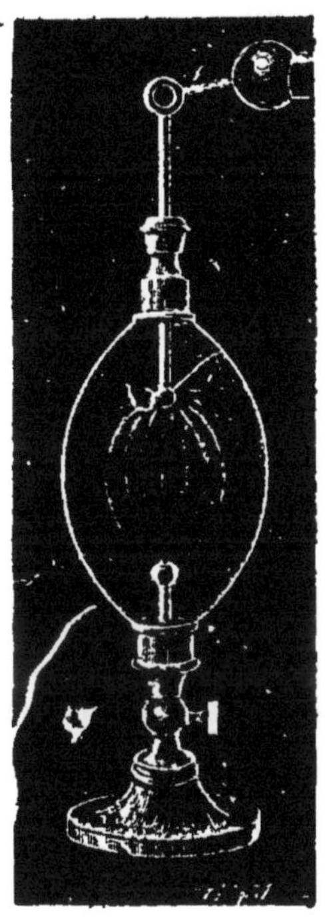

Fig. 217. — Œuf électrique.

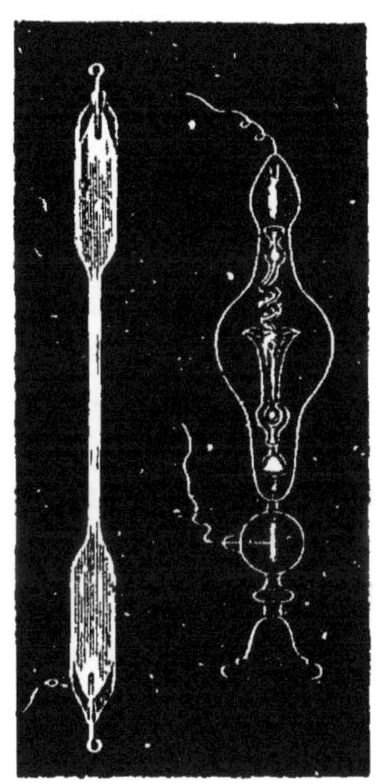

Fig. 218. — Tubes de Geissler.

La teinte des lueurs dépend de la nature du gaz ; elle est rose violacé dans l'air, blanc bleuâtre dans le gaz carbonique, rouge violacé dans l'hydrogène, verte dans les vapeurs de mercure.

Avec les *tubes de Geissler* (*fig.* 218), tubes de verre dans lesquels la pression du gaz est seulement de quelques dixièmes de millimètres, et dont les extrémités sont traversées par deux fils de platine pour faire passer la décharge, les lueurs prennent des nuances plus vives, et présentent des *stratifications*, c'est-à-dire des bandes alternativement brillantes et obscures, perpendiculaires à la longueur du tube.

Si l'on pousse la raréfaction jusqu'à n'avoir plus dans

Fig. 219. — Tube de Crookes.

les tubes qu'une pression de quelques millièmes de millimètre (*tubes de Crookes*, *fig.* 219), le passage de l'électricité ne produit plus de lueurs, mais les parois du tube deviennent fluorescentes et prennent une coloration verte très brillante dans la région opposée au conducteur par lequel arrive l'électricité négative.

On utilise cette propriété pour l'éclairage, dans des tubes à air raréfié, les électrodes étant l'une en platine (anode), l'autre du mercure (cathode), on obtient une *lumière froide*, riche en rayons violets et sans rayons rouges. La dépense est insignifiante. Pour allumer, on renverse le mercure qui touche alors l'anode, et que l'on fait revenir ensuite à la cathode ; le mercure se volatilise.

Enfin, si la raréfaction est poussée assez loin pour que la pression de l'air soit absolument insensible, il n'y a plus ni lueurs, ni fluorescence ; l'électricité ne passe plus, même s'il n'y a, entre les extrémités des fils de platine par lesquels elle arrive, qu'une distance d'une fraction de millimètre. L'électricité ne traverse donc pas le vide absolu.

158. Effets mécaniques. — Les attractions et les répulsions qui se produisent entre les corps électrisés peuvent être considérées comme des effets mécaniques de l'électricité ; mais ces effets s'observent surtout quand la décharge traverse des corps mauvais conducteurs ; la plus grande partie de l'énergie électrique se transforme alors, par suite de la résistance qu'opposent les corps au passage de l'électricité, en travail mécanique de rupture et de déchirement ; ces effets mécaniques dépendent de la chute de potentiel et non de la quantité d'électricité qui passe. L'étincelle d'une machine ordinaire ou d'une bouteille de Leyde perce une feuille de papier ou de carton au travers de laquelle elle jaillit ; avec une décharge plus forte, on peut faire éclater un morceau de bois, percer une lame de verre ; si la lame est un peu épaisse, l'étincelle la contourne souvent au lieu de la traverser, et pour que la décharge se fasse à travers le verre on emploie des conducteurs terminés par une pointe, entourée, au contact du verre, par un corps mauvais conducteur, cire ou paraffine. Avec le *perce-verre de Terquem* (*fig.* 220), la décharge d'une batterie en cascade perce du verre de 3 à 4^{cm} d'épaisseur. Il semble que l'étincelle ne se déplace à travers l'air, le verre et les corps mauvais conducteurs qu'en entraînant la matière avec elle, et dans les deux sens ; il y a aussi entraînement de parcelles métalliques quand l'étincelle jaillit entre les deux pôles d'une machine, et si les métaux de ces pôles ne sont pas identiques, on peut constater après le passage d'un grand nombre

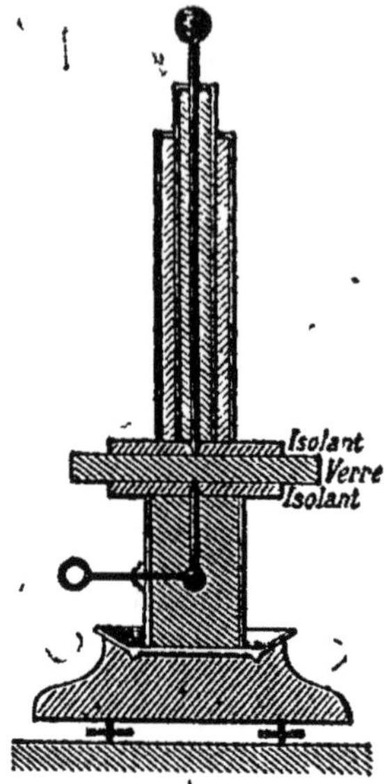

Fig. 220. — Perce-verre de Terquem.

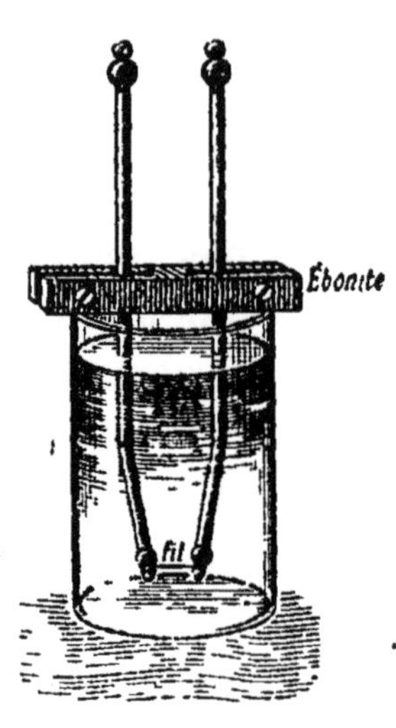

Fig. 221. — Torpille électrique.

d'étincelles qu'il y a eu transport de chacun des pôles sur l'autre.

On peut aussi faire passer la décharge au travers d'un liquide, en mettant dans un verre d'eau, par exemple, deux conducteurs métalliques, réunis par un fil métallique très fin, et soutenus par un support isolant (*fig.* 221) ; au moment où l'on fait passer la décharge dans les conducteurs, le fil est fondu, et l'eau subit un ébranlement tel qu'elle est projetée à une grande hauteur et que le verre est généralement brisé avec fracas ; aussi a-t-on donné à l'appareil le nom de *torpille électrique*.

159. Effets chimiques. — L'étincelle électrique peut, par sa température élevée, amener l'inflammation des corps combustibles comme l'alcool, l'éther, le coton-poudre ; on le vérifie facilement en approchant du pôle d'une machine électrique une cuiller ou un vase métallique contenant un de ces corps. De même, l'étincelle provoque la combinaison des mélanges d'oxygène et de gaz combustibles tels que l'hydrogène, l'oxyde de carbone, le gaz d'éclairage ; c'est ce qui la fait employer en chimie dans l'*eudiomètre*, pour la synthèse de l'eau, l'analyse de l'air, etc. On peut le montrer encore avec le *pistolet de Volta* (*fig.* 222) : c'est un flacon métallique, dont la paroi est

Fig. 222. — Pistolet de Volta.

traversée par une tige métallique isolée et terminée par deux boules, l'intérieure *b'* arrivant à peu de distance de la paroi opposée. On remplit ce flacon d'un mélange d'oxygène et d'hydrogène ou de gaz d'éclairage ; on le ferme par un bouchon, puis on approche la boule extérieure *b* d'une machine électrique : en même temps qu'une étincelle jaillit entre cette boule et la machine, une autre éclate entre la boule *b'* et la paroi, enflamme le mélange détonant, et le bouchon est projeté avec explosion.

L'inflammation des corps combustibles pourrait être regardée comme un effet calorifique de l'étincelle ; mais la décharge électrique peut produire des effets purement chimiques ; ainsi une série d'étincelles décompose le gaz ammoniac en azote et hydrogène, et provoque la combinaison d'un mélange d'oxygène et d'azote ; les aigrettes et les effluves transforment l'oxygène en ozone, et c'est à l'ozone produit au contact des plateaux et des conducteurs électrisés qu'est due l'odeur spéciale dégagée par les machines électriques en activité.

Mais ces phénomènes chimiques sont peu intenses, la quantité d'électricité formée par les machines étant trop faible ; ils seront étudiés plus spécialement avec le courant électrique des piles, qui les produit bien plus facilement.

160. Effets physiologiques. — Le corps humain étant bon conducteur, si une personne monte sur un tabouret à pieds de verre et touche une machine électrique, elle se charge d'électricité en même temps que la machine : elle acquiert la propriété d'attirer les corps légers, ses cheveux se dressent et se repoussent mutuellement, et l'on peut tirer de tout son corps des étincelles qui produisent une sensation de piqûre ; mais la charge étant même très forte, la personne électrisée n'éprouve, si on ne la touche pas, qu'une impression de souffle léger sur la peau et surtout au visage, impression due au redressement des petits poils de la peau et au vent électrique. L'électrisation est employée sous diverses formes dans le traitement de certaines maladies nerveuses.

Les effets produits par le passage de la décharge électrique au travers du corps sont très différents : lorsqu'on tire avec le doigt des étincelles d'une machine en activité, on ressent, suivant la longueur de l'étincelle, une impression de piqûre ou de brûlure, accompagnée d'une commotion plus ou moins forte qui produit de vives contractions musculaires. Avec une bouteille de Leyde, la commotion peut se faire sentir jusque dans les épaules et la poitrine ; elle peut être ressentie à la fois par un grand nombre de personnes faisant la chaîne, c'est-à-dire se tenant par la main :

la première prend la bouteille par la panse, la dernière touche la boule de l'armature interne, et la décharge traverse simultanément toutes les personnes qui font la chaîne.

La décharge d'une batterie produirait une commotion dangereuse : elle peut foudroyer de petits animaux, et si la batterie est puissante, le choc peut être mortel pour l'homme et les animaux de grande taille ; aussi doit-on prendre des précautions, dans les expériences faites avec les batteries, pour ne jamais recevoir même les décharges résiduelles.

L'effet produit sur le corps dépend à la fois du potentiel et de la quantité d'électricité qui passe dans la décharge : ainsi on peut tirer sans danger des étincelles de 20 à 30cm d'une machine ordinaire, qui n'a qu'une faible capacité, tandis qu'une étincelle très courte provenant d'une batterie de grande capacité donnerait une commotion dangereuse. Les conditions dans lesquelles s'effectue la décharge influent aussi sur l'action physiologique : par exemple, la décharge d'une batterie ne donne qu'une secousse faible si elle se fait par l'intermédiaire d'une corde mouillée, qui en prolonge la durée, et qui épuise par sa résistance une partie de l'énergie électrique.

RÉSUMÉ DU CHAPITRE IX

La décharge d'un corps électrisé correspond toujours à une dépense d'énergie électrique, elle produit des effets variables suivan le milieu dans lequel elle s'effectue.

Les *effets calorifiques* sont d'autant plus intenses que la résistance du conducteur traversé par la décharge est plus grande ; des fils métalliques fins sont rougis, fondus ou volatilisés.

Les *effets lumineux* se présentent sous la forme d'étincelles, d'aigrettes ou de lueurs. La longueur de l'étincelle dépend du potentiel, et son éclat, de la quantité d'électricité : l'étincelle est rectiligne quand elle est courte, sinueuse et ramifiée quand elle est longue. Les aigrettes sont dues à l'écoulement d'électricité par les pointes ; elles ne sont guère visibles que dans l'obscurité. Les lueurs se produisent dans les gaz raréfiés (tubes de Geissler). Dans les gaz extrêmement raréfiés (tubes de Crookes), il n'y a plus qu'une fluorescence des parois du tube. Dans le vide, l'électricité ne passe pas.

Les *effets mécaniques* : ruptures, déchirements, s'observent quand la décharge traverse des corps mauvais conducteurs : le carton, le verre sont percés, le bois éclate.

Les *effets chimiques* sont peu intenses : l'étincelle enflamme les corps combustibles et les mélanges détonants, provoque des combinaisons et des décompositions ; l'effluve transforme l'oxygène en ozone.

Les *effets physiologiques* diffèrent suivant qu'il y a électrisation ou que la décharge traverse le corps ; dans ce cas, la commotion qui accompagne la sensation de piqûre ou de brûlure peut être dangereuse, si la quantité d'électricité qui passe dans la décharge est considérable.

CHAPITRE X

ÉLECTRICITÉ ATMOSPHÉRIQUE

---

161. Identité de la foudre et de la décharge électrique. — Dès que l'on construisit des machines électriques un peu puissantes, et surtout des bouteilles de Leyde, on remarqua l'analogie des effets de l'étincelle électrique avec les effets de la foudre, et l'on supposa que les orages étaient des manifestations électriques. C'est Franklin qui, le premier, eut l'idée de vérifier directement l'identité de la foudre et de la décharge électrique, et qui indiqua, dans un ouvrage publié en 1749, la possibilité de *soutirer* aux nuages orageux leur électricité, au moyen de tiges métalliques isolées et terminées en pointe. Dalibard, ayant eu connaissance de cet ouvrage, fit élever d'après ses indications, dans son jardin, à Marly, une barre de fer de 13m de haut, terminée en pointe, et supportée par une table de bois reposant sur quatre bouteilles qui l'isolaient ; le 10 mai 1752, un nuage orageux étant passé au-dessus de la pointe, la partie inférieure de la barre se chargea comme si la pointe était en présence d'une source d'électricité, et l'on put en tirer de très fortes étincelles.

Franklin obtint le même résultat, à Philadelphie, le mois suivant, par un autre procédé : il lança, par un temps d'orage, un cerf-volant muni d'une pointe métallique, et retenu par une corde de chanvre terminée à sa partie inférieure par un cordon de soie. Il n'observa rien au début de l'expérience, à cause de la faible conductibilité du chanvre ; mais une petite pluie ayant mouillé la corde la rendit plus conductrice, et il put en tirer des étincelles, charger des bouteilles de Leyde, etc. La corde se chargeait d'électricité, comme la tige de Dalibard, non en la soutirant au nuage ainsi que le supposait Franklin, mais par influence, le nuage repoussant dans la partie inférieure de la corde ou de la tige l'électricité de même nom que celle dont il était chargé.

Une expérience analogue fut faite à Nérac, le 7 juin 1753, par de Romas, qui ignorait encore les essais de Franklin ; le cerf-volant qu'il lança était de grande taille, armé d'une pointe de fer, et la corde était rendue conductrice par un fil de cuivre enroulé autour ; de Romas en tira, à l'aide d'un excitateur, des étincelles de 9 pieds de long sur un pouce de large.

Ces expériences, qui furent reprises par d'autres physiciens, n'étaient pas sans danger, comme le montra, la même année, la mort de Richmann, professeur à Saint-Pétersbourg, qui, s'étant approché par mégarde d'une tige de fer avec laquelle il voulait répéter l'expérience de Dalibard, reçut la décharge au front et fut foudroyé.

162. Existence constante d'électricité dans l'atmosphère. — Si l'on place dans un lieu découvert des appareils plus sensibles que la pointe de Dalibard, par exemple un *électromètre de Saussure* (*fig.* 223), électroscope à feuilles d'or dont la boule est remplacée par une longue tige de cuivre terminée en pointe, on constate que les feuilles d'or divergent toujours, même par un temps serein ; *il y a donc toujours de l'électricité dans l'atmosphère*. L'écart des feuilles d'or, mesuré sur un arc gradué, indique le potentiel de l'air à l'extrémité de la pointe ; l'expérience montre que, par un ciel serein, l'électricité atmosphérique est toujours positive, d'où l'on conclut qu'il y a dans l'atmosphère un champ électrique dont les lignes de force sont dirigées vers le sol ; et que le potentiel augmente à peu près proportionnellement à la hauteur au-dessus du sol, d'environ 300 volts quand on s'élève de 1ᵐ. Mais il peut se produire en un même point des variations brusques et parfois très considérables, de 10 à 1 000 volts par mètre ; et de plus, les variations du potentiel avec la hauteur dépendent de la forme de la surface terrestre : elles sont bien plus grandes au-dessus des parties proéminentes du sol que dans les creux. La charge est plus grande en hiver qu'en été, et par le beau temps que par le temps variable.

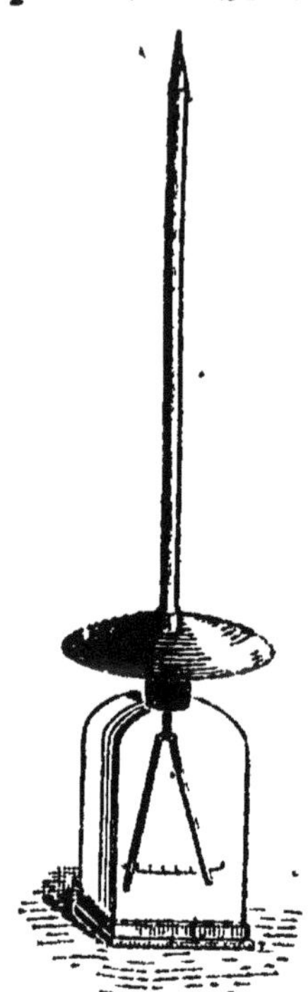

Fig. 223. — Électromètre de Saussure.

Par les temps couverts, l'atmosphère est souvent électrisée négativement, surtout si dans le voisinage il tombe de la pluie, de la neige ou de la grêle ; mais ce cas doit être regardé comme local et tout à fait temporaire. Tout se passe donc en général comme si le sol était électrisé négativement, ou comme s'il existait une charge positive dans les hautes régions de l'atmosphère, qui agirait comme un conducteur médiocre dans lequel un courant tendrait à passer des régions supérieures vers le sol.

Origine de l'électricité atmosphérique. — Quant aux sources de l'électricité atmosphérique, elles ne sont pas encore bien connues; il est probable qu'elles sont multiples, car les réactions chimiques qui se produisent constamment sur le sol et dans l'air, l'évaporation, le frottement des masses d'air, et surtout la condensation des vapeurs dans les hautes régions de l'atmosphère, peuvent fournir de l'électricité.

Aurores polaires. — Quelle qu'en soit l'origine, puisque le potentiel augmente à mesure qu'on s'élève, il doit y avoir dans les régions supérieures de l'atmosphère une quantité énorme d'électricité positive; c'est ce que semblent prouver les *aurores boréales et australes*, qui, dans les régions polaires, apparaissent presque toutes les nuits en hiver, et qui semblent dues à un écoulement d'électricité positive des hauteurs de l'atmosphère vers le sol.

Ces météores présentent des aspects extrêmement variés; ils forment le plus souvent un arc lumineux immense, dont la hauteur peut dépasser 100^{km}, concave du côté de la terre et d'où partent vers le sol des rayons divergents (*fig.* 224) ou des sortes de draperies qui paraissent onduler (*fig.* 225); leur couleur rouge ou violacée est tout à fait analogue à celle des décharges électriques dans l'air raréfié. Certains physiciens supposent qu'elles sont dues à des particules électrisées projetées par le Soleil vers la

Fig. 224. — Aurore polaire.

Terre, attirées par le champ magnétique des pôles de la

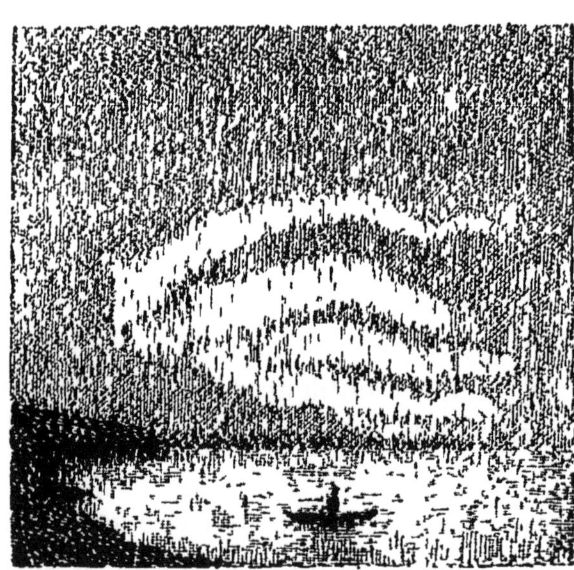

Fig. 225. — Autre forme d'aurore.

Terre et rassemblées dans les régions supérieures de l'atmosphère.

163. Nuages électrisés. Orages. — Tandis que l'atmosphère, quand le ciel est serein, est chargée d'électricité positive, l'expérience montre que les nuages orageux repoussent dans les feuilles d'or de l'électromètre tantôt de l'électricité positive, tantôt de l'électricité négative; ces nuages sont donc des conducteurs électrisés les uns positivement, les autres négativement.

La formation de nuages électrisés positivement est facile à concevoir : si la vapeur d'eau se condense dans les hautes régions atmosphériques, très chargées d'électricité positive, toute l'électricité répandue dans l'espace occupé par le nuage qui se forme doit s'accumuler à sa surface, puisque l'air du nuage, chargé de gouttelettes liquides est bon conducteur; elle peut donc acquérir dans certaines parties du nuage un potentiel plus élevé que celui de l'air environnant.

La production de nuages électrisés négativement peut s'expliquer soit par la condensation de la vapeur au contact du sol, qui est négatif, au sommet des montagnes par exemple ; soit par l'influence de nuages fortement chargés d'électricité positive, qui développent de l'électricité négative dans la région la plus voisine et de l'électricité positive dans la région la plus éloignée d'un nuage voisin moins chargé ; si un coup de vent sépare les deux parties du nuage influencé, ou que la région positive se résolve en pluie, il reste donc un nuage chargé négativement.

Lorsque deux nuages fortement chargés d'électricités contraires se rapprochent suffisamment, l'étincelle jaillit entre eux et constitue l'*éclair* ; si la décharge se produit entre un nuage et le sol, on dit que la *foudre* tombe ; dans les deux cas, l'éclair est accompagné d'un bruit plus ou moins fort qu'on appelle le *tonnerre*.

164. Éclairs. — Les éclairs apparaissent comme de gigantesques traits de feu, généralement très ramifiés (*fig.* 226 et planche IV), de couleur blanche dans les régions inférieures de l'atmosphère, et violacée dans les hautes régions où l'air est plus raréfié. Leur longueur peut atteindre

Fig 226. — Image d'éclair, d'après une photographie.

12 à 15^{km}, et s'explique moins par la charge considérable que peuvent avoir les nuages, que par l'interposition, entre les nuages, de gouttelettes d'eau entre lesquelles des étincelles jaillissent simultanément, comme dans l'expérience du tube étincelant.

La durée de l'éclair est extrêmement courte : un cheval au galop, un train en marche, vus à la lueur d'un éclair, par une nuit profonde, paraissent absolument immobiles ; des expériences plus précises ont montré que la durée de l'éclair n'atteint pas 1/1 000 de seconde ; si elle nous paraît souvent plus considérable, c'est à cause de la persistance de l'impression lumineuse très vive produite par l'éclair.

Les *éclairs de chaleur*, sans bruit, qui apparaissent comme des lueurs diffuses éclairant le contour des nuages, ou illuminant subitement un ciel serein, sont des éclairs ordinaires qui éclatent derrière des nuages ou au-dessous de l'horizon, à des distances assez grandes pour que le bruit du tonnerre n'arrive pas à l'observateur.

Enfin on observe, mais très rarement, des *éclairs en boule*, sortes de globes lumineux qui descendent lentement sur le sol et rebondissent avant d'éclater ; M. G. Planté, qui en a donné une théorie complète, les attribue à un flux considérable d'électricité provoquant une sorte de condensation de la foudre.

165. **Tonnerre.** — Le tonnerre est dû à l'ébranlement des couches d'air traversées par l'éclair, comme le bruit qui accompagne l'étincelle électrique ; le plus souvent, on ne l'entend qu'un certain temps après avoir vu l'éclair, bien que les deux soient simultanés, parce que le son ne parcourt que 340^m par seconde, tandis que la vitesse de la lumière peut être regardée comme infinie ; si l'observateur est à une distance de 4 fois 340^m du nuage orageux, il n'entendra donc le tonnerre que 4^{sec} après avoir vu l'éclair.

Le tonnerre n'est sec et bref comme le bruit des décharges ordinaires que si l'on est très près de l'endroit où se produit l'éclair ; le plus souvent il se compose de plusieurs bruits qui se succèdent, accompagnés de grondements et de roulements prolongés ; cette différence est due à la grande longueur de l'éclair, dont les extrémités peuvent être à des distances très inégales de l'observateur, de sorte que le son des différents points de l'éclair met plus ou moins longtemps pour lui parvenir ; la réflexion du son sur les nuages et le sol contribue aussi à prolonger la durée du tonnerre et à produire des roulements ; aussi dans les pays montagneux, les grondements du tonnerre sont bien plus longs et plus continus qu'en plaine.

166. Effets de la foudre. — Lorsqu'un nuage orageux est assez rapproché du sol, il agit par influence sur lui, et attire de l'électricité contraire à la sienne dans les parties les plus voisines du nuage ; c'est donc sur les points élevés que se produit surtout la décharge, ce qui explique pourquoi la foudre frappe le plus souvent les arbres, les clochers et les édifices élevés.

La foudre est généralement accompagnée d'une forte odeur d'ozone, semblable à celle que l'on observe auprès des machines électriques en activité ; et ses effets sont analogues à ceux des décharges électriques, mais avec une très grande intensité. Elle enflamme les matières combustibles, et allume ainsi souvent des incendies. Elle suit de préférence les corps conducteurs, qu'elle échauffe, fond, et même volatilise : on cite le cas d'une chaîne de fer de 6^{mm} d'épaisseur et de 40^{m} de long, qui fut entièrement fondue par la foudre. En pénétrant dans un sol siliceux, la foudre fond le sable sur son passage et produit des sortes de tubes vitrifiés, atteignant jusqu'à 10^{m} de longueur, auxquels on a donné le nom de *fulgurites*.

Elle tord, brise ou disperse les corps mauvais conducteurs, et l'on cite de nombreux exemples d'arbres desséchés, dépouillés de leur écorce, fendus et comme déchiquetés, de toitures enlevées, de maisons démolies, de murs ou de roches arrachés et transportés par la foudre.

Enfin, elle produit sur l'homme et les animaux des brûlures et des commotions violentes, qui les renversent et qui peuvent être suivies d'évanouissement, de paralysie ou qui déterminent instantanément la mort.

167. Choc en retour. — Une commotion, quelquefois mortelle, peut être ressentie par l'homme ou les animaux qui, sans être frappés directement de la foudre, sont à peu de distance du point où elle tombe : c'est ce qu'on appelle le *choc en retour*. Ce phénomène est dû à l'électricité développée en grande quantité par l'influence du nuage orageux sur les corps placés au-dessous de lui, dans la tête d'un homme, par exemple ; au moment où le nuage se décharge par la foudre sur un point voisin, il cesse d'attirer cette électricité qui repasse brusquement dans le sol ; et ce retour subit du corps à l'état neutre peut produire les mêmes effets qu'une décharge directe.

Feux Saint-Elme. — C'est encore l'influence exercée à distance par les nuages électrisés qui explique, par suite de l'écoulement d'électricité contraire à celle du nuage, la production d'aigrettes lumineuses, visibles dans l'obscurité, en temps d'orage, à l'extrémité des corps terminés en pointe ; on observe fréquemment des aigrettes en haut des mâts des navires, et les marins les désignent sous le nom de *feux Saint-Elme*.

168. Précautions à prendre en temps d'orage. — La foudre frappant de préférence les points les plus élevés et les meilleurs conducteurs, il ne faut pas en temps d'orage chercher un abri sous les arbres, surtout s'ils sont isolés et conducteurs, comme les chênes, les ormes : car si la foudre tombe sur l'arbre, elle le quitte à la hauteur de la tête de la personne qui est près du tronc, pour suivre le corps humain qui est meilleur conducteur que le bois. On doit éviter aussi le voisinage immédiat des grandes masses métalliques, des murs, des édifices élevés ; il vaudrait mieux se placer à une distance du pied d'un arbre ou d'un édifice égale environ à la hauteur de l'arbre ou de l'édifice, qui servirait alors en quelque sorte de paratonnerre (169).

On est plus en sûreté à l'intérieur d'une maison qu'en dehors, surtout si la pluie en mouillant le toit et les murs les a rendus conducteurs, bien qu'une chambre ne forme pas un écran électrique parfait contre la foudre, qui n'est pas de l'électricité en équilibre. Quand la foudre pénètre dans une maison, c'est en général par une cheminée élevée, et tapissée de suie qui la rend conductrice ; aussi est-on surtout en sûreté dans les caves, qui n'ont pas de communication avec les tuyaux de cheminée.

Quant aux précautions usitées quelquefois de fermer les fenêtres, d'allumer de grands feux, de tirer des coups de canon, elles n'ont aucune raison d'être ; l'usage encore répandu dans certaines campagnes de sonner les cloches pour éloigner les orages, a de plus le grave inconvénient d'exposer la vie du sonneur, puisque la foudre tombe surtout sur les clochers ; en Allemagne, par exemple, on a constaté qu'en 33 ans, 120 sonneurs ont été foudroyés.

169. Paratonnerres. — On appelle paratonnerre tout appareil destiné à préserver les édifices des effets de la foudre. L'invention du paratonnerre est due à Franklin : c'est une application du pouvoir des pointes, qu'il avait découvert.

On emploie aujourd'hui quelquefois, au lieu du paratonnerre de Franklin, le paratonnerre de Melsens, qui repose sur le principe des écrans électriques.

Paratonnerre de Franklin. — Le paratonnerre de Franklin se compose essentiellement d'une longue tige de fer, verticale, de diamètre assez grand (5 à 6^{cm} à la base) pour n'être pas fondue par la foudre, terminée en pointe, placée au sommet de l'édifice à protéger, et mise en communication avec le sol (*fig.* 227). Comme l'extrémité effilée de la tige s'émousserait si elle était en fer, on

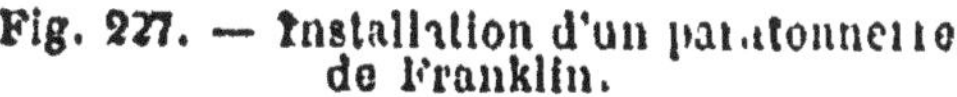

Fig. 227. — Installation d'un paratonnerre de Franklin.

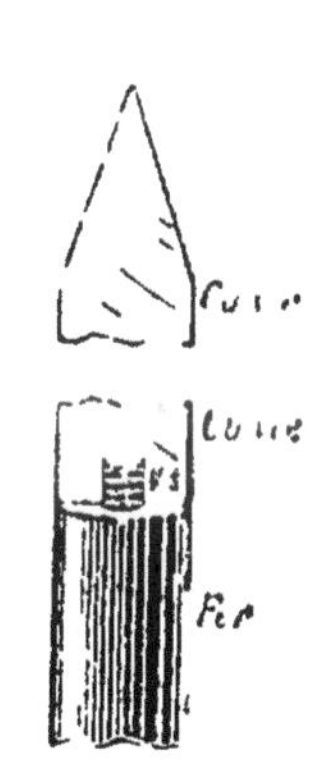

Fig. 228. — Extrémité d'un paratonnerre.

la fait soit en platine, à cause de l'inaltérabilité et de l'infusibilité de ce métal, soit plutôt en cuivre rouge (*fig.* 228) qui est moins cher et qui, étant très bon conducteur de la chaleur et de l'électricité, s'échauffe moins qu'un autre métal ; on dore le cône de cuivre pour en éviter l'oxydation.

Le conducteur qui fait communiquer la tige avec le sol est une barre de fer, une corde de fils de fer de 15 à 20^{mm} de diamètre, ou mieux une corde de fils de cuivre rouge ;

il suit le toit et les murs, et ne doit présenter aucune interruption ; son extrémité inférieure, ramifiée en plusieurs branches, plonge dans l'eau d'un puits, ou, à défaut d'eau, dans de la braise de boulanger ; mais c'est l'eau qui assure le mieux la communication avec le sol et l'écoulement régulier de l'électricité.

Toutes les pièces métalliques un peu importantes de l'édifice, intérieures comme extérieures : poutres de fer, gouttières, conduites d'eau, doivent être reliées au conducteur pour éviter les décharges latérales qui pourraient éclater au travers des murs, entre la tige du paratonnerre et ces masses soumises à son influence ; et quand il y a plusieurs paratonnerres sur un même édifice, on doit les mettre en communication par des tiges métalliques.

Quand un nuage électrisé passe au-dessus du paratonnerre, il développe par influence, dans la tige, de l'électricité contraire à la sienne, qui s'écoule par la pointe vers le nuage et vient le neutraliser en partie ; si les masses métalliques de l'édifice sont reliées au conducteur, le paratonnerre empêche que l'électricité ne s'y accumule dans les parties les plus élevées, en même temps qu'il rend le nuage moins dangereux. Si le nuage orageux est très fortement chargé, et que l'éclair jaillisse entre lui et l'édifice, la foudre frappe de préférence le paratonnerre qui est plus haut et meilleur conducteur que le reste ; et l'électricité s'écoule par le conducteur jusqu'au sol, sans produire aucun dommage.

Il faut vérifier de temps en temps l'état du paratonnerre, car si la pointe n'était plus effilée, si le conducteur était rompu, ou la communication avec le sol mal établie, la décharge pourrait se faire entre l'édifice et le paratonnerre, qui deviendrait un véritable danger.

On admet généralement d'après l'expérience, mais sans preuve certaine, que la surface protégée par un paratonnerre est un cercle d'un rayon double de la hauteur de la tige.

Paratonnerre de Melsens. — On a vu (132) que les corps placés à l'intérieur d'un conducteur fermé communiquant avec le sol, ne subissent aucune influence des corps électrisés extérieurs, et qu'il n'est pas nécessaire que le conducteur ait une surface continue. L'expérience montre que, si l'électricité n'est pas en équilibre, un réseau métallique, même à mailles très larges, en communication parfaite avec le sol, protège encore les corps intérieurs contre l'influence extérieure, à la condition que tous les conducteurs qui pénètrent dans le réseau soient mis en communication avec lui ; car ils ne peuvent alors prendre un potentiel différent, qui permettrait la production d'é-

Fig. 229. — Installation d'un paratonnerre de Melsens.

tincelles entre eux et le réseau ou les autres corps placés à l'intérieur.

C'est sur ce principe qu'est fondé le paratonnerre de Melsens, employé pour la première fois à Bruxelles. Il est très efficace, surtout dans le cas de décharges très soudaines : des fils de fer galvanisés suivent le faîte du toit, les angles des murs, les cheminées (*fig.* 229) ; ils sont reliés par des fils métalliques entre eux et avec les gouttières, les conduites d'eau et de gaz, et toutes les parties métalliques de l'édifice ; les masses métalliques intérieures sont aussi reliées entre elles partout où elles viennent au voisinage l'une de l'autre ; elles sont mises directement en communication avec le sol, ainsi que le réseau extérieur, par le plus grand nombre de points possible, soit par des tubes de fonte enfoncés dans le sol et auxquels les fils conducteurs sont soudés, soit par de larges plaques métalliques plongeant dans l'eau d'un puits ou dans une nappe d'eau souterraine.

On augmente encore l'efficacité du réseau en disposant sur les fils conducteurs, et surtout à leurs points d'intersection, des gerbes de pointes fines, en cuivre, qui, en laissant écouler l'électricité développée par influence, empêchent l'édifice d'acquérir une charge suffisante pour que l'éclair jaillisse entre lui et le nuage orageux.

Le paratonnerre de Melsens est moins coûteux et moins visible que celui de Franklin ; il paraît être au moins aussi efficace.

RÉSUMÉ DU CHAPITRE X

L'identité de la foudre et de la décharge électrique a été vérifiée par les expériences de Franklin, Dalibard, de Romas, etc.

Un électromètre de Saussure, électroscope à feuilles d'or dont le bouton est remplacé par une longue tige effilée, montre qu'il y a toujours de l'électricité dans l'atmosphère ; cette électricité est positive par un ciel serein, et son potentiel augmente à mesure qu'on s'élève.

Les *aurores polaires* semblent dues à un écoulement d'électricité positive des hautes régions de l'atmosphère vers le sol.

Les nuages peuvent être chargés soit positivement, soit négativement ; l'*éclair* est l'étincelle qui jaillit entre deux nuages chargés d'électricités contraires, ou entre un nuage fortement chargé et le sol ; sa longueur peut atteindre 12 à 15 km. et sa durée est inférieure à $\frac{1}{1000}$ de seconde.

Le *tonnerre* est le bruit qui accompagne l'éclair ; il n'est entendu qu'un certain temps après l'éclair, parce que la vitesse du son est beaucoup moins grande que celle de la lumière.

Les effets de la *foudre*, c'est-à-dire de la décharge d'un nuage sur le sol, sont, avec une très grande intensité, ceux des décharges ordinaires : inflammation de corps combustibles, fusion de conducteurs, rupture et arrachement de corps mauvais conducteurs, commotions violentes et souvent mortelles chez l'homme et les animaux.

Un *paratonnerre* est un appareil destiné à préserver les édifices de la foudre. Le paratonnerre de Franklin est une application du pouvoir des pointes : il se compose d'une tige verticale en fer, terminée par une pointe inoxydable, placée en haut de l'édifice, et reliée par un conducteur à l'eau d'un puits. Le nuage orageux est neutralisé en partie par l'électricité contraire à la sienne qui s'écoule par la pointe ; et s'il se décharge, c'est sur le paratonnerre. Le paratonnerre de Melsens repose sur le principe des écrans électriques : l'édifice est enveloppé par un réseau de fils de fer, qui est relié aux masses métalliques de l'édifice, et en communication parfaite avec le sol.

CHAPITRE XI

PILE ÉLECTRIQUE

170. Définition. — Les piles hydro-électriques sont des sources d'électricité dans lesquelles l'énergie électrique résulte de la transformation d'énergie chimique. Une pile est toujours constituée par deux lames conductrices de natures différentes plongeant toutes deux dans un liquide qui donne lieu à des réactions chimiques dès que le courant passe. Tandis que les machines électrostatiques donnent une faible quantité d'électricité avec une grande différence de potentiel, les piles fournissent de grandes quantités d'électricité sous un faible potentiel ; les effets de ces deux sources d'électricité peuvent donc être différents, de même que l'effet produit par un mince filet d'eau tombant d'une grande hauteur diffère de celui d'une grande masse d'eau tombant d'une faible hauteur, alors même que le travail fourni dans les deux cas aurait la même valeur.

171. Pile à colonne de Volta. — L'invention des piles, qui a eu des applications si importantes, est due à Volta, professeur de physique à Pavie (1800). D'après ses expériences, Volta a posé un principe général, que l'on peut énoncer ainsi : Le contact de deux substances hétérogènes établit entre elles une différence de potentiel, qui varie avec la nature des deux substances et leur température, mais qui est indépendante de leur forme, de l'étendue des surfaces en contact et de la valeur absolue du potentiel de chacune d'elles. Si donc on met en contact un disque de cuivre et un disque de zinc, il s'établit entre eux une certaine différence de potentiel, constante, que nous pouvons représenter par 10, par exemple ; et si le cuivre est relié au sol, son potentiel est zéro, et celui du zinc est 10. Si l'on met au-dessus du disque de zinc une rondelle de drap imprégné d'eau acidulée par l'acide sulfurique, puis un second disque de cuivre en contact avec un autre disque de zinc, le second cuivre communique par le drap humide avec le premier zinc sans être en contact avec lui, ce qui produirait une différence de potentiel égale et contraire à la première; il prend donc le potentiel 10, et comme la différence de potentiel qui s'établit au contact du cuivre et du zinc est indépendante du potentiel de chacun d'eux, cette différence sera encore de 10; le second disque de zinc sera au potentiel 20. En superposant à ce disque une rondelle de drap mouillé d'eau acidulée, puis un disque de cuivre en contact avec un disque de zinc, ce troisième zinc sera au potentiel 30 ; par suite la différence de potentiel entre les deux disques extrêmes est égale à autant de fois celle d'un couple zinc-cuivre qu'il y a de contacts entre cuivre et zinc.

Si l'on soude un fil de cuivre aux deux disques extrêmes et qu'on réunisse ces fils, comme leurs potentiels sont différents ils ne pourront être en équilibre électrique : de l'électricité positive passera du disque dont le potentiel est le plus élevé, c'est-à-dire du dernier zinc, à celui dont le potentiel est le plus bas, c'est-à-dire au premier cuivre ; mais le contact du cuivre et du zinc rétablissant toujours la même différence de potentiel, il se produira dans les fils qui relient les disques extrêmes un mouvement continu d'électricité, qu'on appelle un *courant électrique*.

L'ensemble des disques et des rondelles de drap, empilés toujours dans le même ordre entre trois tiges de verre (*fig.* 230), constitue la *pile à colonne de Volta* ; d'où le nom de piles donné ensuite à des dispositions très différentes fournissant un courant continu d'électricité. Les fils de cuivre soudés aux disques extrêmes sont les *pôles* de la pile ; l'expérience a montré que le premier disque de cuivre peut être supprimé, car il n'est pour ainsi dire qu'un élargissement du fil auquel il est soudé ; il en est de même du dernier disque de zinc, puisqu'il se trouve entre deux cuivres; par suite, le pôle de potentiel le plus élevé, ou *pôle positif*, est le fil soudé au dernier disque de cuivre en contact avec une rondelle de drap; et le pôle de plus bas potentiel, ou *pôle négatif*, le fil soudé au premier disque de zinc en contact avec le drap. La différence de potentiel entre les deux pôles est appelée la *force électromotrice* de la pile.

Fig. 230. — Pile à colonne de Volta.

Cette pile n'est plus employée; son inconvénient principal est l'affaiblissement rapide du courant, par suite des communications que le liquide s'écoulant des rondelles comprimées par le poids des disques établit entre tous les disques.

172. Elément ou couple de Volta. — La disposition adoptée aujourd'hui pour la pile de Volta est la suivante : chaque couple zinc-cuivre est remplacé par deux lames, l'une de cuivre, l'autre de zinc, plongeant dans un vase qui contient de l'eau acidulée par l'acide sulfurique (*fig.* 231); à chaque lame ou *électrode* est soudé un fil de cuivre constituant un des *pôles*, et l'ensemble forme un *couple* ou *élément de pile*.

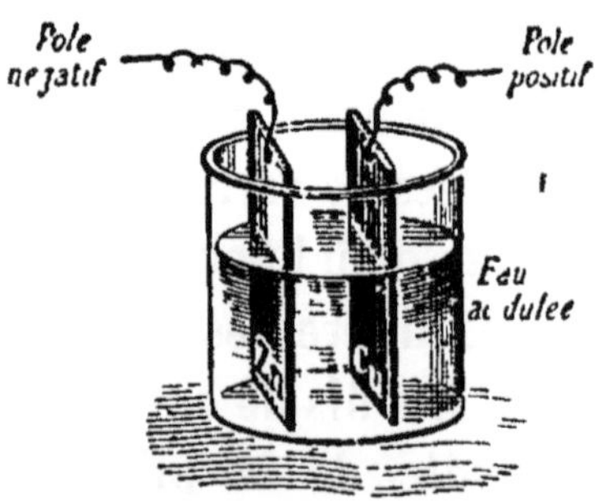

Fig. 231. — Élément de Volta.

La force électromotrice de l'élément est trop faible

pour qu'en rapprochant les deux fils on obtienne une étincelle visible, ou pour agir sur l'électroscope à feuilles d'or ; mais si l'on met les deux pôles de l'élément en contact avec les deux plateaux de l'électroscope condensateur (150) (*fig.* 232), puis que, supprimant le contact, on enlève le plateau supérieur, on constate que les feuilles d'or divergent ; on peut constater aussi que les deux plateaux sont chargés d'électricités contraires, et que celui qui a été relié à la lame de cuivre est chargé positivement ; c'est donc le fil soudé au cuivre qui est le pôle positif, et le fil soudé au zinc le pôle négatif.

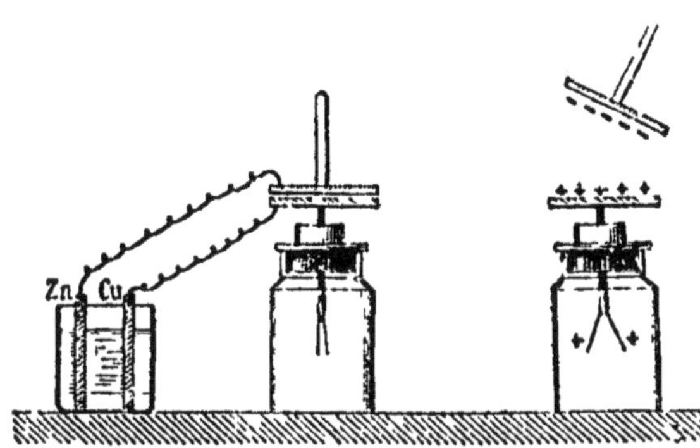

Fig. 232. — Expérience montrant la force électromotrice d'un élément de pile.

En répétant l'expérience avec des éléments analogues, mais dans lesquels la forme, la surface et la distance des lames varient, on constate que la divergence des feuilles d'or est toujours la même : la force électromotrice est donc constante et ne dépend que de la nature des corps en présence ; elle est sensiblement égale à l'unité de force électromotrice ; elle ne change pas non plus si on électrise les électrodes ; mais la grandeur et la distance des électrodes influent sur la quantité d'électricité produite.

Il est probable que c'est surtout au contact de la lame de zinc et du fil de cuivre qui y est soudé que s'établit la principale différence de potentiel ; il doit y en avoir une autre au contact du zinc et du cuivre avec l'eau acidulée ; la recherche de leur valeur respective ne peut trouver place ici ; et l'on appellera force électromotrice de l'élément la différence de potentiel entre les pôles, sans tenir compte de l'endroit où elle se produit.

Si l'on a une série d'éléments identiques, et que l'on réunisse par les fils qui y sont soudés le zinc du premier au cuivre du second, le zinc du second au cuivre du troisième, et ainsi de suite (*fig.* 233), on forme une pile appelée quelquefois *pile à tasses*. Le pôle positif de la

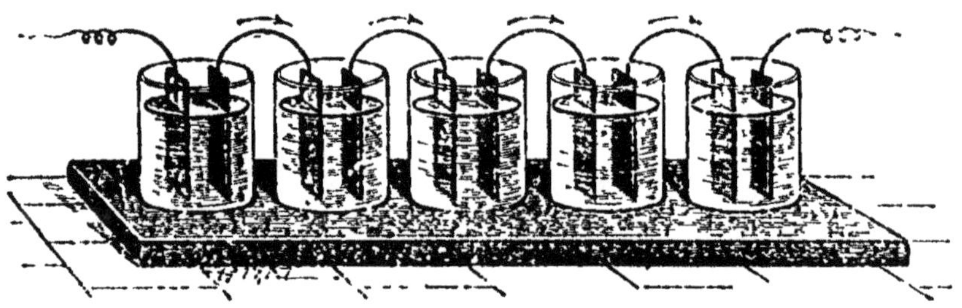

Fig. 233. — Pile à tasses de Volta.

pile est le fil soudé à la lame de cuivre qui reste libre, et le pôle négatif, le fil soudé à la lame de zinc libre. La force électromotrice de la pile est, comme dans la pile à colonne, le produit de la force électromotrice d'un élément par le nombre d'éléments ; elle est constante pour une même pile, c'est-à-dire que, si elle est représentée par 20, par exemple, le pôle positif est au potentiel + 10, et le pôle négatif au potentiel — 10 ; si l'on met le pôle négatif en communication avec le sol, donc au potentiel zéro, le pôle positif est au potentiel + 20 ; si c'est le pôle positif qu'on relie au sol, le pôle négatif est au potentiel — 20.

173. Courant électrique. — Si l'on réunit les deux pôles de la pile, il s'établira donc, comme dans la pile à colonne, un courant électrique, que l'on pourra constater en plaçant au-dessus d'une aiguille aimantée le fil qui *ferme le circuit* de la pile, c'est-à-dire qui réunit les deux pôles : on voit l'aiguille dévier de sa position d'équilibre et tendre à se mettre en croix avec le fil (*fig.* 234).

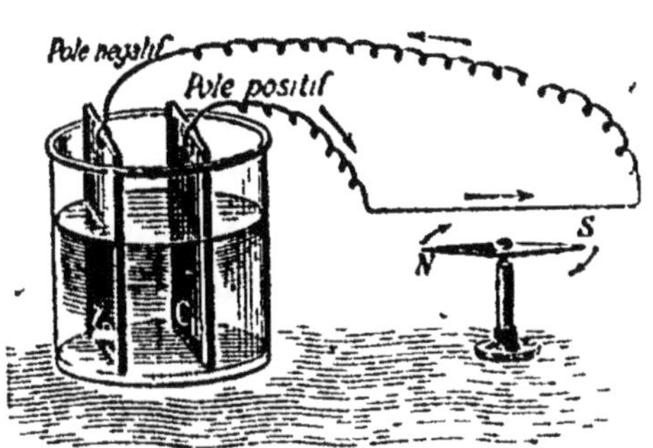

Fig. 234. — Expérience montrant l'existence du courant électrique.

Il y a passage d'électricité positive de la lame de cuivre vers la lame de zinc, et passage d'électricité négative dans le sens contraire ; mais, pour simplifier, on convient de ne pas tenir compte du transport d'électricité négative, et d'appeler *sens du courant* le sens dans lequel se déplace l'électricité positive ; on dira donc que le courant va du pôle positif au pôle négatif dans la partie du circuit extérieure à la pile, et du pôle négatif au pôle positif dans l'intérieur de la pile.

Le zinc du commerce plongé dans l'eau acidulée se dissout ; il est donc dépensé sans profit quand le circuit de la pile n'est pas fermé ; on le remplace par du *zinc pur* ou du *zinc amalgamé*, c'est-à-dire recouvert d'une couche de mercure avec lequel il forme un alliage, parce qu'on a remarqué que dans les deux cas le zinc n'est pas attaqué par l'eau acidulée quand la pile est ouverte ; mais dès que l'on ferme le circuit, il se forme du sulfate de zinc en même temps que des bulles d'hydrogène se dégagent sur la lame de cuivre ; la même action chimique se produisait dans la pile à colonne, au contact des rondelles de drap imbibées d'eau acidulée. Cette action chimique a été regardée par certains physiciens comme la cause de la production d'une différence de potentiel entre les deux électrodes ; on admet généralement aujourd'hui qu'elle en est plutôt un effet, mais que c'est l'énergie chimique dépensée dans ces réactions qui se transforme en énergie électrique, et qui maintient la différence de potentiel constante entre les deux pôles ; de sorte que l'action chimique est la cause de la permanence du courant. On constate en effet que, dans tout élément de pile, quelle qu'en soit la composition, il y a toujours un liquide dans lequel plongent deux conducteurs inégalement attaqués par le liquide, le pôle négatif est toujours du côté du conducteur le plus attaqué, le pôle positif du côté de l'autre conducteur.

* L'attaque constante du zinc du commerce par l'eau acidulée s'explique alors par la présence, dans ce zinc, d'autres métaux moins attaquables, formant avec lui de petits éléments de pile dont le circuit est toujours fermé.

174. **Polarisation des électrodes.** — L'expérience montre que, dans la pile de Volta, le courant s'affaiblit très rapidement ; cette diminution est due aux actions chimiques qui se produisent dans la pile fermée et qui changent la nature des corps en présence : l'acide sulfurique diminue, il est remplacé par du sulfate de zinc, et l'hydrogène qui se porte sur le cuivre et adhère à sa surface est bien moins conducteur que le cuivre ; de plus, l'hydrogène étant plus oxydable que le zinc forme avec lui un nouvel élément, dans lequel il est l'électrode négative et le zinc l'électrode positive ; il tend donc à se produire un nouveau courant ou *courant secondaire*. On peut le montrer en faisant plonger deux lames de platine dans l'eau acidulée d'un verre à pied ou *voltamètre* (*fig.* 235) et en renversant sur ces lames deux éprouvettes remplies d'eau ; on met les lames en communication par l'intermédiaire des bornes A

et B avec les deux pôles d'une pile et l'on fait passer le courant pendant un certain temps. Puis on arrête brusquement le courant en transportant, des godets de mercure 1 et 2 où il plongeait, aux godets 1 et 3, un petit arc métallique qui établit alors la communication entre le voltamètre et un galvanomètre (204), appareil dont l'aiguille aimantée indique l'existence et le sens d'un courant ; et l'on constate que ce galvanomètre est traversé par un courant, produit

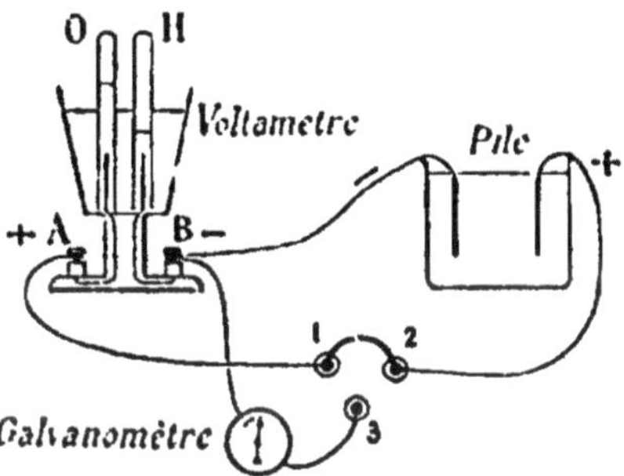

Fig. 235. — Courant secondaire produit par un voltamètre.

par le voltamètre, et de sens contraire à celui de la pile. Ce courant inverse du premier en se produisant dans la pile est la cause principale de l'affaiblissement du courant primitif, et peut même l'annuler complètement. On dit alors que les électrodes sont *polarisées*, puisqu'elles sont devenues les pôles d'un nouvel élément ; mais le courant qu'elles produisent tend à ramener les électrodes à leur état primitif, il cesse dès que ce résultat est atteint. Le courant primaire, au contraire, subsiste généralement jusqu'à ce qu'une des électrodes soit usée.

La polarisation des électrodes est le principe des *accumulateurs*, imaginés par G. Planté, et qui ont pris une grande importance dans l'industrie, parce qu'ils permettent, non pas d'accumuler, mais pour ainsi dire d'emmagasiner et de transporter l'énergie électrique. Un accumulateur (*fig.* 236) se compose essentiellement de deux lames de plomb, séparées par de petites cales en caoutchouc et plongées dans de l'eau acidulée. On y fait passer un courant électrique en se servant des lames comme électrodes : l'eau acidulée est décomposée, la lame positive s'oxyde et se couvre d'une couche brune de bioxyde de plomb,

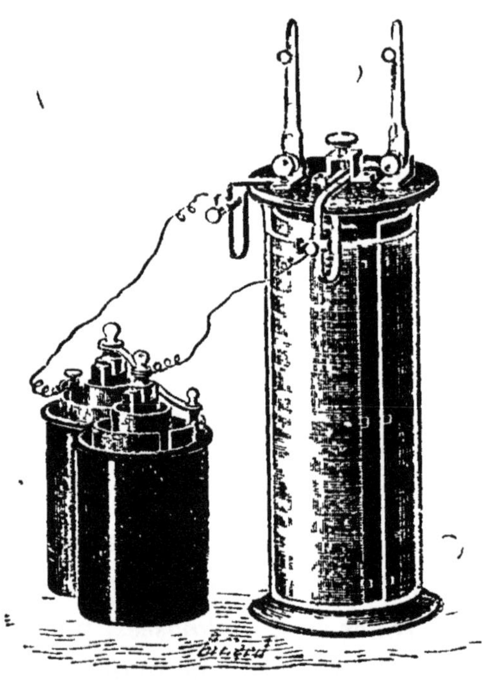

Fig. 236. — Accumulateur Planté.

et la lame négative se couvre d'hydrogène. Si l'on interrompt le courant, et que l'on réunisse les deux lames par un fil métallique, l'accumulateur se comporte comme un élément de pile dont le plomb oxydé serait le pôle positif, et l'autre lame le pôle négatif; l'hydrogène se porte sur la lame oxydée qui redevient du protoxyde de plomb;

l'oxygène se dégage sur la lame hydrogénée et y fait aussi du protoxyde de plomb ; ce protoxyde forme, avec l'eau acidulée, du sulfate de plomb. Quand tout le bioxyde est réduit le courant secondaire cesse, et il faut recharger l'accumulateur par un nouveau courant extérieur ; mais à chaque opération la polarisation pénètre davantage, et l'accumulateur s'améliore jusqu'au moment où les lames, devenues trop poreuses, n'ont plus de solidité.

Le courant qui traverse le fil peut rendre jusqu'à 90 °/o de l'énergie dépensée pour charger l'appareil.

On emploie les accumulateurs pour actionner des moteurs de voitures, de tramways, pour produire de la lumière, etc.

175. Piles non polarisables. — Pour éviter la *polarisation* d'une pile, il faut donc tâcher de maintenir la composition de la pile aussi constante que possible ; et surtout empêcher la production d'hydrogène sur la lame de cuivre au moyen de corps qui absorbent ce gaz à mesure qu'il se forme et qu'on appelle des *dépolarisants*.

On a inventé des piles très nombreuses différant par la nature du dépolarisant et la disposition de l'appareil ; nous n'étudierons que les éléments les plus fréquemment employés.

176. Éléments à un seul liquide. — Élément au bichromate de potassium. — Dans l'élément Grenet, l'électrode négative est encore le zinc amalgamé, l'électrode positive du *charbon de cornue* ; le liquide est de l'eau acidulée par l'acide sulfurique et tenant en dissolution le *bichromate de potassium* qui sert de dépolarisant. Le mélange est placé dans une bouteille de verre sphérique (*fig.* 237) dont le couvercle en ébonite porte deux lames de charbon parallèles, reliées à une même borne par des lames métalliques; la lame de zinc, placée entre les deux charbons, est fixée à une tige de cuivre qui glisse dans le couvercle et qui permet de la soulever au-dessus du liquide quand la pile ne fonctionne pas ; elle est reliée à une seconde borne qui forme le pôle négatif de l'élément.

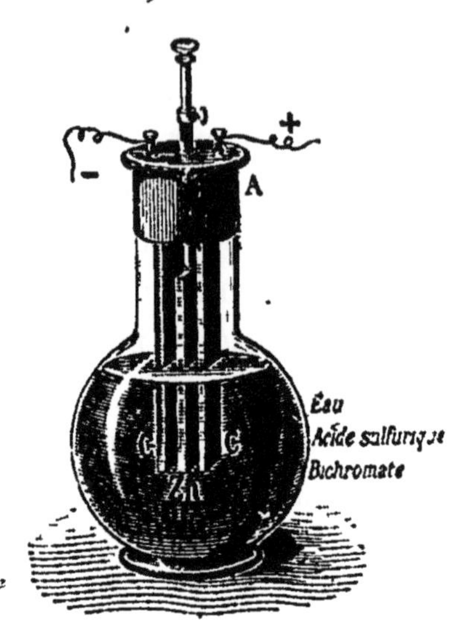

Fig. 237. — Élément Grenet au bichromate de potassium.

Une partie de l'acide sulfurique forme avec le zinc du sulfate de zinc et de l'hydrogène ; l'autre donne, avec le bichromate, du sulfate de chrome et du sulfate de potassium qui forment de l'alun de chrome, de l'eau, et de l'oxygène. L'alun se dépose en cristaux violets sur le fond de la bouteille et les charbons ; et l'oxygène prend l'hydrogène pour former de l'eau.

La réaction peut être représentée par la formule :

$$Cr^2O^7K^2 + 4SO^4H^2 = (SO^4)^3Cr^2, SO^4K^2 + 4H^2O + 3O.$$

L'élément Grenet ne dégage ni odeur ni vapeurs dangereuses, il a l'avantage d'être très propre et d'un maniement facile ; il a une grande force électromotrice et n'offre qu'une résistance faible au passage du courant ; mais il ne donne pas un courant très constant parce que la dépolarisation n'est pas complète. On l'emploie surtout pour les expériences de laboratoire et les usages médicaux.

Élément Leclanché. — Dans cet élément, les électrodes sont encore le zinc et le charbon de cornue ; le liquide est une dissolution de *chlorure d'ammonium ;* et le dépolarisant est un solide, le *bioxyde de manganèse*, qu'on agglomère généralement avec du charbon en grains et de la gomme laque, autour de la lame de charbon formant l'électrode (*fig.* 238) ; le zinc est en forme de cylindre, et maintenu par des bandes de caoutchouc contre le bloc aggloméré, dont il est isolé par une lame de bois. Le tout est placé avec le liquide dans un vase de verre de forme carrée, ce qui permet d'en loger un plus grand nombre dans un espace donné.

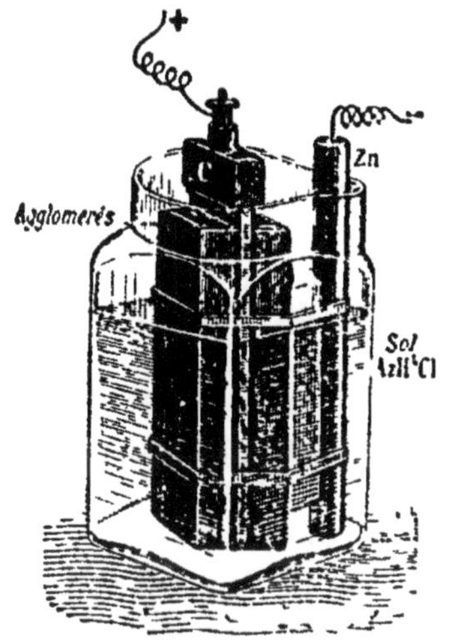

Fig. 238. — Élément Leclanché à agglomérés.

Quand le circuit est fermé, le zinc forme, avec le chlorure d'ammonium, du chlorure de zinc $ZnCl^2$ et de l'ammoniaque qui restent dissous dans l'eau, et de l'hydrogène qui réduit le bioxyde de manganèse en donnant du sesquioxyde Mn^2O^3 et de l'eau.

Cet élément est peu coûteux, il dure longtemps, ne gèle pas facilement, ne dégage pas de gaz, et ne s'use pas en circuit ouvert ; mais il ne se dépolarise que lentement ; aussi est-il employé surtout quand le courant ne doit se produire que par intermittences, comme pour les sonneries électriques, les appareils avertisseurs, les téléphones domestiques, etc.

Élément de Lalande et Chaperon. — Cet élément emploie encore un solide, l'*oxyde de cuivre*, comme dépolarisant. Il se compose d'un vase de verre dans le fond duquel se trouve une lame cylindrique de cuivre ou de fer servant d'électrode positive (*fig.* 239) ; le vase renferme de l'oxyde de cuivre recouvrant cette électrode, et au-dessus, une dissolution de *potasse caustique* dans laquelle plonge une spirale de zinc amalgamé formant l'électrode négative. Quand le circuit est fermé, le zinc forme avec la potasse du zincate de potassium très soluble, et de l'hydrogène qui, en se portant sur le cuivre, rencontre l'oxyde de cuivre, le réduit et donne de l'eau et du cuivre à l'état métallique.

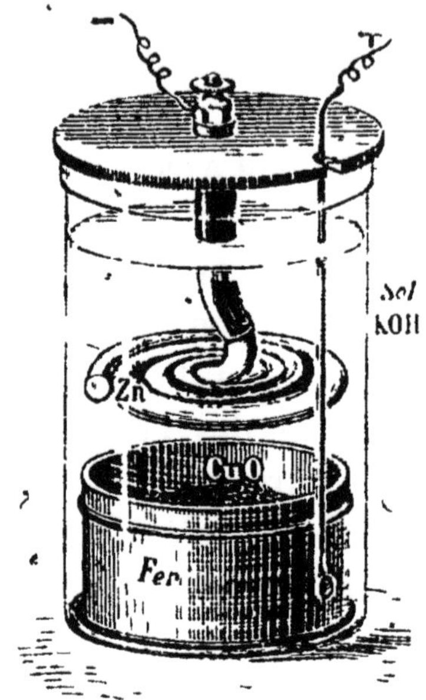

Fig. 239. — Élément de Lalande et Chaperon.

Cet élément a une résistance intérieure très faible, produit un courant très constant, n'use rien en circuit ouvert et ne nécessite aucun entretien ; quand le dépolarisant est usé, il suffit de chauffer à l'air le cuivre qui s'est déposé pour refaire de l'oxyde de cuivre ; aussi cet élément est celui qui fournit le courant le moins coûteux.

177. Éléments à deux liquides. — Élément Daniell. — L'élément Daniell, le plus ancien des éléments à dépolarisant, ne diffère de l'élément de Volta qu'en ce que l'électrode de cuivre est entourée d'une dissolution de *sulfate de cuivre*, servant de dépolarisant et séparée de l'eau acidulée par un vase en terre poreuse ou en porcelaine dégourdie ; il y a donc deux liquides distincts. On donne au zinc la forme d'une lame enroulée en cylindre, qui plonge dans l'eau acidulée contenue dans un vase de verre ou de grès (*fig.* 240) ; le vase poreux est placé à l'intérieur du cylindre de zinc ; la dissolution de sulfate de cuivre qu'il renferme est maintenue saturée par des cristaux de

ce sulfate placés sur une grille en haut du vase poreux.
L'hydrogène produit par l'action du zinc sur l'acide sulfurique traverse le vase poreux pour se rendre sur l'électrode positive, et forme avec le sulfate de cuivre de l'acide sulfurique qui repasse dans le vase extérieur et du cuivre qui se dépose sur la lame de cuivre. Les deux électrodes restent identiques, et il n'y a de changement que dans la quantité de sulfate de zinc dissous ; c'est pourquoi l'élément Daniell fournit le courant le plus constant ; mais il n'a qu'une force électromotrice faible, et il s'use en circuit ouve ' la dissolution de sulfate de cuivre traversant le vase poreux et se décomposant au contact du zinc. On l'emploie surtout dans la télégraphie, la téléphonie, la galvanoplastie, pour lesquelles les piles fonctionnent constamment.

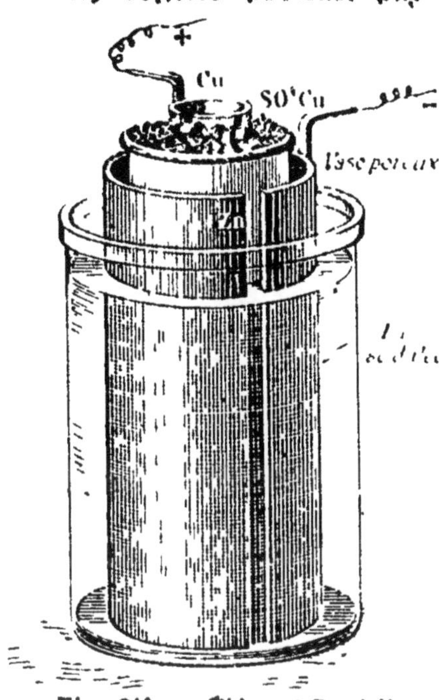

Fig. 240. — Élément Daniell.

Élément Callaud-Meidinger. — Pour les piles télégraphiques, on remplace généralement aujourd'hui l'élément Daniell par l'élément Callaud-Meidinger qui en est une modification : on supprime le vase poreux, qui est coûteux et qui augmente la résistance intérieure, et on utilise pour maintenir les liquides séparés leur différence de densité. Le cylindre de zinc repose sur une saillie intérieure d'un vase de verre (*fig.* 241) ; l'électrode de cuivre est placée au fond de ce vase, dans un second vase de verre où plonge le col d'un ballon retourné contenant des cristaux de sulfate de cuivre ; le cylindre de cuivre partant de l'électrode est entouré de gutta-percha dans toute la région où il pourrait être attaqué par le liquide. On remplit le vase d'eau pure jusqu'au-dessus du cylindre de zinc ; l'eau pénètre dans le ballon, se sature de sulfate de cuivre, et devenant plus dense descend dans le vase intérieur, de sorte que l'électrode de cuivre est toujours entourée d'une solution saturée de sulfate de cuivre.

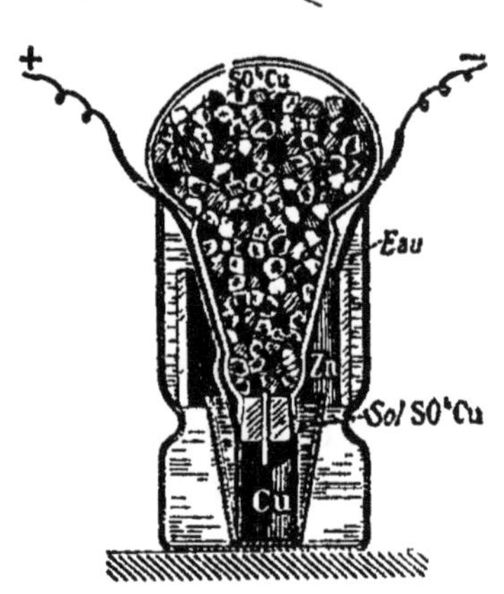

Fig. 241. — Élément Callaud-Meidinger.

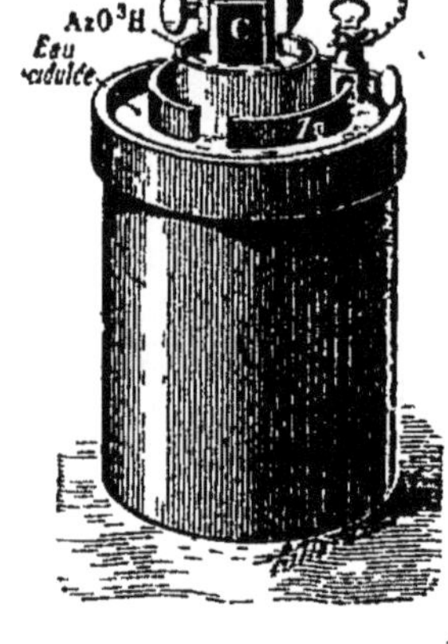

Fig. 242. — Élément Bunsen.

Élément Bunsen. — Dans l'élément Bunsen, le cylindre de zinc amalgamé, placé dans un vase de grès avec de l'eau acidulée, est séparé du second liquide par un vase poreux comme dans l'élément Daniell ; mais le liquide dépolarisant est l'*acide azotique*, et l'électrode de cuivre, qui serait attaquée par cet acide, est remplacée par un cylindre ou un prisme de charbon de cornue (*fig.* 242). A la partie supérieure du charbon est serrée une pince à vis en cuivre, qui forme le pôle positif et permet d'y fixer un fil conducteur. L'hydrogène provenant de l'action du zinc sur l'acide sulfurique réduit l'acide azotique, en formant de l'eau et des composés nitrés moins oxygénés, qui se dégagent, et parmi lesquels domine le peroxyde d'azote AzO^2.

La force électromotrice de l'élément Bunsen est presque

le double de celle de l'élément Daniell ; mais l'acide azotique devient de moins en moins concentré, et l'acide sulfurique transformé en sulfate de zinc n'est pas remplacé, de sorte que le courant n'est constant que pendant quelques heures, et s'affaiblit ensuite rapidement. De plus, les vapeurs nitreuses qui se dégagent sont désagréables, dangereuses à respirer, et obligent à ne monter les éléments Bunsen qu'en plein air s'ils doivent être nombreux. On ne les emploie que lorsqu'on a besoin d'un courant intense de peu de durée, par exemple pour les expériences de laboratoire.

Piles thermo-électriques.

178. Courants thermo-électriques. — D'après le principe de Volta (171), le contact de deux métaux établit entre eux une différence de potentiel qui ne dépend que de la nature des métaux et de leur température; par suite, si les deux métaux forment un circuit fermé, c'est-à-dire s'ils sont réunis à leurs deux extrémités, soit directement, soit par une soudure, et s'ils sont partout à la même température, il se produit aux deux régions de contact des différences de potentiel égales et contraires qui se font équilibre, et il ne peut y avoir aucun mouvement d'électricité. Mais si l'on chauffe une des régions de contact, les différences de potentiel ne sont plus égales aux extrémités des barreaux; et l'expérience montre qu'il se produit un courant, entretenu par la transformation en énergie électrique de la chaleur dépensée pour élever la température des métaux en contact. L'existence de ces *courants thermo-électriques* a été établie pour la première fois par Seebeck en 1821, à l'aide d'une expérience que l'on répète de la façon suivante : dans le rectangle formé par une lame de cuivre deux fois recourbée, soudée à une lame de bismuth, on place une aiguille aimantée mobile sur un pivot (*fig.* 243); on oriente ce rectangle de façon qu'il soit parallèle à l'aiguille, puis on chauffe légèrement une des soudures ; on voit l'aiguille dévier, ce qui montre l'existence d'un courant électrique. Nous verrons (201) que le sens de la déviation de l'aiguille permet de déterminer le sens du courant ; on trouve qu'il va du bismuth au cuivre en passant par la soudure chaude.

Fig. 243. — Expérience de Seebeck.

On obtient des courants analogues avec deux métaux quelconques, mais le sens du courant dépend de la nature des métaux en contact. Pour certains couples, l'intensité du courant est proportionnelle à la différence de température entre les deux soudures, quand cette différence est faible ; le plus souvent, le courant atteint un maximum à une température qui varie suivant les couples, puis il diminue, devient nul, et enfin change de sens à une autre température qui dépend aussi de la nature des métaux.

On peut obtenir des courants thermo-électriques dans un circuit formé par *un seul métal*, pourvu qu'il y ait une différence de structure entre deux régions de ce circuit, et qu'on chauffe le métal au point de séparation de ces deux régions. Ainsi un fil de fer ou de cuivre, martelé, contourné ou recuit dans une partie de sa longueur, et dont on réunit les deux extrémités, fait dévier une aiguille aimantée si on le chauffe à la séparation de la partie modifiée et de celle qui n'a pas subi de changement.

179. Piles thermo-électriques. — Les piles thermo-électriques sont des sources d'électricité dans lesquelles l'énergie électrique résulte de la transformation d'énergie calorifique. La force électromotrice d'un couple thermo-électrique est toujours très faible, mais comme sa résistance est aussi extrêmement faible, on peut associer un certain nombre de couples de manière à former une pile, et obtenir des courants assez intenses.

Pile de Melloni. — On a construit un certain nombre de piles thermo-électriques; l'une des principales est la *pile de Melloni* que nous avons vu employer dans l'étude de la chaleur rayonnante. Cette pile est formée de petits barreaux recourbés, de bismuth et d'antimoine alternativement, soudés de telle façon que, si l'on numérote les soudures en partant du premier barreau, toutes celles de rang pair soient d'un côté, et toutes celles de rang impair de l'autre (*fig.* 244). Les couples sont donc groupés comme les éléments d'une pile hydro électrique, le pôle positif de l'un relié au pôle négatif de l'autre, et ainsi de suite; et les pôles de la pile sont les fils soudés aux deux barreaux extrêmes. L'ensemble est replié, pour occuper moins de place, de manière à former un cube dans lequel les couples restent isolés, les soudures paires étant sur une

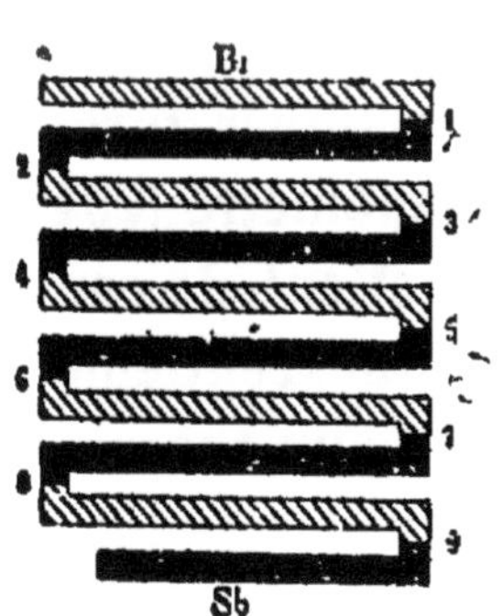

Fig. 244. — Disposition théorique de la pile de Melloni.

face et les soudures impaires sur la face opposée (*fig.* 245). Une gaine de cuivre, isolée du cube et fixée à un pied à charnière, entoure les faces latérales de la pile.

La force électromotrice d'un élément thermo-électrique est très petite comparativement à celle d'un élément hydro-

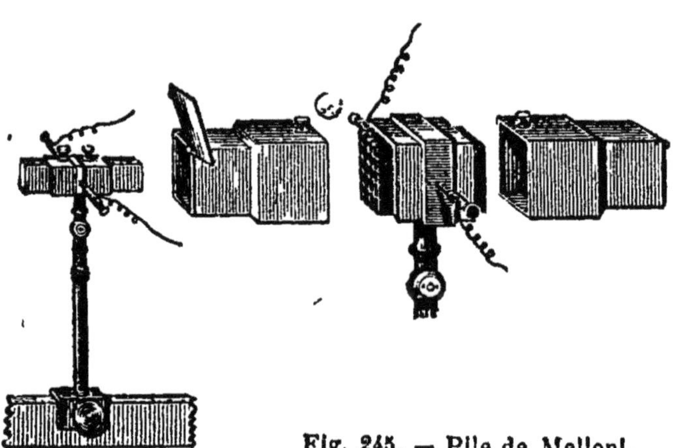

Fig. 245. — Pile de Melloni.

électrique ; celle de la pile est proportionnelle au nombre de couples et à la différence de température des deux faces libres ; quoique faible, elle n'en a pas moins des applications importantes pour la mesure des températures. En reliant les deux fils de la pile à un galvanomètre (204) les déviations de l'aiguille aimantée permettent de constater des différences de température de quelques centièmes de degré ; la pile de Melloni constitue donc un thermomètre différentiel très sensible, très utile dans les mesures de chaleur rayonnante, d'où le nom de *thermo-multiplicateur* qui est souvent donné à l'ensemble de la pile et du galvanomètre. Dans la mesure des températures élevées, on emploie le couple platine — platine rhodié à 10 °/₀, pour lequel l'accroissement des indications du galvanomètre est proportionnel à l'accroissement de température entre 500° et 1200°.

RÉSUMÉ DU CHAPITRE XI

Les *piles hydro-électriques* transforment de l'énergie chimique en énergie électrique ; elles donnent une grande quantité d'électricité sous un faible potentiel. Leur invention a été amenée par les expériences de Volta sur le contact de métaux différents.

La *pile à colonne* de Volta se composait de couples formés d'un disque de zinc et d'un disque de cuivre, superposés toujours dans le même ordre, et séparés par des rondelles de drap imbibé d'acide sulfurique. Les disques extrêmes ont des potentiels différents, et si on réunit les deux fils de cuivre qui y sont soudés, ces fils sont traversés par un *courant électrique*. Dans la *pile à tasses*, chaque élément est formé d'un vase contenant de l'eau acidulée, dans laquelle plongent une lame de zinc et une lame de cuivre, qui sont les électrodes ; le zinc d'un élément est relié au cuivre de l'élément suivant ; et les fils soudés aux lames extrêmes, qui restent libres, sont les pôles de la pile.

Les actions chimiques qui se produisent dans une pile fermée maintiennent constante la différence de potentiel des pôles ; mais elles changent la nature des corps en présence, et le dégagement d'hydrogène sur la lame de cuivre amène l'affaiblissement du courant, par suite de la production d'un courant de sens contraire (polarisation des électrodes). On y remédie par l'emploi de dépolarisants, qui absorbent l'hydrogène.

Dans tous les éléments, l'électrode négative est une lame de zinc : elle plonge le plus souvent dans l'eau acidulée par l'acide sulfurique.

Dans l'*élément Grenet*, l'électrode positive est du charbon de cornue, et le dépolarisant du bichromate de potassium.

Dans l'*élément Leclanché*, le zinc plonge dans du chlorure d'ammonium ; l'électrode positive est du charbon, et le dépolarisant, du bioxyde de manganèse.

Dans l'*élément de Lalande et Chaperon*, l'électrode positive est une lame de cuivre ou de fer, le dépolarisant, de l'oxyde de cuivre ; et le zinc plonge dans une solution de potasse.

Dans l'*élément Daniell*, l'électrode positive est du cuivre ; le dépolarisant, une solution de sulfate de cuivre, séparée de l'eau acidulée par un vase poreux, ou par suite de la différence de densité des deux liquides dans l'*élément Callaud*, qui est une modification de l'élément Daniell.

Dans l'*élément Bunsen*, l'électrode positive est du charbon de cornue, et le dépolarisant de l'acide azotique placé aussi dans un vase poreux.

Si deux barreaux métalliques sont réunis à leurs deux extrémités, de façon à former un circuit fermé, et que les deux régions de contact soient à des températures différentes, il s'établit entre ces deux régions une différence de potentiel qui produit un *courant thermo-électrique* (expérience de Seebeck).

La *pile de Melloni* est formée de plusieurs couples de métaux différents, réunis de façon que les soudures paires soient toutes d'un côté et les soudures impaires de l'autre. Elle a une force électromotrice et une résistance intérieure très faibles. On l'emploie surtout comme thermomètre différentiel.

CHAPITRE XII

PROPRIÉTÉS ESSENTIELLES DU COURANT ÉLECTRIQUE

---

180. Propriétés essentielles du courant. — Nous avons vu que, les deux pôles d'une pile étant à des potentiels différents, si on les réunit par un fil conducteur, il y a dans ce fil un mouvement d'électricité, qu'on exprime en disant que le fil est parcouru par un courant électrique, et qui se manifeste spécialement par l'échauffement du fil et par la propriété qu'il acquiert de dévier l'aiguille aimantée ; les réactions chimiques qui se produisent dans la pile (ou la chaleur fournie directement si l'on considère une pile thermo-électrique) rétablissant constamment la différence de potentiel entre les pôles, le courant est continu, comme le serait l'écoulement d'un liquide passant par un tuyau, d'un réservoir à un réservoir inférieur, si, par un moyen quelconque, une pompe par exemple, les niveaux des deux réservoirs étaient maintenus constants.

Le courant de liquide qui s'établirait dans le tuyau dépendrait de la *différence des niveaux*, et serait caractérisé par le *débit* ou quantité d'eau traversant le tuyau dans l'unité de temps, et par la *résistance* opposée à l'écoulement par le tuyau, résistance qui varie suivant la longueur, la section, la nature du tuyau. De même, on trouve qu'un courant électrique est caractérisé par la *différence de potentiel* qui existe entre les deux pôles de la pile, le débit ou *intensité* du courant, et la *résistance* du circuit.

181. Force électromotrice. — La différence de potentiel entre les pôles de la pile étant la cause du mouvement de l'électricité, on l'appelle la *force électromotrice* de la pile; elle atteint son maximum quand le circuit est ouvert, ou quand les pôles sont réunis par un conducteur de grande résistance; nous avons vu (172) qu'elle est constante pour un même élément de pile tant que sa constitution ne change pas.

Nous avons vu (141) qu'on a donné le nom de *volt* à l'unité pratique adoptée pour la mesure des forces électromotrices; le volt représente sensiblement la force électromotrice d'un élément de Volta; zinc-cuivre-eau acidulée, dont le circuit est ouvert. La force électromotrice de l'élément Daniell est de $1^{volt},07$, celle de l'élément Bunsen $1^{v},8$, celle de l'élément Grenet $1^{v},9$, celle de l'élément Leclanché $1^{v},5$, celle de l'élément de Lalande et Chaperon $0^{v},8$; la force électromotrice d'un élément bismuth-antimoine de Melloni est de $0^{v},000\,057$ pour une différence de température de 1° entre les deux soudures; celle d'un accumulateur est en moyenne de $2^{v},1$.

182. Intensité. — Le courant qui traverse le circuit étant continu, puisqu'il n'y a nulle part dans la pile, ni dans le fil qui complète le circuit, d'accumulation d'électricité, on doit en conclure que *toute section du circuit est traversée, dans le même temps, par la même quantité d'élec-*

tricité. On appelle *intensité* du courant la quantité d'électricité qui traverse, par seconde, une section quelconque du circuit. Si le circuit se divise en plusieurs branches, la somme des intensités dans toutes les branches est égale à l'intensité du circuit unique.

On peut mesurer les intensités des courants par leurs effets chimiques (195): si un courant, dans le même temps, décompose deux fois plus d'eau ou d'un sel donné qu'un autre courant, il est deux fois plus intense que cet autre.

On a adopté comme unité pratique d'intensité l'*ampère* : c'est l'intensité d'un courant qui fournit un coulomb (124) par seconde, ou qui, en traversant une solution d'azotate d'argent dans des conditions déterminées, dépose $1^{mg},118$ d'argent par seconde, et dans un voltamètre dégage $\frac{1}{96.000}$g d'hydrogène par seconde.

183. Résistance. — Si l'on intercale successivement entre les pôles d'une même pile des conducteurs différents, on constate à l'aide d'un galvanomètre (204), par exemple, c'est-à-dire par les déviations d'une aiguille aimantée, que l'intensité du courant change avec le circuit; d'où l'on peut conclure que le circuit oppose au passage de l'électricité une résistance plus ou moins grande, qui diminue l'intensité du courant parce qu'une partie de l'énergie électrique est employée à vaincre cette résistance. De même, si le conducteur interpolaire restant le même, on fait varier la nature des éléments qui fournissent le courant, ou dans un même élément la grandeur et l'écartement des électrodes, on observe encore des variations dans la déviation de l'aiguille aimantée; la pile oppose donc aussi au courant une certaine résistance, qu'on appelle la *résistance intérieure* pour la distinguer de la résistance interpolaire ou *résistance extérieure.*

L'expérience prouve que pour un conducteur en forme de fil : 1° la nature et la section du fil restant les mêmes, la résistance varie *proportionnellement à la longueur;* 2° la nature et la longueur restant les mêmes, la résistance varie *en raison inverse de la section* ; 3° pour des fils de même section et de même longueur, la résistance est *proportionnelle à un certain coefficient k*, variable *suivant la nature du conducteur* ; ce coefficient varie un peu avec la température, à peu près comme le binome de dilatation ; pour le mercure il est presque invariable. La résistance R d'un conducteur de longueur l et de section s est donc donnée par la formule $R = k \frac{l}{s}$.

Les meilleurs conducteurs parmi les métaux, c'est-à-dire ceux dont le coefficient de résistance est le plus faible, sont l'argent et le cuivre. Les liquides ont des coefficients de résistance énormes ; aussi doit-on tenir compte de la résistance intérieure dans les piles hydro-électriques, tandis qu'elle est négligeable dans les piles thermo-électriques, formées de barreaux métalliques courts et de grande section ; c'est aussi pour diminuer la résistance que les électrodes des éléments hydro-électriques doivent avoir une grande surface et être très rapprochées, de façon à augmenter la section et à diminuer la longueur de la colonne liquide traversée par le courant, ce qui a pour effet d'augmenter l'intensité.

On a adopté comme unité pratique de résistance, la résistance à la température zéro d'une colonne de mercure de 1^{mm^2} de section et de $106^{cm},3$ de longueur ; on lui a donné le nom d'*ohm*, du nom du physicien qui a établi les lois des résistances et des intensités. Les nombres suivants indiquent en ohms la résistance d'un conducteur de 1^m de long et de 1^{mm^2} de section :

Argent et cuivre.	0,016
Fer.	0,096
Maillechort	0,207
Mercure	0,940
Charbon de cornue.	39
Acide sulfurique étendu . . .	8300
Eau acidulée.	15 700 000

60^m de fil de cuivre de 1^{mm^2} de section, ou 100^m de fil télégraphique de 4^{mm} de diamètre équivalent sensiblement à une résistance de 1 ohm.

184. Loi d'Ohm. — Lorsque le courant fourni par une pile ne produit aucun travail particulier, il y a, entre la force électromotrice E de la pile, la résistance totale R du circuit (résistance de la pile et résistance interpolaire), et l'intensité I du courant, une relation très simple, connue sous le nom de loi d'Ohm, et qu'on peut représenter par la formule :

$$I = \frac{E}{R} ;$$

c'est-à-dire que l'intensité d'un courant varie proportionnellement à la force électromotrice et en raison inverse de la résistance totale du circuit.

Cette formule exprime que l'intensité mesurée en ampères est égale au quotient de la force électromotrice exprimée en volts par la résistance du circuit entier exprimée en ohms.; c'est pourquoi l'on a pris pour unité de résistance la résistance du circuit dans lequel une force électromotrice d'un volt produit un courant d'un ampère.

Le calcul et l'expérience montrent que l'intensité du courant d'une pile est maximum quand la résistance intérieure et la résistance extérieure sont aussi égales que possible ; il y a donc avantage à employer certains éléments plutôt que d'autres suivant que le circuit extérieur est plus ou moins résistant.

185. Mesure de l'intensité, de la force électromotrice et de la résistance d'un courant. — L'intensité d'un courant se mesure souvent par la déviation de l'aiguille aimantée du *galvanomètre* (204) ; mais cet appareil est peu transportable, trop sensible, et doit toujours être placé dans le plan du méridien magnétique, ce qui rend son emploi peu facile ; dans la pratique, on le remplace généralement par des *ampèremètres*, moins encombrants, capables de supporter des courants de grande intensité, et qu'il suffit d'intercaler dans le courant pour lire le nombre d'ampères qu'il fournit. L'ampèremètre de Deprez et Carpentier (*fig.* 246) se compose d'une pièce de fer doux *n* mobile autour d'un axe perpendiculaire au plan de la figure et placée à l'intérieur de deux bobines dans le fil conducteur desquelles on fait passer, par l'intermédiaire des bornes extérieures, le courant à mesurer ; le tout est placé entre les pôles N, N, S, S, de deux aimants recourbés dont le champ est assez fort pour que l'on puisse regarder l'action de la terre comme négligeable. Quand le courant passe dans les bobines, dont le fil est gros et court pour ne pas augmenter sensiblement la résistance, le fer doux cède plus ou moins à l'attraction des aimants suivant qu'il est plus ou moins aimanté lui-même (208) par le courant des bobines, et ses mouvements sont indiqués par une aiguille qui se déplace sur le cadran gradué en ampères porté par la boîte enfermant l'appareil.

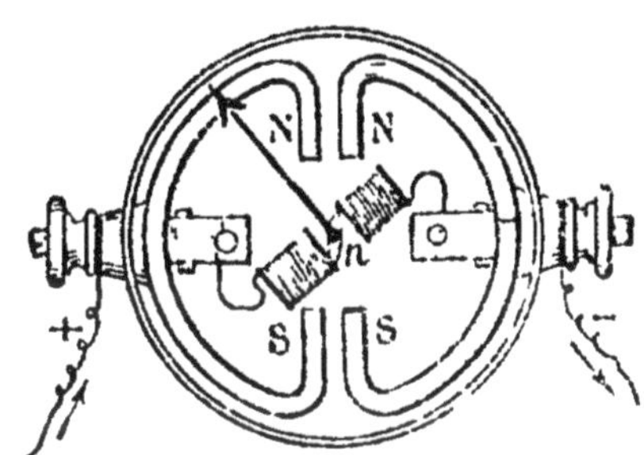

Fig. 246. — Ampèremètre de Deprez et Carpentier.

Pour mesurer les forces électromotrices, on peut, en théorie, se servir de l'électromètre à feuilles convenablement gradué, mais il n'est pas assez sensible. Dans la pratique, on emploie des *voltmètres* qui ne sont autre chose qu'un ampèremètre dont le fil métallique des bobines, au lieu d'être gros et court, est long et fin ; la résistance R de l'appareil est donc très grande relativement à celle du circuit total, *r*, du courant en dehors du voltmètre : l'intensité I du courant de force électromotrice E sera, quand il traverse le voltmètre, $I = \frac{E}{R+r}$; elle sera sensiblement égale à $\frac{E}{R}$; avec un autre courant de force électromotrice E′ et de résistance r' on aura pour l'intensité I′ quand le courant passe dans le voltmètre : $I' = \frac{E'}{R+r'}$, sensiblement égale à $\frac{E'}{R}$; d'où l'on déduit $\frac{I}{I'} = \frac{E}{E'}$; les déviations de l'appareil seront alors proportionnelles aux forces électromotrices des générateurs du courant ; et l'on graduera le cadran en volts en mettant le voltmètre en communication successivement avec 1, 2, 3,... éléments de Volta et marquant 1, 2, 3.... aux points d'arrêt respectifs de l'aiguille.

La mesure des résistances est comparable à celle des masses au moyen de la balance ; on construit des *boîtes de résistances* (*fig.* 247) comprenant un jeu de bobines de fil fin

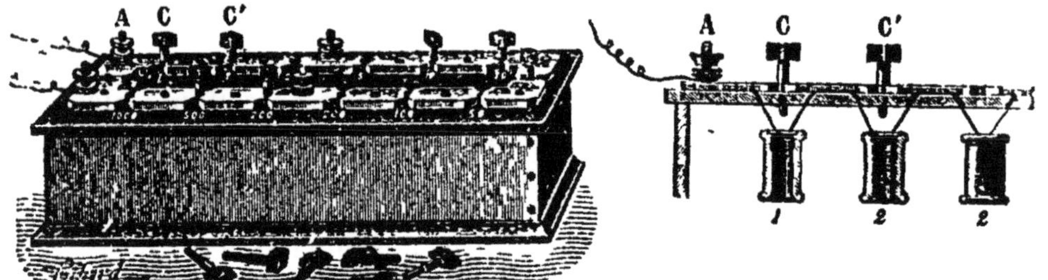

Fig. 247. — Boîte de résistances.

d'un alliage très résistant, couvert de soie de façon à être bien isolé, et de résistances déterminées ; on groupe par exemple des bobines de 1, 2, 2, 5, 10, 20, 20 et 50 ohms, avec lesquelles on pourra former toutes les résistances possibles jusqu'à 100 ohms, comme on réunit dans une boîte de masses marquées la série des masses de 1, 2, 2, 5, 10, 20, 20 et 50 g. Le courant doit passer successivement dans toutes les bobines ; mais si l'on met une cheville métallique en C entre les plaques métalliques larges et courtes, de résistance négligeable, qui établissent la communication d'une bobine à l'autre, le courant passe directement de A à la seconde bobine sans traverser la première, dont la résistance est ainsi supprimée ; en ajoutant une cheville en C′, on supprimera de même la résistance de la 2e bobine. On remplace donc la résistance à mesurer, dans un circuit dont on a déterminé l'intensité I, par une boîte de résistances, puis on cherche par tâtonnements quelles chevilles il faut mettre pour que le courant reprenne l'intensité I; si l'on a dû faire passer le courant dans les bobines 2, 5, 20 et 20 par exemple, c'est que la résistance à mesurer était de

$$2 + 5 + 20 + 20 = 47 \text{ ohms.}$$

On emploie aussi fréquemment, pour régler l'intensité d'un courant, des *rhéostats*, c'est-à-dire des résistances variables qu'on intercale dans le circuit ; c'est, par exemple, un fil de maillechort enroulé en spirale sur un cylindre isolant (*fig.* 248) et dont on peut mettre une longueur plus ou moins grande dans le circuit à l'aide du curseur conducteur B mobile sur la règle métallique CD ; le courant passe alors par ABC.

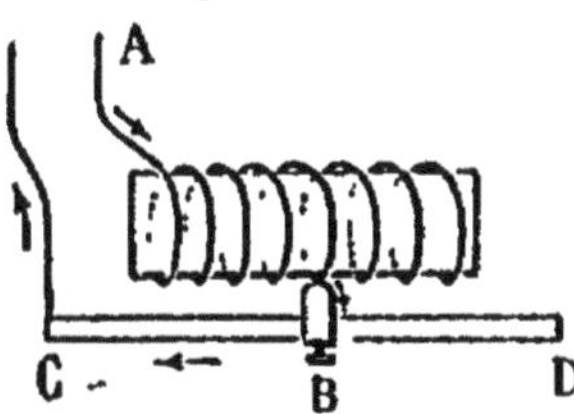

Fig. 248. — Rhéostat.

186. Différence de potentiel entre deux points d'un circuit. Dérivations. — Si une canalisation horizontale ABCD (*fig.* 249) est exactement pleine d'un liquide incompressible, on peut déterminer un courant dans ce liquide à condition qu'une pompe aspirante et foulante, par exemple, établisse en un de ses points une différence de pression. La quantité d'eau qui passe en chaque point en une seconde, c'est-à-dire l'*intensité* du courant, est proportionnelle à la pression produite par la pompe, et en raison inverse de la résistance totale du circuit, comme l'intensité du courant électrique (loi d'Ohm, 134). Mais si nous plaçons aux points A, B, C, D des tubes verticaux dans lesquels l'eau puisse s'élever, nous constaterons que l'eau s'y élève d'autant moins que le tube est plus éloigné de la pompe dans le sens de l'écoulement du liquide ; la pression va donc en décroissant de A en B et de C en D. L'écoulement entre B et C, par exemple, dépendra de la différence des pressions en B et en C, ce qui re-

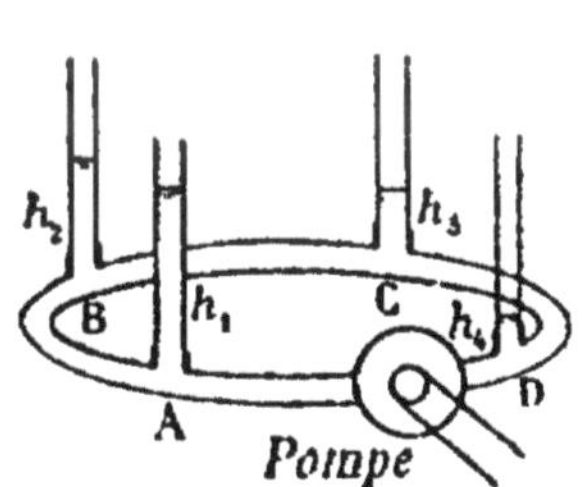

Fig. 249. — Pression en divers points d'une canalisation horizontale.

vient à dire qu'il existe entre B et C une force motrice e, mesurée par la différence des pressions h_2 et h_3, et qui sert à vaincre la résistance r de la portion de canal BC ; et la quantité d'eau qui passe par seconde étant la même en tous les points puisqu'il n'y a accumulation nulle part, on a encore : $I = \frac{e}{r}$. Si l'on applique la formule à toutes les parties successives de la canalisation, on aura :

$$I = \frac{e}{r} = \frac{e_1}{r_1} = \frac{e_2}{r_2} \ldots ; \quad \text{d'où} \quad I = \frac{e + e_1 + e_2 + \cdots}{r + r_1 + r_2 + \cdots} = \frac{E}{R}.$$

De même, on constate, en faisant communiquer les deux armatures d'une bouteille de Leyde par une ficelle (*fig.* 250) pour que la résistance empêche l'étincelle de jaillir instantanément, que si l'on met successivement les points B, C en communication avec un électromètre par un fil long et fin, l'écart des feuilles est d'autant moindre que l'on s'éloigne davantage de A, et il est nul en D. Il y a donc entre deux points B et C d'un circuit électrique une différence de potentiel e qui détermine le passage du courant à travers la résistance r de la partie BC. Avec une pile, on obtient des résultats analogues ; le potentiel du pôle positif est plus élevé que celui du pôle négatif, et ce potentiel décroît du pôle positif au pôle négatif tout le long du circuit extérieur. La pile ou le générateur d'électricité agit comme la pompe pour rétablir continuellement la différence de pression totale. On en conclut que : dans un circuit traversé par un courant de I ampères, la différence de potentiel entre deux points B et C, séparés par une résistance de r ohms, est égale à $I \times r$ volts.

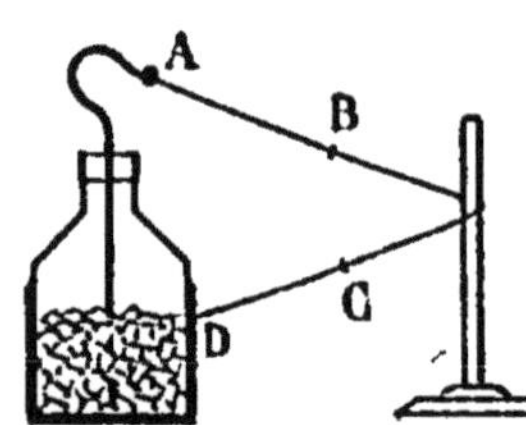

Fig. 250. — Différence de potentiel entre les divers points d'un circuit.

Si nous considérons une pile de force électromotrice E, de résistance intérieure r, dont les pôles sont reliés par un circuit de résistance r', le circuit est le siège d'un courant d'intensité I, et l'on a : $I = \frac{E}{r + r'}$; si e est la force électromotrice entre les deux pôles en circuit fermé, on a $e = I \times r'$; d'où l'on tire $e = E \times \frac{r'}{r + r'}$. Si l'on coupe le circuit, le courant ne passe plus, ce qui revient à dire que la résistance du circuit extérieur (fil et couche d'air séparant les extrémités de la section) est devenue infinie; on a donc $\frac{r'}{r+r'} = 1$, et alors $e = E$. La différence de potentiel entre les deux pôles n'est donc égale à la force électromotrice de la pile qu'en circuit ouvert, comme nous l'avions indiqué (181).

Soit un circuit qui se bifurque entre A et B (*fig.* 251) en trois branches dont les résistances sont respectivement r_1, r_2, r_3; le courant d'intensité I se partage entre les trois branches en donnant des courants d'intensités respectives i_1, i_2, i_3; et nous savons (182) que l'on a $I = i_1 + i_2 + i_3$. Si l'on appelle e la différence de potentiel entre les points A et B, on aura, en regardant ces points comme faisant partie successivement des branches 1, 2 et 3 :

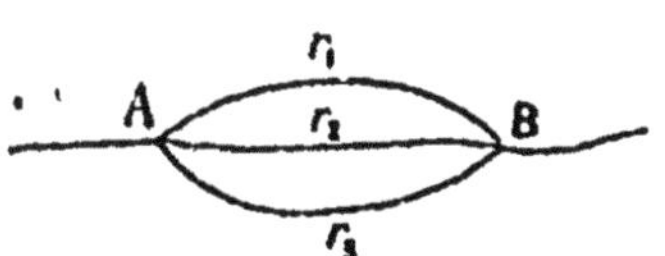

Fig. 251. — Dérivations.

$$e = r_1 \times i_1, \quad e = r_2 \times i_2, \quad e = r_3 \times i_3;$$

d'où l'on tire

$$i_1 = \frac{e}{r_1}, \quad i_2 = \frac{e}{r_2}, \quad i_3 = \frac{e}{r_3};$$

le courant se partage donc entre les dérivations en raison inverse des résistances respectives de ces dérivations.

187. Association des éléments d'une pile. — Si l'on dispose d'un nombre n d'éléments identiques, on peut, pour former une pile, les associer de plusieurs manières.

I. Pile en série. — La disposition que nous avons employée jusqu'à présent : le pôle positif d'un élément relié au

Fig. 252. — Pile en série.

pôle négatif de l'élément suivant (*fig.* 252), est dite *en série* ou *en tension*; c'est celle qui est de l'emploi le plus fréquent. Dans ce cas, la force électromotrice de la pile est la somme des forces électromotrices E de chaque élément (171), elle est donc nE ; le courant devant traverser tous les éléments, si la résistance d'un élément est r, la résistance intérieure de la pile est nr ; et si la résistance du circuit extérieur est r', d'après la loi d'Ohm l'intensité I du courant est

$$I = \frac{nE}{nr + r'}.$$

Si la résistance extérieure est très grande relativement à celle de la pile, de sorte que l'on puisse regarder nr comme négligeable à côté de r', on a $I = \frac{nE}{r'}$; l'intensité est donc sensiblement proportionnelle au nombre d'éléments.

Si au contraire c'est la résistance extérieure qui est négligeable par rapport à la résistance de la pile, on a sensiblement $I = \frac{nE}{nr} = \frac{E}{r}$; l'intensité est presque la même qu'avec un seul élément, et il est inutile de prendre un grand nombre d'éléments.

II. Pile en batterie. — On peut encore associer des éléments en réunissant tous les pôles positifs ensemble, et tous

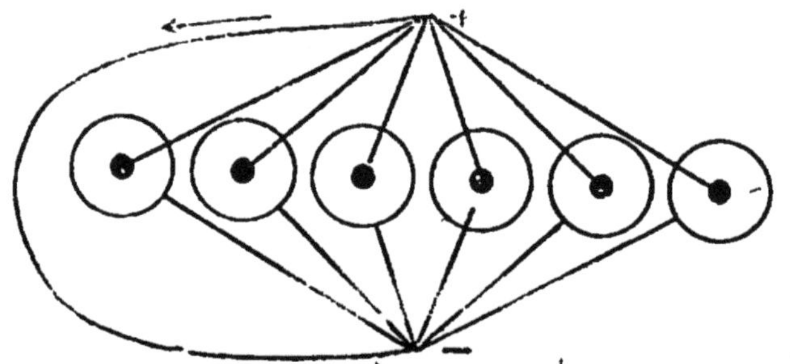

Fig. 253. — Pile en batterie.

les pôles négatifs ensemble ; cette disposition est dite *en batterie* ou *en quantité* (*fig.* 253). La pile forme alors comme un seul élément de plus grande surface, et sa force électromotrice, qui est indépendante de la grandeur des électrodes, est la même que celle d'un seul élément ; mais la résistance intérieure totale de la pile est n fois plus petite que celle d'un élément, puisque la section est n fois plus grande ; l'intensité du courant est donc

$$I = \frac{E}{\frac{r}{n} + r'}.$$

Si r' est très grand relativement à r, on a sensiblement $I = \frac{E}{r'}$, c'est-à-dire la même intensité qu'avec un seul élément. Si au contraire r' est négligeable par rapport à r, on a sensiblement $I = \frac{E}{\frac{r}{n}} = \frac{nE}{r}$, et l'intensité est proportionnelle au nombre d'éléments.

On voit donc qu'il y a avantage à employer l'association en série quand la résistance du circuit extérieur est très grande, par exemple pour la lumière électrique par arc, la télégraphie, la galvanoplastie; et l'association en batterie quand la résistance extérieure est faible, par exemple pour faire rougir un fil métallique.

RÉSUMÉ DU CHAPITRE XII

Un élément de pile est caractérisé par sa *force électromotrice*, c'est-à-dire la différence de potentiel existant entre ses pôles

L'*intensité* d'un courant est la quantité d'électricité qui traverse par seconde une section quelconque du circuit.

Un élément de pile et le conducteur interpolaire opposent au passage du courant une certaine *résistance*, qui, dans un conducteur cylindrique, varie proportionnellement à la longueur, en raison inverse de la section, et proportionnellement à un coefficient de résistance dépendant de la nature du conducteur. La résistance des liquides est très considérable.

L'intensité du courant d'une pile qui ne produit aucun travail particulier est proportionnelle à la force électromotrice de la pile et en raison inverse de la résistance totale du circuit (loi d'Ohm). Elle est maximum quand la résistance intérieure et la résistance extérieure sont aussi égales que possible.

Le montage d'une pile *en série*, le pôle positif d'un élément relié au pôle négatif de l'élément suivant, est avantageux quand la résistance du circuit extérieur est très grande relativement à la résistance de la pile. Le montage *en batterie*, tous les pôles de même nom ensemble, est préférable quand la résistance extérieure est faible.

CHAPITRE XIII

EFFETS PHYSIOLOGIQUES, CALORIFIQUES ET LUMINEUX DU COURANT

---

188. Effets physiologiques. — Lorsqu'on touche avec les mains les deux pôles d'une pile assez intense, le courant qui s'établit par l'intermédiaire du corps produit une commotion et des contractions musculaires analogues à celles que produit la décharge d'une bouteille de Leyde faiblement chargée. Un courant de 100 volts traverse le corps en produisant des effets à peine sensibles ; mais une différence de potentiel de 1000 volts est foudroyante, et il faut se garder de toucher les fils dans lesquels passent des courants de cette intensité.

Tant que dure le courant, on ne ressent plus qu'une sorte de fourmillement dans les doigts ; mais si l'on rompt le circuit, on ressent une nouvelle commotion plus forte que la première, par suite de la production au moment de la cessation du courant d'un courant induit (219) qui le renforce. Avec une pile de 58 éléments Bunsen, la commotion est très forte et désagréable, mais sans danger. Cependant un courant continu assez intense, traversant les muscles pendant un certain temps, y produit des lésions très graves, visibles au microscope, et conduisant à une atrophie progressive.

Les effets physiologiques du courant n'étant guère appréciables qu'au moment de l'établissement et de la rupture du courant, on les observe surtout avec des appareils qui produisent une succession rapide de courants très courts, comme la bobine de Ruhmkorff (221), et qui n'ont pas les inconvénients des courants continus. Ces appareils sont employés en médecine pour entretenir ou ramener l'activité musculaire et la sensibilité dans un organe atteint d'un commencement de paralysie.

Le courant électrique produit sur le corps des animaux morts des effets très intéressants : la découverte de la pile a eu pour point de départ, comme on l'a vu, la contraction des membres des grenouilles provoquée par un courant faible ; avec une pile de 50 éléments Bunsen, on provoque chez des lapins récemment tués des contractions musculaires et des mouvements respiratoires analogues à ceux qui se produisent pendant la vie; avec 100 éléments Bunsen, on obtient les mêmes résultats sur des cadavres d'hommes ou d'animaux de grande taille morts depuis très peu de temps.

189. **Effets calorifiques.** — Le courant électrique fourni par les piles peut être regardé comme une succession continue de décharges entre les deux pôles qui sont à des potentiels différents ; il produira donc des effets analogues à ceux de machines électrostatiques ou de batteries qui se rechargeraient instantanément.

Une partie de l'énergie du courant est employée à vaincre la résistance du circuit, et se transforme en chaleur ; on peut le constater en faisant passer le courant d'une forte pile dans un fil de fer ou de platine de faible diamètre : le fil s'échauffe, rougit, et peut même fondre ou se volatiliser.

Si le fil est enroulé en spirale et plongé dans l'eau d'un verre, l'eau peut être portée à l'ébullition en quelques minutes, si la résistance et l'intensité du courant sont suffisantes. Pour étudier avec plus de précision la transformation de l'énergie électrique en chaleur, on répète cette expérience en faisant plonger la spirale métallique dans un calorimètre contenant un liquide non conducteur, du pétrole par exemple, pour éviter l'électrolyse (194) et l'on note la température du calorimètre avec un thermomètre, l'intensité du courant avec un ampèremètre (*fig.* 254). On fait passer un courant de 4 ampères pendant 1 minute, par exemple, et l'on observe une élévation de température de 1°; on envoie dans le fil un courant de 8 ampères pendant le même temps, et l'on constate une élévation de température de 4° ; puis un courant de 12 ampères, et la température s'élève de 9° ; la quantité de chaleur dégagée devient donc 4, 9 fois plus grande quand l'intensité devient 2, 3 fois plus forte. Ensuite on fait plonger dans trois calorimètres identiques A, B, C (*fig.* 255) des spirales ayant respectivement des résistances de 1, 2, 3 ohms, et que traverse successivement un même courant; on constate que les thermomètres T_A, T_B, T_C indiquent respectivement des élévations de température de 2, 4, 6° par exemple; l'intensité étant partout la même, la quantité de chaleur dégagée est proportionnelle à la

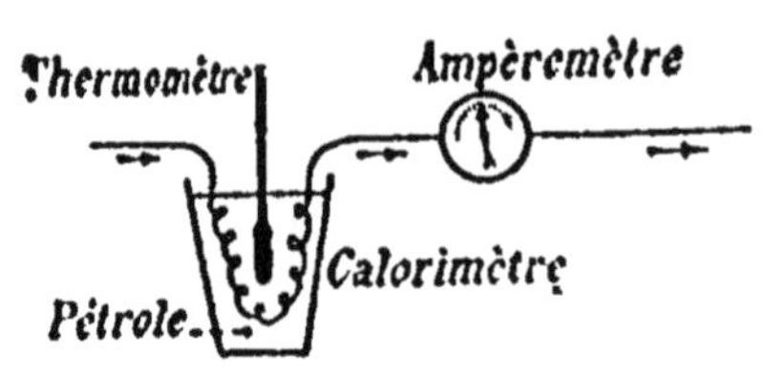

Fig. 254. — Variation de la quantité de chaleur avec l'intensité.

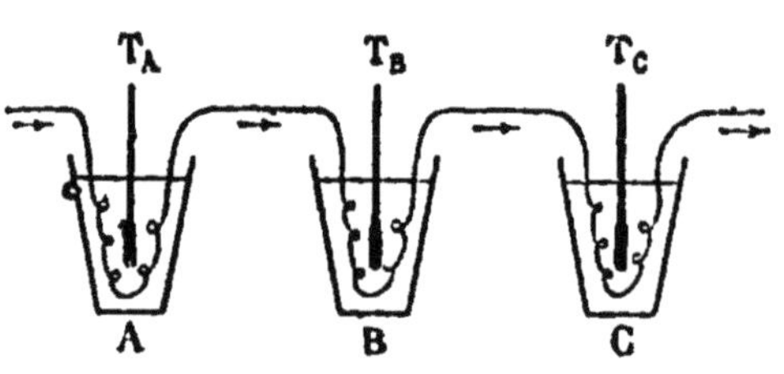

Fig. 255. — Variation du dégagement de chaleur avec la résistance.

résistance ; d'où la loi établie par Joule : La quantité de chaleur dégagée, pendant chaque unité de temps, dans un conducteur homogène, par le passage du courant, est proportionnelle à la résistance de la portion de circuit considérée, et au carré de l'intensité du courant.

Cette loi explique un certain nombre d'expériences : ainsi, un fil de fer ou de platine s'échauffe plus, pour un même courant, qu'un fil de cuivre ou d'argent de mêmes dimensions, parce que le fer et le platine ont un coefficient de résistance plus grand que l'argent ou le cuivre. Pour la même raison, si l'on fait passer un courant énergique dans une chaîne formée de fils de même longueur et de même section alternativement en argent et en platine, ces derniers rougissent tandis que les fils d'argent restent obscurs. Si l'on forme la chaîne de fils tous de même métal mais alternativement gros et fins, les fils fins rougissent, tandis que les gros s'échauffent à peine parce que leur résistance est moindre.

Quand on diminue progressivement la longueur d'un fil fin de fer ou de platine intercalé dans un circuit, on voit ce fil s'échauffer de plus en plus et arriver à fondre parce que, la longueur du fil diminuant, sa résistance diminue et l'intensité du courant augmente. Avec un courant très intense on peut fondre des fils d'assez grand diamètre : ainsi une pile de 50 éléments Bunsen permet de fondre des aiguilles à tricoter de 2^{mm} de diamètre, qui projettent des parcelles incandescentes brûlant à l'air, ou des tiges de platine de même grosseur qui fondent en gouttelettes d'un grand éclat.

Lorsque le courant n'accomplit aucun travail extérieur, toute l'énergie électrique se transforme en chaleur qui se répartit entre la pile et le circuit extérieur, proportionnellement à leur résistance ; de sorte que si le circuit extérieur est peu résistant, c'est la température de la pile même qui s'élève. La quantité totale de chaleur développée dans tout le circuit est égale à celle que dégagent les actions chimiques dont la pile est le siège.

La *puissance* W d'un courant électrique, exprimée en watts, est égale au produit de l'intensité I exprimée en ampères par la force électromotrice E exprimée en volts : $W = I \times E$. De la loi d'Ohm, on tire : $E = I \times R$; on peut donc encore écrire : $W = I^2 \times R$, ce qui est l'expression de la loi de Joule ; et un joule étant équivalent à 4,17 calories, le dégagement de chaleur produit en une seconde par un courant est $W = 4,17 \times I^2 \times R$ calories. Les mêmes formules s'appliquent au calcul de la puissance quand l'énergie du courant est employée à autre chose qu'à échauffer les conducteurs qu'il traverse.

190. Applications des effets calorifiques. — Eclairage par incandescence. — Quand on place dans le vide un fil conducteur fin et résistant, dans lequel on fait passer un courant, ce fil peut devenir incandescent sans se consumer ; s'il est assez rigide pour ne pas être brisé par la dilatation et assez réfractaire pour n'être ni fondu ni volatilisé, il peut être employé comme source lumineuse : c'est le principe des *lampes à incandescence*, qui se composent d'un mince filament de charbon (ou d'un fil métallique fondant au-dessus de 2000° : osmium, tungstène ou tantale) enfermé dans une ampoule de verre contenant de l'air très raréfié ou un gaz non comburant (*fig.* 256). Les extrémités du charbon sont mises en communication, par deux fils métalliques noyés dans un isolant, avec deux bornes placées dans la gaine qui entoure la base de l'ampoule, et qui servent à faire passer le courant.

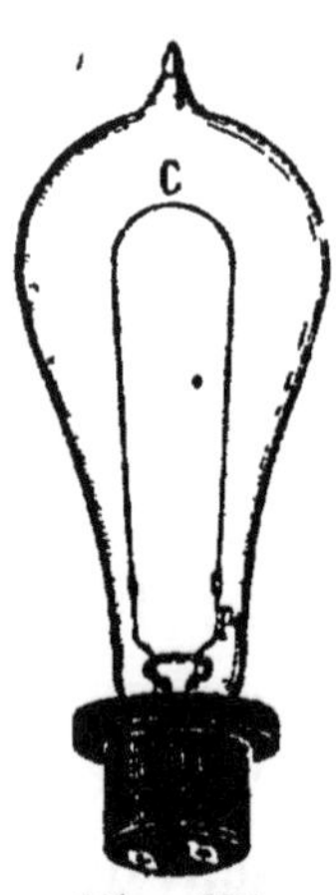

Fig. 256. Lampe à incandescence.

Les lampes à incandescence, isolées ou groupées en lustres, sont très employées aujourd'hui pour l'éclairage des appartements, des magasins, des théâtres ; elles fournissent une lumière douce et régulière, bien moins fatigante que celle des lampes à arc (193). Les plus employées ont une intensité lumineuse de 16 bougies et nécessitent une différence de potentiel de 110 à 120 volts ; leur résistance est de 180 à 220 ohms, ce qui oblige à les monter en dérivation ; elles fonctionnent difficilement avec le courant des piles.

Galvanocautère. — On utilise en chirurgie l'incandescence d'un fil fin de platine, traversé par un courant, pour cautériser les plaies, pour enlever les tumeurs, les polypes, sans perte de sang, la surface de séparation étant cautérisée à mesure que la partie malade est détachée.

191. Effets lumineux. — On n'observe pas d'étincelle quand on approche l'une de l'autre les extrémités des fils attachés aux pôles d'une pile ordinaire, parce que la différence de potentiel entre les pôles est trop faible ; il faudrait une pile de 2 000 éléments Volta pour obtenir une étincelle ayant seulement 1/2 millim. de longueur. Mais si après avoir mis les fils en contact pour permettre l'établissement du courant, on les écarte graduellement, on obtient une étincelle due à un courant induit qui vient renforcer le courant primitif (219) ; et si l'on maintient les extrémités des fils à une distance faible, les étincelles jaillissent d'une façon continue.

La couleur des étincelles dépend de la nature des conducteurs : elle est verte avec l argent, vert jaunâtre avec le cuivre ; en promenant l'un des fils sur une lime d'acier reliée à l'autre fil, il y a rupture du circuit chaque fois que le fil passe au-dessus d'un sillon de la lime, et il se produit des étincelles rougeâtres dues à la combustion dans l'air de petites parcelles d'acier. C'est le dégagement de chaleur qui se produit sur le trajet de l'étincelle qui porte à l'incandescence les parcelles arrachées aux conducteurs par le passage du courant ; et par suite les effets lumineux du courant sont une conséquence de ses effets calorifiques.

192. Arc voltaïque. — Si l'on relie aux pôles d'une pile de 50 à 60 éléments Bunsen montés en série, deux cônes de charbon de cornue horizontaux et qu'on les mette en contact, les pointes des cônes s'échauffent et rougissent par le passage du courant ; en les écartant alors légèrement, le courant continue à passer dans l'air échauffé qui est plus conducteur, l'étincelle devient continue et présente la forme d'un arc lumineux (*fig.* 257), extrêmement brillant par suite de l'incandescence des parcelles de charbon

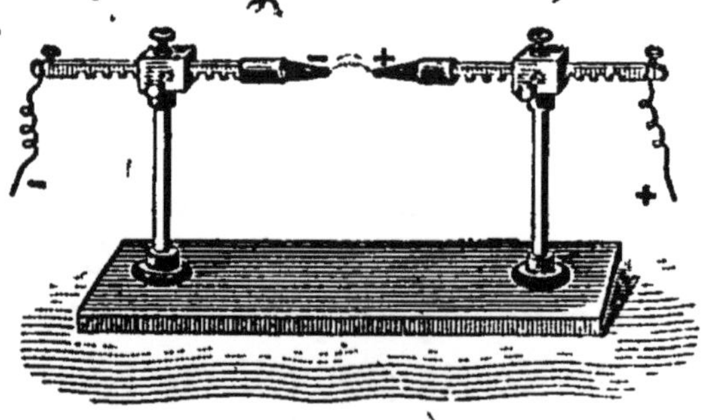

Fig. 257. — Arc voltaïque.

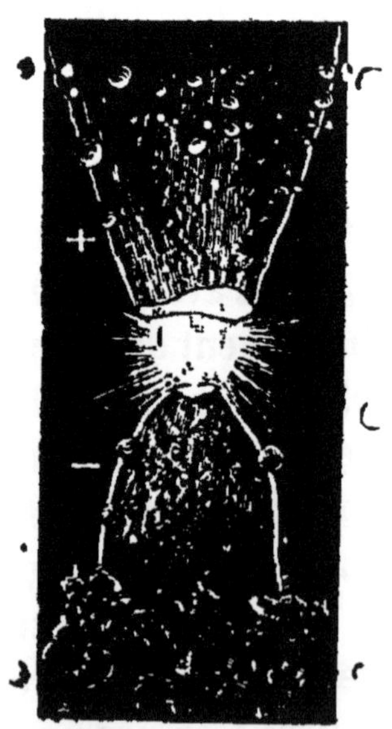

Fig. 258. — Projection de l'arc voltaïque.

entraînées, qui brûlent dans l'air. Davy qui a le premier observé ce phénomène, en 1821, lui a donné le nom d'*arc voltaïque*.

L'arc voltaïque est trop éblouissant pour que l'œil puisse en supporter l'éclat ; pour l'observer facilement, on en projette l'image sur un écran à l'aide d'une lentille ou d'une lanterne de projection (*fig.* 258) ; on constate ainsi que les pointes des charbons sont bien plus brillantes que l'arc lui-même qui est d'un rouge violacé ; le charbon positif est plus lumineux, et sur une plus grande longueur, que le charbon négatif, ce qui indique une température plus élevée ; il se creuse en forme de cratère, et s'use beaucoup plus vite que le charbon négatif qui conserve la forme d'une pointe émoussée ; il y a donc surtout transport de carbone du charbon positif au charbon négatif. L'usure des charbons, même dans le vide ou dans un gaz inerte, augmente la distance entre les deux pointes ; par suite la résistance de l'air interposé devient trop grande, le courant cesse de passer et l'arc s'éteint ; il faut, pour rétablir l'arc, rapprocher les charbons jusqu'au contact.

La température de l'arc voltaïque et du charbon positif est la même, quelle que soit l'intensité de l'arc ; elle correspond à l'ébullition du carbone, et a été évaluée à 3500°. Il faut pour établir l'arc une force électromotrice d'au moins 35 volts ; l'intensité lumineuse moyenne est de 850 bougies environ ; elle croit plus vite que l'énergie dépensée.

193. Applications de l'arc voltaïque. — Lumière électrique. — L'arc voltaïque est très employé pour l'éclairage, à cause de son grand pouvoir lumineux et de la blancheur de sa lumière qui ne change pas l'aspect des couleurs ; mais pour pouvoir l'utiliser, il faut rapprocher les charbons à mesure qu'ils s'usent, de façon à maintenir leur distance constante ; on y arrive à l'aide de *régulateurs*, d'un mécanisme trop compliqué pour que nous les étudiions ici, et dont les dispositions variées caractérisent surtout les différents systèmes de *lampes à arc*.

On peut aussi obtenir une lumière continue, sans régulateur, par la disposition connue sous le nom de *bougie Iablochkoff*, du nom de son inventeur (1876). Dans la bougie Iablochkoff (*fig.* 259) les deux charbons sont des cylindres de 22cm de haut et de 2 à 4mm de diamètre, placés verticalement non plus bout à bout, mais à côté l'un de l'autre ; ils sont séparés par un mélange isolant formé de plâtre et de kaolin, qui empêche l'arc de jaillir ailleurs qu'entre les extrémités des charbons, et qui est volatilisé dans l'arc à mesure que les charbons s'usent. Pour remplacer l'allumage par éloignement des charbons, qui n'est plus possible, on relie les extrémités des charbons par un mélange de gomme et de plombagine, qui rougit dès que le courant passe dans la bougie, puis disparait en déterminant la production de l'arc voltaïque.

Fig. 259. — Bougie Iablochkoff.

Le charbon positif s'usant plus vite que le charbon négatif, si l'on employait un courant continu comme celui d'une pile, une des extrémités s'abaisserait plus vite que l'autre et l'arc s'éteindrait ; aussi on fait passer dans les bougies électriques les courants alternatifs fournis par des machines magnéto-électriques ; chaque charbon étant alternativement positif et négatif, les deux s'usent également et l'arc n'est pas rompu ; mais le point lumineux s'abaisse graduellement comme dans une bougie, et ce déplacement, qui n'a pas d'inconvénient pour l'éclairage des rues, des théâtres, des usines, rend impossible l'emploi de la bougie électrique dans les phares, les appareils de projection, etc.

On place généralement les bougies par groupe de quatre dans un globe de verre opalin qui diffuse la lumière ; chacune dure environ 1 h. 1/2, et elles sont disposées de manière à s'allumer successivement.

Soudure électrique. — Les métaux, comme le fer, placés dans l'arc électrique sont fondus et soudés sans l'intermédiaire d'autres métaux.

Four électrique. — M. Moissan a utilisé dans le *four*

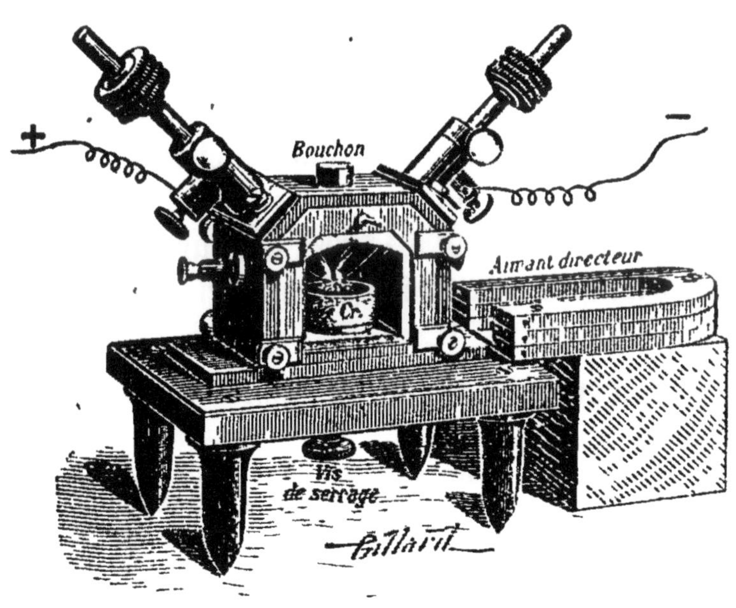

Fig. 260. — Four électrique.

électrique la haute température de l'arc voltaïque. Cet appareil (*fig.* 260) se compose essentiellement d'un bloc de pierre réfractaire creusé d'une cavité dans laquelle on introduit un creuset de plombagine, de chaux ou de magnésie contenant la matière à chauffer ; deux charbons obliques, mobiles, traversent les parois du four, et on fait jaillir l'arc voltaïque entre leurs extrémités. Il exige un débit de 1000 ampères sous une chute de potentiel de 80 volts ; la grosseur des charbons doit varier avec l'intensité employée.

Le four électrique fournit les plus hautes températures qui aient été observées ; il permet de fondre la chaux, la silice, de volatiliser tous les métaux ; il sert à préparer le carbure de calcium, l'aluminium et ses alliages, le manganèse, le carburé de silicium ou carborundum employé à polir les métaux ; il transforme le charbon aggloméré en graphite très pur et très conducteur, employé pour faire des électrodes.

Dans le *four à résistance* de M. Popp on peut, en faisant varier à volonté l'intensité du courant traversant une résistance constante, obtenir, avec une précision et une rapidité que ne peuvent donner les autres fours, des températures variant de 200° à 1500° ; ce four a une application importante dans la régénération des vieux métaux.

RÉSUMÉ DU CHAPITRE XIII

Lorsqu'on touche avec les mains les deux pôles d'une pile intense, on ressent au moment de l'établissement et de la rupture du courant une commotion analogue à celle d'une bouteille de Leyde. Le courant provoque aussi des contractions musculaires chez les animaux morts.

Le passage du courant dans un conducteur dégage une quantité de chaleur proportionnelle à la résistance du conducteur et au carré de l'intensité du courant. Des fils métalliques traversés par le courant sont rougis, fondus ou volatilisés, suivant leur nature et leurs dimensions Dans les *lampes à incandescence* on emploie comme source lumineuse un filament de charbon, placé dans un gaz raréfié, et porté à l'incandescence par le courant.

Quand on écarte graduellement les deux fils d'une pile assez forte, après les avoir mis en contact, des étincelles jaillissent entre eux d'une façon continue ; si les fils sont terminés par deux cônes de charbon de cornue, l'étincelle prend la forme d'un arc continu, extrêmement brillant, l'*arc voltaïque*. Le charbon positif est le plus lumineux et le plus chaud ; il se creuse en forme de cratère, et s'use plus vite que le charbon négatif ; sa température, et celle de l'arc, est évaluée à 3 500°

L'arc voltaïque est employé comme source lumineuse dans les *lampes à arc*, munies de régulateurs qui maintiennent constante la distance entre les charbons ; et dans la *bougie Jablochkoff* où les charbons, placés verticalement côte à côte, sont traversés par des courants alternatifs.

La haute température de l'arc est utilisée dans le *four électrique* pour fondre les matières les plus réfractaires.

CHAPITRE XIV

EFFETS CHIMIQUES DU COURANT. GALVANOPLASTIE

---

194. Electrolyse. — Lorsqu'on plonge les extrémités des deux fils d'une pile dans un liquide, ou bien ce liquide est un isolant, et le courant ne passe pas : c'est le cas de l'eau pure, de l'alcool, de la benzine ; ou bien le liquide est conducteur, et le courant passe. Dans ce cas, si le liquide est un corps simple, mercure ou métal fondu, il se comporte comme un conducteur solide et s'échauffe suivant la loi de Joule. Si c'est un corps composé, le passage du courant est toujours accompagné d'une décomposition du liquide à laquelle on a donné le nom d'*électrolyse*. On appelle *électrolyte* le liquide décomposé et *électrodes* les conducteurs qui servent à y faire passer le courant ; l'électrode reliée au pôle positif est l'*électrode positive* ou *anode*, point d'entrée du courant, et celle qui est reliée au pôle négatif, l'*électrode negative* ou *cathode*, point de sortie du courant. On appelle *ions* les produits de la décomposition : *anion*, ce qui apparaît sur l'anode, et *cathion* ce qui se porte sur la cathode.

Les corps qui se comportent comme des électrolytes sont tous des *sels* amenés à l'état de mobilité par fusion ou par dissolution, et dans ce dernier cas le courant décompose l'électrolyte et non le dissolvant. Un sel est formé d'un métal uni à un radical, simple comme le chlore, le brome dans les chlorures, bromures, ou composé comme SO^4 dans les sulfates ; les acides rentrent dans cette définition si l'on regarde l'hydrogène comme un métal.

Les résultats de l'électrolyse paraissent très compliqués et très variables suivant la nature des électrolytes, à cause des réactions qui peuvent se produire entre les corps séparés par l'électrolyse, les électrodes et le dissolvant ; mais ces *actions secondaires* sont des phénomènes chimiques indépendants de l'action du courant ; et si l'on ne considère que l'effet direct du courant, l'électrolyse se fait suivant les mêmes lois pour tous les corps : 1° le métal se sépare du radical auquel il était uni ; et 2° les corps séparés n'apparaissent que sur les électrodes, le métal sur la cathode et le radical sur l'anode ; dans la masse même du liquide, il n'y a jamais aucune décomposition visible.

Théorie de Grotthus. — On peut expliquer, ou plutôt figurer ce phénomène de l'apparition des éléments séparés sur les électrodes seules, par une hypothèse imaginée par Grotthus et modifiée ensuite par Clausius : le courant, en traversant par exemple du chlorure de sodium en dissolution, entraîne le métal vers la cathode, dans le sens du courant, tandis que le chlore va vers l'anode ; mais pendant que le chlore de la molécule la plus voisine de l'électrode se dégage, le sodium auquel il était uni se recombine au chlore de la molécule suivante, dont le sodium prend le chlore voisin, et ainsi de suite ; de sorte que le sodium voisin de la cathode reste seul libre. La même chose se produisant tant que le courant passe, il semble n'y avoir de décomposition de l'électrolyte qu'au contact des électrodes, les produits de la séparation apparaissant chacun sur l'une des électrodes seulement.

195. Exemples d'électrolyse : I. Electrolyse de l'acide sulfurique étendu. — La première électrolyse a été faite par Carlisle et Nicholson en 1800 ; ils obtinrent la décomposition de l'eau dans un appareil auquel on a donné le nom de *voltamètre* parce qu'il peut servir à mesurer l'intensité des courants (196). Le voltamètre (*fig.* 261) est un

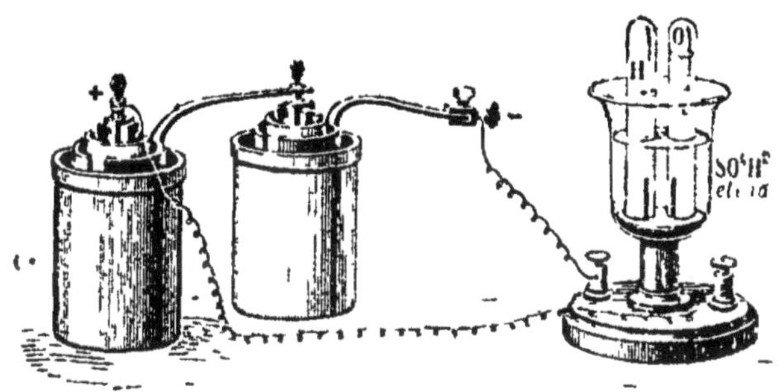

Fig. 261 — Voltamètre

verre dans le pied duquel passent deux fils de platine reliés à des bornes ; on le remplit d'eau additionnée d'acide sulfurique, et l'on renverse sur les deux fils deux éprouvettes graduées pleines d'eau acidulée. Si l'on met les bornes en communication avec les deux pôles d'une pile, on voit des bulles de gaz se former sur les électrodes de platine, et l'on recueille de l'oxygène dans l'éprouvette qui recouvre l'anode et de l'hydrogène en volume double de celui de l'oxygène dans celle qui est au-dessus de la cathode. Il semble donc que le courant ait décomposé l'eau ; mais en réalité l'eau pure n'est jamais décomposée par le courant qu'elle ne laisse pas passer, et c'est l'acide sulfurique qui a été décomposé en hydrogène sur la cathode et SO^4 sur l'anode ; ce radical, en réagissant sur l'eau a formé de l'oxygène qui se dégage, et une quantité d'acide sulfurique égale à celle qui avait été décomposée, de sorte qu'une faible quantité d'acide permet la décomposition d'une grande quantité d'eau. C'est pourquoi cette expérience, qui est en réalité l'électrolyse de l'acide sulfurique étendu, est généralement appelée *électrolyse de l'eau*, et sert en chimie à établir la composition de l'eau en volume.

II. Électrolyse de la potasse. — C'est par l'action du courant électrique sur la potasse, que l'on regardait comme un corps simple, que Davy découvrit le potassium en 1807. Pour répéter l'expérience, on place, sur une lame de platine reliée au pôle positif d'une pile forte, un morceau de potasse caustique humide, creusé dans sa partie supérieure d'une cavité dans laquelle on met du mercure communiquant avec le pôle négatif (*fig.* 262). La potasse se décompose en donnant de l'eau et de l'oxygène sur l'anode, et du potassium au contact du mercure, qui augmente de volume et devient pâteux en formant un amalgame avec le métal isolé. Il suffit de distiller cet amalgame dans un gaz inerte pour obtenir le potassium. C'est par le même procédé qu'on a décomposé la soude et la lithine, et isolé le sodium et le lithium. Les hydrates alcalins se comportent donc comme des sels dans lesquels l'eau joue le rôle d'acide.

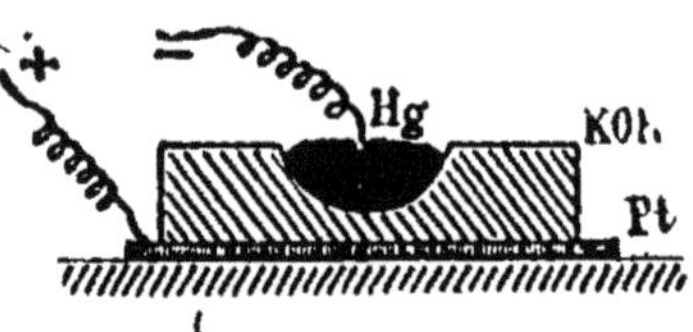

Fig. 262. — Électrolyse de la potasse.

III. Électrolyse d'un sulfate alcalin. — Si l'on met une dissolution de sulfate de potassium, additionnée de quelques gouttes de sirop de violettes, dans un tube en U, dans les branches duquel plongent deux lames de platine servant d'électrodes (*fig.* 263), quand on fait passer le

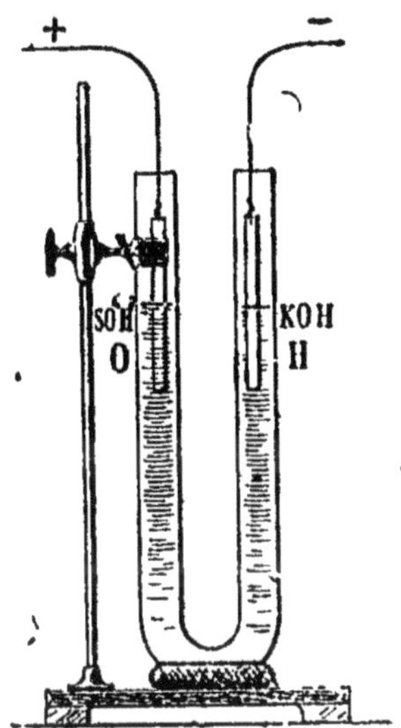

Fig. 263. — Électrolyse du sulfate de potassium.

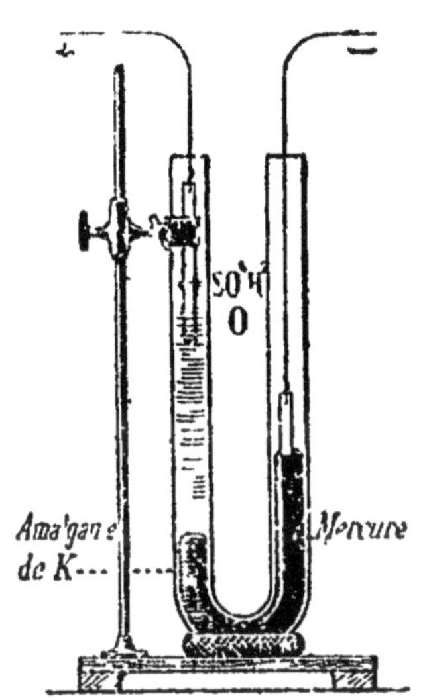

Fig. 264. — Électrolyse du sulfate de potassium au contact du mercure.

courant on voit le sirop rougir autour de l'anode où il se fait de l'acide sulfurique et un dégagement d'oxygène, et verdir autour de la cathode où il se fait de la potasse caustique et un dégagement d'hydrogène ; il semble donc qu'il y ait eu décomposition de l'eau et séparation du sel en acide et base. En réalité, l'électrolyse s'est faite suivant la règle générale ; mais le potassium formé sur la cathode a décomposé l'eau en donnant de la potasse et de l'hydrogène ; et le radical SO^4 formé sur l'anode réagissant aussi sur l'eau, a donné de l'acide sulfurique et de l'oxygène.

On peut le montrer en mettant au fond du tube en U du mercure, dans lequel on fait plonger par l'une des branches le fil négatif de la pile, tandis qu'on met au-dessus dans l'autre branche la solution de sulfate de potassium et l'anode de platine (*fig.* 264) ; le potassium séparé sur la cathode de mercure s'amalgame, et l'on ne constate plus sur cette électrode ni formation de potasse ni dégagement d'hydrogène.

Les autres sulfates alcalins donnent lieu aux mêmes réactions.

IV. Électrolyse du sulfate de cuivre. — On peut faire l'électrolyse du sulfate de cuivre dans le même appareil que celle du sulfate de potassium (*fig.* 265) ; avec les électrodes de platine on voit, dès que le courant passe, la cathode se recouvrir de cuivre métallique, tandis que des bulles d'oxygène se dégagent sur l'anode, autour de laquelle la proportion d'acide sulfurique augmente.

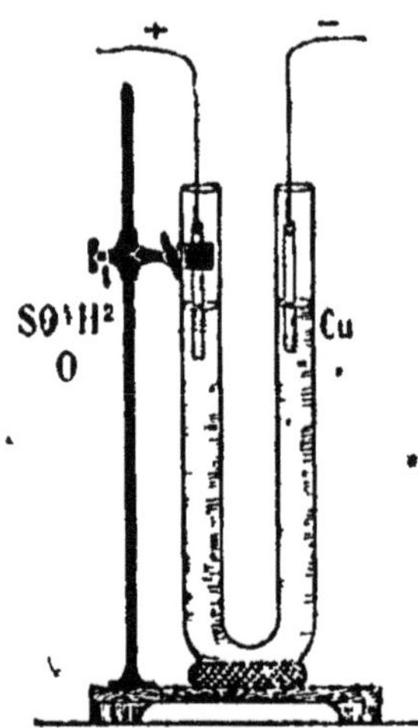

Fig. 265. — Électrolyse du sulfate de cuivre.

Si l'on prend comme électrodes des lames de cuivre, on n'observe plus de dégagement d'oxygène ; le radical SO^4 s'unit à l'anode pour reformer une quantité de sulfate de cuivre égale à celle que le courant a décomposée, de sorte que la dissolution garde une composition constante, et que l'anode perd un poids exactement égal à celui dont augmente la cathode. Il semble donc alors, par suite de la réaction des produits de la décomposition sur les électrodes, que le courant n'ait d'autre effet que de transporter du cuivre d'une électrode sur l'autre, dans le sens même du courant.

496. Lois de Faraday. — Les décompositions électrolytiques se font toujours suivant des lois qui ont été découvertes par Faraday, et que l'on peut vérifier par les expériences suivantes :

1° Si l'on intercale dans un même circuit plusieurs

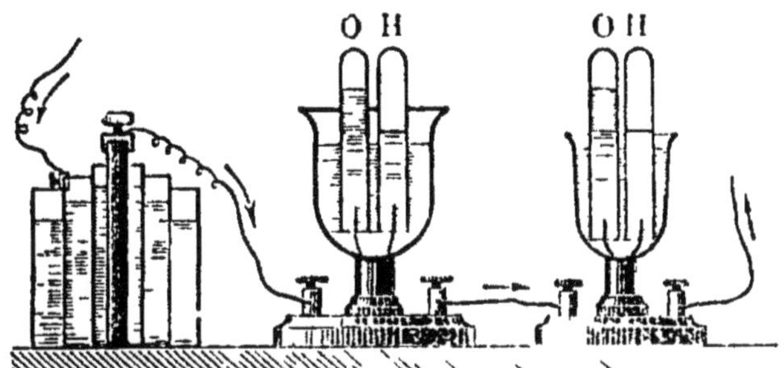

Fig. 266. — Équivalence des actions chimiques dans tous les points d'un circuit.

voltamètres différant par la forme et la capacité du vase, la nature et la grandeur des électrodes, mais contenant un même liquide, par exemple de l'eau acidulée (*fig.* 266), il

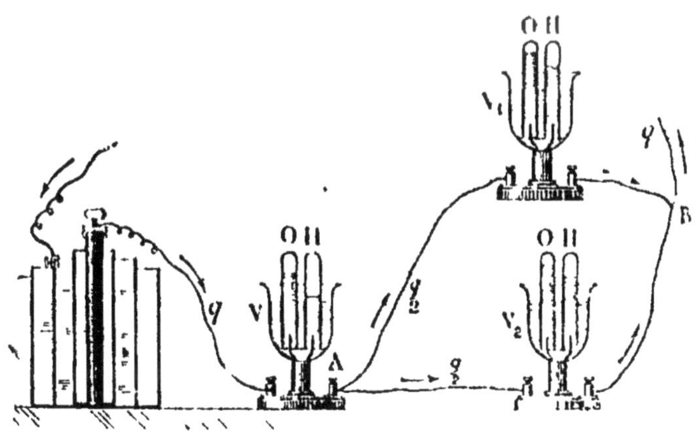

Fig. 267. — Proportionnalité de la quantité d'électrolyte décomposée à la quantité d'électricité.

se dégage dans tous, dans le même temps, la même quantité d'hydrogène. S'ils contenaient une dissolution de sulfate de cuivre, il y aurait dans tous le même poids de cuivre déposé sur la cathode. Le courant a donc la même action chimique dans toutes ses parties, et par suite l'intensité du courant est la même dans tout le circuit.

2° On divise le circuit en deux parties équivalentes, c'est-à-dire ayant même résistance, et l'on intercale un voltamètre dans chacune de ces parties (*fig.* 267) ; on constate que les quantités d'hydrogène dégagées dans chaque voltamètre sont égales, et que leur somme est égale à la quantité d'hydrogène qui se dégage dans un troisième voltamètre placé sur la partie non divisée du circuit : or la quantité d'électricité qui passe dans chaque branche du circuit n'est que la moitié de celle qui passe dans le circuit entier ; on peut donc en conclure que : **La quantité d'électrolyte décomposée est proportionnelle à la quantité d'électricité qui a traversé l'électrolyte.**

Cette loi permet de mesurer l'intensité moyenne d'un courant par la quantité d'hydrogène ou d'un corps déterminé qu'il met en liberté dans un temps donné ; c'est pourquoi le voltamètre peut servir à mesurer l'intensité des courants ou à vérifier la graduation des ampèremètres. Elle permet aussi de définir pratiquement l'unité de quantité d'électricité par l'action chimique qu'elle produit ; cette unité est, comme on l'a vu (124), le *coulomb*, quantité d'électricité qui met en liberté $0^{mg},01035$ d'hydrogène, ou $1^{mg},118$ d'argent ; et l'*ampère* est l'intensité d'un courant qui fournit un coulomb par seconde.

3° On place sur un même circuit des voltamètres ou des appareils électrolytiques contenant des électrolytes différents, par exemple un voltamètre à eau acidulée et d'autres contenant respectivement de l'azotate d'argent, du sulfate de cuivre, du sulfate de zinc, du chlorure d'or, etc. ; tous sont traversés par une même quantité d'électricité, et l'on constate que si le courant a dégagé 1^{g} d'hydrogène dans le premier voltamètre, il a déposé dans les autres 108^{g} d'argent, $31^{g},75$ de cuivre, 33^{g} de zinc ou $65^{g},3$ d'or ; or le poids atomique de l'argent, qui est monovalent, est 108 ; celui du cuivre, divalent, 63,5 ou 2 fois 31,75 ; celui du zinc, divalent, 66 ou 2 fois 33 ; celui de l'or, trivalent, 196 ou 3 fois 65,3. Par conséquent, pour chaque métal, le poids séparé par le courant correspond à une valence et l'on peut en conclure que : La même quantité d'électricité met en liberté des poids de métaux qui sont chimiquement équivalents ; elle rompt la même fraction de valences-grammes dans chacun des électrolytes.

197. Actions chimiques dans la pile — Pendant que le courant passe, il se produit dans les éléments de pile des actions chimiques analogues à celles que l'on observe dans les voltamètres, et qui suivent aussi les lois de Faraday ; si l'un des éléments est un couple de Volta disposé de façon à ce qu'on puisse recueillir l'hydrogène dégagé sur la lame de cuivre, on constate que cette quantité d'hydrogène est égale à celle qui se dégage, dans le même temps, dans un voltamètre placé sur le circuit ; et que le poids de zinc dissous dans chaque élément de la pile est de 33^g pour chaque gramme d'hydrogène dégagé.

Les actions chimiques du courant sont donc *équivalentes* à l'intérieur de la pile et dans le circuit extérieur ; la seule différence est que l'ensemble des réactions qui se passent dans la pile doit correspondre à un dégagement de chaleur, puisque c'est la chaleur fournie par l'action chimique qui se transforme en énergie électrique. Au contraire, les réactions qui se produisent dans les électrolyses absorbent de la chaleur et ne peuvent avoir lieu que si le courant leur en fournit par une transformation inverse de l'énergie électrique. On comprend donc pourquoi l'électrolyse de l'eau acidulée, impossible avec le courant d'un élément Daniell, peut avoir lieu avec un élément Bunsen ; c'est que la quantité de chaleur absorbée par la décomposition d'une molécule d'eau est plus grande que celle qui est dégagée par la transformation d'une molécule de sulfate de cuivre en sulfate de zinc, tandis qu'elle est moindre que la chaleur fournie par l'ensemble des réactions correspondant à la dissolution d'un atome de zinc dans l'élément Bunsen.

198. Applications de l'électrolyse. — L'électrolyse de l'eau est employée maintenant pour la *préparation industrielle de l'hydrogène et de l'oxygène*; quant à la décomposition des sels métalliques par le courant électrique, elle a donné lieu à des applications industrielles nombreuses et très importantes dont les principales sont la *galvanoplastie*, la *galvanisation*, l'*électrométallurgie* et la *préparation de la soude, du chlore et des chlorures décolorants*.

Électrométallurgie. — La métallurgie électrique, c'est-à-dire l'extraction ou la purification d'un métal par l'électrolyse, a pris un grand développement depuis que l'on est arrivé à produire à bon marché l'énergie électrique. On applique l'électrolyse à l'extraction du zinc du sulfate de zinc, à l'affinage du plomb et surtout du cuivre, à la préparation du magnésium, de l'aluminium et de ses alliages.

Pour *affiner le cuivre*, on emploie comme électrodes positives les plaques de cuivre très impur que fournit le traitement chimique du minerai, et il se fait un dépôt de cuivre pur sur les électrodes négatives formées d'une lame mince du même métal. Les matières qui étaient mélangées au cuivre s'accumulent dans le bain; on peut les recueillir et les soumettre à un traitement spécial pour en extraire l'or et l'argent qu'elles renferment en général, et dont la valeur compense à peu près les frais assez élevés du traitement. Le cuivre obtenu est surtout employé parce qu'il a une conductibilité électrique très grande.

On *prépare le magnésium* en électrolysant son chlorure fondu ; on emploie des électrodes de charbon ; et il faut éviter, par des dispositifs spéciaux, le contact du magnésium, qui se dépose à la cathode, avec le chlore qui se dégage à l'anode, et avec l'oxygène de l'air.

La *préparation de l'aluminium* se fait en électrolysant la cryolithe, fluorure double d'aluminium et de sodium, ou l'alumine qui est de l'oxyde d'aluminium ; on chauffe le minerai dans des cuves réfractaires qui permettent de le porter à une température assez élevée (1000° environ) pour le maintenir en fusion, car l'électrolyse ne peut se produire que si le corps est liquide ; et on emploie comme électrodes des lames de charbon de cornue ; le métal fondu se porte sur la cathode et tombe au fond de la cuve, car il est plus dense que le liquide électrolysé.

L'*électrolyse des chlorures alcalins* a pris une réelle importance ; le chlorure de sodium en dissolution électrolysé donne à la cathode du sodium, qui se transforme en soude au contact de l'eau, et du chlore qui se dégage sur l'anode si celle-ci est inattaquable ; les anodes qui donnent les meilleurs résultats sont en charbon de cornue cuivré, puis étamé, ou en platine ; et il faut séparer les deux électrodes par une cloison poreuse (porcelaine dégourdie, amiante ou parchemin) pour empêcher le chlore et la soude de réagir l'un sur l'autre ; cette cloison même se détériore rapidement.

Si on laisse les produits de l'électrolyse réagir l'un sur l'autre, il se fait d'abord de l'hypochlorite de sodium $ClONa$, qui se transforme à chaud en chlorate ClO^3Na ; on chauffe au début à 60°, et la température se maintient ensuite par le passage du courant. Le chlorate formé, peu soluble, se dépose au fond des cuves. Avec le chlorure de potassium, on obtient la potasse, l'hypochlorite ou le chlorate de potassium. L'électrolyse de l'eau de mer fournit une eau de Javel employée pour le lavage désinfectant des rues.

199. Galvanoplastie. — La galvanoplastie a pour but de modeler les métaux en les précipitant de leurs combinaisons par l'action du courant électrique. Elle a été inventée en même temps par Jacobi en Russie et Spencer en Angleterre, en 1837 et 1838.

Nous avons vu qu'il se fait, dans l'électrolyse du sulfate de cuivre, un dépôt de cuivre sur l'électrode négative ; si cette électrode est le moule en creux d'un objet, moule dont la surface doit être conductrice mais de nature à ne pas adhérer au cuivre, le cuivre qui s'y dépose, forme une couche qui, détachée du moule, présente en relief tous les creux du moule et inversement, et qui reproduit exactement l'objet. La galvanoplastie comprend donc la préparation des moules et la formation du dépôt métallique.

I. Fabrication des moules. — Les moules destinés à la galvanoplastie se font surtout en gutta-percha ; on ramollit la gutta dans l'eau chaude, et on l'applique en la pressant sur l'objet à reproduire, de façon à la faire pénétrer dans tous les creux et à envelopper toutes les parties en relief ; en se refroidissant, elle devient dure et reste assez élastique pour se détacher de l'objet en en gardant la forme. On peut aussi prendre l'empreinte avec une substance plastique, plâtre, cire, stéarine, pour les objets artistiques, ou gélatine pour les objets fragiles. On fait encore des moules métalliques, soit en coulant sur l'objet, recouvert d'une couche légère d'un corps gras, de l'alliage Darcet, composé de plomb, d'étain et de bismuth, alliage qui fond dans l'eau bouillante; soit en déposant sur l'objet, par galvanoplastie, une couche de cuivre qui détachée ensuite en donne l'empreinte.

Le moule obtenu doit être conducteur dans les parties destinées à recevoir le dépôt métallique, et non conducteur dans celles qui ne doivent pas être recouvertes. Les moules en gutta et en substances plastiques n'étant pas conducteurs, on enduit avec soin de plombagine les surfaces à recouvrir; on frotte aussi de plombagine les moules métalliques, pour empêcher l'adhérence du dépôt, mais il faut en outre recouvrir de cire ou de vernis non conducteur les surfaces à garantir contre le dépôt.

II. **Formation du dépôt métallique.** — Le moule étant préparé, pour obtenir par exemple une reproduction en cuivre de l'objet, on place le moule, relié au pôle négatif d'une pile, dans une cuve renfermant une dissolution concentrée de sulfate de cuivre (*fig.* 268); on met en

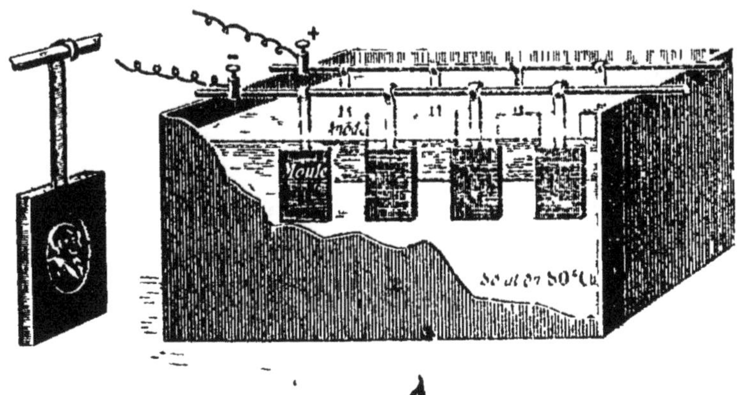

Fig. 268. — Appareil galvanoplastique composé.

regard du moule, comme *anode soluble*, une lame de cuivre qui est transformée en sulfate de cuivre par l'acide sulfurique mis en liberté, et qui perd autant de métal qu'il s'en dépose sur la cathode, maintenant ainsi la dissolution à l'état de concentration. Le courant doit être assez faible (0 amp, 3 par dm² de cathode), sans quoi le métal déposé sur le moule est grenu et cassant ; il faut 24 heures pour obtenir de 1mm à 1mm,5 d'épaisseur ; ce temps varie avec la nature du métal ; l'argent par exemple formerait dans le même temps, avec le même courant, une couche 3 fois plus épaisse ; on arrête l'opération quand la couche déposée a une épaisseur suffisante pour qu'on puisse la détacher du moule sans la briser.

L'appareil ainsi disposé a reçu le nom d'*appareil composé*, parce que le vase contenant la dissolution de sulfate de cuivre est distinct de la pile qui fournit le courant. On obtient les mêmes résultats avec l'*appareil simple*, qui n'est autre qu'un élément Daniell dans lequel le moule remplace la lame de cuivre formant l'anode (*fig.* 269); mais la solution de sulfate de cuivre et les moules sont placés dans la cuve extérieure, tandis que l'eau acidulée et les lames de zinc formant les cathodes sont dans des vases poreux disposés dans la cuve en face des moules. Les lames de zinc et les moules sont reliés, à l'extérieur de la pile, par un fil conducteur. Le sulfate de cuivre est décomposé par l'hydrogène provenant de l'action de l'acide sulfurique par le zinc, et le cuivre se dépose sur les moules.

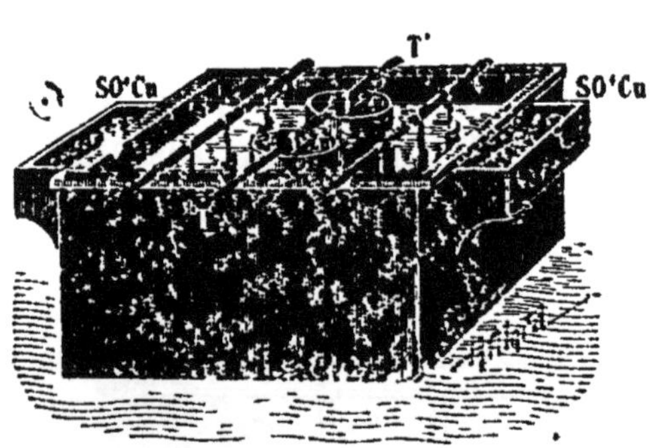

Fig. 269. — Appareil galvanoplastique simple.

Comme il n'y a pas d'électrode soluble pour maintenir la dissolution saturée, on place dans de petites cuves latérales des cristaux de sulfate de cuivre qui se dissolvent à mesure que la solution s'appauvrit ; mais la proportion d'acide sulfurique augmente par suite de la décomposition du sulfate de cuivre par le courant ; et pour empêcher le bain de devenir trop acide, il faut, au bout d'un certain temps, le neutraliser par l'addition de craie et le filtrer pour enlever le sulfate de calcium formé.

On peut obtenir des reproductions galvanoplastiques avec d'autres métaux que le cuivre, en employant des dissolutions salines et des électrodes solubles convenablement choisies.

Applications. — La galvanoplastie permet de reproduire des médailles, des bas-reliefs, des statues ; l'une de ses plus remarquables applications est la reproduction des gravures sur bois : les clichés en cuivre ainsi obtenus, renforcés par une couche d'alliage des caractères d'imprimerie coulée sur leur revers, peuvent supporter un tirage bien plus élevé que le bois gravé ; aussi les emploie-t-on pour l'impression des figures des livres. De plus, on peut tirer plusieurs clichés absolument semblables de la même gravure, et grouper ensuite sur une même planche un certain nombre de reproductions identiques du même dessin ; c'est ce que l'on fait pour le tirage des timbres-poste, des billets de banque, etc.

200. **Galvanisation.** — La galvanisation ou électrochimie a pour but de recouvrir un objet d'une couche métallique mince et adhérente, pour le préserver contre les influences atmosphériques ou lui donner un aspect plus décoratif.

I. **Cuivrage.** — On peut, par l'électrolyse du sulfate

de cuivre dans un appareil à galvanoplastie, recouvrir des objets en fonte de fer d'une couche de cuivre moins altérable et qui leur donne l'aspect du bronze ; mais comme le fer est attaqué par le sulfate de cuivre, le dépôt formé à sa surface serait pulvérulent, et pour obtenir un dépôt de cuivre adhérent il faut, avant de plonger l'objet dans le bain, recouvrir le fer d'une couche de minium qu'on rend ensuite conductrice en la frottant de plombagine.

Le cuivrage est très employé pour rendre moins oxydables les agrafes, les patères, les vis, les fils télégraphiques, les plaques de blindage ; pour donner l'apparence du bronze aux statues, colonnes, candélabres de becs de gaz, etc.

II. Argenture et dorure. — L'argenture et la dorure galvaniques par lesquelles on recouvre d'argent ou d'or des ustensiles de vaisselle, des couverts, etc. ont surtout

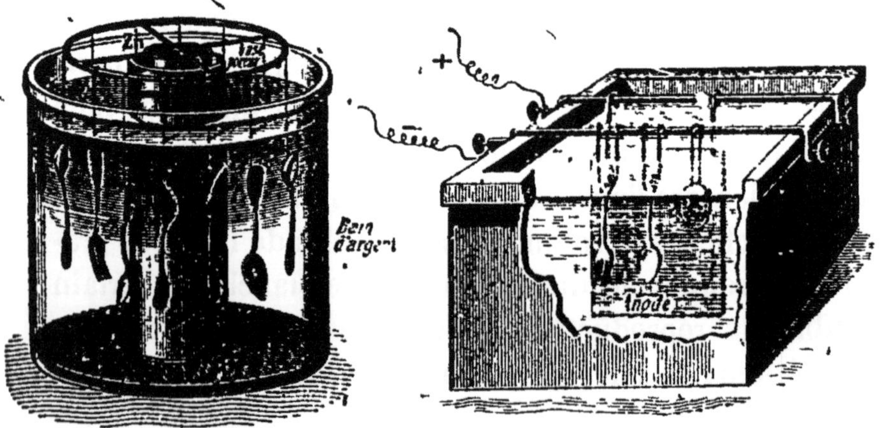

Fig. 270. — Appareil simple pour argenture.

Fig. 271. — Appareil composé pour argenture.

une importance pratique considérable ; elles ont été découvertes vers 1840, à la suite des essais de de La Rive, par Elkington en Angleterre et de Ruolz en France, et rendues industrielles par M. Christofle. Elles remplacent presque complètement aujourd'hui la dorure et l'argenture par le mercure, procédé très dangereux pour les ouvriers à cause des vapeurs de mercure qui se produisaient quand on chauffait l'objet recouvert d'amalgame d'or ou d'argent pour en chasser le mercure.

Pour recouvrir d'argent un objet de cuivre, par exemple, on emploie le même appareil, simple (*fig.* 270) ou composé (*fig.* 271), que pour la galvanoplastie ; mais pour la dorure, si l'on veut qu'elle soit solide, il faut que le bain soit maintenu à la température de 70° (*fig.* 272). L'anode est une lame d'argent ou d'or ; comme les sels d'argent ou d'or sont acides, attaquent la surface de l'objet à recouvrir et donnent par l'électrolyse un dépôt pulvérulent, on emploie comme liquide à décomposer une dissolution de cyanure double d'argent ou d'or et de potassium, qui est alcaline et donne un dépôt homogène et adhérent. On y fait plonger comme cathode les objets à recouvrir, dont la surface doit être au préalable *décapée*. Le *décapage* a pour but d'enlever l'oxyde ou les corps gras qui pourraient recouvrir l'objet et empêcher l'adhérence du dépôt ; il se fait mécaniquement, en frottant l'objet avec des brosses métalliques, ou chimiquement, en le chauffant puis le trempant dans de l'acide sulfurique ou de l'acide azotique étendu, et le lavant ensuite avec de l'alcool et de l'eau.

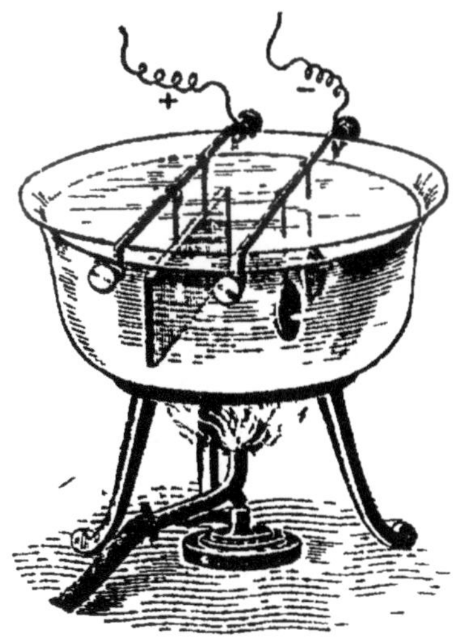

Fig. 272. — Capsule pour dorure à chaud.

Quand le courant passe, il se fait sur l'objet un dépôt d'argent ou d'or, et sur l'anode un dégagement de cyanogène, qui reforme avec elle du cyanure.

Lorsque la couche déposée est assez épaisse, on retire l'objet du bain ; il est alors mat et terne, on le lave à l'eau distillée, on le sèche dans de la sciure de bois légèrement chauffée et on le *brunit*, c'est-à-dire qu'on le polit en le frottant avec une brosse dure ou avec des outils d'acier ou d'agate.

III. Nickelage. — Depuis quelques années on recouvre souvent les objets en fer ou en cuivre de nickel, métal d'un blanc brillant très peu altérable et qui garde longtemps son poli. Le nickelage s'obtient par l'électrolyse d'une dissolution de sulfate double de nickel et d'ammonium. Les objets à nickeler doivent aussi être décapés avant le nickelage, et brunis après.

RÉSUMÉ DU CHAPITRE XIV

Les sels conducteurs à l'état liquide sont décomposés par le passage du courant ; le métal ou l'hydrogène se sépare du radical auquel il était uni ; les corps séparés n'apparaissent que sur les électrodes, le métal ou l'hydrogène sur l'électrode négative, le radical sur l'électrode positive. Les réactions des produits de la décomposition sur le dissolvant ou les électrodes font paraître variables les résultats de l'*électrolyse*.

L'électrolyse de l'*acide sulfurique étendu*, dans un voltamètre, paraît produire la décomposition de l'eau; en réalité, c'est l'acide qui est décomposé en hydrogène sur l'électrode négative, et SO^4 qui avec l'eau reforme l'acide et de l'oxygène sur l'électrode positive.

Les *hydrates alcalins* peuvent être décomposés à l'état solide, au contact d'une électrode négative de mercure qui forme un amalgame avec le métal séparé.

Les *sulfates alcalins* paraissent se dédoubler en acide et base, avec décomposition de l'eau.

L'électrolyse du *sulfate de cuivre* avec des électrodes de cuivre semble produire seulement un transport de cuivre de l'électrode positive sur l'électrode négative

Les décompositions électrolytiques suivent les *lois de Faraday* : l'action chimique du courant et son intensité sont les mêmes dans tout le circuit ; la quantité d'électrolyte décomposée est proportionnelle à la quantité d'électricité qui traverse l'électrolyte ; la même quantité d'électricité met en liberté des poids de corps chimiquement équivalents.

Les actions chimiques qui se produisent dans la pile sont équivalentes à celles qui se produisent dans le circuit extérieur ; mais elles correspondent toujours à un dégagement de chaleur.

L'électrolyse est utilisée dans l'*électrométallurgie* pour l'extraction du zinc, l'affinage du cuivre, la préparation de l'aluminium.

La *galvanoplastie* est l'art de modeler les métaux en les précipitant de leurs combinaisons par l'électrolyse. Dans l'appareil composé, le moule de l'objet est placé comme électrode négative dans une dissolution d'un sel du métal à modeler, l'electrode positive étant formée d'une lame de ce métal ; le métal déposé sur le moule reproduit exactement l'objet. Dans l'appareil simple, le moule remplace dans l'élément même la lame de cuivre servant d'électrode positive. La galvanoplastie permet de reproduire des médailles, des statues, des planches gravées, etc.

La *galvanisation* ou *électrochimie* a pour but de recouvrir un objet d'une couche métallique mince et adhérente. Le cuivrage des objets en fer : agrafes, vis, fils télégraphiques, statues, colonnes, etc., s'obtient par l'électrolyse du sulfate de cuivre ; la dorure et l'argenture des ustensiles de vaisselle, couverts, bijoux, par l'électrolyse du cyanure double d'argent ou d'or et de potassium ; le nickelage du fer ou du cuivre, par l'électrolyse du sulfate double de nickel et d'ammonium.

CHAPITRE XV

ACTION DU COURANT SUR L'AIGUILLE AIMANTÉE GALVANOMÈTRE

201. Expérience d'Œrstedt. Règle d'Ampère. — Le courant électrique n'a pas seulement des effets sur le conducteur qu'il parcourt ; il peut encore agir sur des conducteurs ou des aimants placés dans son voisinage ;

ces actions extérieures du courant ont été observées pour la première fois par Œrstedt en 1820. Pour répéter l'expérience d'Œrstedt, on place au-dessus d'une aiguille aimantée mobile sur un pivot vertical un fil métallique parallèle à l'aiguille, c'est-à-dire dans le plan du méridien magnétique, et l'on y fait passer un courant (*fig.* 273) : aussitôt l'aiguille est déviée de sa position d'équilibre et tend à se mettre en croix

Fig. 273. — Expérience d'Œrstedt.

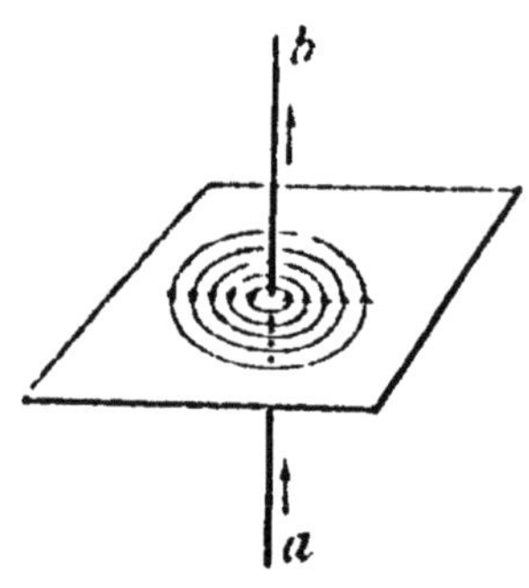

Fig. 274. — Champ magnétique d'un courant.

avec le fil. Un courant produit donc autour de lui un champ magnétique dont les lignes de force sont normales à la direction du courant, et par suite forment des cercles concentriques ayant le courant pour centre ; on le vérifie en faisant passer un fil de cuivre, parcouru par un courant très intense, à travers une lame de verre que l'on saupoudre de limaille ; la limaille dessine des cercles autour du fil (*fig.* 274).

Si l'on fait varier le sens du courant ou la position du fil, en le plaçant au-dessous de l'aiguille par exemple, l'aiguille est toujours déviée, mais le sens de la déviation varie. Ampère a indiqué une règle simple qui permet de trouver facilement le sens de la déviation dans tous les cas : si l'on suppose un observateur couché sur le fil conducteur de façon que le courant lui entre par les pieds et sorte par la tête, la figure toujours tournée vers l'aiguille, le pôle nord de l'aiguille se porte toujours vers la gauche de l'observateur ; les lignes de force du champ vont donc de sa droite vers sa gauche. On convient d'appeler gauche et droite du courant la gauche et la droite de l'observateur, et la règle d'Ampère peut alors s'énoncer sous cette forme plus simple : **Lorsqu'un courant rectiligne agit sur un aimant mobile, l'aimant tend à se placer perpendiculairement au courant, son pôle nord se portant toujours à la gauche du courant.** Par exemple dans le cas de la figure 273, l'observateur, couché à plat ventre, a sa gauche en avant du plan de la figure, le pôle nord de l'aiguille viendrait donc en avant de ce plan. Si, le sens du courant restant le même, le fil était placé au-dessous de l'aiguille, l'observateur devrait faire un demi-tour et se coucher sur le dos pour regarder l'aiguille, sa gauche irait donc en arrière du plan de la figure et l'aiguille tournerait en sens contraire de la première déviation.

L'action du courant sur l'aiguille aimantée permet donc de reconnaître l'*existence* d'un courant par la déviation de l'aiguille, et le *sens* du courant par le sens de cette déviation. Comme l'aiguille est soumise à la fois à l'action du courant qui tend à la faire mettre en croix avec le fil, et à celle de la Terre qui tend à la ramener dans le plan du méridien magnétique, elle prend la direction de la résultante de ces deux forces ; la déviation est d'autant plus grande que le courant est plus intense, et par suite elle permet aussi de mesurer l'*intensité* du courant. Mais si le courant est peu intense, l'action de la Terre rend la déviation de l aiguille très peu sensible ; on peut amplifier cette déviation soit en augmentant l'effet du courant par le *multiplicateur de Schweigger*, soit en diminuant l'action de la Terre par le *système astatique de Nobili.*

202. **Multiplicateur.** — Si l'on replie le fil conducteur de façon à former un rectangle vertical ABCDE autour de l'aiguille aimantée (*fig.* 275), on voit facilement que si

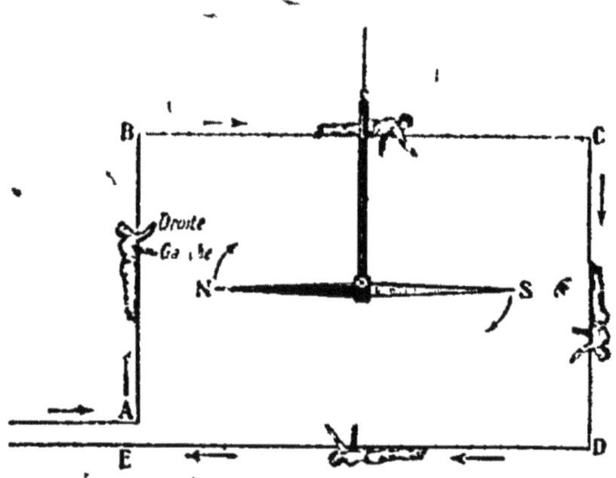

Fig. 275. — Principe du multiplicateur.

l'on suppose l'observateur d'Ampère glissant le long du fil en regardant toujours l'aiguille, sa gauche reste toujours du même côté (en arrière du plan de la figure dans le cas de la figure 275) ; les quatre parties du rectangle ont donc toutes pour effet de faire dévier le pôle nord de l'aiguille dans le même sens ; et si l'on fait tourner le fil un grand nombre de fois autour de l'aiguille, toujours dans le même sens, la déviation de l'aiguille sera considérablement augmentée. Les différents tours de fil doivent être bien isolés ; aussi on emploie un fil conducteur recouvert de soie ou de gutta-percha, et on l'enroule sur un cadre de bois rectangulaire, vertical, au centre duquel on place l'aiguille aimantée ; l'appareil ainsi construit, imaginé par Schweigger, a reçu le nom de *multiplicateur*.

Il n'y a pas avantage à augmenter indéfiniment le nombre des tours de spire, parce que ces tours s'éloignant de plus en plus de l'aiguille, leur effet diminue rapidement ; et surtout parce que, à mesure que la longueur du fil augmente, sa résistance augmente, et par suite l'intensité du courant diminue.

203. Système astatique. — On appelle *système astatique* un système de deux aiguilles aimantées fixées à une même tige non magnétique, parallèlement, mais en sens contraires, et de manière à ne pouvoir tourner l'une sans l'autre autour de leur axe vertical commun (*fig.* 276). La Terre ayant sur les deux aiguilles des actions contraires, son action directrice sur le système est la différence entre les actions qu'elle exerce sur chaque aiguille, et peut être rendue aussi faible que l'on veut. Pour que le système soit rigoureusement astatique, c'est-à-dire insensible à l'action de la Terre et sans position fixe d'équilibre, il faudrait que les deux aiguilles aient une aimantation identique; mais ce système soumis à l'action d'un courant se placerait toujours en croix avec lui, quelque faible que soit le courant. Dans la pratique, on donne aux deux aiguilles une aimantation un peu différente, de sorte que la Terre a sur le système une action très faible, mais suffisante pour que la déviation varie avec l'intensité du courant.

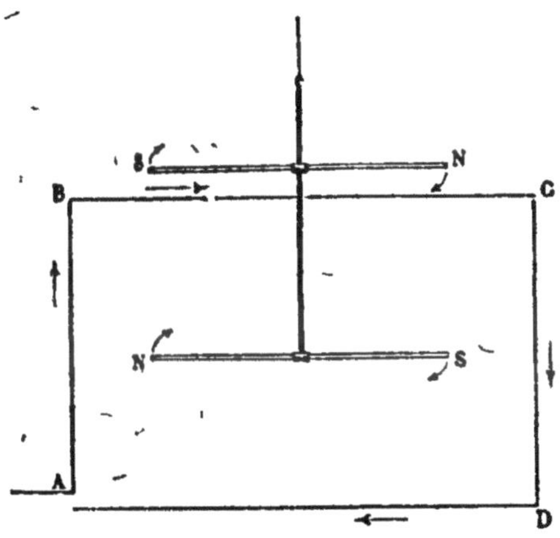

Fig. 276. — Système astatique et multiplicateur.

Si l'on place une des aiguilles d'un système astatique à l'intérieur du cadre ABCDE d'un multiplicateur, et l'autre au-dessus, l'action concordante de toutes les parties du cadre sur l'aiguille intérieure fera, comme on l'a vu (202), dévier son pôle nord en arrière du plan du cadre. En appliquant la règle d'Ampère, on constate que le pôle nord de l'aiguille extérieure est dévié en arrière du plan par les parties AB, CD et DE du courant, et en avant par la partie BC ; l'action de cette dernière partie s'ajoute à celle du cadre sur l'aiguille intérieure, tandis que les autres sont contraires ; et comme la partie BC est bien plus près de l'aiguille extérieure que les trois autres, son action est beaucoup plus grande, de sorte que la déviation est encore augmentée par la présence de l'aiguille extérieure.

204. **Galvanomètre.** — Les galvanomètres sont des instruments qui servent à mesurer l'intensité des courants. Ils sont une application directe de l'expérience d'Œrstedt, et le galvanomètre ordinaire, de Nobili, se compose essentiellement d'un multiplicateur et d'un système astatique disposés de façon à mesurer facilement l'intensité de courants même très faibles,

Description. — Le multiplicateur est un cadre rectangulaire aplati, vertical, sur lequel un fil de cuivre recouvert de soie blanche fait un grand nombre de tours (*fig.* 277); les extrémités de ce fil se rendent à deux bornes métalliques, auxquelles on fixe les fils qui amènent le courant. Le cadre est monté sur un plateau en laiton, mobile autour de son centre, et porté par un trépied à vis calantes.

Le système astatique est suspendu par un fil de cocon à un bouton de rappel porté par deux colonnes ; l'aiguille inférieure passe par une ouverture du cadre à l'intérieur du multiplicateur; l'aiguille supérieure se meut au-dessus d'un cercle horizontal en cuivre rouge, divisé en degrés

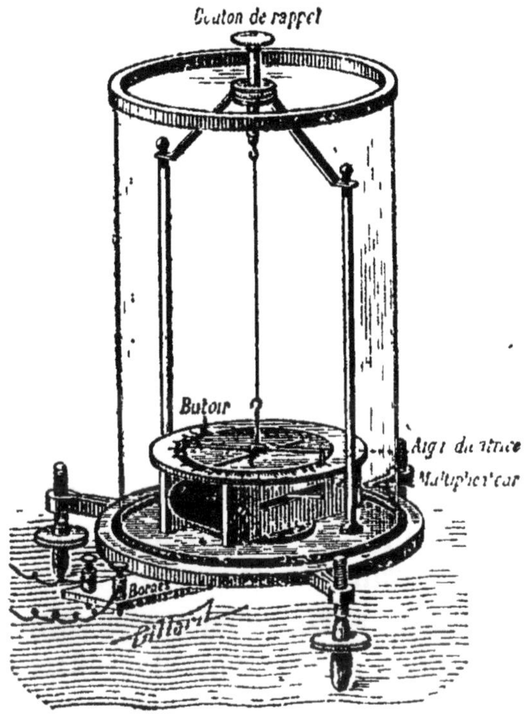

Fig. 277. — Galvanomètre de Nobili.

de 0 à 90 de part et d'autre d'un même diamètre; des butoirs placés aux degrés 90 empêchent l'aiguille de faire plusieurs tours si le courant envoyé dans l'appareil est trop intense. Le multiplicateur et le système astatique sont enfermés dans une cage de verre qui les protège contre la poussière et les agitations de l'air, et qui laisse les bornes à l'extérieur.

Fonctionnement. — Pour se servir du galvanomètre, on fait tourner les vis calantes de façon à rendre le cercle divisé bien horizontal, et à amener exactement au centre de ce cercle l'axe des aiguilles qui doivent se mouvoir très librement ; puis on fait tourner le cadre jusqu'à ce que le diamètre correspondant au zéro de la graduation soit sous l'aiguille supérieure, c'est-à-dire que le plan des tours du multiplicateur soit dans le méridien magnétique.

Si l'on fait passer un courant dans l'appareil, le sens de la déviation des aiguilles indique la direction du courant dans le fil.

En plaçant dans le même circuit un galvanomètre et un voltamètre, on constate que, tant que la déviation ne dépasse pas 15 à 20°, elle est proportionnelle à la quantité d'hydrogène dégagée, et par suite à l'intensité du courant ; et que, pour une même indication du voltamètre, la déviation est toujours la même. On peut donc marquer en face des degrés du cercle gradué l'intensité correspondante, et se servir du galvanomètre pour mesurer directement l'intensité d'un courant ; il a sur le voltamètre l'avantage d'indiquer des courants de l'ordre du millionième d'ampère, qui n'auraient aucun effet sur le voltamètre, car un tel courant devrait passer dans le voltamètre pendant 100 jours environ pour dégager 1^{cm3} d'hydrogène, et de donner la valeur de l'intensité à chaque instant, tandis que le voltamètre ne donne que la valeur moyenne de l'intensité pendant toute la durée de l'expérience ; en outre, il est d'un emploi bien plus facile.

RÉSUMÉ DU CHAPITRE XV

Si l'on place un fil métallique parcouru par un courant au voisinage d'une aiguille aimantée en équilibre, l'aiguille est déviée (expérience d'Œrstedt), et son pôle nord se porte toujours à la gauche du courant (règle d'Ampère).

La déviation de l'aiguille peut être amplifiée en augmentant l'action du courant par le *multiplicateur*, dans lequel le fil fait un grand nombre de tours, toujours dans le même sens, autour de l'aiguille ; ou en diminuant l'action de la Terre par l'emploi d'un *système astatique* de deux aiguilles aimantées parallèles et de sens contraires, invariablement reliées, et presque identiques.

Le *galvanomètre* sert à mesurer l'intensité des courants ; il se compose d'un multiplicateur et d'un système astatique dont l'aiguille extérieure est mobile sur un cercle gradué ; la déviation indique l'intensité du courant, dont le sens est indiqué par le sens de la déviation.

CHAPITRE XVI

AIMANTATION PAR LES COURANTS. ÉLECTRO-AIMANTS PRINCIPE DE LA TÉLÉGRAPHIE ÉLECTRIQUE.

---

205. Expérience d'Arago. — L'expérience d'Œrstedt conduisit Arago (1820) à la découverte d'un fait qui devait avoir des conséquences pratiques très importantes : c'est qu'un fil métallique quelconque, un fil de cuivre par exemple, traversé par un courant et plongé dans la limaille de fer, attire cette limaille comme le ferait un aimant. Dès que le courant cesse, la limaille retombe : les propriétés magnétiques du fil ne durent donc qu'autant qu'il est parcouru par le courant.

Mais si le fil traversé par le courant est en acier, on constate que l'aimantation subsiste après que le courant a cessé; de même une aiguille d'acier placée en croix avec un courant s'aimante peu à peu, le pôle nord de l'aimant formé étant à la gauche du courant comme le faisait prévoir la règle d'Ampère ; et l'aiguille conserve son aimantation après que le courant a cessé.

On peut donc obtenir, par l'action des courants, soit des aimants permanents, soit des aimants temporaires auxquels on a donné le nom d'*électro-aimants* ou simplement d'*électros.*

206. Solénoïdes. — L'aimantation de l'acier par le procédé d'Arago ne se produit que si l'on dispose de courants très intenses ; pour augmenter les effets du courant, on enroule sur un tube de verre par exemple, toujours dans le même sens, un fil de cuivre recouvert de soie pour que les tours de spire soient isolés, et l'on fait passer le courant dans ce fil (*fig.* 278) ; on forme ainsi ce qu'on appelle une *bobine* ou un *solénoïde.*

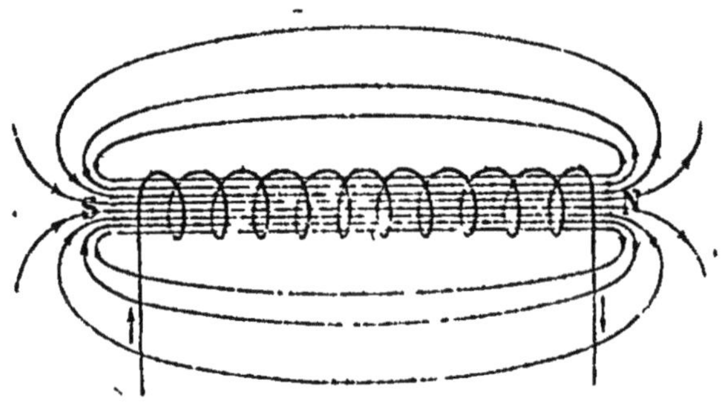

Fig 278. — Champ magnétique d'un solénoïde.

Un champ magnétique se produit à l'intérieur de cette bobine et dans le voisinage de ses extrémités ; les lignes de force, à l'intérieur, sont parallèles à l'axe, et au dehors elles s'écartent les unes des autres, comme celles d'un aimant au voisinage des pôles. Si l'on déplace une petite aiguille aimantée à l'intérieur de la bobine, on trouve que le sens du champ (107), c'est-à-dire le sens qui va du pôle S au pôle N de cette aiguille, est dirigé vers la gauche du courant, comme l'indique la règle d'Ampère. Le champ extérieur est le même que celui d'un barreau aimanté dont les faces terminales seules seraient aimantées.

Si l'on présente les extrémités d'un solénoïde aux pôles

d'un aimant mobile, on constate des attractions et des répulsions comme si le solénoïde était un aimant, mais le phénomène cesse dès que l'on supprime le courant. Si l'on rend un solénoïde mobile autour d'un axe perpendiculaire à l'axe des spires, il s'oriente comme une aiguille aimantée, l'axe du solénoïde dirigé suivant la méridienne magnétique. Ce sont ces analogies entre les solénoïdes et les aimants qui ont conduit Ampère à supposer que, dans le champ magnétique d'un aimant, les lignes de force se continuent à travers l'aimant, et que les aimants doivent leurs propriétés à des courants circulant autour de leurs molécules, courants que l'aimantation aurait pour effet d'orienter de façon que leurs axes soient tous dirigés dans le même sens.

207. Aimantation de l'acier. — On obtient l'aimantation de l'acier en employant la disposition suivante imaginée par Ampère : on place le barreau à aimanter, une aiguille à tricoter par exemple, à l'intérieur d'un solénoïde dans lequel on fait passer le courant (*fig.* 279). Le barreau est

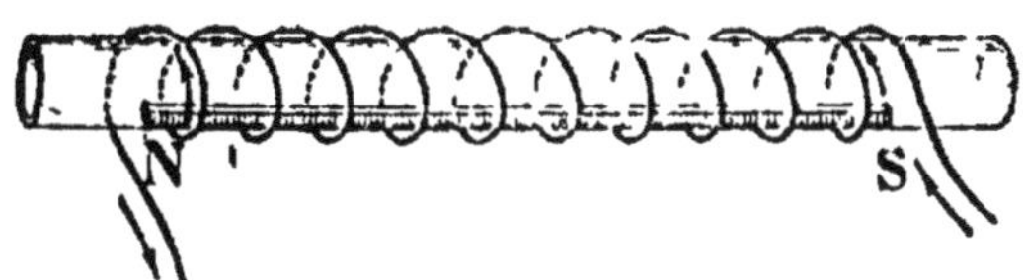

Fig. 279. — Aimantation de l'acier par le courant.

sensiblement en croix avec chaque tour de spire, et tous les tours ont une action concordante, comme ceux du multiplicateur sur l'aiguille aimantée ; l'aimantation est très forte et rapide. Il se fait un pôle nord à la gauche du courant, c'est-à-dire du côté de l'extrémité de l'hélice où un observateur placé au dehors et regardant vers l'axe de l'hélice voit le courant circuler dans le fil en sens inverse du mouvement des aiguilles d'une montre ; le pôle sud se fait à l'autre extrémité.

C'est par ce procédé, bien plus commode que l'action des aimants, qu'on fabrique aujourd'hui les aimants artificiels.

Si, après avoir enroulé le fil dans un sens, on le replie

Fig. 280. — Production de points conséquents.

de façon à changer le sens de l'enroulement et par suite du courant (*fig.* 280), il se forme à chaque changement de sens des pôles intermédiaires ou *points conséquents*.

208. Aimantation du fer doux. Électro-aimants. — Un barreau de fer doux, placé dans un solénoïde, s'aimante plus rapidement et plus fortement qu'un barreau d'acier ; il ne change pas le sens du champ magnétique de la bobine, mais il en augmente beaucoup l'intensité. Si le fer est bien doux, c'est-à-dire s'il ne contient pas de carbone, son aimantation cesse instantanément quand on interrompt le passage du courant ; et les aimants temporaires ainsi obtenus sont très puissants.

Fig. 281. — Électro-aimant droit.

On donne aux électro-aimants des formes variables suivant l'usage auquel ils sont destinés. Les électro-aimants *droits* (*fig.* 281) sont formés d'un cylindre de fer doux placé dans l'axe d'une bobine de bois ou de verre sur laquelle est enroulé, toujours dans le même sens, un fil de cuivre recouvert de soie. Les deux extrémités du fil peuvent être reliées aux conducteurs qui amènent le courant soit directement, soit par l'intermédiaire de bornes auxquelles elles aboutissent.

Comme les électro-aimants sont le plus souvent destinés à attirer une armature de fer doux, on les courbe en général pour rapprocher les deux pôles et leur permettre d'agir simultanément ; dans ce cas, le noyau de fer doux est recourbé en *fer à cheval* (*fig.* 282) et chacune de ses extrémités porte une bobine sur laquelle s'enroule le fil de cuivre isolé; ce fil passe de l'une à l'autre sans recouvrir la partie courbe, ce qui n'augmenterait pas la puissance de l'aimant, puisque la région moyenne d'un aimant est toujours neutre; mais l'enroulement doit être tel qu'il produise aux deux extrémités des pôles de noms contraires, et par suite, qu'en supposant le noyau redressé, l'hélice de l'une des bobines soit la continuation de celle de l'autre; il doit donc paraître de sens contraire sur les deux bobines, à un observateur qui regarde les deux pôles de l'électro-aimant.

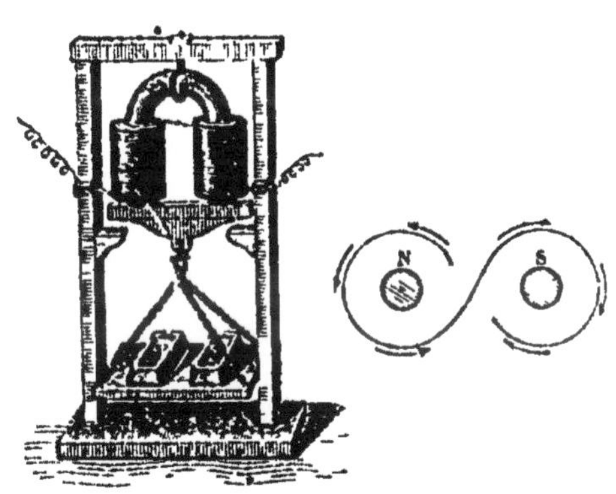

Fig. 282. — Électro-aimant en fer à cheval.

On remplace souvent le noyau en fer à cheval, qui peut acquérir par sa courbure une certaine force coercitive (111) par deux bobines parallèles, reliées par une traverse de fer doux (*fig.* 283); ces électro-aimants *à trois pièces* tiennent moins de place et sont plus faciles à construire que ceux en fer à cheval, et ils ont les mêmes propriétés.

Les électro-aimants sont plus puissants que les aimants permanents; leurs applications reposent surtout sur leur propriété de n'agir comme aimants que pendant le passage du courant; aussi pour éviter le *magnétisme rémanent* (111), qui se produit si le fer des noyaux n'est pas absolument pur, et qui empêche l'armature de se détacher aussitôt que le courant cesse, on interpose une feuille de papier entre les pôles et l'armature; ou bien on fixe à l'armature un ressort qui ne l'empêche pas d'être attirée quand le courant passe dans les bobines, mais qui l'écarte des pôles dès que le courant cesse.

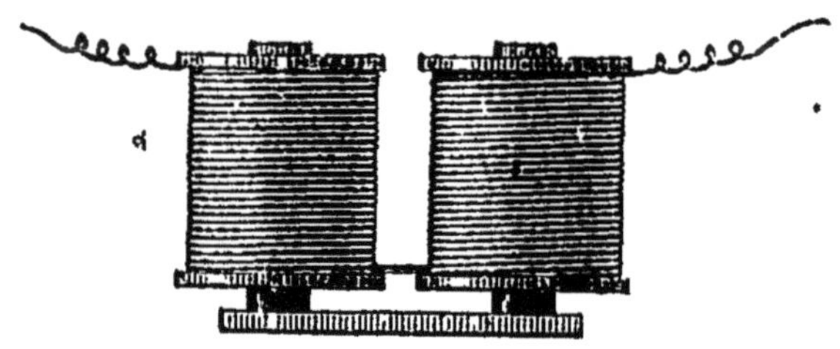

Fig. 283. — Électro-aimant à trois pièces.

Les électro-aimants sont le principe de la plupart des actions mécaniques de l'électricité, bien qu'ils aient l'inconvénient de ne produire que des mouvements très limités, et de ne pas fonctionner d'une façon assez sûre pour qu'on puisse les employer si l'on ne peut pas surveiller constamment le fonctionnement des contacts; ils constituent une des parties essentielles dans les sonneries électriques, les télégraphes, les téléphones, les horloges électriques, les régulateurs de lumière électrique, les machines dynamo et magnéto-électriques, etc.

209. Sonnerie électrique. — Une sonnerie électrique (*fig.* 284) se compose d'un électro-aimant *bb'* devant les pôles duquel est placée une armature de fer doux *a*, portant un marteau qui vient frapper sur un timbre quand l'armature est attirée par l'électro-aimant. Au repos, l'armature, qui est mobile autour d'une lame élastique, s'appuie par un ressort *r*, contre une borne B à laquelle s'attache un des fils d'une pile. L'autre fil de la pile est fixé à une seconde borne à laquelle aboutit l'une des extrémités du fil de l'électro-aimant ; l'autre extrémité de ce fil est reliée à la lame qui porte l'armature.

L'un des fils de la pile est interrompu en un point, et ses deux tronçons sont disposés de telle sorte qu'en ap-

Fig. 284. — Sonnerie électrique.

Fig. 285. — Bouton d'appel.

puyant sur un *bouton d'appel* (*fig.* 285), on ferme le circuit ; le courant de la pile passe alors d'une borne à l'autre par l'électro-aimant, l'armature et le ressort ; mais aussitôt le noyau des bobines devient aimant et attire l'armature, dont le ressort quitte la borne : le courant se trouve donc interrompu, l'électro-aimant cesse d'attirer l'armature, le ressort revient en contact avec la borne, rétablissant ainsi le courant, et ainsi de suite. Chaque fois que le courant est rétabli, le marteau frappe un coup sur le timbre; on augmente le nombre d'oscillations à la seconde en augmentant l'élasticité du ressort, en diminuant la masse du marteau et la longueur de la tige qui le porte; la sonnerie fonctionne donc tant qu'on appuie sur le bouton d'appel.

La disposition de l'armature est dite *à trembleur* à cause de la rapidité de ses oscillations; elle est employée non seulement dans la sonnerie, mais encore dans d'autres appareils, comme la bobine de Ruhmkorff, les diapasons électriques, pour provoquer l'interruption et le rétablissement rapides du courant.

Télégraphie électrique.

210. Principe du télégraphe électrique. — On appelle télégraphe tout appareil qui permet de transmettre des signaux à de grandes distances. Avant même la découverte de la pile, on avait pensé à utiliser la rapidité avec laquelle l'électricité se propage à travers un fil conducteur pour transmettre à distance des signes conventionnels, et permettre la communication presque instantanée entre des stations très éloignées. Les premiers essais ont été faits par Lesage en 1774; après l'invention de la pile et les expériences d'Œrstedt, Ampère établit en 1820 le principe de la télégraphie électrique, mais l'appareil qu'il proposait était encore trop compliqué; ce n'est qu'après les travaux de Wheatstone, Steinheil, etc., et l'invention par Morse en 1837 d'un appareil fondé sur les propriétés des électro-aimants, que la télégraphie électrique entra dans la pratique, et fit de véritables progrès.

Dans la plupart des systèmes employés actuellement, le

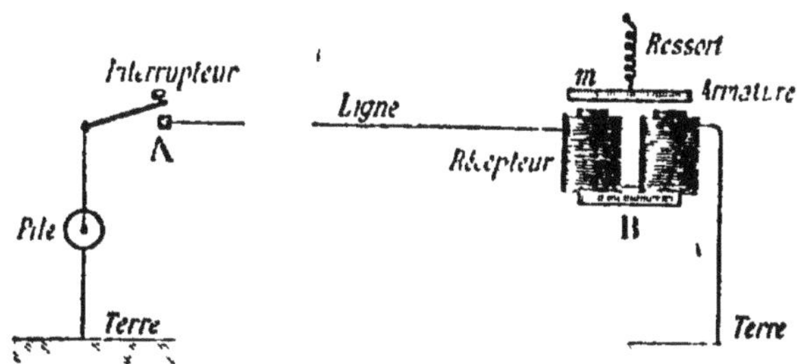

Fig. 286. — Principe du télégraphe électrique.

principe est le même : à la station A est installé un appareil interrupteur appelé *transmetteur* ou *manipulateur*, qui permet d'envoyer à volonté le courant d'une pile dans un fil conducteur ou *fil de ligne* (*fig.* 286) ; ce fil aboutit, à la station B, dans un autre appareil appelé *récepteur*, composé essentiellement d'un électro-aimant, d'où le courant revient à la pile. Chaque fois que le manipulateur de A met en communication la pile et le fil de ligne, le courant passe dans le récepteur de B, et l'armature est attirée par l'électro-aimant ; dès que le manipulateur interrompt le courant, l'armature s'éloigne ; on comprend que les mouvements de l'armature puissent être combinés comme nombre et comme durée, ou mettre en jeu divers appareils de façon à produire des signaux représentant par exemple les lettres de l'alphabet.

Au début de la télégraphie, on employait deux fils pour relier les stations A et B : le fil de ligne, par lequel le courant passait de A en B, et le *fil de retour* par lequel il revenait de B à la pile. Steinheil a montré, en 1837, que l'on peut supprimer le fil de retour, et faire communiquer avec la terre, par de larges plaques de cuivre enfoncées dans un sol bien conducteur, en A celui des pôles de la pile qui n'est pas relié au manipulateur, et en B l'extrémité du fil du récepteur ; tout se passe alors comme si la terre servait de fil de retour, puisqu'en mettant un des points du circuit d'une pile en communication avec le sol, on ne change pas la force électromotrice de la pile (171). Comme la résistance du sol est presque négligeable relativement à celle d'un long fil métallique, cette disposition a l'avantage, en diminuant de moitié la longueur du fil à employer, de réduire d'autant non seulement la dépense, mais encore la résistance du circuit ; l'intensité du courant est donc presque doublée, ce qui permet d'employer des piles moins fortes.

Un seul fil suffit même pour envoyer les dépêches alternativement dans les deux sens, à condition qu'il y ait une pile à chaque station, et que le manipulateur permette d'envoyer soit le courant de la pile du poste dans le fil de ligne, soit le courant du fil de ligne dans le récepteur du même poste.

211. Organes essentiels d'une ligne télégraphique. — L'ensemble d'une ligne télégraphique comprend essentiellement à chaque station : 1° une pile qui fournit le courant ; 2° un manipulateur qui transmet les signaux ; 3° un récepteur qui les reçoit ; et 4° entre les deux stations un fil de ligne qui les met en communication.

Le manipulateur et le récepteur varient suivant le système de télégraphe employé ; mais la pile et le fil de ligne sont généralement les mêmes, quel que soit le système.

Pile. — Les piles doivent être formées d'éléments à courant constant, d'assez longue durée et d'entretien peu coûteux ; ce sont les éléments Daniell, Callaud, et de Lalande qui sont les plus employés.

Ligne. — Pour les *lignes aériennes*, on emploie en général du fil de fer de 4mm de diamètre, galvanisé, c'est-à-dire recouvert de zinc pour éviter l'oxydation. Il est soutenu, de distance en distance, par des isolateurs de porcelaine (*fig.* 287) fixés à des poteaux en bois de sapin injecté, ou à des poteaux de fer pour les lignes très chargées. La déperdition d'électricité par les supports varie avec l'état de l'atmosphère.

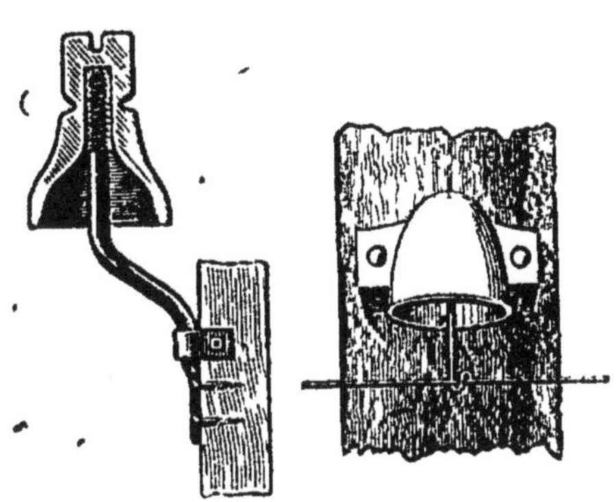

Fig. 287. — Isolateurs pour fils télégraphiques.

On est quelquefois obligé, dans la traversée des grandes villes par exemple, de faire passer les fils de ligne dans le sol qui est conducteur ; on se sert pour ces *lignes souterraines* de câbles formés d'une série de fils de cuivre entourés par une couche de gutta qui les isole, et protégés par un tube de plomb.

242. Télégraphe Morse. — Le système télégraphique inventé par Morse est l'un des plus usités, bien qu'il ait l'inconvénient d'employer une écriture spéciale qui exige un apprentissage assez long ; mais il est simple, se dérange rarement et laisse une trace écrite des dépêches.

I. Manipulateur. — Le manipulateur (*fig.* 288, 289) se compose d'un levier de cuivre, mobile autour d'un axe auquel aboutit le fil de ligne, et portant à l'une de ses extrémités une poignée isolante, à l'autre, une pointe métallique ; quand l'appareil est au repos, un ressort *r* maintient cette pointe appuyée sur un bouton métallique *b* qui communique avec le récepteur du poste ; le manipulateur permet alors le passage dans le récepteur du courant venant par le fil de ligne. Le levier porte, du côté

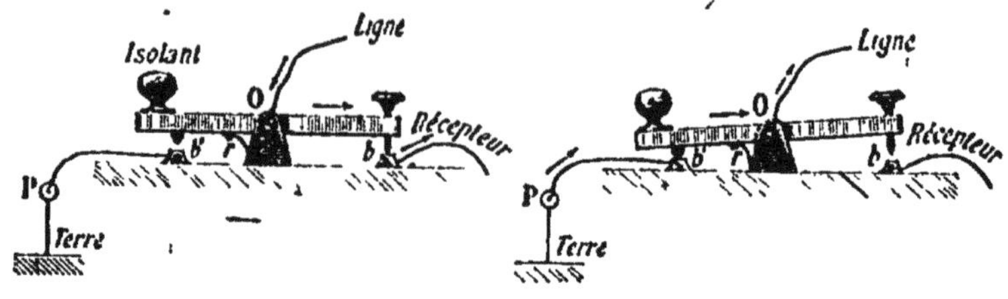

Fig. 288. — Principe du manipulateur Morse.

de la poignée, une seconde pointe métallique qui, lorsqu'on appuie sur la poignée, vient toucher un autre bouton

Fig. 289. — Manipulateur Morse.

b', communiquant avec l'un des pôles d'une pile dont l'autre pôle est relié au sol; le courant de la pile passe donc dans le fil de ligne et va au récepteur de l'autre poste ; dès qu'on cesse d'appuyer sur la poignée, le ressort relève le levier et le courant cesse de passer ; on peut donc envoyer dans le fil de ligne une succession de courants plus ou moins prolongés.

II. Récepteur. — Le récepteur de Morse, un peu modifié par MM. Digney (*fig.* 290, 291), se compose essentiellement d'un électro-aimant vertical, dont l'armature est fixée à l'extrémité d'un levier tournant autour d'un axe

O ; l'autre extrémité du levier se termine par une pointe recourbée qui vient, quand l'armature est attirée, appuyer

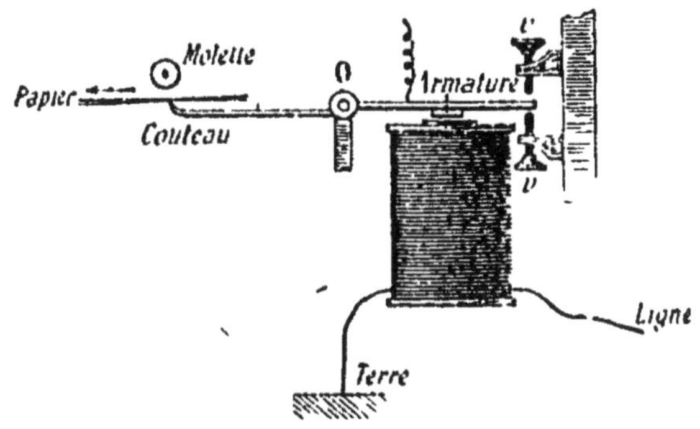

Fig. 290. Principe du récepteur Morse.

une bande de papier sur une molette frottant contre un tampon imbibé d'encre grasse. La bande de papier,

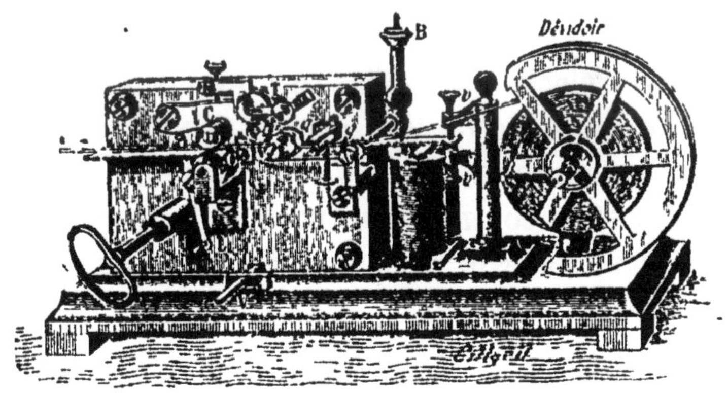

Fig 291.— Récepteur Morse.

enroulée sur une roue très mobile, est entraînée avec une vitesse uniforme par un mouvement d'horlogerie ; quand le courant passe dans l'électro-aimant, la molette trace donc sur la bande de papier un trait, plus ou moins long suivant la durée du courant ; dès que le courant cesse, un ressort soulève l'armature, abaissant la pointe du levier, et le papier cesse de toucher la molette. Deux vis v, v' permettent de régler le mouvement du levier pour que l'armature ne puisse ni s'éloigner beaucoup de l'électro-aimant, ni venir en contact avec lui quand il est traversé par le courant, afin d'éviter le magnétisme rémanent.

On n'emploie que deux caractères différents qu'on obtient en appuyant plus ou moins longtemps sur la poignée du manipulateur : le *point*, qui est une ligne très courte, et le *trait* auquel on donne toujours la même longueur ; on représente toutes les lettres de l'alphabet par des combinaisons de 1 à 4 de ces caractères, comme l'indique la figure 292 ; on laisse entre les lettres successives d'un mot un intervalle plus grand qu'entre les différents caractères d'une même lettre. Un employé exercé peut transmettre, avec le télégraphe Morse, environ 40 lettres par minute.

Avertisseur. — Chaque poste télégraphique est muni d'une sonnerie électrique destinée à prévenir les employés qu'un autre poste désire transmettre une dépêche ; elle est mise en communication avec la ligne quand l'appareil est au repos, et un commutateur permet d'envoyer le courant de la ligne dans le récepteur dès que l'employé est prêt à recevoir la dépêche.

213. Autres systèmes télégraphiques. — Les systèmes télégraphiques sont trop nombreux, et généralement trop compliqués, pour être étudiés ici ; nous citerons seulement sans les décrire :

Le *télégraphe Bréguet*, ou *télégraphe à cadran*, qui est usité dans l'industrie privée et quelquefois encore dans les petites gares de chemins de fer, parce que son emploi n'exige aucun apprentissage : le manipulateur présente un cadran portant toutes les lettres de l'alphabet ; une manivelle percée d'une fenêtre tourne autour du centre du cadran, on l'arrête au-

ALPHABET	
Lettres	Signaux
a	· —
b	— · · ·
c	— · — ·
d	— · ·
e	·
f	· · — ·
g	— — ·
h	· · · ·
i	· ·
j	· — — —
k	— · —
l	· — · ·
m	— —
n	— ·
o	— — —
p	· — — ·
q	— — · —
r	· — ·
s	· · ·
t	—
u	· · —
v	· · · —
x	— · · —
y	— · — —
z	— — · ·
ch	— — — —
w	· — —
ä	· — · —
é ou ë	· · — · ·
ï	— · · — —
ñ	— — · — —
ö	— — — ·
ü	· · — —

CHIFFRES		
Chiffres	Signaux	Forme abrégée
1	· — — — —	· —
2	· · — — —	· · —
3	· · · — —	· · · —
4	· · · · —	· · · · —
5	· · · · ·	· · · · ·
6	— · · · ·	— · · · ·
7	— — · · ·	— · · ·
8	— — — · ·	— · ·
9	— — — — ·	— ·
0	— — — — —	—
Barre de fraction	— · · — ·	— ·

Signes de ponctuation	Signaux
Point . . . . . . (.)	· · · · · ·
Point et virgule . (;)	— · — · — ·
Virgule . . . . . (,)	· — · — · —
Deux points . . . (:)	— — — · · ·
Point d'interrogation (?)	· · — — · ·
Point d'exclamation (!)	— — · · — —
Apostrophe . . . (')	· — — — — ·
Trait-d'union . . (-)	— · · · · —
Guillemets . . . (« »)	· — · · — ·
Parenthèses . . . ( )	— · — — · —
Alinéa	· — · — · ·
Souligné (av. ou ap. le mot ou le membre de phrase).	· · — — · —
Double trait . . (=)	— · · · —

Indications de service	Signaux
Appel (préliminaire de toute transmission). . .	— · — · —
Demande de répétition d'une transmis. non comprise	· · — — · ·
Compris.	· · · — ·
Erreur	· · · · · · · ·
Fin de transmission	· — · — ·
Invitation à transmettre	— · —
Attente	· — · · ·
Réception terminée.	· · · — · —

Fig. 202. — Signaux Morse.

dessus de la lettre à envoyer. Les courants produits pendant la rotation de la manivelle sont transmis au récepteur, qui comprend aussi un cadran portant les lettres de l'alphabet, sur lequel tourne une aiguille ; et l'aiguille vient s'arrêter sur la lettre indiquée par la manivelle du manipulateur.

Ce système a l'inconvénient de ne laisser aucune trace écrite de la dépêche.

Le télégraphe *Hughes*, dont on fait usage sur la plupart des grandes lignes télégraphiques ; le manipulateur présente des touches analogues à celles d'un piano, correspondant chacune à une lettre ; et le récepteur imprime la dépêche en caractères ordinaires. Il permet donc une transmission plus rapide puisqu'il n'y a qu'une émission de courant pour chaque lettre, et qu'il n'y a pas besoin de transcrire la dépêche.

214. Télégraphie sous-marine. — Pour les lignes reliant des postes séparés par la mer, le fil de ligne qui est immergé dans un milieu conducteur et qui a une longueur très grande doit être entouré d'une couche isolante et présenter une grande solidité. Il comprend donc (*fig.* 293) : un conducteur ou *âme* composé de plusieurs fils de cuivre rouge tordus ensemble ; une *enveloppe isolante*, formée de plusieurs couches de gutta-percha recouvertes de jute ou de filin de chanvre

Fig. 293. — Câble sous-marin.

goudronné ; et une *armature protectrice*, formée de fils de fer galvanisés, recouverts de chanvre et goudronnés, enroulés en hélice allongée autour de la couche isolante. L'ensemble forme un câble pesant plus de 600kg par kilomètre, et constitue un véritable condensateur d'une capacité considérable. Aussi les courants, quelle que soit leur intensité, ne s'y propagent que lentement, ne cessent pas immédiatement et n'arrivent à l'extrémité du câble que très affaiblis. On ne peut donc se servir des systèmes télégraphiques ordinaires : on envoie dans le câble des courants alternatifs de sens contraires, et l'on emploie des récepteurs d'une extrême sensibilité.

215. Télégraphie sans fil. — La télégraphie a fait un progrès très important, par suite de la découverte, faite par Marconi en 1897, de la possibilité de recueillir, à plusieurs centaines de kilomètres de leur point de départ et sans l'intermédiaire d'aucun fil, des ondes électriques spéciales, dont nous allons essayer d'indiquer le principe.

Supposons deux vases A et B (*fig.* 294) contenant un liquide à des niveaux différents et communiquant par un tube de caoutchouc muni d'un robinet R. Si le tube est long et étroit, il offre une grande résistance au passage du liquide, et lorsqu'on ouvre le robinet l'égalité de niveau s'établit peu à peu, *sans oscillations*. Si, au contraire, le tube est large et court, il offre une résistance negligeable, et le liquide, se précipitant brusquement de A en B, dépasse en B le niveau moyen, puis revient en A, et ne réalise l'égalité de niveau qu'après un certain nombre d'oscillations, dont l'amplitude diminue graduellement par suite des frottements ; l'écoulement se produit donc *alternativement dans les deux sens*.

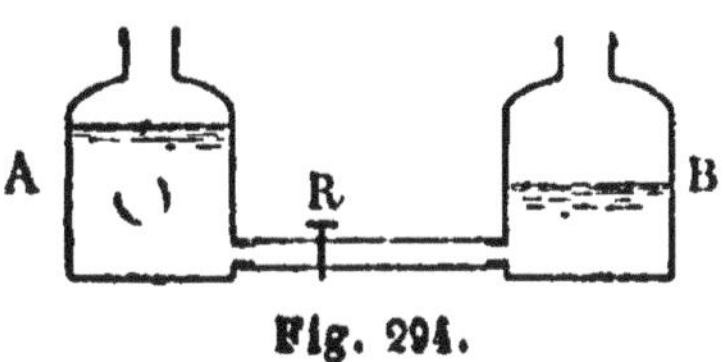

Fig. 294.

De même si nous mettons en communication les deux armatures d'un condensateur par un fil long et fin, la décharge est continue ; mais si le fil est gros et court, par suite très peu résistant, et surtout s'il est enroulé en spirale de façon à donner lieu à des effets de self induction (210), *la décharge est oscillante*, comme si l'électricité positive était passée en trop grande quantité de l'armature A à l'armature B, puis revenait de B en A pour retourner de A en B, etc. ; il y a donc, au lieu d'une seule étincelle, une série *d'étincelles alternatives* que l'on ne distingue pas à cause de leur succession trop rapide, mais que l'on peut montrer à l'aide d'un miroir tournant. On obtient des oscillations très rapides avec l'*excitateur de Hertz* (*fig.* 295) composé de deux sphères métalliques A et B communiquant avec les deux pôles d'une puissante bobine de Ruhmkorf (221) et reliées à deux conducteurs métalliques A', B' qui constituent avec A et B un condensateur de faible capacité. Quand l'étincelle

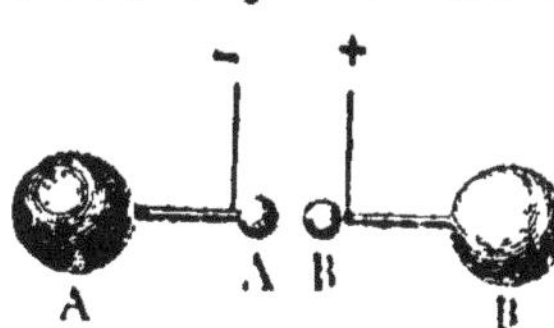

Fig. 295. — Excitateur de Hertz.

due à la bobine jaillit entre A et B, la résistance entre ces deux points devient négligeable (157) et le condensateur AA', BB' se décharge à son tour en oscillations de l'ordre du billionième de seconde. On constate alors que, des conducteurs placés dans la salle où fonctionne l'oscillateur, mais sans communication avec lui, on peut tirer des étincelles comme s'ils étaient chargés ; et qu'un tube isolant contenant de la limaille métallique qui conduit mal l'électricité, devient conducteur pendant la décharge oscillante, car le circuit de la pile P (*fig.* 296) se ferme alors au travers de la limaille et fait dévier l'aiguille d'un galvanomètre G ; la conductibilité de la limaille cesse dès qu'on imprime un choc au tube. Il semble donc que l'espace ait été modifié par la décharge oscillante comme si cette *succession très rapide de courants alternatifs* avait ébranlé l'air en y produisant de véritables ondes électriques, analogues aux ondes sonores et surtout aux ondes lumineuses, d'où le nom d'*ondes hertziennes* qui leur a été donné. Ces ondes se propagent dans tout l'espace avec une vitesse de 300 000^{km} à la seconde, comme la lumière ; elles traversent les corps mauvais conducteurs : bois, murs de pierre, ..., tandis qu'un corps bon conducteur, une lame métallique, par exemple, les arrête et peut les réfléchir comme un miroir réfléchit la lumière.

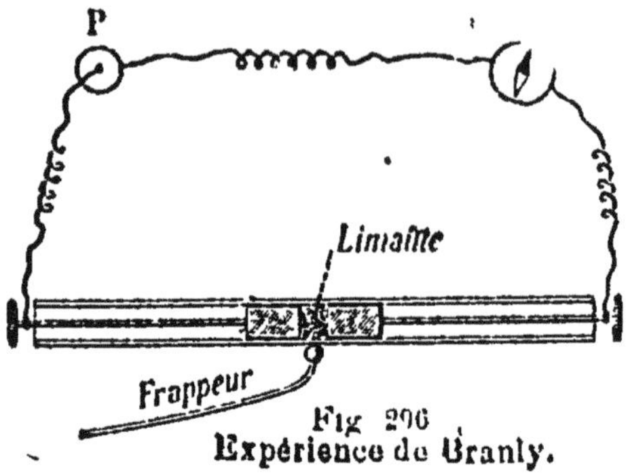

Fig. 296. Expérience de Branly.

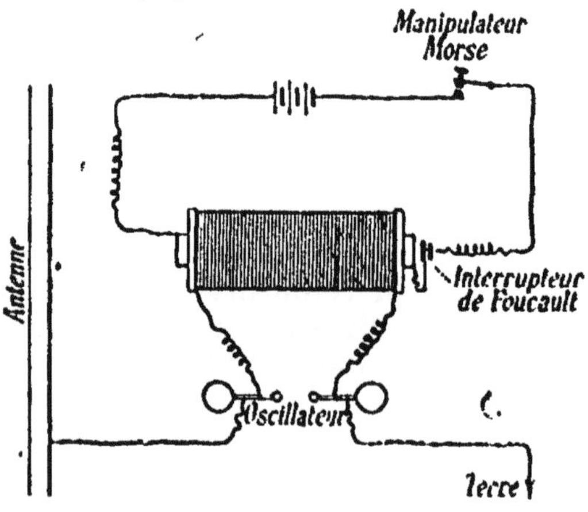

Fig. 297. — Transmetteur.

Dans les premiers postes pratiques de télégraphie sans fil, le *transmetteur* est un *oscillateur* analogue à celui de Hertz, dont l'une des boules est reliée à la terre (*fig.* 297) et l'autre à un fil métallique vertical isolé, l'*antenne*, fixé à un mât qui doit être d'autant plus haut que la distance à laquelle on veut communiquer est plus grande. C'est de cette antenne que les ondes rayonnent dans tout l'espace. L'émission des ondes est obtenue avec un *manipulateur Morse* ordinaire. Le *récepteur* est un *radio-conducteur* de Branly (*fig.* 298) fondé

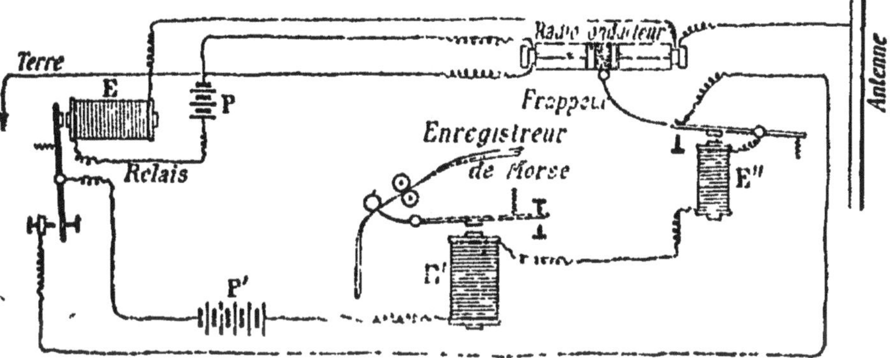

Fig. 298. — Récepteur.

sur l'action des ondes sur la limaille métallique, que nous venons de voir ; ce radio-conducteur est relié d'une part à la terre, de l'autre à une antenne verticale qui lui transmet les ondes qu'elle reçoit ; à chaque onde le circuit de la pile de relais P se ferme par le radioconducteur et actionne un électro-aimant E, qui ferme à son tour le circuit d'une pile plus forte P', capable de mettre en action le *récepteur Morse* qui enregistre l'onde, et le *frappeur* dont le choc enlève a la limaille ses propriétés conductrices et interrompt le courant.

Les signes employés sont analogues à ceux du télégraphe Morse ; de plus, il est possible d'établir l'accord entre le transmetteur d'un poste et le récepteur d'un autre poste, de telle sorte qu'une dépêche expédiée du premier ne puisse être reçue et comprise que du second, sans qu'aucun autre poste ne puisse l'intercepter, ce qui assure le secret des messages télégraphiés.

La télégraphie sans fil, appelée sans doute à prendre un développement considérable, rend déjà d'immenses services à la navigation, en permettant la communication constante des navires entre eux et avec les côtes, dans un rayon très étendu, et quel que soit le temps. Un poste très important a été établi à la Tour Eiffel, et met ou mettra prochainement Paris en communication non seulement avec tous nos grands ports, mais avec l'Algerie, la Tunisie et le Maroc ; les postes de Poldhu en Angleterre, de Clefden en Irlande, envoient directement des messages en Amérique ; et actuellement (1914) 330 stations radiotélegraphiques sont ouvertes au public.

Le principe de la télégraphie sans fil peut encore recevoir d'autres applications ; la *téléphonie sans fil* essayée dès 1899 par sir W. Preece en Angleterre, est entrée dans la pratique à la suite des travaux de l'ingénieur danois Poulsen, puis de l'italien Vanni, qui a pu transmettre nettement la parole articulée de Rome à Tripoli, soit à 1000km.

De même, on a pu obtenir l'*éclairage électrique sans fil* à l'aide de nouvelles lampes électriques construites par M. Armstrong et essayées à Londres avec succès.

RÉSUMÉ DU CHAPITRE XVI

Un fil métallique quelconque, traversé par un courant, attire la limaille de fer (expérience d'Arago). Une substance magnétique s'aimante au voisinage d'un courant ; l'aimantation est temporaire avec le fer doux, permanente avec l'acier. Pour obtenir l'aimantation, on place le barreau à aimanter dans une hélice formée par un fil de cuivre traversé par un courant ; le pôle nord se fait à la gauche du courant.

Avec le fer doux, on obtient ainsi des *électro-aimants* qui ne sont aimants que tant que le courant passe dans le fil enroulé autour du barreau, on leur donne différentes formes : électro-aimants droits, en fer à cheval, à trois pièces ; ils ont de nombreuses applications.

Une *sonnerie électrique* se compose d'un électro-aimant dont l'armature porte un marteau qui vient frapper sur un timbre chaque fois qu'un courant commence dans l'électro-aimant ; un bouton d'appel permet d'envoyer le courant dans la sonnerie, et un interrupteur à trembleur provoque la rupture et le rétablissement rapides du courant.

Un *télégraphe électrique* est un appareil fondé sur les propriétés des électro aimants, et qu permet de transmettre des signaux à de grandes distances A l'un des postes, un appareil transmetteur ou *manipulateur* permet d'envoyer à volonté le courant d'une pile dans un fil conducteur qui aboutit au *récepteur* de l'autre poste ; ce récepteur se compose essentiellement d'un électro-aimant dont l'armature est attirée chaque fois que le courant arrive dans l'appareil.

Les *piles* employées sont formées d'éléments Daniell, Callaud ou de Lalande. Le *fil de ligne* est du fil de fer galvanisé soutenu par des isolateurs de porcelaine, fixés à des poteaux de bois ou de fer

Le *télégraphe Morse* emploie une écriture spéciale, mais laisse une trace écrite des dépêches ; le manipulateur est un levier de cuivre, mobile autour d'un axe auquel aboutit le fil de ligne, et qui envoie, quand il est au repos, le courant du fil de ligne dans le récepteur du poste, et quand on appuie sur la poignée, le courant de la pile du poste dans le fil de ligne.

Le récepteur se compose d'un électro-aimant dont l'armature, quand elle est attirée, fait soulever l'extrémité d'un levier qui appuie une bande de papier sur une molette imprégnée d'encre : on obtient sur le papier des points ou des traits suivant la durée du courant, et ces caractères combinés permettent de représenter toutes les lettres de l'alphabet.

Le *télégraphe Bréguet* ne laisse pas de trace des dépêches ; le manipulateur et le récepteur présentent un cadran portant les lettres de l'alphabet ordinaire, et l'aiguille du récepteur indique la lettre sur laquelle on a arrêté la manivelle du manipulateur.

Le *télégraphe Hughes* imprime les dépêches en caractères ordinaires.

Dans la *télégraphie sous-marine*, on emploie des câbles formés d'une âme conductrice entourée d'une couche isolante et d'une enveloppe protectrice, et des appareils récepteurs extrêmement sensibles.

Enfin, dans la *télégraphie sans fil*, les dépêches sont transmises et reçues sans l'aide de fils conducteurs.

CHAPITRE XVII

PRINCIPE DE L'INDUCTION. TÉLÉPHONE

216. Courants induits. — Faraday, frappé de voir que les courants sont capables de développer l'aimantation dans un barreau d'acier ou de fer doux, se demanda si, réciproquement, un aimant ne développerait pas un courant dans un circuit conducteur placé dans son voisinage. Les expériences qu'il fit à ce sujet (1831) montrèrent que si l'on relie à un galvanomètre les deux extrémités d'un fil conducteur, et que l'on approche de ce circuit un aimant ou un fil parcouru par le courant d'une pile, l'aiguille du galvanomètre dévie ; il s'est donc produit un courant dans le premier circuit, bien qu'il ne contienne pas de pile. Ces courants produits dans les circuits fermés, par l'influence de courants ou d'aimants, ont été appelés courants induits ou courants d'induction.

217. Induction par les courants. — Pour étudier expérimentalement les lois de l'induction, on se sert d'une bobine creuse (*fig.* 200), sur laquelle est enroulé un fil de cuivre recouvert de soie ; les extrémités du fil aboutissent à deux bornes qu'on relie à un galvanomètre ; on introduit dans cette bobine, appelée *bobine induite*, une *bobine inductrice* plus petite, et on relie les extrémités du fil de cette bobine à une pile, de manière à la faire traverser par un courant : on voit alors l'aiguille du galvanomètre dévier brusquement, puis revenir aussitôt à sa position d'équilibre et rester immobile tant que le courant passe dans la bobine inductrice. Si on rompt la communication avec la pile, on observe une nouvelle déviation égale à la première, mais de sens contraire. Le sens de la déviation de l'aiguille montre que le courant induit produit par le commencement du courant inducteur est de sens contraire au courant inducteur ; il est dit *inverse*, tandis que le courant produit par la cessation du courant inducteur est *direct*. Dans les deux cas, les courants induits sont caractérisés par leur peu de durée et par leur intensité, même dans les circuits présentant une grande résistance.

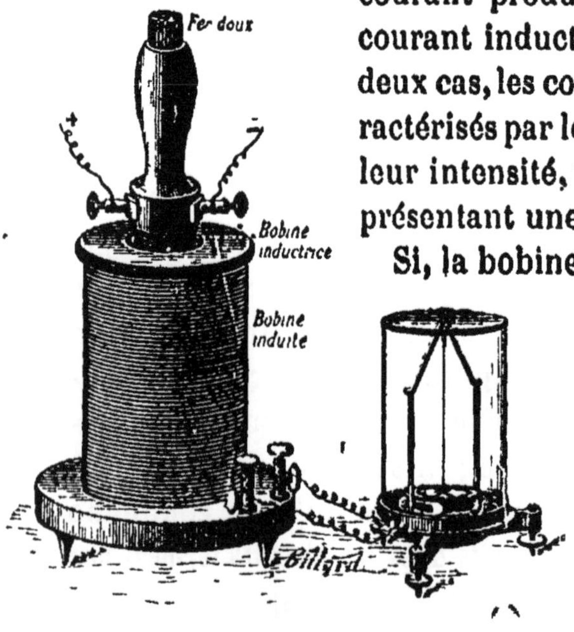

Fig. 299. — Induction par un courant.

Si, la bobine inductrice étant reliée aux pôles d'une pile, on l'introduit dans la bobine creuse, l'aiguille du galvanomètre dévie brusquement et montre la production d'un courant induit inverse ; puis l'aiguille revient au zéro où elle reste tant que la bobine inductrice ne change pas de position. Si l'on retire la bobine inductrice, on observe une nouvelle déviation égale à la première et de sens contraire; il s'est donc produit un courant induit direct.

On obtient encore des courants induits en faisant varier l'intensité du courant inducteur; pour cela, on intercale rapidement dans le circuit inducteur un fil très long et très fin, qui augmente la résistance et diminue l'intensité, puis on supprime ce fil; et l'on voit que le courant induit produit par une augmentation d'intensité de l'inducteur est inverse, celui qui correspond à une diminution d'intensité, direct.

On peut résumer ces résultats dans les deux lois suivantes;

1° Un courant qui commence, qui s'approche ou qui augmente d'intensité, produit dans un circuit fermé voisin un courant induit de sens contraire au sien.

2° Un courant qui finit, qui s'éloigne ou qui diminue d'intensité, produit dans un circuit fermé voisin un courant induit de même sens.

218. Induction par les aimants. — Si au lieu de la bobine inductrice, on introduit dans la bobine reliée au galvanomètre un fort barreau aimanté (*fig.* 300), on voit l'aiguille dévier tant qu'on enfonce l'aimant, et revenir au zéro dès qu'il reste immobile. Quand on retire l'aimant, on observe une déviation en sens contraire. Le sens de la déviation varie encore suivant qu'on introduit dans la bobine l'un ou l'autre des pôles de l'aimant.

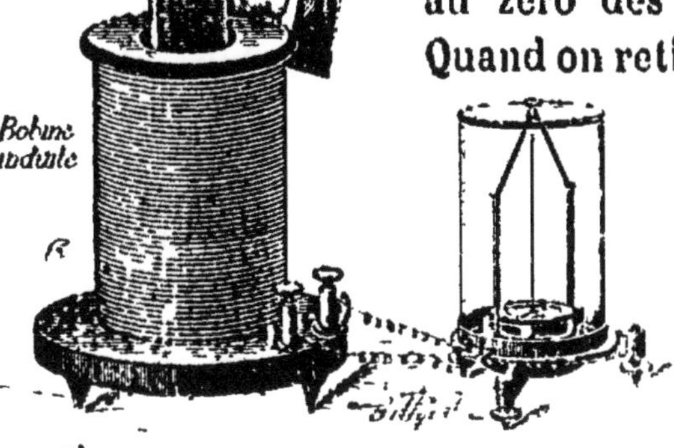

Fig. 300. — Induction par un aimant.

Les expériences d'Ampère sur l'action exercée par les courants sur les aimants et sur d'autres courants ont conduit à regarder les aimants comme formés de molécules entourées de courants circulaires, tous parallèles et de même sens. Le courant induit, produit par l'approche de l'aimant, est de sens contraire aux courants moléculaires de l'aimant, le courant induit, produit par son éloignement, de même sens que les courants moléculaires.

On obtient encore un courant induit en faisant naître l'aimantation dans un barreau de fer doux placé dans l'axe de la bobine induite, par l'approche d'un aimant; et un courant de sens contraire au premier en retirant l'aimant, ce qui fait cesser l'aimantation du fer doux.

De même, si l'on augmente l'aimantation du fer doux en approchant un aimant plus fort, ou qu'on la diminue en éloignant cet aimant, on constate la production de courants induits dans la bobine.

Les aimants agissent donc comme les courants :

1° Un aimant qui commence, s'approche, ou augmente d'intensité développe dans un circuit fermé voisin un courant induit inverse.

2° Un aimant qui finit, s'éloigne, ou diminue d'intensité produit dans un circuit fermé voisin un courant induit direct.

En résumé, il y a production de courants induits chaque fois qu'un circuit fermé conducteur se déplace dans un champ magnétique de façon à couper les lignes de force du champ ; les forces électromotrices d'induction produites par ce mouvement sont proportionnelles aux vitesses du déplacement ; et le sens du courant induit est tel qu'il *tend s'opposer au mouvement qui lui donne naissance ;* cette dernière loi a été énoncée par Lenz, et porte son nom.

219. Induction d'un courant sur lui-même. — Une pile et son circuit constituant un circuit fermé, on peut penser qu'au moment où le courant commence ou finit, une partie du circuit développe dans les parties voisines des courants induits Ces courants doivent être surtout appréciables quand le circuit renferme des bobines de fil enroulé en hélice ; Faraday a montré en effet que, lorsqu'on rompt un circuit traversé par un courant, l'étincelle obtenue est beaucoup plus forte si l'on intercale une bobine dans le circuit, à cause du courant induit direct qui se produit dans la partie qui n'est plus traversée par le courant et qui augmente l'intensité du courant primitif.

Cette induction du courant sur lui-même a été appelée *induction propre* ou *self-induction*, et les courants induits développés ont reçu le nom d'*extra-courants*.

L'extra-courant qui se produit au moment de la fermeture du circuit dans la partie où le courant ne passe pas encore est inverse et empêche le courant d'atteindre immédiatement son intensité normale ; l'extra-courant de rupture, au contraire, étant direct, prolonge un instant et augmente le courant principal ; c'est pourquoi l'on obtient une étincelle en éloignant les deux fils d'une pile, tandis qu'on n'en observe pas en les mettant en contact (191).

220. Propriétés et applications des courants induits. — Les courants induits ont les mêmes propriétés que les courants ordinaires : ils produisent les mêmes effets calorifiques, lumineux, physiologiques ; ils aimantent les substances magnétiques, et peuvent développer à leur tour des courants induits ; mais comme leur durée est très courte, et la quantité d'électricité qu'ils mettent en mouvement considérable, leur effets rappellent souvent ceux des machines électrostatiques et ce sont les courants industriels par excellence ; on peut le voir avec la *bobine de Ruhm-*

korff (221), dont les courants sont dus à des alternatives de rupture et de fermeture d'un courant de pile.

Les courants d'induction sont encore employés dans le *téléphone*, et dans un grand nombre de machines appelées *magnéto-électriques* quand l'induction est produite par un aimant et *dynamo-électriques* quand elle est pro-

Fig. 301. — Type de machine Gramme.

duite par un électro-aimant. Ces machines qui sont des machines Gramme plus ou moins modifiées (*fig*. 301) ont des forces électromotrices variant de 110 à 600 volts; on en construit qui donnent jusqu'à 2500 volts. Elles peuvent fournir ou bien un courant continu comme celui d'une pile, ou des courants alternatifs.

Ces machines, que nous n'avons pas à étudier ici sont très répandues à présent, parce qu'elles fournissent des courants très intenses, qu'on n'obtiendrait à l'aide des piles que difficilement et à bien plus grands frais ; on s'en sert actuellement pour la galvanoplastie, l'éclairage électrique. Comme elles sont *réversibles*, c'est-à-dire que si, au lieu de les faire tourner pour leur faire produire l'electricité, on leur fournit de l'électricité, elles se mettent en mouvement : elles peuvent servir au *transport de la force* à distance qui se pratique aujourd'hui couramment ; on utilise, par exemple, une chute d'eau pour faire tourner une machine dynamo-électrique dite *génératrice*, dont le courant est envoyé par un circuit conducteur à une autre machine dynamo-électrique, placée à l'endroit où l'on veut utiliser la force, et qui fonctionne comme *réceptrice* ; celle-ci se met en mouvement, et peut actionner à son tour des machines-outils, comme le ferait un moteur à vapeur. Cet emploi de l'électricité est surtout important lorsque la distance qui sépare le lieu où la force est produite de celui où elle est utilisée est trop considérable pour qu'on puisse employer la transmission par courroie ou par câble.

221. Bobine de Ruhmkorff. — La bobine de Ruhmkorff se compose d'une bobine inductrice A (*fig*. 302 et 303)

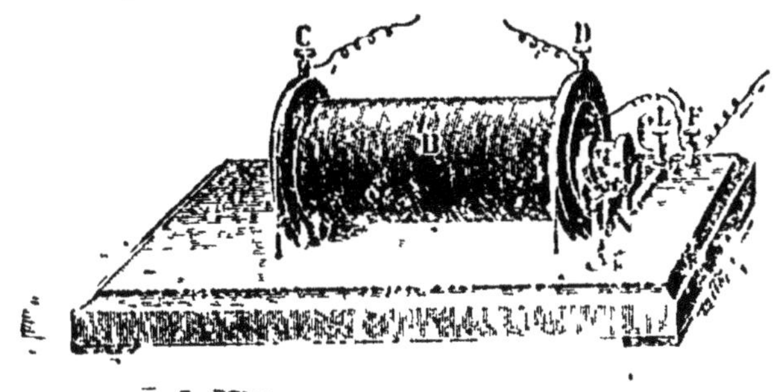

Fig. 302. — Bobine de Ruhmkorff.

dont le fil assez gros (2^{mm} de diamètre environ) fait environ 300 tours ; sur cette bobine recouverte d'une couche isolante, s'enroule un fil de cuivre très long et très fin, parfaitement isolé pour que des étincelles ne puissent jaillir entre les tours de fils successifs, et qui forme la bobine induite B ; les deux extrémités de ce fil aboutissent à deux bornes C et D qui forment les deux pôles de la bobine.

Le fil inducteur, dont les extrémités communiquent avec les bornes E, F, est traversé par le courant d'une pile. Pour obtenir des courants induits, il faut déterminer dans le fil inducteur une succession rapide de ruptures et de rétablissement du courant ; on emploie pour cela des interrupteurs variés, dont l'un des plus simples est l'*interrupteur à marteau*. Dans l'axe de la bobine inductrice, on place un faisceau de fils de fer doux H ; au-dessous de l'extrémité de ce faisceau, se trouve un marteau de fer doux *m*, qui s'appuie sur une colonne métallique N reliée

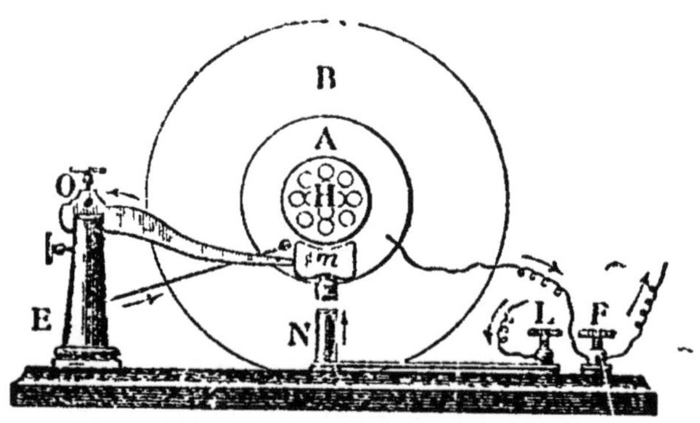

Fig. 303. — Bobine de Ruhmkorff. (Vue de profil).

à la borne L communiquant avec l'un des pôles de la pile, et dont le manche, relié à la borne E, peut tourner autour du point O. Le courant passe donc de L dans la colonne N et par le marteau dans la borne E, d'où il va dans le fil inducteur pour ressortir par la borne F qui communique avec l'autre pôle de la pile ; mais dès que le courant passe dans la bobine inductrice, le faisceau de fils de fer doux s'aimante et attire le marteau ; celui-ci quitte la colonne N, et par suite le courant est interrompu ; le fer doux cesse alors d'être aimant, le marteau retombe sur la colonne et rétablit le courant, et ainsi de suite ; et il peut y avoir plusieurs centaines d'interruptions par seconde.

A chaque interruption et rétablissement du courant inducteur correspondent dans la bobine induite deux courants, l'un direct, l'autre inverse ; si l'on réunit par un fil conducteur les deux bornes C et D, ce fil est parcouru par une succession de courants alternativement de sens contraires; ces courants, si la rapidité de l'interrupteur est assez grande, n'ont aucun effet sur le galvanomètre et ne donnent lieu dans le voltamètre à aucune décomposition chimique.

Les deux courants contraires ne sont pas égaux, par suite des extra-courants qui se produisent dans le fil inducteur même : l'extra-courant de rupture renforçant le courant inducteur, tandis que celui de fermeture le diminue, le courant induit direct est plus intense que le courant induit inverse ; et quand on coupe le fil réunissant les bornes C et D et qu'on en écarte progressivement les extrémités, il arrive un moment où le courant direct peut seul passer de l'une à l'autre sous forme d'étincelles : la bobine donne alors un courant interrompu, mais toujours de même sens, et les deux bornes C et D forment, l'une un pôle toujours positif, et l'autre un pôle négatif.

222. Effets de la bobine. — La bobine de Ruhmkorff est très puissante, et ses effets sont comparables à ceux des batteries et des machines électrostatiques ; on peut dire qu'elle transforme le courant des piles, à débit énorme mais de force électromotrice faible, en électricité d'une force électromotrice considérable, qui peut atteindre 100000 volts.

La décharge d'une machine électrique est d'ailleurs comparable à un *courant instantané*; si l'on relie les deux pôles de la machine par un conducteur traversant un galvanomètre à spires très nombreuses, ou, ce qui revient au même, que l'on mette le frotteur en communication avec le sol, et le collecteur avec une des bornes d'un galvanomètre dont l'autre borne est reliée au sol, on constate que le galvanomètre indique, quand la machine fonctionne, un courant allant du pôle positif au pôle négatif. Ce courant, passant dans un électrolyte, le décompose; il peut aussi donner naissance à des courants induits. Inversement, tout générateur d'électricité permet de charger un condensateur, et si l'on réunit les deux pôles d'une pile aux deux armatures d'un condensateur, celui-ci se charge comme par une machine électrique. Il y a donc identité entre l'électricité fournie par les machines électrostatiques et celles des piles, accumulateurs, bobines de Ruhmkorff ou dynamos.

Effets physiologiques. — Lorsqu'on prend avec les deux mains des poignées métalliques communiquant avec les deux pôles de la bobine, on ressent de très violentes commotions, même si le courant inducteur provient seulement d'un élément Bunsen. Avec des courants plus forts et des bobines de grande taille, les commotions sont très dangereuses et peuvent même être foudroyantes; aussi doit on veiller à ne jamais recevoir les décharges de ces bobines.

Les bobines de petites dimensions sont souvent employées en médecine pour entretenir l'activité de muscles atteints d'un commencement de paralysie.

Effets lumineux. — Si l'on fixe aux pôles de la bobine des fils de cuivre dont on rapproche les extrémités, le courant passe de l'un à l'autre sous forme d'étincelles sinueuses, très bruyantes, qui peuvent percer le verre, enflammer l'alcool, la poudre, volatiliser des fils métalliques, produire la combinaison des gaz dans l'eudiomètre, les ozoniseurs, dans la formation de l'ammoniaque, de l'acide cyanhydrique, etc., et l'on se sert de bobines de Ruhmkorff dans les travaux de mines, pour enflammer à distance des cartouches explosives. Ces étincelles atteignent 45^{cm} avec les grandes bobines de 60^{cm} de longueur portant 120^{km} de fil induit ; on a même construit des bobines qui donnent des étincelles de plus d'un mètre.

C'est surtout avec la bobine de Ruhmkorff qu'on observe les effets lumineux très remarquables produits par la décharge électrique dans les gaz raréfiés, dans l'œuf électrique ou les tubes de Geissler (157) ; la lumière qui se produit dans ces tubes présente alors toujours des stratifications alternativement obscures et brillantes. Ces effets lumineux ont reçu une application dans l'éclairage par ce qu'on appelle la *lumière froide*, due à la décharge électrique dans des tubes à gaz raréfié, renfermant des vapeurs de mercure ; cette lumière a une teinte verdâtre due à l'absence de rayons rouges, et produit une coloration très bizarre des objets éclairés.

L'étincelle de la bobine de Ruhmkorff ne traverse pas le vide; elle ne passe pas dans un tube où la raréfaction de l'air a été poussée aussi loin que possible; mais si l'on met les deux pôles de la bobine en communication avec un tube de Crookes, dans lequel la pression n'est que de quelques millionièmes d'atmosphère, on obtient, au lieu d'une étincelle, une fluorescence verte, très brillante, des parois du tube, dans la partie opposée à l'électrode négative ou cathode.

Il semble qu'il parte de la cathode des rayons nommés *rayons cathodiques* (découverts par Hittorf en 1869 et étudiés par M. Lénard en 1894), qui se propagent en ligne droite, sont déviés par un aimant, sont attirés par un fil électrisé positivement et repoussés par un fil électrisé negativement, et produisent la fluorescence du verre dans la région qu'ils frappent.

Les parties fluorescentes du verre émettent des radiations

jouissant de propriétés toutes spéciales, qui ont été découvertes par M. Röntgen en 1895, et nommées par lui *rayons X* Ces rayons se propagent en ligne droite, ne se réfléchissent pas, ne se réfractent pas; ils impressionnent les plaques photographiques comme les rayons lumineux et les rayons ultraviolets; et ils rendent fluorescent le platinocyanure de baryum.

Ils traversent facilement le papier, le bois, le carton, la peau, et en général les substances organiques, tandis qu'ils sont arrêtés par les métaux et les substances minérales, et d'autant plus complètement que ces corps sont plus épais et plus denses. Il en résulte que si l'on place, entre une plaque photographique enfermée dans un châssis et un tube de Crookes relié à une bobine de Ruhmkorff en marche, un corps formé de parties inégalement transparentes pour les rayons X, la main par exemple, ces rayons impressionneront inégalement la plaque au travers du châssis, suivant qu'ils auront traversé les os relativement opaques à cause de leurs substances minérales, ou les muscles; en développant l'image par les procédés ordinaires, on obtiendra la photographie du squelette de la main avec une indication beaucoup plus faible des parties charnues (voir pl. V). Dans la première figure de cette planche, on voit, en outre, la trace de deux fragments d'aiguille (la malade croyait n'en avoir qu'un) enfoncés dans les chairs.

La main représentée par la seconde figure de la même planche est celle du Grand-Duc Wladimir de Russie : elle a été *radiographiée* (c'est-à-dire photographiée par les rayons X) gantée. L'extrémité des doigts n'est pas très nette, parce que le patient a remué pendant l'opération. Le gant, comme les muscles et les parties peu denses, a été parfaitement traversé ; la partie métallique des bagues, plus dense que les os, paraît aussi plus obscure, tandis que les diamants qui ornaient les bagues sont invisibles (ce qui prouve que le Grand-Duc ne portait pas de pierres fausses).

Cette propriété qu'a le diamant de se laisser traverser par les rayons X sans laisser d'image sur la plaque fournit un moyen facile de le différencier des imitations : celles-ci, en effet, arrêtent ces rayons et laissent une trace sur la plaque photographique. Les rayons X ne traversent pas non plus le verre ordinaire.

La planche VI donne les radiographies d'un pied serré dans la chaussure, puis libre.

L'action prolongée ou répétée des rayons X produit dans l'organisme des troubles graves qu'Edison attribue à la destruction où à la paralysie des globules blancs, amenant un véritable empoisonnement du sang.

Sur la planche VII on voit la radiographie d'un étui de mathematiques et sur la planche VIII (2ᵉ figure) la radiographie d'une montre renfermée dans la boite en bois représentée au-dessus en photographie.

Fig. 304. — Application de la lorgnette Seguy à l'examen des bagages

Les différentes radiographies que nous venons de présenter ont été obtenues sur des plaques photographiques. Si l'on remplace ces plaques par un écran recouvert de platinocyanure de baryum, un corps interposé entre le tube de Crookes et l'écran donnera sur cet écran une image obscure de celles de ses parties qui sont opaques pour les rayons X, tandis que l'écran deviendra lumineux dans les regions où devrait se faire l'ombre des parties transparentes à ces rayons ; on verra, par exemple, sur l'ecran, la silhouette des côtes et de la colonne vertebrale d'une personne placee entre l'écran et le tube de Crookes. Ces principes ont été utilisés dans la construction de la lorgnette humaine, dont on voit une curieuse application dans la figure 304 (examens de bagages à la douane).

223. Téléphone de Bell. — On donne le nom de téléphone à tout appareil permettant de transmettre la parole à distance. — Le premier téléphone pratique a été inventé par M. Graham Bell en 1876. Il se compose (*fig.* 305) d'une plaque mince en fer placée à une petite distance d'un barreau aimanté ; l'extrémité de l'aimant voisine de la plaque est entourée d'une bobine de fil de cuivre très fin recouvert de soie. Le tout est enfermé dans un étui cylindrique en bois, terminé par une embouchure dont le fond est formé par la lame de fer. Les deux extrémités du fil de la bobine se relient, par deux fils conducteurs généralement réunis dans une enveloppe isolante et formant le fil de ligne, aux extrémités du fil de la bobine d'un second appareil identique au premier et qui sert de *récepteur*.

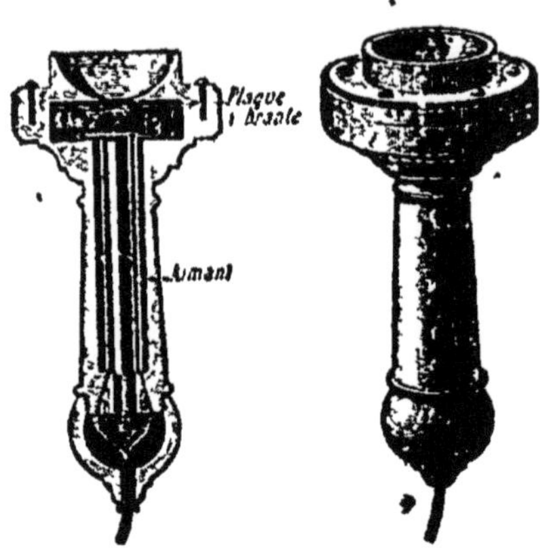

Fig. 305. — Téléphone de Bell.

Quand on parle dans l'embouchure du *transmetteur*, les vibrations de l'air font vibrer la plaque de fer qui, en s'approchant ou s'éloignant de l'aimant, y détermine des variations de magnétisme ; ces variations produisent dans la bobine des courants induits, qui se transmettent par le fil de ligne à la bobine du récepteur, et modifient à leur tour l'intensité de l'aimant correspondant ; cet aimant attire donc plus ou moins la plaque de fer du récepteur qui reproduit tous les mouvements de celle du transmetteur. En approchant l'oreille de l'embouchure du récepteur, on entend reproduire, à l'intensité près, les paroles prononcées dans le transmetteur.

Les deux appareils étant identiques peuvent servir alternativement de transmetteur et de récepteur.

224. Microphone de Hughes. — Les courants produits dans le téléphone de Bell par les déplacements de la plaque vibrante sont extrêmement faibles, et le son émis par le récepteur est bien moins intense que celui qui a été recueilli par le transmetteur.

M. Hughes a inventé, en 1876, un appareil beaucoup plus sensible, le *microphone*, qui substitue aux courants induits le courant d'une pile et amplifie les mouvements de la lame d'un téléphone.

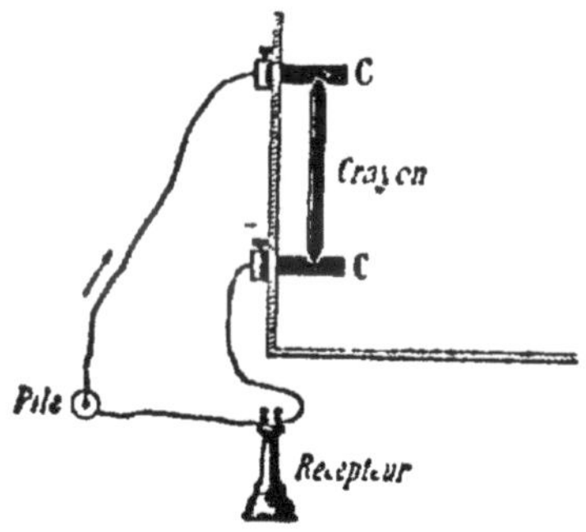

Fig. 306. — Microphone de Hughes.

Le microphone se compose (*fig.* 306) d'un crayon de charbon de cornue, taillé en pointe à ses deux extrémités qui s'appuient sur deux plaques de charbon C,C, fixées à une planchette ; à ces plaques sont reliés les deux fils d'une pile sur le circuit de laquelle est interposé un téléphone.

Lorsqu'on parle devant le microphone, les vibrations de l'air suffisent pour faire varier les contacts du crayon avec ses supports, et par suite la résistance du circuit et l'intensité du courant. Ces changements d'intensité, transmis à la bobine du téléphone, modifient le magnétisme de l'aimant et mettent en mouvement la lame vibrante. On peut, avec cet appareil, entendre dans un téléphone placé à une grande distance, le tic-tac d'une montre posée sur la planchette du microphone, et la parole est reproduite avec une grande netteté.

225. Téléphone Ader. — Le téléphone Ader (*fig.* 307), qui est presque exclusivement employé par l'Administration des Téléphones, se compose d'un microphone de Hughes et d'un téléphone de Bell perfectionnés.

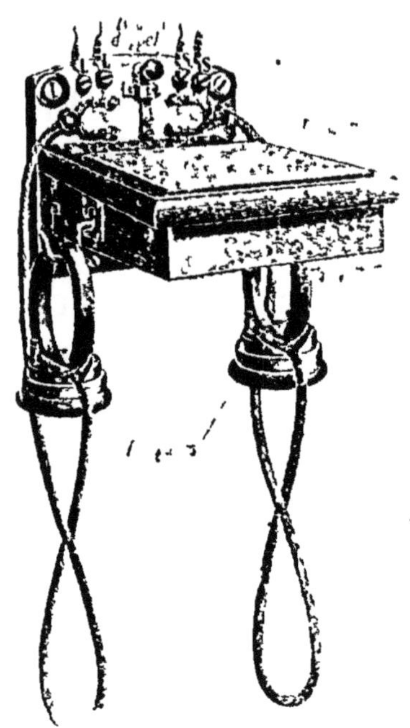

Le transmetteur (*fig.* 308) est une sorte de pupitre dont la partie supérieure est une mince planchette de sapin portant, en dessous, un mi-

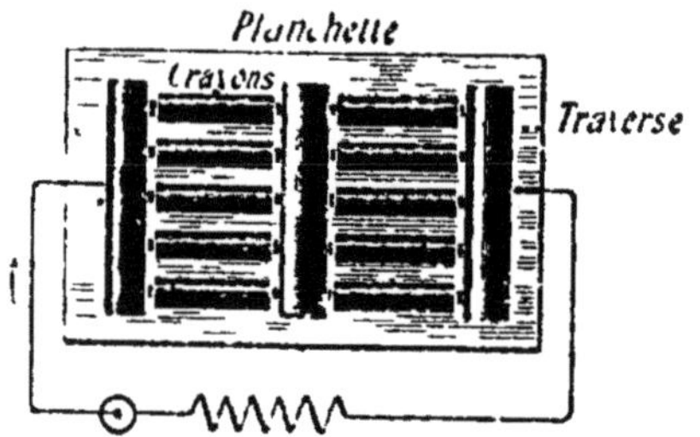

Fig. 307. — Téléphone Ader.

Fig. 308. — Détail du transmetteur Ader.

crophone composé de 10 à 12 crayons de charbon supportés par des lames de charbon (*fig.* 308) et que le courant doit traverser successivement ; quand on parle devant la planchette, les vibrations se transmettent aux charbons dont les points de contact varient et déterminent dans le courant des variations d'intensité plus grandes que dans l'appareil de Hughes.

Le récepteur (*fig.* 307) est une modification du téléphone de Bell ; l'aimant est un anneau circulaire dont les deux pôles agissent à la fois sur la plaque vibrante, par l'intermédiaire de deux armatures en fer doux entourées chacune d'une bobine dans laquelle passe le courant venu du transmetteur.

Il y a généralement à chaque poste deux récepteurs, que l'on place contre les deux oreilles, pour éviter que les bruits extérieurs ne couvrent le son de l'appareil. Chaque poste comprend en outre un bouton d'appel sur lequel on appuie pour demander la communication avec d'autres postes, et une sonnerie électrique qui avertit quand un autre poste désire transmettre un message. Les lignes téléphoniques comportent toujours deux fils, l'un pour l'aller, l'autre pour le retour du courant.

Les communications téléphoniques sont très commodes; aussi l'usage s'en répand de plus en plus, et des réseaux téléphoniques sont établis actuellement non seulement dans la plupart des villes, mais encore entre un grand nombre de villes des divers pays.

RÉSUMÉ DU CHAPITRE XVII

Les *courants induits* sont produits dans des circuits fermés par l'influence de courants ou d'aimants; ils sont très courts et très intenses.

Un courant ou un aimant qui commence, s'approche, ou augmente d'intensité, produit dans un circuit fermé voisin un courant induit inverse, c'est-à-dire de sens contraire au sien; un courant ou un aimant qui finit, s'éloigne, ou diminue, produit un courant induit direct.

Le courant d'une pile peut développer dans son propre circuit des courants induits ou *extra courants*.

Les courants induits ont les mêmes propriétés que les courants ordinaires, leurs effets sont analogues à ceux des batteries. Ils ont de nombreuses applications, dans la bobine de Ruhmkorff, le téléphone, les machines magnéto et dynamo-électriques.

La *bobine de Ruhmkorff* se compose d'une bobine inductrice à fil gros et assez court, dont l'axe est un faisceau de fils de fer doux, et sur laquelle s'enroule un fil très long et très fin, aboutissant à deux bornes qui sont les pôles de la machine. Un interrupteur à marteau provoque dans la bobine inductrice une succession rapide d'interruptions et de rétablissements de courants, qui déterminent dans la bobine induite des courants induits alternativement de sens contraires.

Cet appareil transforme l'électricité des piles en électricité de potentiel considérable. En touchant les deux pôles de la bobine, on reçoit une commotion très forte, qui est dangereuse si la bobine est de grandes dimensions. Les étincelles qui jaillissent entre les deux fils de la bobine sont sinueuses, très bruyantes, et peuvent atteindre 60cm ; on s'en sert pour enflammer à distance des cartouches explosives.

La décharge de la bobine de Ruhmkorff produit des effets lumineux très brillants, dans les tubes de Geissler. Dans les tubes de Crookes, elle produit la fluorescence des parois opposées à la cathode ; les *rayons cathodiques* ne subissent ni réflexion, ni réfraction ; les *rayons X* provenant des parties fluorescentes traversent les substances organiques et rendent fluorescent le platinocyanure de baryum.

Un *téléphone* est un appareil qui transmet la parole à distance. Le *téléphone de Bell* se compose d'une plaque mince de fer vibrant, sous l'action de la parole, devant un aimant qui porte une bobine ; les courants induits déterminés dans cette bobine par les variations de l'aimant, se transmettent à la bobine d'un récepteur identique au transmetteur, et font varier l'aimant et vibrer la plaque de fer.

Le *microphone de Hughes* se compose d'un crayon de charbon de cornue placé entre deux lames de charbon et traversé par le courant d'une pile ; les vibrations de l'air font varier les contacts du crayon et l'intensité du courant, ce qui détermine les vibrations d'un téléphone dans lequel passe ce courant.

Le *téléphone Ader* emploie comme transmetteur le microphone de Hughes, un peu modifié ; et comme récepteur le téléphone de Bell perfectionné.

TABLE DES MATIÈRES

ACOUSTIQUE

CHAPITRE I

Production et propagation du son.

CHAPITRE II

Qualités du son.

CHAPITRE III

Intervalles musicaux

CHAPITRE IV

Cordes vibrantes et tuyaux sonores.

OPTIQUE

CHAPITRE I

Propagation de la lumière.

CHAPITRE II

Réflexion de la lumière. Miroirs plans.

CHAPITRE III

Miroirs sphériques.

CHAPITRE IV

Réfraction de la lumière.

CHAPITRE V

Lames. Prismes.

CHAPITRE VI

Lentilles.

CHAPITRE VII

Instruments d'optique.

CHAPITRE V

Influence électrique.

CHAPITRE VI

Notions sur le potentiel électrique.

CHAPITRE VII

Condensation électrique.

CHAPITRE VIII

Machines électriques.

CHAPITRE IX

Effets de la décharge électrique.

CHAPITRE X

Electricité atmosphérique.

CHAPITRE XI

Pile électrique.

CHAPITRE XII

Propriétés essentielles du courant électrique.

CHAPITRE XIII

Effets physiologiques, calorifiques et lumineux du courant.

CHAPITRE XIV

Effets chimiques du courant. Galvanoplastie.

CHAPITRE XV

Action du courant sur l'aiguille aimantée. Galvanomètre.

CHAPITRE XVI

Aimantation par les courants. Electro-aimants. Télégraphie électrique.

CHAPITRE XVII

Principe de l'induction. Téléphone.

Chartres — Imprimerie Durand, rue Fulbert

www.ingramcontent.com/pod-product-compliance
Ingram Content Group UK Ltd.
Pitfield, Milton Keynes, MK11 3LW, UK
UKHW012007240726
13965UKWH00001B/202

9 782013 580373